J.PERELMAN

Unterhaltsame Physik

J. I. PERELMAN

Jakow Issidorowitsch Perelman wurde am 22. November 1882 in Belostok, einer Stadt im Gouvernement Grodno des damaligen Russischen Reiches, geboren. Schon 1883 starb der Vater. Die Mutter, eine Volksschullehrerin, ermöglichte Jakow und seinem älteren Bruder den Besuch der Belostoker Realschule und ein Studium am Petersburger Forstinstitut. In dieser Zeit arbeitete Jakow als Korrektor bei einem Verlag. Dadurch angeregt, begann er sich mit dem Problem der populären Darstellung der Wissenschaft, vor allem der Mathematik, Physik und Astronomie zu beschäftigen.

Seit 1901 arbeitete Perelman für die Zeitschrift „Natur und Menschen", in der er im Verlauf von 17 Jahren über 500 Beiträge aller Art einschließlich vieler Übersetzungen veröffentlichte. Im Jahre 1904 wurde er verantwortlicher Redaktionssekretär dieser Zeitschrift. Da es Studenten verboten war, Zeitschriftenaufsätze zu veröffentlichen, hatte er sich die verschiedensten Pseudonyme ausgedacht, z. B. P. Silvester (vom lateinischen Wort silvester: zum Forst gehörend). Schon damals wurde Perelmans besondere Fähigkeit deutlich, recht anschaulich mit den sonst „trockenen" Zahlen zu operieren, das Vorstellungsvermögen der Leser zu aktivieren, Begeisterung für Naturwissenschaften zu wecken, das Ungewöhnliche im Gewöhnlichen zu sehen.

Nach einer durch lange Krankheit verursachten ganzjährigen Unterbrechung beendete Perelman 1909 sein Studium mit dem Diplom als wissenschaftlicher Forstwirt.

In seinem eigentlichen Beruf hat er nie gearbeitet, er widmete sich ganz der schriftstellerischen und pädagogischen Tätigkeit. Als Lehrer wirkte er nur in den ersten sechs Jahren nach der Großen Sozialistischen Oktoberrevolution, als er an verschiedenen Institutionen Mathematik- und Physikunterricht gab. Von ihm stammen 18 verschiedene Schulbücher. Unzählbar sind seine Vorträge und öffentlichen Vorlesungen in Klubs, Kulturhäusern und im Radio.

1915 heiratete Perelman A. D. Kaminskaja, eine junge Ärztin.

Im Jahre 1917 arbeitete Perelman als Geschäftsführer der „Besonderen Konferenz für Brennstoffe". Damals schlug er vor, zur Energieeinsparung in Rußland die Uhren um eine Stunde vorzustellen, was auch als Gesetz angenommen wurde. Im Februar 1918 war Perelman Inspektor der Abteilung „Für eine einheitliche Arbeitsschule" des Volksbildungsministeriums der RSFSR, wo er Lehrpläne und Lehrmaterialien für den Physik- und Mathematikunterricht ausarbeitete. Im gleichen Jahr nahm er zusammen mit N. K. Krupskaja an der Gründung der ersten sowjetischen populärwissenschaftlichen Zeitschrift „In der Werkstatt der Natur" teil und arbeitete als ihr Redakteur bis 1927. In den dreißiger Jahren war er auch für andere populärwissenschaftliche Zeitschriften tätig, von denen heute noch „Wissen ist Macht" und „Technik für die Jugend" erscheinen. Besonders weite Verbreitung fanden seine Broschüren, in denen er die Einführung der metrischen Maße in der Sowjetunion propagierte.

Im Jahre 1913 war die erste Auflage seines wohl bekanntesten Buches, „Unterhaltsame Physik", erschienen. Weder Perelman noch sein Verleger glaubten zunächst an einen besonderen Erfolg. Doch bald erschienen lobende Rezensionen, die ermunterten, andere Bücher im Stile der „Unterhaltsamen Physik" zu schreiben. Schon 1916 kam eine zweite, überarbeitete Auflage heraus, der bis heute in der Sowjetunion über 20 weitere folgten. Im Verlauf der Jahre schrieb Perelman außerdem: „Unterhaltsame Mechanik", „Unterhaltsame Astronomie", „Unterhaltsame Geometrie", „Unterhaltsame Algebra", „Physik auf Schritt und Tritt", „Das metrische System", „Wissenschaft in der Freizeit", „Näherungsrechnungen", „Optische Täuschungen", „Zaubereien und Unterhaltung". Andere Bücher von ihm, die nur zu seinen Lebzeiten erschienen, sind heute bibliographische Raritäten, darunter die Bücher: „Kennen Sie Physik", „Algebra auf dem Millimeterpapier", „2 mal 2 ist 5" und „Quadratur des Kreises". Weite Verbreitung fanden Perelmans Sammlungen mathematischer und physikalischer Aufgaben.

Insgesamt schrieb er über 100 Bücher und Broschüren, die allein in der Sowjetunion mehr als 400 Auflagen erhielten und in über 13 Millionen Exemplaren gedruckt wurden. Übersetzungen erschienen in 18 Ländern. Außerdem stammen mehr als 1000 Zeitungs- und Zeitschriftenbeiträge aus seiner Feder. Diese erstaunliche literarische Produktivität wurde durch Perelmans intensiven Arbeitsstil und seine außerordentlich umfangreiche persönliche Bibliothek, die mehr als 10 000 Bände umfaßte, ermöglicht.

Perelmans Bücher gehören noch heute, fast ein halbes Jahrhundert nach ihrer letzten Bearbeitung durch den Autor, zu den meistgelesenen populärwissenschaftlichen Arbeiten, vor allem natürlich in der Sowjetunion.

Schon von jungen Jahren an interessierte sich Perelman auch für Fragen der Raumfahrt und schrieb darüber mehrere Bücher. So erschienen 1915 „Interplanetare Reisen" und 1930 „Mit der Rakete zum Mond", 1932 publizierte er ein Lebensbild Ziolkowskis.

Im Oktober 1935 wurde in Leningrad von Perelman das „Haus der Unterhaltsamen Wissenschaft" gegründet, eine Art Polytechnisches Museum mit über 350 Ausstellungsstücken, die anschaulich das Wirken der Naturgesetze zeigten. In den verschiedenen Abteilungen wurde zu selbständiger Betätigung aufgefordert, Rätselaufgaben und das Darstellen großer Zahlen sollten das Vorstellungsvermögen trainieren, Scherzversuche regten zum Nachdenken an. Viele Versuche aus dem Buch „Unterhaltsame Physik" waren hier gegenständlich aufgebaut. Leider wurde das Haus nach 1945 nicht wieder eröffnet.

Zu Beginn des zweiten Weltkrieges stellte sich das Ehepaar Perelman der Landesverteidigung zur Verfügung. Perelman begann Vorträge zu Fragen des Luftschutzes und der Luftabwehr zu halten. In der schweren Zeit der Leningrader Blockade arbeitete er als Instrukteur. Nachdem sein einziger Sohn an der Front gefallen war, starb am 18. Januar 1942 seine Frau, die als Lazarettärztin tätig war. Perelman selbst setzte trotz größter Erschöpfung seine Vortragstätigkeit fort, bis auch seine Kräfte versiegten. Vor Hunger und Kälte starb er am 16. März 1942.

Viele Generationen lasen mit Interesse die unterhaltsamen Bücher Perelmans. Auch in Zukunft werden seine Bücher neue Generationen von Lesern begeistern.

Dieses Buch enthält Auszüge aus verschiedenen Büchern, deren Verfasser oder Zusammensteller J. I. Perelman war. Kürzungen und redaktionelle Änderungen wurden vorgenommen.

Bei der deutschsprachigen Ausgabe des Buches wurden konsequent die SI-Einheiten verwendet, jedoch einige Besonderheiten der russischen Ausgabe beibehalten, so z. B. veraltete Bezeichnungen der Maßeinheiten, die den Gegebenheiten der damaligen Zeit entsprechen.

J. Perelman

Unterhaltsame Physik

mit 266 Bildern

Verlag MIR Moskau
VEB Fachbuchverlag Leipzig

Titel der Originalausgabe:
Я. И. Перельман
»ЗАНИМАТЕЛЬНАЯ ФИЗИКА«
кн. 1 и 2
Издательство »Наука«, Москва

In die deutsche Sprache übersetzt von
G. Wendrock, R. Plötz und B. Steier

Wissenschaftliche Redaktion dieser deutschsprachigen Ausgabe:
Dr. Hartmut Reichenbach, Halle
Dr. Gerald Simon, Halle
Klaus Vogelsang, Leipzig

Perelman, Jakov Isidorovič:
Unterhaltsame Physik/Jakow Issidorowitsch Perelman/
[In d. dt. Spr. übers. von G. Wendrock...].–2., verb. Aufl.
–Moskau: Verl. Mir; Leipzig: Fachbuchverl., 1989.–488 S.: Ill.
EST: Zanimatel'naja fizika ⟨dt.⟩

ISBN 3-343-00465-0

Gemeinschaftsausgabe des Verlages MIR Moskau und des
VEB Fachbuchverlag Leipzig
© Verlag MIR Moskau und VEB Fachbuchverlag Leipzig, 1985, 1989
2. Auflage
LSV 1109
Einband: I. Krawzow, W. Stulikow, Moskau
Illustrationen und künstlerische Gestaltung: I. Krawzow,
W. Stulikow, D. Lion, Moskau
Satz und Druck: UdSSR
Bestellnummer 547 028 4
01980

Inhalt

Kapitel

Grundgesetze der Mechanik

...Seite 26

1

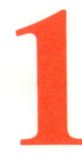

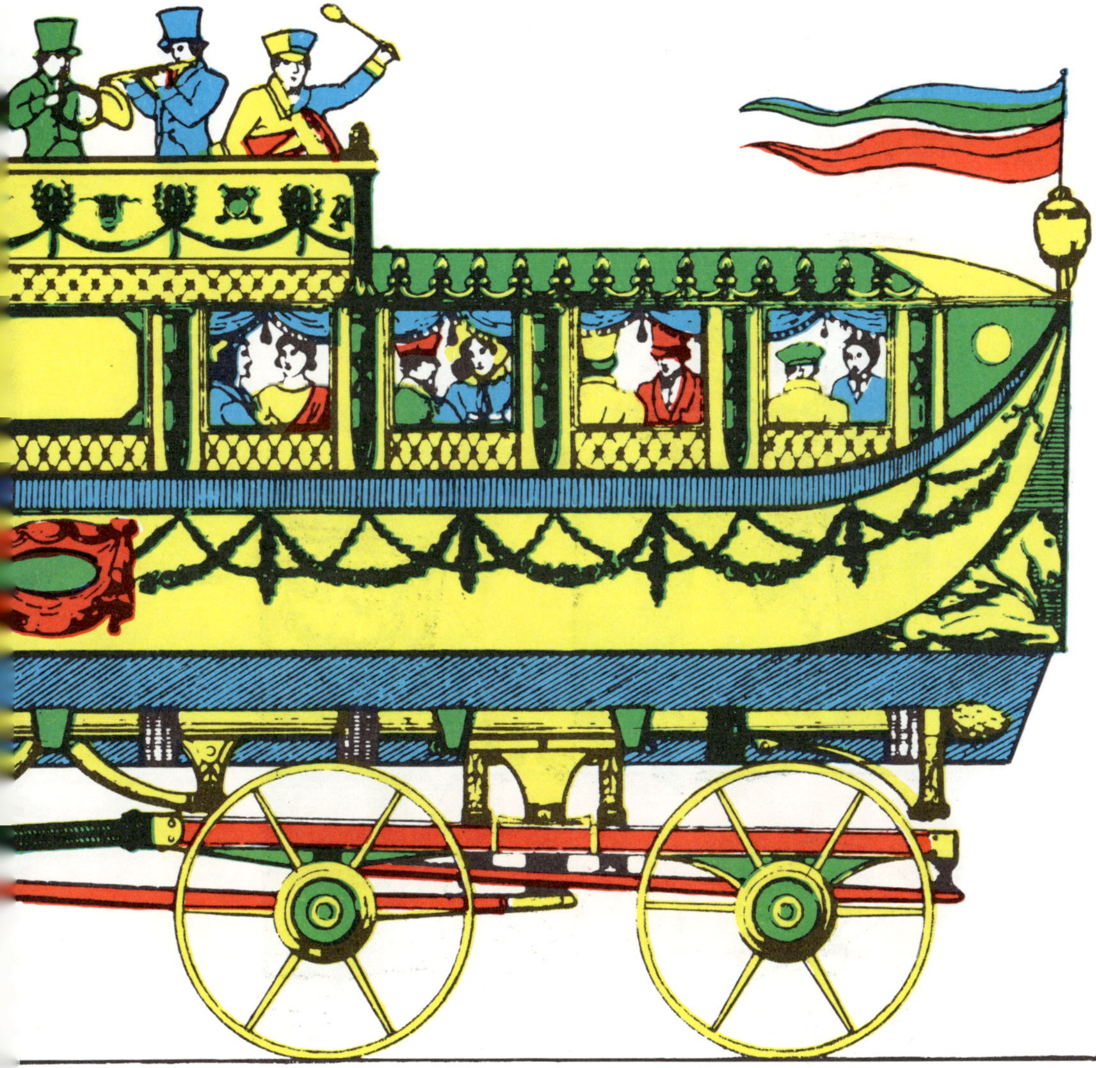

Kapitel

**Geschwindigkeit.
Zusammensetzung
von Bewegungen**

...Seite 42

2

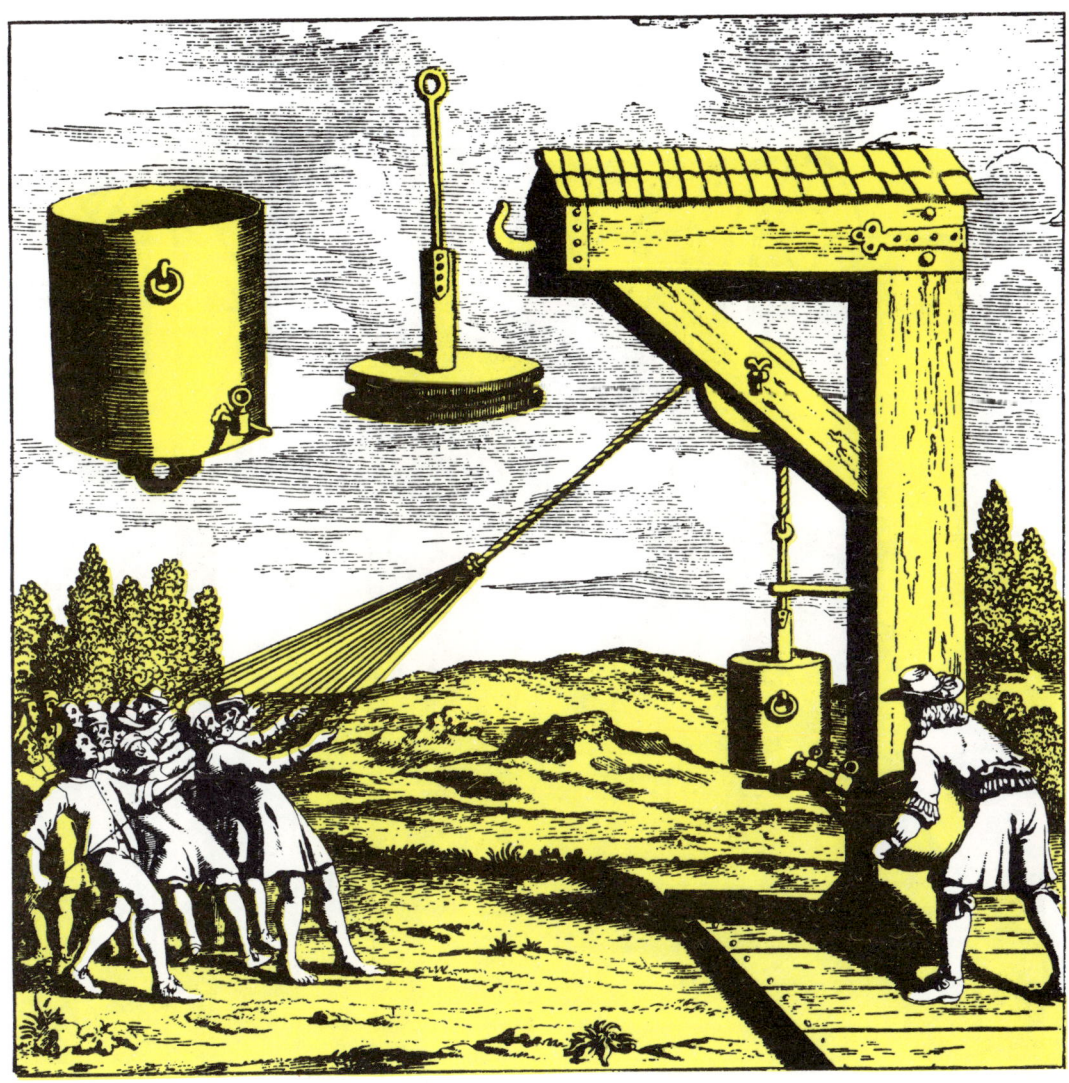

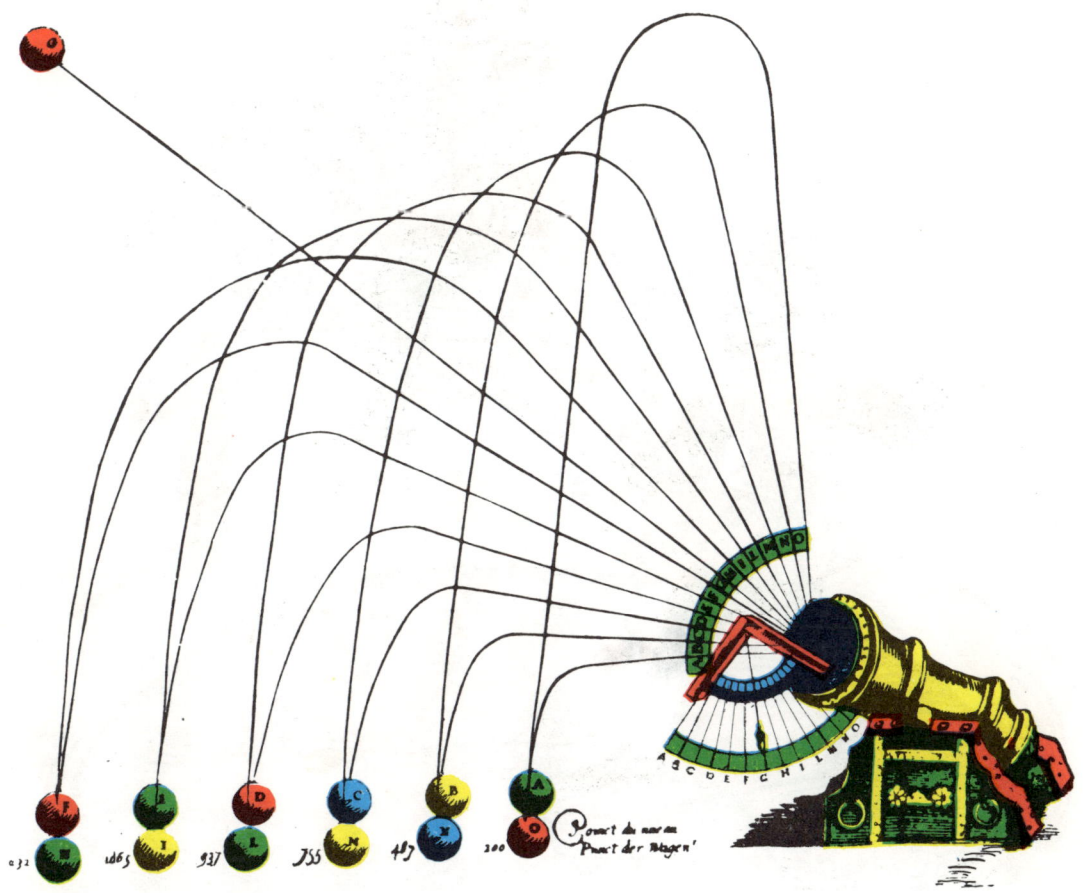

Comment il fault appliquer le quadrant '
Wie der quadrant anzuschlagen '

Tractat. 3. Cap. 13. fig. 2.

Comment du nom au
Punct der Wagen '

Kapitel

**Kreis- und Drehbe-
wegung. Perpetuum
mobile**
…Seite 107

6

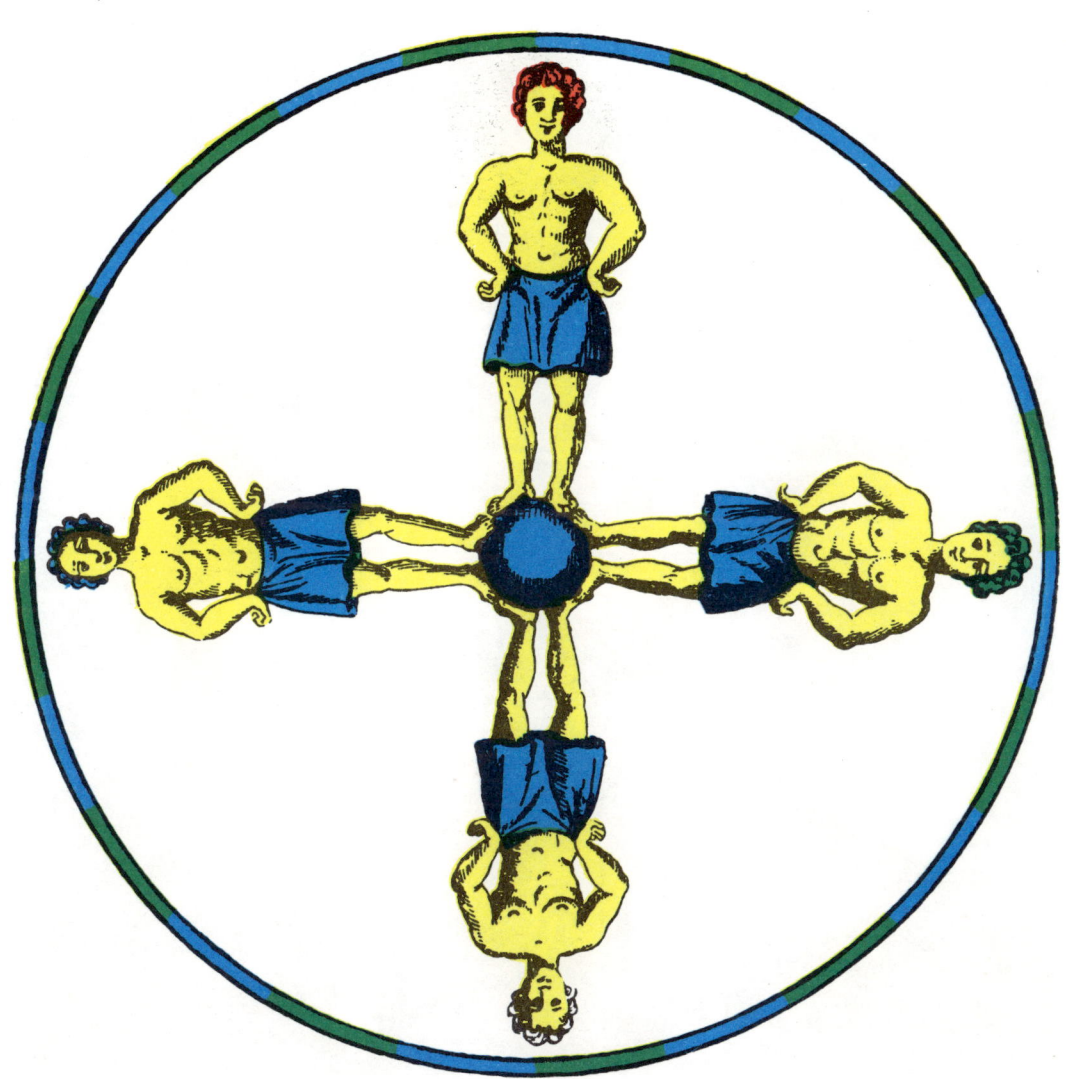

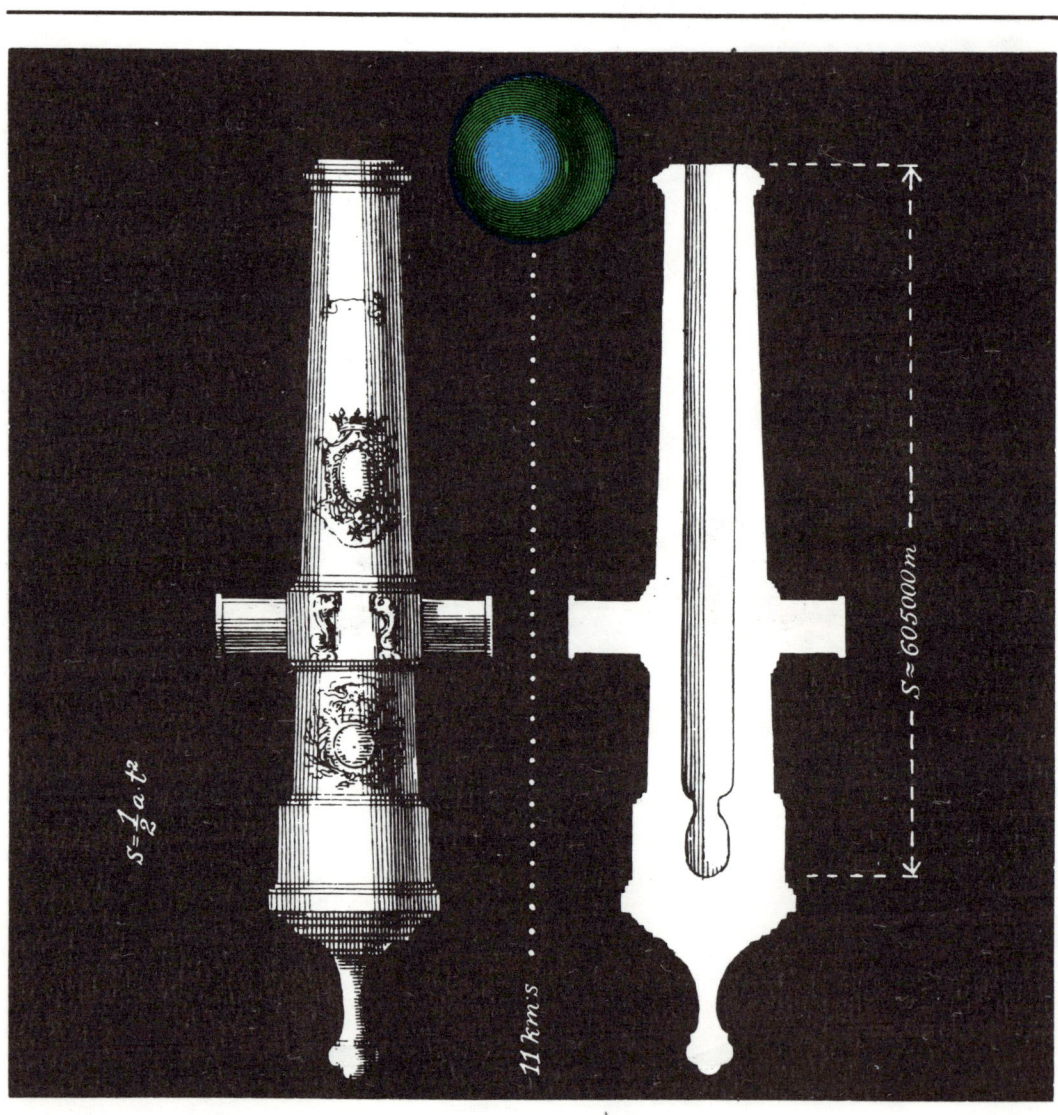

Kapitel

Die Eigenschaften der Flüssig- keiten und Gase

9

...Seite 171

Kapitel

**Wärmeerschei-
nungen**

...Seite 249

10

Kapitel

11

Kapitel

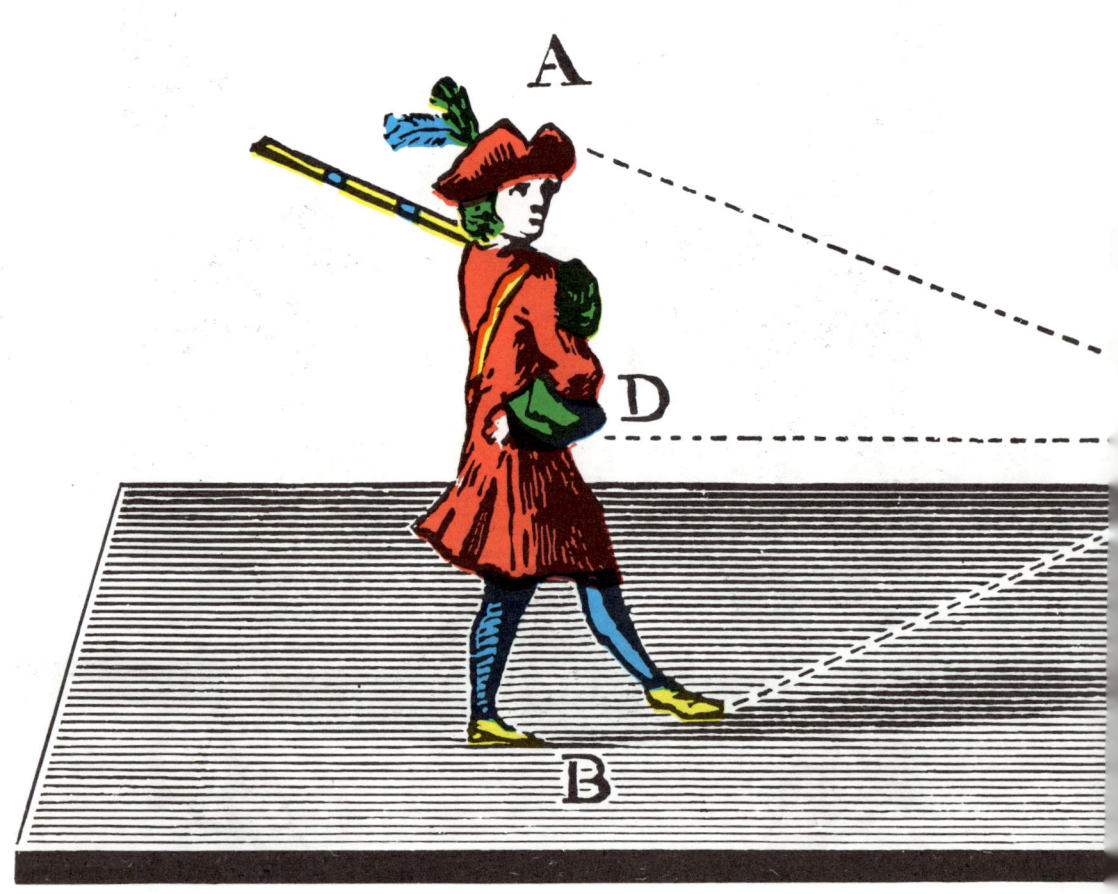

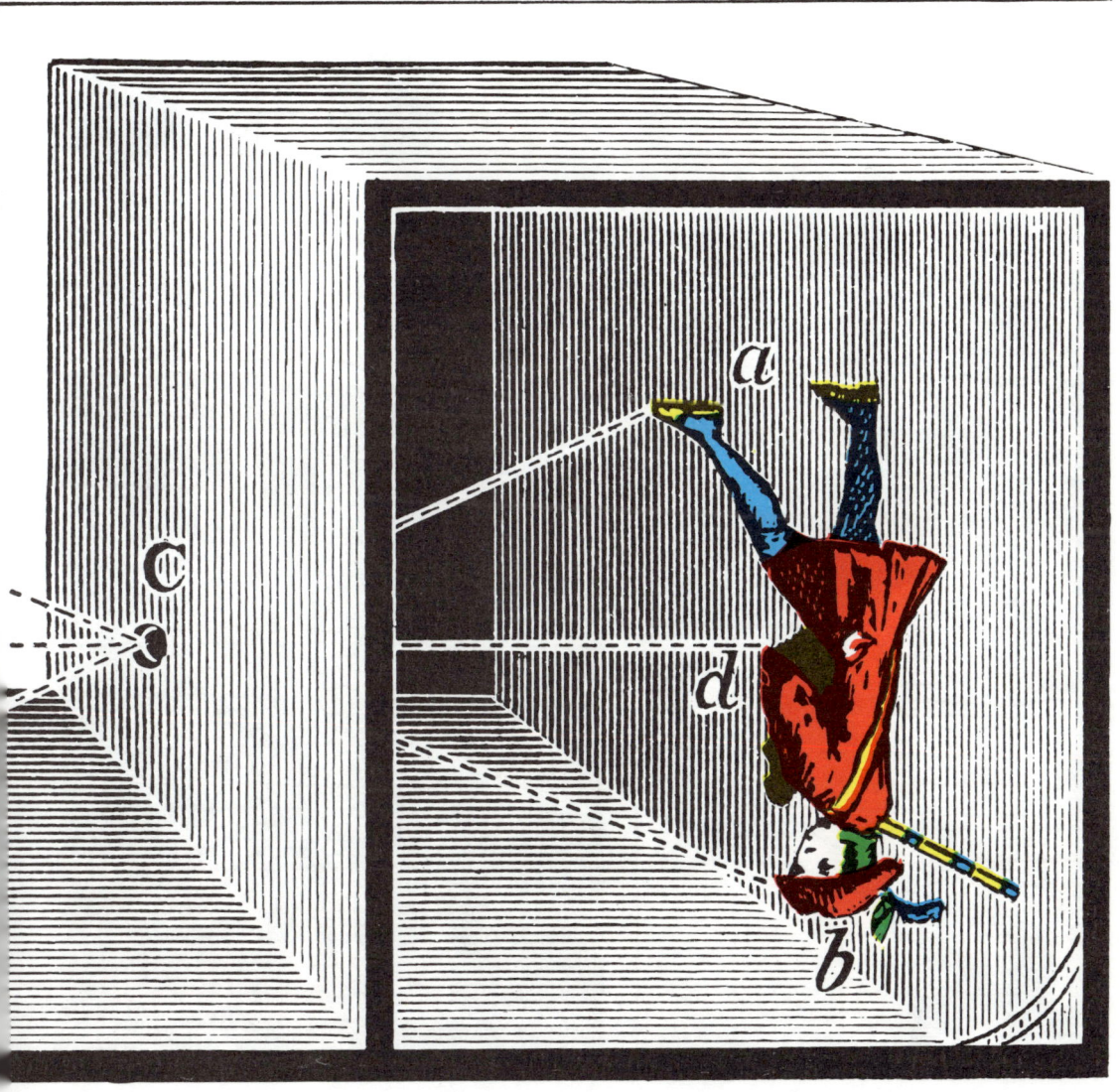

Kapitel

Reflexion und
Brechung
des Lichtes
...Seite 333

13

Kapitel 15

Der Schall.
Die Ausbreitung
von Wellen

...Seite 460

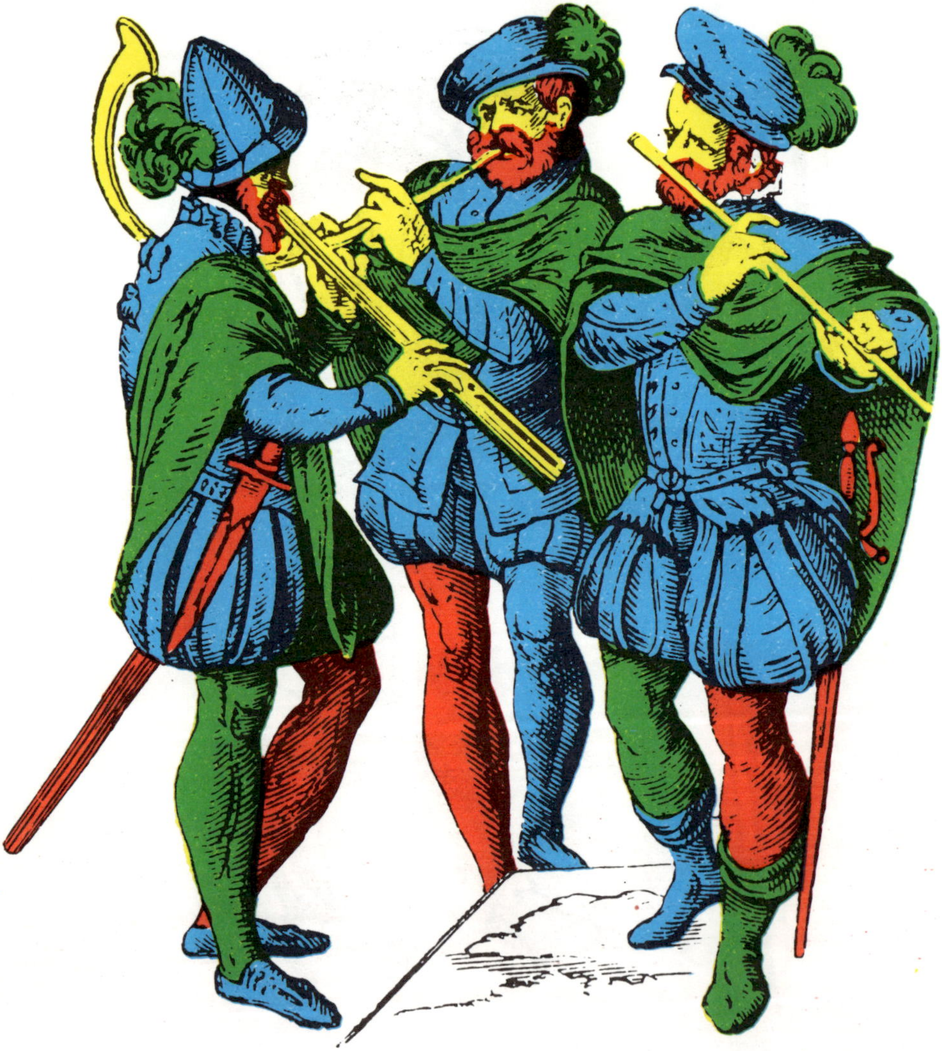

DIE BILLIGSTEN REISEN

Der geistreiche französische Schriftsteller des 17. Jahrhunderts, *Cyrano de Bergerac*, erzählt in seiner satirischen „Geschichte der Mondstaaten" (1652) unter anderem von einem merkwürdigen Vorfall, als ob er ihn erlebt hätte. Als er sich mit physikalischen Experimenten beschäftigte, wurde er eines Tages unbegreiflicherweise zusammen mit seinen Fläschchen hoch in die Luft gehoben. Nach einigen Stunden gelang es ihm, wieder auf die Erde zurückzukehren, zu seinem Erstaunen befand er sich aber nicht mehr in dem heimatlichen Frankreich und auch nicht in Europa, sondern auf dem nordamerikanischen Kontinent, in Kanada. Seinen unerwarteten Flug über den Atlantischen Ozean findet der französische Schriftsteller jedoch völlig natürlich. Er erklärt ihn damit, daß sich unser Planet nach wie vor nach Osten dreht, während der unfreiwillige Passagier von der Erdoberfläche losgelöst war. Deshalb zeigte sich unter ihm, als er wieder herabkam, anstelle von Frankreich der Kontinent Amerika.

Anscheinend ist das eine billige und einfache Art zu reisen. Man braucht sich nur über die Erde zu erheben und einige Minuten in der Luft zu bleiben, um dann sicher an einem weiter westlich gelegenen Ort wieder zu landen. Anstatt eine ermüdende Reise über Ozeane und Kontinente zu unternehmen, kann man unbeweglich über der Erde hängen und abwarten, bis diese selbst dem Wanderer den Bestimmungsort heranbringt.

Leider ist diese wunderbare Art nichts mehr als nur Phantasie. Erstens sind wir, wenn wir uns in die Luft erheben, eigentlich noch gar nicht von der Erde losgelöst. Wir bleiben durch die Gashülle mit ihr verbunden und hängen in ihrer Atmosphäre, die doch auch an der Rotation der Erde um ihre Achse teilnimmt. Die Luft (genauer ihre niederen, dichteren Schichten) dreht sich mit der Erde gemeinsam und nimmt alles mit sich, was sich in ihr befindet: Wolken, Flugzeuge, alle fliegenden Vögel,

Insekten usw. Wenn die Luft nicht an der Erdumdrehung beteiligt wäre, dann würden wir, solange wir auf der Erde ständen, fortwährend einen furchtbaren Sturm spüren, zu dem im Vergleich der schrecklichste Hurrikan[1] wie ein sanfter Hauch erscheinen würde. Sicher ist es doch gleichgültig, ob wir an einem Ort stehen und die Luft sich an uns vorüberbewegt oder umgekehrt die Luft unbeweglich ist und wir uns in

Bild 1

Kann man von einem Ballon aus sehen, wie sich die Erde dreht? (Die Zeichnung ist nicht maßstabgerecht.)

ihr bewegen. In beiden Fällen nehmen wir einen kräftigen Sturm wahr. Ein Motorradfahrer, der mit einer Geschwindigkeit von 100 km/h fährt, fühlt auch bei vollkommener Windstille einen starken Gegenwind.

Das ist die eine Seite. Zweitens würde es uns, wenn wir uns selbst in die höheren Schichten der Atmosphäre erheben könnten, oder wenn die Erde überhaupt nicht von der Lufthülle umgeben wäre, auch dann nicht gelingen, diese billige Art des Reisens auszunützen, von der der französische Satiriker phantasierte. Sobald wir uns von der Oberfläche der rotierenden Erde loslösen, *bewegen wir uns in Wirklichkeit durch die Trägheit mit derselben Geschwindigkeit weiter*, mit der sich unter uns die Erde dreht. Wenn wir uns dann wieder nach unten sinken lassen, befinden wir uns an demselben Ort, von dem wir uns vorher gelöst

---

[1] Hurrikan = Wirbelsturm. Die Geschwindigkeit eines Hurrikans beträgt mitunter etwa 40 m/s, d. h. fast 150 km/h. Ein Punkt an der Erdoberfläche bewegt sich z. B. in der geographischen Breite von Leningrad mit einer Geschwindigkeit von 230 m/s bzw. 828 km/h.

hatten, ebenso wie wir in einem Wagen eines fahrenden Zuges wieder an der Stelle herabfallen, von der aus wir hochspringen.

„ERDE, STEH STILL!"

Der bekannte englische Schriftsteller *Herbert Wells* schrieb eine phantastische Erzählung darüber, wie einst ein Büroangestellter „Wunder" vollbrachte. Der höchst unkluge junge Mann erwies sich „durch den Willen des Schicksals" als Besitzer einer wunderbaren Gabe. Er brauchte nur einen Wunsch auszusprechen, und sofort ging dieser in Erfüllung. Wie sich zeigte, brachte aber die verlockende Gabe seinem Besitzer und den anderen Leuten niemals etwas anderes als Unannehmlichkeiten. Für uns ist das Ende dieser Geschichte lehrreich.

Nach einem ausgedehnten nächtlichen Trinkgelage befürchtete der Büroangestellte und Wundertäter, erst in der Morgendämmerung nach Hause zu kommen, und es fiel ihm ein, seine Gabe auszunützen und die Nacht zu verlängern. Wie könnte man das erreichen? Man müßte den Himmelskörpern befehlen, ihrem Lauf Einhalt zu gebieten. Der Büroangestellte entschloß sich nicht sofort zu dieser ungewöhnlichen Großtat. Als ein Freund ihm riet, den Mond aufzuhalten, sah er diesen aufmerksam an und sagte nachdenklich:

„Ich glaube, dazu ist er viel zu weit entfernt... Was meinen Sie?" „Aber warum sollte man es nicht probieren?" beharrte der Freund. „Wenn er nicht stehenbleiben sollte, brauchen Sie nur die Umdrehung der Erde aufzuhalten. Ich nehme an, das wird niemandem Schaden zufügen!"

„Hm", sagte der Büroangestellte. „Gut, ich versuche es. Nun..."

Er nahm eine gebieterische Haltung an, breitete die Arme über die Erde aus und sprach feierlich: „Erde, steh still! Halte ein, dich zu drehen!"

Ehe er diese Worte zu Ende gesprochen hatte, flog er mit seinen Freunden schon mit einer Geschwindigkeit von einigen Dutzend Meilen in der Minute (etwa 10^3 m/s) in den Raum hinaus.[1]

Ohne darauf zu achten, überlegte der Büroangestellte, was sofort zu tun sei. In weniger als einer Sekunde hatte er einen Entschluß gefaßt und den nächsten Wunsch für sich ausgesprochen: „Was sich auch ereignen möge, ich soll leben und unversehrt bleiben!"

Man muß anerkennen, daß dieser Wunsch zur rechten Zeit aus-

---

[1] Dieser Wert ist zu hoch, vgl. die Fußnote auf S. 27.

gesprochen wurde. Nur wenige Sekunden vergingen, und er fiel auf frisch aufgewühlte Erde. Um ihn herum sausten Steine, Bruchstücke von Gebäuden und metallene Gegenstände verschiedener Art, ohne ihm Schaden zuzufügen. Auch eine unglückliche Kuh flog durch die Luft. Der Sturm blies mit furchtbarer Stärke.

Der Büroangestellte konnte nicht einmal den Kopf heben, un sich umzusehen.

„Unfaßbar!" schrie er mit gebrochener Stimme: „Was ist los? Sturm, was soll das? Ich muß doch irgend etwas falsch gemacht haben."

Er orientierte sich, soweit ihm das der Sturm und die flatternden Rockschöße erlaubten, und fuhr fort:

„Am Himmel scheint alles in Ordnung zu sein. Der Mond ist och da. Alles ist so geblieben... Nanu, wo ist denn die Stadt? Wo sind Hä ser und Straßen? Wie kam es zu dem Sturm? Ich habe den Sturm nicht herbefohlen."

Der Büroangestellte versuchte, wieder auf die Beine zu kommen, aber das war völlig unmöglich. Aus diesem Grunde bewegte er sich auf allen Vieren vorwärts. Dabei hielt er sich an Steinen und Bodenvorsprüngen fest. Auf irgendein bestimmtes Ziel loszugehen war übrigens nicht möglich. Alles ringsum bot ein Bild der Zerstörung, soweit das der kriechende Wundertäter unter seinen Rockschößen hervor beobachten konnte, die ihm der Wind immer wieder über den Kopf schlug.

„Anscheinend ist im Weltall etwas ernstlich verpfuscht worden", fiel es ihm ein, „aber was es ist, weiß ich leider nicht." Tatsächlich war etwas verpfuscht worden. Kein Haus, kein Baum, kein einziges Lebewesen, nichts war mehr zu sehen. Nur unförmige Trümmer und Bruchstücke lagen umher, wie man sie höchstens inmitten eines Hurrikans sieht.

Der Urheber verstand natürlich nicht, worum es sich handelte. Indessen aber läßt es sich sehr einfach erklären. Als der Büroangestellte die Erde plötzlich anhielt, dachte er nicht an die Trägheit. Aber von der Erde mußte selbstverständlich durch das urplötzliche Anhalten der Drehbewegung alles auf ihrer Oberfläche Befindliche fortgeschleudert werden. Deshalb flogen die Häuser, die Menschen, die Bäume, die Tiere – ganz allgemein alles, was nicht unlösbar mit der Hauptmasse der Erde verbunden war – in tangentialer Richtung zur Erdoberfläche mit der Geschwindigkeit eines Geschosses davon. Und danach fiel alles wieder auf die Erde zurück und wurde zertrümmert.

Der Büroangestellte verstand lediglich, daß das Wunder, das er verwirklicht hatte, nicht besonders gelungen war. Und deshalb bemächtigte sich seiner eine tiefe Abneigung gegen alle Wunder. Er gab sich das Wort, keine mehr zu vollbringen. Aber außerdem mußte er das Chaos beseitigen, das er angerichtet hatte. Und das war nicht klein. Der Sturm tobte, Rauchwolken verdeckten den Mond, und von weitem hörte man das Rauschen heranströmenden Wassers. Der Büroangestellte sah sogar im Schein eines Blitzes eine ganze Wasserwand, die sich mit ungeheurer Geschwindigkeit dorthin bewegte, wo er lag.

Er wurde entschlossen.

„Halt!" schrie er, sich zum Wasser hin wendend. „Keinen Schritt weiter!"

Danach wiederholte er denselben Befehl für den Donner, den Blitz und den Sturm. Alles wurde still.

Er kauerte sich hin und dachte nach.

„Einen solchen Wirrwarr werde ich hoffentlich nicht wieder anrichten", kam es ihm in den Sinn, und er sagte danach: „Erstens soll ich die besondere Gabe verlieren, ‚Wunder' schaffen zu können, wenn sich alles das erfüllt, was ich jetzt anordne. Ich will so wie die gewöhnlichen Menschen sein, ‚Wunder' brauche ich nicht. Sie sind ein viel zu gefährliches Spiel, wenn man nichts davon versteht. Zweitens soll alles beim alten sein: die Stadt hier, auch die Menschen und die Häuser wieder. Ich selbst will wieder so sein, wie ich einst war."

EIN BRIEF AUS DEM FLUGZEUG

Stellt euch vor, ihr sitzt in einem Sportflugzeug, das schnell über die Erde dahinfliegt. Unter euch ist eine bekannte Gegend. Im Augenblick wird gerade das Haus sichtbar, in dem euer Freund wohnt. „Es wäre nicht schlecht, ihm einen Gruß zu schicken", schießt es euch durch den Kopf. Schnell schreibt ihr einige Worte auf ein Blatt eures Schreibblockes, packt es in ein kleines Bündel und wartet den Moment ab, in dem das Haus genau unter euch zu liegen scheint. Stellt euch vor, was geschieht, wenn ihr das Bündel aus der Hand fallen lassen würdet.

Ihr seid natürlich der festen Überzeugung, daß das Bündel in den Garten des Hauses fallen würde. Aber es fiele ganz und gar nicht dorthin. Auch wenn Garten und Haus genau unter euch gelegen hätten.

Würdet ihr den Fall des Bündels vom Flugzeug aus verfolgen, so würdet ihr eine seltsame Erscheinung wahrnehmen. Das Bündel fiel nach unten, aber gleichzeitig *blieb es immer senkrecht unter dem Flugzeug*, als ob es an unsichtbaren Fäden, die am Flugzeug festgebunden sind, hinabgleiten würde. Und wenn das Bündel die Erde erreicht hätte, würde es sich weit hinter dem Ort befinden, auf den ihr gezielt hattet.

Hier zeigt sich das gleiche Gesetz der Trägheit, das uns hindert, den verführerischen Rat zu befolgen und nach der Art *Bergeracs* zu reisen. Solange das Bündel sich im Flugzeug befindet, bewegt es sich zusammen mit der Maschine. Würdet ihr es hinauswerfen, löste sich das Bündel vom Flugzeug und fiele nach unten, verlöre seine ursprüngliche Geschwindigkeit nicht und setzte beim Fallen in der Luft gleichzeitig die Bewegung in der Flugrichtung fort. Beide Bewegungen, die senkrechte und die waagerechte, setzten sich zusammen und ergäben als Flugbahn des Bündels eine gekrümmte Bahn, wobei das Bündel die ganze Zeit unter dem Flugzeug bliebe, vorausgesetzt, daß das Flugzeug selbst weder Geschwindigkeit noch Richtung des Fluges änderte. Das Bündel flöge im Grunde genommen so, wie ein waagerecht geworfener Körper, z. B. ein Geschoß aus einem waagerecht gerichteten Gewehr. Der Körper beschreibt eine gekrümmte Bahn, die schließlich auf der Erde endet.

Wir müssen bemerken, daß all das bisher Gesagte nur dann völlig richtig ist, wenn kein Luftwiderstand vorhanden wäre. In Wirklichkeit hemmte dieser Luftwiderstand sowohl die waagerechte als auch die senkrechte Bewegung des Bündels. Infolgedessen befände sich das Bündel nicht die ganze Zeit genau unter dem Flugzeug, sondern bliebe etwas hinter ihm zurück. Die Abweichung von der Senkrechten kann sehr bedeutend sein, wenn das Flugzeug hoch und mit großer Geschwindigkeit fliegt.

Würde bei Windstille das Bündel aus einem Flugzeug geworfen, das in 1000 m Höhe mit einer Geschwindigkeit von 100 km/h = 27,8 m/s fliegt, so fiele es ungefähr 400 m von dem Ort entfernt nieder, der beim Abwurf senkrecht unter dem Flugzeug lag (Bild 2).

Die Berechnung ist einfach, wenn wir den Luftwiderstand vernachlässigen. Aus der Formel für den Weg bei der gleichmäßig beschleunigten Bewegung $s = \frac{g}{2} t^2$ ergibt sich für $t = \sqrt{2s/g}$. Das heißt, aus einer Höhe von 1000 m wird ein Stein in der Zeit $t = \sqrt{2 \cdot 1000 \text{ m}/9{,}8 \text{ m/s}^2} = 14{,}3$ s fallen, also in etwa 14 s. In dieser Zeit bewegt er sich in horizontaler Richtung um $s = v \cdot t$, also $s = 27{,}8$ m/s $\cdot 14{,}3$ s $= 397{,}5$ m.

31

DER BOMBENABWURF

Nach dem Vorangegangenen wird es klar, wie schwer die Aufgabe eines Flugzeugführers im Kriege ist, der auftragsgemäß eine Bombe auf ein bestimmtes Ziel wirft. Er muß bei der Berechnung sowohl die Geschwindigkeit des Flugzeuges als auch den Einfluß der Luft auf den fallenden

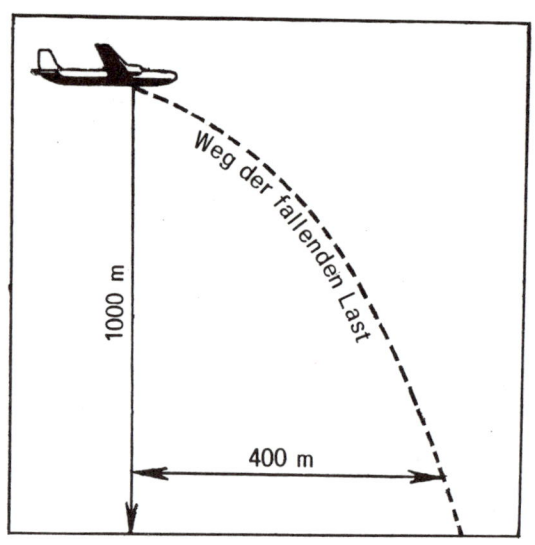

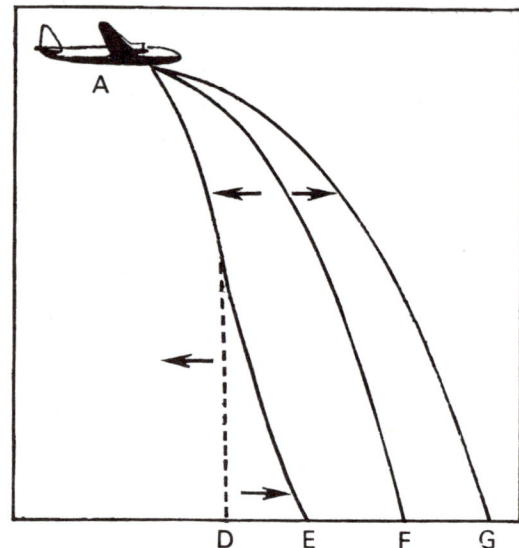

Bild 2 Das Bündel, das aus der fliegenden Maschine geworfen wird, fällt nicht senkrecht, sondern in einem Bogen.

Bild 3 Die Bahn, die eine von einem Flugzeug abgeworfene Bombe beschreibt: *AF* bei Windstille; *AG* bei Rückenwind; *AD* bei Gegenwind; *AE* bei entgegengerichtetem Höhenwind und Bodenwind in Flugrichtung.

Körper und außerdem noch die Windgeschwindigkeit berücksichtigen. In Bild 3 sind die verschiedenen Wege schematisch dargestellt, die eine abgeworfene Bombe unter den verschiedenen Bedingungen beschreibt. Wenn es windstill ist, so fliegt die geworfene Bombe auf der Kurve *AF*. Warum das so ist, haben wir im vorigen Abschnitt erklärt. Bei Wind in Flugrichtung wird die Bombe weiter getragen, und sie bewegt sich entlang der Kurve *AG*. Bei mäßigem Gegenwind fällt die Bombe entlang der Kurve *AD*, sofern der Wind oben und unten gleich stark ist. Wenn jedoch, wie das oft vorkommt, der Bodenwind die dem Höhenwind entgegengesetzte Richtung hat (oben Gegenwind, unten Wind in Flugrichtung), so ändert die Fallkurve ihre Form und nimmt die der Linie *AE* an.

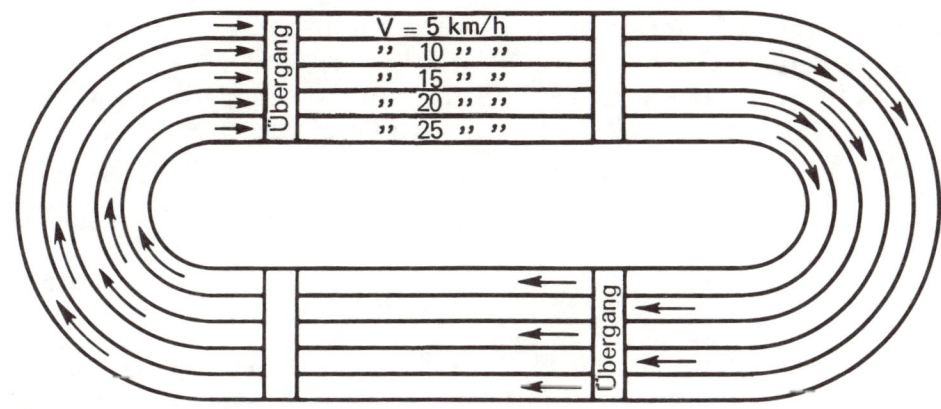

Bild 4   Die fahrenden Fußwege

DIE FAHRENDEN FUSSWEGE

Auf dem Prinzip der Relativität der Bewegung ist eine Vorrichtung aufgebaut, die bis jetzt nur auf Ausstellungen angewendet wurde. Das sind die sog. „fahrenden Fußwege". Die ersten wurden 1893 auf einer Ausstellung in Chikago aufgestellt, danach auf der Pariser Weltausstellung 1900.

Hier ist die Zeichnung einer solchen Vorrichtung (Bild 4). Ihr seht fünf voneinander getrennte bandartige Fußwege, die sich mit Hilfe eines besonderen Mechanismus bewegen; einer neben dem anderen, mit verschiedenen Geschwindigkeiten.

Der äußere Streifen bewegt sich ziemlich langsam mit einer Geschwindigkeit von 5 km/h. Das ist die normale Geschwindigkeit eines Fußgängers, und es ist nicht schwierig, diesen sich langsam bewegenden Streifen zu betreten. Nach innen zu läuft neben ihm der *zweite* Streifen mit 10 km/h Geschwindigkeit. Auf diesen direkt von der unbewegten Straße

33

aus aufzuspringen wäre gefährlich, aber vom ersten aus auf ihn überzugehen gelingt leicht. Tatsächlich hat der mit 10 km/h laufende zweite Streifen in bezug auf den ersten, der mit 5 km/h Geschwindigkeit läuft, nur eine Relativgeschwindigkeit von 5 km/h. Das bedeutet, daß es genau so leicht ist, vom ersten zum zweiten überzugehen, wie von der Erde zum ersten. Der *dritte* Streifen bewegt sich schon mit einer Geschwindigkeit von 15 km/h, aber vom zweiten Streifen aus auf ihn überzuwechseln ist schließlich nicht schwierig. So ist es auch leicht, vom dritten Streifen aus auf den nächsten zu gehen, auf den *vierten*, der mit 20 km/h Geschwindigkeit läuft, und letzten Endes von ihm aus auf den *fünften*, der bereits mit 25 km/h Geschwindigkeit dahin eilt. Dieser fünfte Streifen bringt die Personen zu dem Punkt, zu dem sie wollten. Von hier aus steigt man, durch entsprechenden Übergang von Streifen zu Streifen, auf die ruhende Erde ab.

EIN SCHWIERIGES GESETZ

Keines der drei Grundgesetze der Mechanik ruft wahrscheinlich so viel Zweifel hervor wie das berühmte dritte *Newton*sche Gesetz von der Wirkung und Gegenwirkung. Alle kennen es, sind imstande, es in vielen Fällen richtig anzuwenden, doch nur wenige sind frei von gewissen Unklarheiten. Es kann ja sein, daß es dir, lieber Leser, gelungen ist, es völlig zu verstehen, aber ich gestehe, daß ich es erst Jahrzehnte nach dem ersten Bekanntwerden mit diesem Gesetz vollkommen verstanden habe.

In Unterhaltungen mit verschiedenen Leuten mußte ich feststellen, daß die Mehrheit die Richtigkeit dieses Gesetzes nicht einmal unter großen Vorbehalten anerkennen will. Man gibt zwar gern zu, daß es für ruhende Körper gilt, aber man versteht nicht, wie man es auf die Wechselwirkung bewegter Körper anwenden kann. Die Wirkung, so sagt das Gesetz, ist immer der Gegenwirkung gleich, aber entgegengesetzt gerichtet – das heißt, wenn ein Pferd einen Wagen zieht, dann zieht auch der Wagen das Pferd mit derselben Kraft zurück. Aber dann muß doch der Wagen auf der Stelle stehenbleiben! Warum bewegt er sich trotzdem? Warum heben diese Kräfte einander nicht auf, wenn sie gleich sind? Sie heben sich auch auf; doch Pferd und Wagen sind fest miteinander verbunden, sie bewegen sich als Ganzes. (Wenn das Pferd nicht am Wagen angeschirrt wäre, würde es sich vom Wagen abstoßen, und beide bewegten sich nach entgegengesetzten Seiten.)

Wenn wir darüber nachdenken, verstehen wir, daß hier ein weiterer Körper eine Rolle spielt und in die Überlegungen einbezogen werden muß: die Erde. Die wechselseitigen Wirkungen bestehen zwischen dem Pferdegespann und der Erdoberfläche. Das Pferd stemmt sich gegen den Boden und setzt damit den Wagen in Bewegung, der auf seinen Rädern leicht rollt. Die Wechselwirkung zwischen Pferd und Wagen allein kann zu keiner Bewegung führen, weil sie nur zwischen verschiedenen Teilen ein und desselben Systems besteht. Um das dritte Newtonsche Gesetz richtig anwenden zu können, muß man wissen, daß sich Wirkung und Gegenwirkung immer auf *verschiedene Körper* beziehen, und man muß erkennen, welches diese Körper sind.[1]

Das alles würde leichter zu begreifen sein und weniger Zweifel hervorrufen, wenn das Gesetz nicht in der üblichen kurzen Form „Wirkung gleich Gegenwirkung" gegeben würde, sondern z. B. so: „Die entgegenwirkende Kraft ist gleich der wirkenden Kraft." Denn gleich sind nur die *Kräfte*, die Wirkungen aber (wenn man unter der Wirkung einer Kraft wie gewöhnlich eine Verschiebung eines Körpers versteht) sind im allgemeinen verschieden, weil die Kräfte auf *verschiedene* Körper wirken.

Als die Polareismassen den Dampfer „Tscheljuskin" eingeschlossen hatten, wirkten zwischen Eiskante und Bordwand so große Kräfte, daß der Rumpf zerdrückt wurde. Es kam zur Katastrophe, weil der Schiffskörper, der nicht ausweichen konnte, dem mächtigen Druck des Eises nicht genügend Widerstand bot, obwohl er aus Stahl gefertigt war. Ausführliches über die physikalischen Gründe des Unterganges der „Tscheljuskin" wird im 8. Abschnitt des vierten Kapitels dargelegt.

Natürlich fügt sich auch der freie Fall der Körper dem Gesetz von der Gegenwirkung, obwohl die beiden Kräfte nicht sofort zu erkennen sind. Der Apfel fällt deshalb auf die Erde, weil diese ihn anzieht. *Aber mit der gleichen Kraft zieht der Apfel auch unseren Planeten zu sich.* Streng genommen fallen Apfel und Erde aufeinander zu, aber die Geschwindigkeiten dieses Falles sind für Apfel und Erde verschieden. Die gleichen Anziehungskräfte geben dem Apfel eine Beschleunigung von etwa 10 m/s^2, aber die Beschleunigung der Erde ist um so viele Male kleiner, wie die Masse der Erde gegenüber der Masse des Apfels größer ist.

---

[1] Die letzten Sätze wurden von der Redaktion der deutschsprachigen Ausgabe neu formuliert, da sich der Autor teilweise mißverständlich ausgedrückt hatte.

3*

Natürlich ist die Masse der Erde so viel größer, daß man sich diese Zahl kaum vorstellen kann. Die Erde bewegt sich deshalb nur so wenig, daß es sich praktisch nicht feststellen läßt. Aus diesem Grunde sagen wir auch, daß der Apfel auf die Erde fällt, obwohl man eigentlich sagen müßte, daß sich Apfel und Erde aufeinander zu bewegen.

WODURCH GING DER RITTER SWJATOGOR ZUGRUNDE?

Kennt ihr die russische Sage von dem Ritter Swjatogor, der auf den Einfall kam, die Erde auszuheben? *Archimedes* war, wenn man der Überlieferung glauben darf, auch bereit, diese Großtat zu vollbringen, und forderte einen Unterstützungspunkt für seinen Hebel. Aber Swjatogor hatte Riesenkräfte und keinen Hebel. Er suchte nur etwas zum Anfassen, um seine Ritterarme zu gebrauchen. „Wenn ich zu ziehen beginnen würde, so würde ich die ganze Erde hochheben." Die Gelegenheit bot sich: Der Ritter fand auf der Erde ein Paar Griffe, die niet- und nagelfest waren.

> Swjatogor stieg von seinem treuen Roß,
> Packte die Griffe mit beiden Händen
> Und zog sie hoch bis über die Knie.
> Und Swjatogor versank bis über die Knie in die Erde.
> Und über sein weißes Antlitz flossen keine Tränen, sondern Blut.
> Wo Swjatogor versank, dort konnte er auch nicht mehr aufstehen.
> Dort fand er auch sein Ende.

Wenn Swjatogor das Gesetz von „Wirkung und Gegenwirkung" gekannt hätte, dann hätte er verstanden, daß seine Ritterkraft, wenn er sie auf die Erde anwendet, eine gleiche und folglich ebenso große entgegengesetzte Kraft hervorruft, die ihn selbst in die Erde hineinzieht.

Jedenfalls zeigt uns diese Sage, daß die Aufmerksamkeit des Volkes längst die Gegenwirkung erkannte, die die Erde erzeugt, wenn man sich auf sie stützt. Die Menschen wendeten das Gesetz von der Gegenwirkung schon Jahrtausende vorher an, bevor es *Newton* erstmalig in seinem unsterblichen Buch über die mathematischen Grundlagen der Physik verkündete.

KANN MAN SICH OHNE UNTERSTÜTZUNGSPUNKTE BEWEGEN?

Beim Gehen stoßen wir uns mit den Beinen vom Fußboden ab. Auf sehr glattem Boden oder auf Eis, auf dem die Füße keinen Halt finden, kann man nicht laufen. Die Lokomotive bewegt sich beim Fahren durch das Abrollen der Treibräder auf den Schienen vorwärts. Wenn die Schienen mit Fett eingeschmiert sind, drehen die Treibräder auf der Stelle durch. Manchmal (bei Glatteis) bestreut man sogar über eine Spezialvorrichtung die Schienen vor den Treibrädern mit Sand, damit der Zug von der Stelle bewegt werden kann. In den Anfangszeiten der Eisenbahn versah man die Räder und die Schienen mit Zähnen. Man ließ sich dabei irrtümlich davon leiten, daß die Räder an den glatten Schienen sonst keinen Widerstand finden würden.

Ein Dampfer stößt sich mit Schaufelrädern oder einer Schiffsschraube im Wasser ab. Das Flugzeug stößt sich mit Hilfe einer Schraube, dem Propeller, von der zurückgeschleuderten Luft ebenfalls ab. Kurzum, bewegt sich ein Körper in einem Medium, so stützt er sich bei seiner Bewegung auf dieses.

Kann aber ein Körper eine Bewegung ausführen, ohne daß *ein Unterstützungspunkt außerhalb von ihm* existiert?

Will man eine solche Bewegung verwirklichen, so scheint es nichts anderes zu sein als der Versuch, sich selbst an den Haaren hochzuziehen. Wie bekannt ist, gelang dieser Versuch bis jetzt nur dem Lügenbaron Münchhausen. Unterdessen wird gerade eine solche für unmöglich gehaltene Bewegung häufig vor unseren Augen ausgeführt. Wahrhaftig kann ein Körper *im Ganzen* keine Bewegung einzig und allein durch innere Kräfte ausführen, aber er kann erreichen, daß ein gewisser Teil seiner Stoffmenge sich in die eine Richtung bewegt, der übrige dafür in die entgegengesetzte. Wievielmal habt ihr schon eine fliegende Feuerwerks-Rakete gesehen? Habt ihr auch über die Frage nachgedacht, warum sie fliegt? In der Rakete haben wir gerade für diese Art der Bewegung, die uns jetzt interessiert, ein anschauliches Beispiel.

WARUM STEIGT EINE RAKETE HOCH?

Sogar heute noch trifft man nicht selten auf die folgende, vollkommen falsche Erklärung des Raketenfluges: Die Rakete würde deshalb fliegen, weil sie sich mit den Gasen, die in ihr bei der Verbrennung des Pulvers entstehen, *von der Luft abstoßen würde.* So dachte man in alten Zeiten (die Raketen sind eine sehr alte Erfindung), und diese Meinung ist auch jetzt noch unter vielen verbreitet. Aber wenn mn eine Rakete im luftleeren Raum startet, dann fliegt sie sogar schneller als im lufterfüllten Raum.

Der wahre Grund für die Bewegung einer Rakete ist sicherlich ein anderer. Sehr klar und einfach legt ihn der Märzrevolutionär *Kibaltschitsch*[1] in seinen kurz vor seiner Hinrichtung entstandenen Notizen über die von ihm erfundene Flugmaschine dar. Er schreibt in seiner Erklärung des Baues von Kriegsraketen:

„In einem Blechzylinder, der einseitig offen ist, wird ein Zylinder aus gepreßtem Schießpulver eingepaßt, der in seiner Längsachse einen Luftkanal besitzt. Das Pulver brennt von der Oberfläche dieses Kanals aus nach außen. Im Laufe eines bestimmten Zeitabschnittes breitet sich die Verbrennung bis zur äußeren Oberfläche des gepreßten Schießpulvers aus. Die sich bei der Verbrennung bildenden Gase erzeugen einen Druck nach allen Seiten. Aber die Druckkräfte auf die Seiten des Zylinders heben einander auf. Der Druck auf den Boden der Blechhülle, der nicht durch einen entgegengesetzten Druck aufgehoben wird (da die Gase in entgegengesetzter Richtung ja freien Austritt haben), treibt die Rakete in die Richtung vorwärts, in die sie vor der Zündung auf der Abschußrampe gerichtet wurde."

Hier geht dasselbe vor sich wie bei einem Kanonenschuß. Das Geschoß fliegt nach vorn, aber die Kanone selbst wird zurückgestoßen. Denkt an den Rückstoß des Gewehres und überhaupt aller Feuerwaffen! Wenn sich die Kanone frei beweglich in der Luft befände, ohne irgendwo befestigt zu sein, so würde sie sich nach dem Schuß mit einer bestimmten Geschwindigkeit rückwärts bewegen. Diese Geschwindigkeit wäre um so viele Male kleiner als die Geschwindigkeit des Geschosses, wievielmal größer die Masse der Kanone gegenüber der des Geschosses ist. In einem phantastischen Roman von *Jules Verne* überlegten die Amerikaner sogar, die Rückstoßkraft einer riesigen Kanone für die Ausführung des „grandiosen" Einfalls auszunützen, nämlich damit die Erdachse aufzurichten.

Die Rakete wirkt im Grunde genommen genauso wie eine Kanone, nur daß sie keine Geschosse, sondern Verbrennungsgase ausstößt und sich selbst dabei fortschleudert. Aus demselben Grund dreht sich auch das sogenannte „Chinesische Rad", an dessen Anblick ihr euch wahrscheinlich beim Abbrennen eines Feuerwerkes erfreut habt. Bei dem Verbrennen des Pulvers in Röhren, die am Rad befestigt sind, strömen die Gase nach einer Seite aus. Die Rohre selbst (und mit ihnen auch das

---

[1] *Kibaltschitsch* war an der Organisation und Ausführung des Attentates auf den Zaren am 1. 3. 1881 beteiligt. – Anmerkung des Übersetzers.

Rad) bewegen sich dadurch in entgegengesetzter Richtung. Im Grunde genommen ist das nur eine Abart eines allgemein bekannten physikalischen Gerätes, des *Segner*schen Wasserrades.

Bild 5 Die älteste Dampfmaschine (eine Turbine), die man *Heron von Alexandria* zuschreibt (2. Jahrhundert v. u. Z.).

Es ist interessant zu bemerken, daß vor der Erfindung des Dampfschiffes das Projekt eines mechanischen Schiffes existierte, das auf demselben Prinzip beruhte. Das Schiff sollte einen Wasservorrat besitzen, der mit Hilfe einer kräftigen Druckpumpe am Heck des Schiffes hinausgestoßen werden sollte. Infolgedessen mußte sich das Schiff vorwärts bewegen, wie die schwimmende Blechdose, die man in der Schule für die Veranschaulichung des betrachteten Prinzips im Physikunterricht benutzt. Dieses Projekt wurde nicht verwirklicht, aber es spielte eine bedeutende Rolle bei der Erfindung des Dampfschiffes und brachte *Fulton*[1] auf seine Idee.

Wir wissen auch, daß die älteste Dampfmaschine, die *Heron von Alexandria* im 2. Jahrhundert v. u. Z. erfunden hat, nach demselben Prinzip gebaut war. Der Dampf aus einem Kessel (Bild 5) trat durch ein Rohr und danach in rechtwinklig gebogenen Rohren tangential aus, stieß die Rohre in die entgegengesetzte Richtung, und die Kugel begann sich zu drehen. Leider blieb *Heron*s Dampfturbine nur ein Spielzeug, weil unter anderem die billigen Arbeitskräfte, die man in den Sklaven besaß, den Einsatz von Maschinen nicht notwendig machten. Aber das Prinzip selbst wurde in der Technik verwirklicht. In unserer Zeit wendet man es bei der Konstruktion von Reaktionsturbinen an.

Newton schreibt man eines der ältesten Projekte eines Dampfautomobiles zu, das auf demselben Prinzip arbeitete. Der Dampf strömt aus einem Kessel, der auf Räder gestellt ist. Der Kessel selbst rollt durch die Kraft des Rückstoßes in die entgegengesetzte Richtung.

Das Raketenauto stellt die moderne Abart des *Newton*schen Fahrzeuges dar.

WIE BEWEGT SICH DER TINTENFISCH?

Es wird euch seltsam vorkommen, daß es viele Lebewesen gibt, für die es scheinbar die normale Art der Fortbewegung im Wasser ist, „sich selbst an den Haaren hochzuziehen".

Die *Tintenfische* und ganz allgemein die Mehrheit der Kopffüßler bewegen sich im Wasser auf folgende Weise: Sie sammeln durch seitliche Spalten und besondere Trichter an der Vorderseite des Körpers Wasser in der Kiemenhöhle und stoßen danach energisch einen Wasserstrahl durch den erwähnten Trichter aus. Dadurch erhalten sie nach dem Gesetz von der Gegenwirkung einen entgegengerichteten Stoß, der

---

[1] *Fulton* erbaute 1807 das erste mit Dampfmaschine ausgerüstete Flußschiff.

genügt, damit sie ziemlich schnell rückwärtsschwimmen. Der Tintenfisch kann übrigens das Rohr des Trichters auch zur Seite und nach hinten richten und, wenn er durch das Rohr hindurch das Wasser schnell ausstößt, sich in jede beliebige Richtung bewegen.

Auf diesem Prinzip beruht auch die Bewegung der *Medusen*. Sie ziehen die Muskeln zusammen und stoßen dabei aus ihrem glockenförmigen

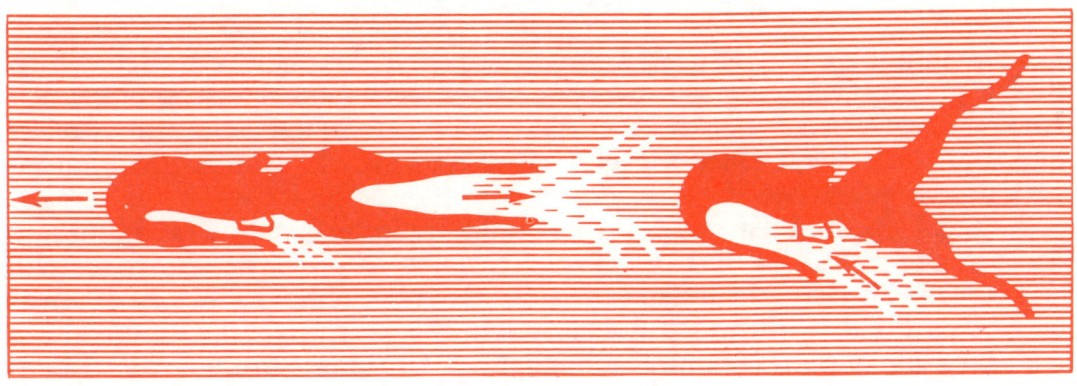

Bild 6 Schwimmbewegung des Tintenfisches

Körper Wasser aus, wodurch sie einen Rückstoß erhalten. Diese Art der Fortbewegung benutzen die *Salpen*, die Larven der *Libellen* und andere Wassertiere.

Kapitel

Geschwindigkeit. Zusammensetzung von Bewegungen

2

WIE SCHNELL BEWEGEN WIR UNS FORT?

Geschwindigkeit ist nicht Bewegung, sondern das Maß der Bewegung. Sie zeigt an, wie lang die Strecke ist, die in einer bestimmten Zeit zurückgelegt wird, oder wieviel Zeit man für eine bestimmte Strecke benötigt. Der Wert einer Geschwindigkeit kann in verschiedenen Einheiten angegeben werden.

In nachfolgender Tabelle wurden einige typische Geschwindigkeiten in Metern pro Sekunde und in Kilometern pro Stunde zusammengestellt.

Die Tabelle ist recht aufschlußreich; wir empfehlen dem Leser, etwas mehr Zeit für ihr Studium zu verwenden. Sie sagt uns zum Beispiel, daß der Mensch genau 1000mal schneller ist als das Sinnbild der Langsamkeit, die Schnecke. Er überholt zwar mit Leichtigkeit das Wasser in einem normal dahinfließenden Fluß, kann sich aber mit dem Wind nicht mehr messen. Einen Hasen kann man sogar auf dem Rennpferd nicht einholen, aber der Jagdhund schafft das spielend.

	m/s	km/h
Schnecke	0,0015	0,0054
Schildkröte	0,02	0,072
Fisch	1	3,6
Fluß	1	3,6
Fußgänger	1,4	5
Leichte Brise	3,3	12
Fliege	5	18
Skiläufer	5	18
Schnelläufer	6,5	23
Dampfer	8	29
Tragflügelschiff	16	58
Rennpferd	16	58
Hase	18	65
Adler	24	86

	m/s	km/h
Jagdhund	25	90
Schnellzug	28	101
Orkan	30	108
PKW	50	180
Verkehrsflugzeug	220	≈ 800
Schall in der Luft	330	≈ 1200
Überschalljäger	550	≈ 2000
Die Erde auf der Umlaufbahn	30 000	108 000

Für die Laufleistung von Menschen und Tieren ist jedoch die Geschwindigkeit nur bedingt aussagekräftig. So kann ein Schnelläufer sein Tempo nur über eine relativ kurze Zeit, d. h. auf einer kurzen Strecke halten. Ein Fußgänger jedoch vermag eine viel größere Strecke zu bewältigen. Der Volksmund hat das schon lange erkannt: „Fährst du leiser, kommst du weiter", sagt der Russe, und „Eile mit Weile", sagt der Deutsche.

Es hat in der Geschichte der Fortbewegungsgeschwindigkeit des Menschen mehrere markante Punkte gegeben: Benutzung von Reit- und Zugtieren, Erfindung des Rades, Erfindung des maschinellen Antriebes, Nutzung von Luftfahrt- und Raumfahrtmitteln. In unseren Tagen wurden die Überschallgeschwindigkeiten sowie die erste kosmische Geschwindigkeit von etwa 8 km/s ($8 \cdot 10^3$ m/s) (Verbleiben eines Raumflugkörpers auf der Erdumlaufbahn) und die zweite kosmische Geschwindigkeit von 11,2 km/s ($11,2 \cdot 10^3$ m/s) (Ausscheren aus der Umlaufbahn in den Weltraum) bezwungen.

WETTLAUF MIT DER ZEIT

Kann man um 8 Uhr in Wladiwostok starten und um 8 Uhr des gleichen Tages in Moskau landen?

Das geht, denn diese beiden Städte liegen sieben Zeitzonen (also 7 Stunden) und etwa 9000 km auseinander. Es wird also eine Maschine mit einer Reisegeschwindigkeit von 9000 km : 7 h $\approx$ 1300 km/h benötigt. In Polargebieten braucht sich auch ein Flugzeug dazu noch weniger anzustrengen. Ein Punkt auf dem 77. Breitengrad zum Beispiel (Insel Nowaja Semlja) legt infolge der Erdumdrehung 450 km/h zurück, so schnell muß also auch ein Flugzeug sein, dessen Passagier die Sonne immer am gleichen Fleck sehen möchte. Unsere Überlegungen beziehen sich natürlich nur auf den Fall, daß die Maschine in gleicher Richtung wie die Sonne, also der Drehrichtung der Erde entgegen, fliegt.

Noch leichter ist es, den Mond in seiner Kreisbewegung um die Erde zu „überrunden" (gemeint ist hier die Winkelgeschwindigkeit (rad/s) des Mondes und eines Verkehrsmittels auf der Erde). Der Mond zieht einen Kreis um die Erde, während diese sich 29mal um ihre Achse dreht. Darum geht er jeden Tag zu einer anderen Zeit und an einem anderen Himmelspunkt auf, anders als die Sonne, die ja bekanntlich keine Kreise um die rotierende Erde zieht und darum, von den Winter- und Sommerunterschieden abgesehen, immer früh am Morgen im Osten erscheint. Auf die Winkelgeschwindigkeit des Mondes kommt in mittleren Breitengraden bereits ein ganz gewöhnlicher Dampfer mit einer Absolutgeschwindigkeit von 25 bis 30 km/h.

Mark Twain hat sich davon selbst überzeugt und dies in seinen Reisebeschreibungen geschildert. Bei seiner Fahrt von New York nach den Azoren bemerkte er, daß der Mond jeden Abend zur gleichen Stunde und am gleichen Himmelspunkt aufging. Voraussetzung dafür war eine Fahrt des Schiffes in Ostrichtung mit einer Geschwindigkeit, die 20 Winkelminuten pro Stunde ($1,6 \cdot 10^{-6}$ rad/s) entspricht.

DER TAUSENDSTE TEIL EINER SEKUNDE

Für uns Menschen, die ja ihren eigenen Zeitbegriff haben, ist der tausendste Teil einer Sekunde so gut wie ein Nichts. Zeitabläufe von dieser Länge werden in unserer Praxis erst seit kurzem gemessen. Früher, als man die Zeit nach der Höhe der Sonne oder der Länge des Schattens bestimmte, galt die Minute nicht als merkwürdig. Man ließ sich Zeit, man hatte es nicht eilig und dachte folglich gar nicht daran, an den damaligen Uhren – Sonnenuhren, Wasseruhren, Sanduhren – eine Minutenanzeige vorzusehen (Bild 7 und 8). Den Minutenzeiger auf dem Zifferblatt brachte erst das 18. Jahrhundert mit sich, den Sekundenzeiger gibt es seit Anfang des 19. Jahrhunderts.

Was kann nun innerhalb des tausendsten Teils einer Sekunde alles passieren? Sehr viel! Ein D-Zug legt in dieser Zeit zwar nur 3 cm, der Schall jedoch schon 33 cm und ein modernes Flugzeug etwa 50 cm

Bild 7

Wasseruhr in zwei Ausführungen (nach einem alten Kupferstich). Bei der als *Klepsydra* bekannten Wasseruhr wird die Zeit nach der Geschwindigkeit bestimmt, mit der Wasser aus einem Gefäß ausläuft; die Änderung des Wasserstandes dient als Stundenanzeige (rechts), oder das auslaufende Wasser setzt eine als Zeiger fungierende Figur in Bewegung (links).

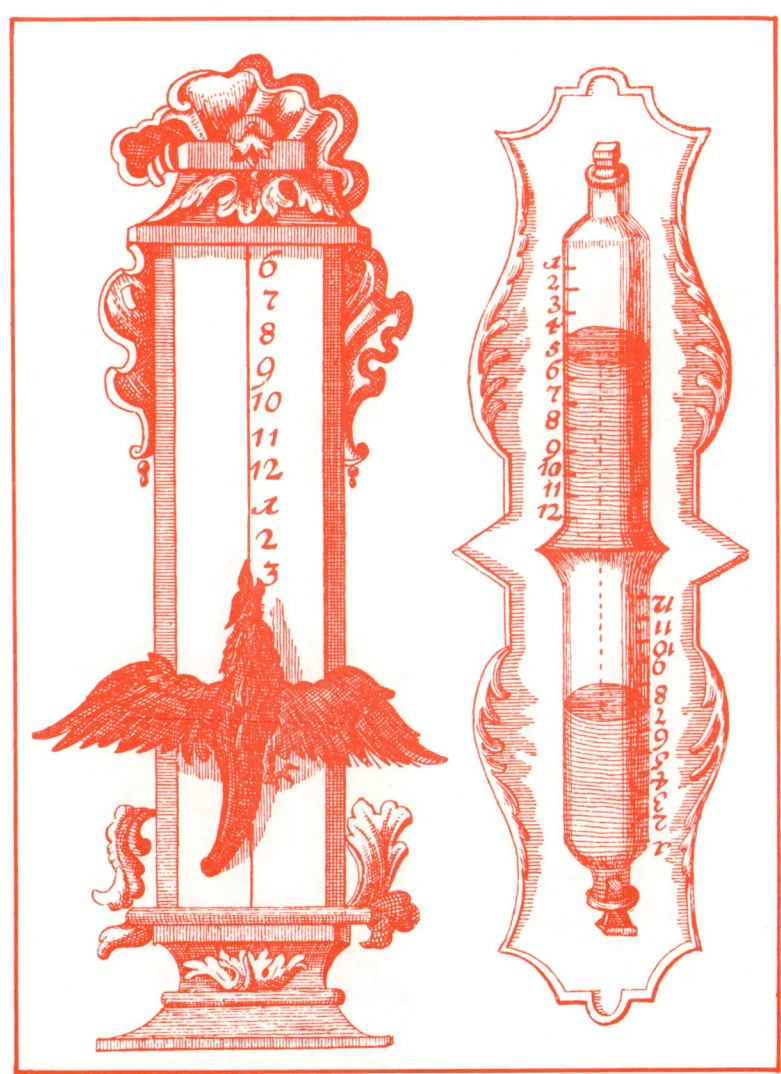

zurück, die Erde wird bei ihrer Bewegung um die Sonne $3 \cdot 10^3$ cm (30 m), das Licht $3 \cdot 10^7$ cm (300 km) bewältigen.

Kleine Geschöpfe, Insekten zum Beispiel, würden – wenn sie einen Verstand hätten – unsere Ansicht über die tausendstel Sekunde nicht

Bild 8   Sonnenuhr und Schattensäule

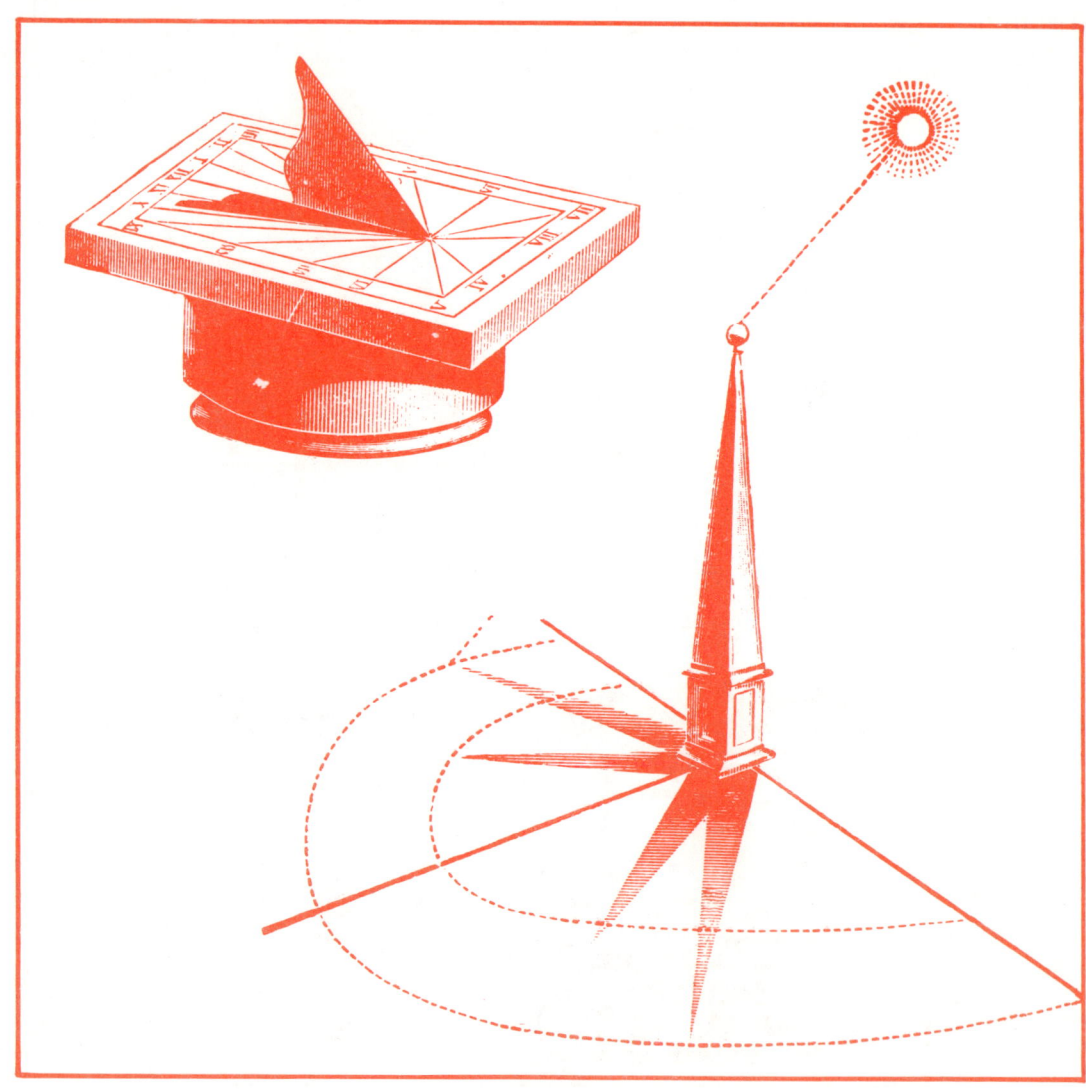

teilen. Die Mücke macht innerhalb einer Sekunde 500 bis 600 volle Flügelschläge, also schafft sie etwa eine Flügelbewegung in der Zeit von einem Tausendstel der Sekunde.

Für den Menschen ist das ein unerreichbarer Wert. Unsere schnellste Bewegung ist der „Augenblick", das Zwinkern. Es läuft so rasch ab, daß wir eine kurze Sperre des Lichtstromes gar nicht wahrnehmen. Doch nur wenige wissen, daß diese Bewegung – Synonym für kleine Zeitabläufe – in Wirklichkeit recht langsam ist, wenn man die tausendstel Sekunde als Zeiteinheit wählt. Der volle „Augenblick" dauert etwa 0,4 s, d.h. $400 \cdot 10^{-3}$ s. Er zerfällt in folgende Phasen: Senken des Augenlides (75 bis 90 tausendstel), Verharren des gesenkten Lides (130 bis 170 tausendstel) und Hebung des Lides (etwa 170 tausendstel). Leider sind wir nicht fähig, Vorgänge wahrzunehmen, die innerhalb des tausendsten Teils einer Sekunde ablaufen, darum registrieren wir die einzelnen Phasen des „Augenblicks" nicht.

Wäre unser Nervensystem so eingerichtet, dann würde sich uns eine bis zur Unkenntlichkeit veränderte Welt auftun. Die Helden in der Erzählung „Der neue Beschleuniger" des englischen Phantasten *Herbert Wells* haben eine Mixtur ausprobiert, die eine Erhöhung der Wahrnehmungsgeschwindigkeit, das heißt ein Beobachten der fremden Bewegungen im „Zeitlupentempo" ermöglicht:

„...Er öffnete die Hand, die das Glas hielt. Natürlich zuckte ich zusammen, weil ich erwartete, daß das Glas zu Boden fallen und zersplittern würde. Aber weit gefehlt, es schien sich nicht einmal zu bewegen, es hing in der Luft, bewegungslos. ‚Auf unserem Breitengrad', sagte Gibberne, ‚müßte ein Gegenstand ungefähr 16 Fuß tief in der ersten Sekunde fallen. Dieses Glas fällt tatsächlich 16 Fuß in der ersten Sekunde. Nur fällt es jetzt noch nicht einmal den hundertsten Teil einer Sekunde lang. Das vermittelt Ihnen eine Vorstellung von der Wirkung meines Beschleunigers.' Er bewegte seine Hand rund um das langsam sinkende Glas, herauf und herunter...

Ich schaute zum Fenster hinaus. Ein unbeweglicher Radfahrer mit gesenktem Kopf, eine gefrorene Staubwolke hinter sich, war sichtlich bemüht, einen schnellen Kremser zu überholen, der sich nicht vom Fleck rührte..."[1]

Der Leser wird bestimmt neugierig sein zu erfahren, wie groß, das

---

[1] Aus *H. G. Wells*: Der neue Beschleuniger.– Leipzig: Reclam, 1979

heißt, wie klein die kleinste Zeitspanne ist, die mit den Mitteln der modernen Wissenschaft gemessen werden kann. Noch Anfang unseres Jahrhunderts war das der 10 000ste Teil einer Sekunde; heute kann ein Physiker in seinem Labor den 1 000 000 000 000sten Teil der Sekunde ohne Schwierigkeiten messen. Dieser Zeitabschnitt verhält sich zur ganzen Sekunde genauso wie die Sekunde zu 30 000 Jahren! (Der kürzeste bisher gemessene Zeitabschnitt beträgt $30 \cdot 10^{-15}$ s = 30 fs; fs Femtosekunde.)

DIE ZEITLUPE

Als *Herbert Wells* seinen „Neuesten Beschleuniger" schrieb, dachte er wohl kaum, daß etwas Ähnliches einmal Wirklichkeit werden wird. Er hat es aber noch erlebt: Die Leinwand kann uns rasch ablaufende Ereignisse zeitlich gestreckt, also im „Zeitlupentempo" zeigen.

Zu diesem Zweck wird das Ereignis mit einer sehr hohen Bildfolgegeschwindigkeit aufgenommen und dann mit der genormten Vorführgeschwindigkeit – 24 Bilder je Sekunde – abgespielt. Das Verhältnis der beiden Geschwindigkeiten bestimmt den Grad der Zeitstreckung oder der Bewegungsverlangsamung. Dieses Verfahren wird heute verstärkt zur Verdeutlichung und exakten Erkennung schneller Bewegungen, zum Beispiel im Sport, benutzt.

WANN BEWEGEN WIR UNS SCHNELLER UM DIE SONNE, AM TAGE ODER NACHTS?

In Pariser Zeitungen erschien einmal eine Annonce, die gegen Entrichtung von 25 Centimes die Bekanntgabe eines Verfahrens des billigen und absolut nicht ermüdenden Reisens versprach. Es fanden sich tatsächlich Leichtgläubige, die den geforderten Betrag einsandten. Als Gegenleistung erhielten sie einen Brief folgenden Inhalts:

„Werter Herr, bleiben Sie ruhig in Ihrem Bett liegen und denken Sie daran, daß unsere Erde sich dreht. Auf dem Breitengrad von Paris – 49. Breitengrad – legen Sie jeden Tag über 25 000 Kilometer zurück. Sollten Sie jedoch eine Vorliebe für malerische Aussichten haben, dann schlagen Sie die Gardine zurück und lassen Sie sich vom Bild des Sternenhimmels begeistern."

Vor Gericht hörte sich der wegen Betrug belangte Annoncenschreiber den Urteilsspruch an, zahlte die geforderte Strafsumme, stellte sich theatralisch in Positur und – so wird berichtet – wiederholte den berühmten Ausspruch *Galilei*s:

„Und sie dreht sich doch!"

In gewissem Sinne hatte der Mann recht, denn ein jeder Einwohner unserer Erde befindet sich ständig „auf Reisen", auf der Reise um die

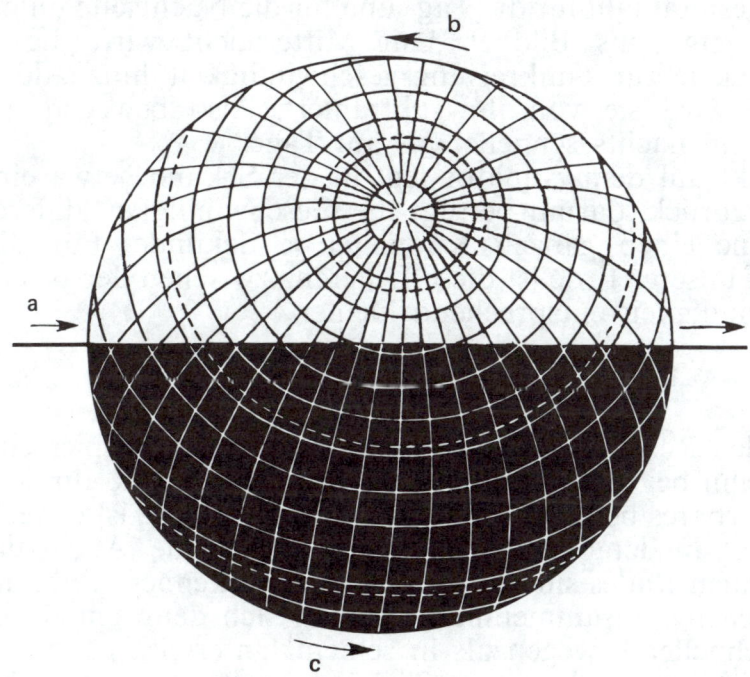

Bild 9   Die Nachthälfte der Erdkugel bewegt sich schneller um die Sonne als die Taghälfte (*a* Sonnenumlaufbahn der Erde; *b* Tagesmitte; *c* Mitternacht).

Erdachse und, mit einer noch größeren Geschwindigkeit, um die Sonne. Unser Planet dreht sich um die eigene Achse und legt außerdem im Weltraum 30 km/s zurück.

Hier ist der Platz, die in der Überschrift formulierte Frage zu stellen. Sie scheint sinnlos zu sein, denn auf der sich um die Sonne bewegenden Erde herrscht auf einer Hälfte immer Tag und auf der anderen immer Nacht.

49

Doch die Frage ist nicht sinnlos. Gefragt wurde ja schließlich nicht, wann sich die Erde als Ganzes schneller bewegt, sondern wann wir, ihre Einwohner, uns gegenüber den Sternen schneller bewegen. Wir machen im Sonnensystem zwei Bewegungen der Erde mit: Kreisbewegung um die Sonne und gleichzeitig Drehbewegung um die Erdachse. Die beiden Bewegungen setzen sich zu einer resultierenden Bewegung zusammen, doch das Resultat fällt für die Tag- und für die Nachtseite unterschiedlich aus. Dies zeigt uns Bild 9: Um Mitternacht wird die Rotationsgeschwindigkeit zur Umkreisungsgeschwindigkeit hinzuaddiert, in der Tagesmitte wird sie von ihr subtrahiert. Also bewegen wir uns im Sonnensystem nachts schneller als am Tage.

Ein Punkt auf dem Äquator legt in der Sekunde etwa einen halben Kilometer zurück, darum beträgt die Geschwindigkeitsdifferenz für die Äquatorzone einen ganzen Kilometer je Sekunde. Für die anderen Punkte auf unserer Erde ist diese Differenz zwischen der Nacht- und der Taggeschwindigkeit entsprechend kleiner.

DAS RÄTSEL DES WAGENRADES

Klebt an den Reifen eures Fahrrades einen grellen Papierschnipsel und achtet auf ihn bei der rollenden Bewegung des Rades. Ihr werdet etwas ganz Sonderbares bemerken: In der unteren Stellung ist er recht deutlich zu erkennen, in der oberen jedoch nur mit Mühe. Auch die Speichen eines rollenden Rades sind unten einzeln zu erkennen, während sie oben zu einer Scheibe zusammenfließen. Kann sich denn ein Rad in seinem Oberteil schneller bewegen als in seinem Unterteil?

Es ist wirklich so, der obere Teil eines rollenden Rades bewegt sich schneller als der untere Teil, obwohl er sich mit der gleichen Geschwindigkeit dreht. Hier trifft dasselbe zu wie in unserem Beispiel mit der rotierenden und sich zugleich vorwärtsbewegenden Erde. Oben wird die Drehbewegung des Rades zur Vorwärtsbewegung hinzuaddiert, denn beide Bewegungen verlaufen in gleicher Richtung, während sie unten subtrahiert wird, da die beiden Bewegungen in ihren Richtungen entgegengesetzt sind.

Davon kann man sich leicht überzeugen, indem man neben dem Rad einen Stab senkrecht in die Erde rammt, am Rad den oberen und den unteren Punkt markiert, das Rad etwa 20 cm wegrollt und nun die Entfernung der beiden Markierungen bis zum Stab nachmißt (Bild 10).

DER LANGSAMSTE TEIL DES RADES

Wir haben gesagt, daß die zusammengesetzte Geschwindigkeit im unteren Teil des Rades sich als Differenz zwischen der Geschwindigkeit der Vorwärtsbewegung und der Geschwindigkeit der Drehbewegung ergibt. Nun ist aber die Umfangsgeschwindigkeit der Drehbewegung im

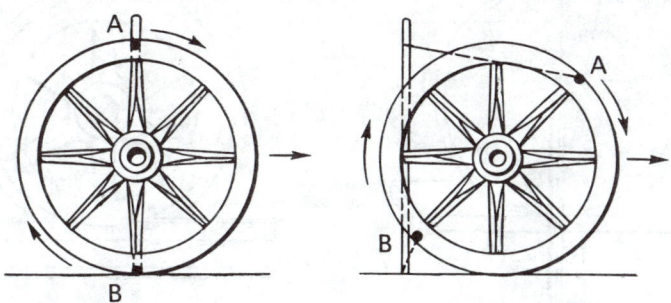

Bild 10 Der obere Teil des Rades bewegt sich schneller als der untere. Dies zeigen die unterschiedlichen Entfernungen der Punkte *A* und *B* des weggerollten Rades (rechte Zeichnung) von dem feststehenden Stab.

äußersten Punkt eines rollenden Rades gleich der Rollgeschwindigkeit, und folglich ist deren Differenz für den untersten Punkt gleich Null. In seinem untersten Punkt steht ein rollendes Rad still.

Das Gesagte gilt nur für das rollende, nicht für das frei rotierende Rad. Ein Schwungrad zum Beispiel, das keine Vorwärtsbewegung vollführt, hat in allen seinen gegenüberliegenden Punkten die gleiche, nur entgegengesetzte Geschwindigkeit in bezug zur Erde.

KEINE WITZFRAGE

Gibt es an einem Zug, der z.B. von Leningrad nach Moskau fährt, Punkte, die sich gegenüber dem Gleiskörper rückwärts bewegen, also von Moskau nach Leningrad?

Der Leser weiß selbstverständlich, daß Eisenbahnräder einen überstehenden Rand, den sogenannten Spurkranz, haben, der das Radpaar auf den Gleisschienen in der Spur hält. Und eben die Punkte dieses

4*

Spurkranzes, die unterhalb der Radauflageebene liegen, bewegen sich bei der Fahrt des Zuges nicht nach vorn, sondern nach hinten!

Davon kann man sich leicht überzeugen. Klebt an eine Scheibe – Münze oder Knopf – ein Streichholz an, so daß es am Radius der Scheibe anliegt und weit über ihren Rand hinausragt. Wenn man nun die Scheibe

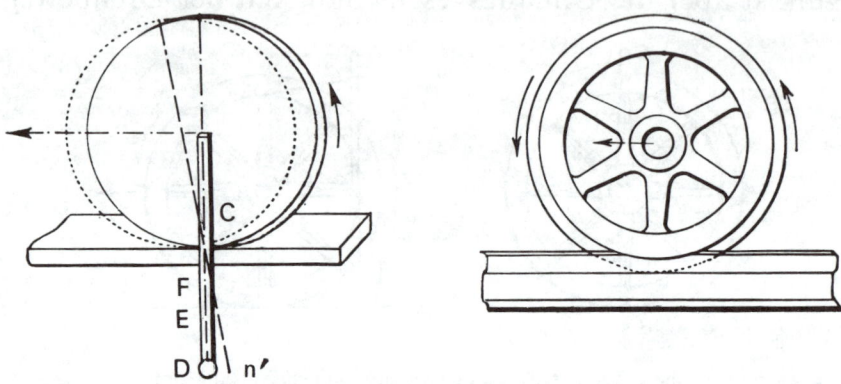

Bild 11 Der Versuch mit Scheibe und Streichholz. Bei Rollbewegung der Scheibe nach links bewegen sich die Punkte *F*, *E* und *D* auf dem überstehenden Teil des Streichholzes nach rechts.

Bild 12 Bei Rollbewegung des Eisenbahnrades nach links bewegen sich die unteren Punkte auf dem überstehenden Teil (Spurkranz) nach rechts, also rückwärts.

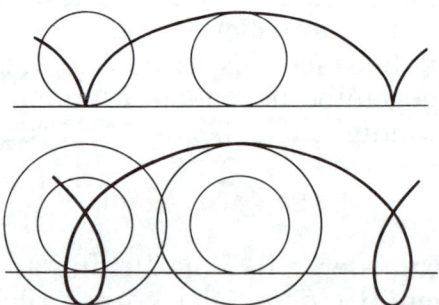

Bild 13 Oben ist die Kurve („Zykloide" – Radkurve) dargestellt, die von jedem äußersten Punkt eines rollenden Rades beschrieben wird. Das untere Bild zeigt die entsprechende Kurve für jeden äußersten Punkt des Spurkranzes.

an der Tischkante auf ein Lineal ansetzt (Bild 11), so daß das Streichholz im Punkt *C* steht, und die Scheibe von rechts nach links rollt, dann werden die Punkte *F*, *E* und *D* des überstehenden Teils sich nicht nach links, sondern nach rechts bewegen. Der Rückwärtsweg ist um so größer, je weiter der entsprechende Punkt von der Auflagefläche der Scheibe entfernt ist.

Die Rückwärtsbewegung des Spurkranzes trifft also tatsächlich zu, auch wenn sie nur den winzigen Bruchteil einer Sekunde dauert. Bild 12 und 13 verdeutlichen diesen Fakt.

WOHER KOMMT DAS SEGELBOOT?

Der Kurs eines Ruderbootes (Pfeil *a* auf Bild 14 kennzeichnet die Richtung und die Geschwindigkeit des Bootes) wird von einem Segelboot mit der Richtung und Geschwindigkeit Pfeil *b* geschnitten. Ein Außenstehender kann sofort erkennen, daß das Segelboot aus dem Punkt *M* kommt. Die Ruderer jedoch würden einen ganz anderen Punkt nennen.

Es ist nämlich so, daß die Insassen des Ruderbootes den Winkel der beiden Kurse *a* und *b* keinesfalls als rechten Winkel ansehen. Die eigene Bewegung nehmen sie nur als Bewegung der Umwelt mit ihrer eigenen Geschwindigkeit, aber in umgekehrter Richtung wahr. Darum bewegt sich das Segelboot für sie nicht nur in Richtung *b*, sondern auch in der dem Pfeil *a* entgegengesetzten Richtung (Bild 15). Die beiden Bewegungen des Segelbootes – die tatsächliche und die scheinbare Bewegung – bilden für sie die Seiten eines Parallelogramms, dessen Diagonale die Richtung und die Geschwindigkeit der resultierenden Scheinbewegung des Segelbootes anzeigt. Darum werden sie als Ausgangspunkt des Segelbootes den Punkt *N* angeben (Bild 15), der in Richtung ihrer eigenen Bewegung weit vorgelagert ist.

Den gleichen Fehler machen wir, wenn wir bei unserer Bewegung auf der Sonnenumlaufbahn der Erde auf Grund des einfallenden Lichts der Fixsterne ihren Standort, das heißt den Ausgangspunkt des Lichts, bestimmen. Die Sterne erscheinen uns etwas vorgelagert in Richtung der Erdbewegung. Die Geschwindigkeit der Erde ist zwar verschwindend gering im Vergleich zur Lichtgeschwindigkeit (ein 10 000stel), darum ist die scheinbare Abweichung der Fixsterne nur unbedeutend. Sie kann aber mittels astronomischer Geräte nachgewiesen werden und wird als Aberration bezeichnet.

Nun versucht, ohne die Ausgangsbedingungen unserer Wassersportaufgabe zu verändern, folgende Fragen zu beantworten:

1. In welche Richtung bewegt sich das Ruderboot für die Insassen des Segelbootes?

2. Welchen Punkt sehen die Insassen des Segelbootes als Zielpunkt des Ruderbootes an?

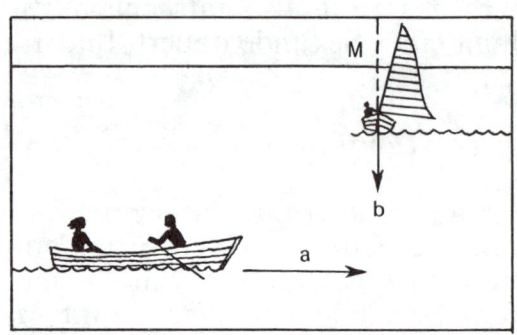 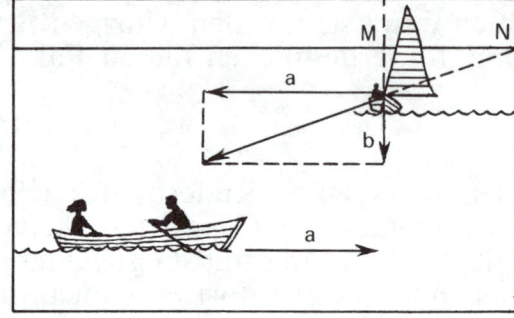

Bild 14   Das Segelboot kreuzt im rechten Winkel den Kurs des Ruderbootes. Die Pfeile *a* und *b* kennzeichnen Richtung und Geschwindigkeit. Was sehen die Ruderer?

Bild 15   Den Ruderern scheint, das Segelboot würde nicht im rechten Winkel, sondern schräg zu ihrem Kurs fahren, nicht vom Punkt *M*, sondern von Punkt *N* aus.

Als Antwort ergibt sich ein Parallelogramm, das auf dem Pfeil *a* zu errichten ist. Die Diagonale wird als Scheinbewegung schräg aufs Ufer weisen.

STEHT AUF!

Wenn ich euch jetzt sage, daß ihr euch nicht vom Stuhl erheben könnt, auch wenn ihr nicht angebunden seid, werdet ihr das als Witz auffassen.

Dann setzt euch mal, so wie es auf Bild 16 dargestellt ist: Den Oberkörper müßt ihr senkrecht halten, die Füße dürft ihr nicht unter die Sitzfläche schieben.

Könnt ihr aufstehen? Solange ihr euch nicht vorgelehnt oder die Füße unter die Sitzfläche geschoben habt, wird euch das auch bei größter Muskelanstrengung nicht gelingen.

Um den Grund zu verstehen, müssen wir uns über die Standsicherheit von Körpern überhaupt und des menschlichen Körpers insbesondere unterhalten. Ein stehender Gegenstand kippt nur dann nicht um, wenn das Lot vom Schwerpunkt des Körpers innerhalb seiner Standfläche endet. Darum muß ein geneigter Zylinder (Bild 17) unbedingt umkippen, denn das Lot von seinem Schwerpunkt aus endet außerhalb seiner Standfläche. Die sogenannten „schiefen" oder „fallenden" Türme von Pisa und Bologna kippen trotz Neigung nicht um, weil ihr Schwerpunkt noch nicht über die Kippkante, die Begrenzung der Standfläche, hinausragt (außerdem, aber das ist zweitrangig, befindet sich ihr Fundament in der Erde).

Auch ein stehender Mensch kippt nicht um, solange das Lot von seinem Schwerpunkt aus innerhalb der Standfläche verbleibt, deren Umriß vom Rand seiner Füße gebildet wird (Bild 18). Darum fällt das Stehen auf nur einem Bein oder – noch mehr – auf einem Seil so schwer: die Grundfläche ist sehr klein, und man hat große Mühe, den Schwerpunkt über sie nicht hinausragen zu lassen. Habt ihr übrigens

---

[1] Ursprünglich lautete die Überschrift „Last und Gewicht..."; wegen der unterschiedlichen Bedeutung des Wortes Gewicht, das sowohl eine Kraft als auch eine Masse bezeichnen kann, wurde dieser Gegensatz in der Überschrift deutlich gemacht.– Vgl. auch die Fußnote auf S. 63.

schon mal auf den sonderbaren Gang der „alten Seebären" geachtet? Sie haben viele Jahre auf ihrem schwankenden Schiff verbracht und sich darum angewöhnt, die Füße weit auseinander zu setzen, um die Standfläche zu vergrößern. Die erhaben stolze Haltung der Frauen im Orient erklärt sich auch durch das Streben nach Standsicherheit. Sie tragen ihre Lasten auf dem Kopf (die antiken Frauenstandbilder mit dem

Bild 16 In einer solchen Sitzstellung kann man sich nicht vom Stuhl erheben.

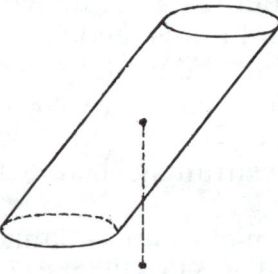 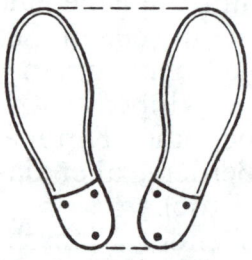

Bild 17 Ein solcher Zylinder muß umkippen, weil die Lotrechte aus seinem Schwerpunkt außerhalb der Kippkante endet.

Bild 18 Der Schwerpunkt eines stehenden Menschen befindet sich über der von den Füßen gebildeten Standfläche.

Krug auf dem Kopf sind uns allen bekannt), wodurch der Schwerpunkt sich nach oben verlagert und nur die kerzengerade Körperhaltung es möglich macht, ihn nicht über die Standfläche hinaustreten zu lassen.

Jetzt wollen wir zu unserem Aufstehversuch zurückkehren. Der Schwerpunkt eines sitzenden Menschen liegt innerhalb des Körpers, in der Nähe der Wirbelsäule, etwa 20 cm über der Bauchnabellinie. Das Lot von diesem Punkt wird unter dem Stuhl, hinter den Füßen enden. Es müßte aber, damit der Mensch stehen kann, zwischen den Füßen verlaufen.

Also müssen wir uns zum Aufstehen entweder vorneigen, um den Schwerpunkt zu verlagern, oder die Füße nach hinten versetzen, um die Standfläche unter den Schwerpunkt zu bringen. Das tun wir sonst immer, nur sind die Bedingungen der Aufgabe (Bild 16) in unserem Fall festgelegt.

DAS GEHEN UND LAUFEN

Allgemein wird angenommen, das, was man jeden Tag tausendmal tut, müßte einem bestens bekannt sein. Aber das ist ein Irrtum. Sind sich eigentlich alle im klaren darüber, wie wir unseren Körper beim Gehen und Laufen vorwärtsbewegen und wodurch sich diese beiden Bewegungsarten unterscheiden? Hören wir uns an, was die Physiologen dazu sagen. Ich bin sicher, daß für die meisten Leser diese Beschreibung ein Novum darstellen wird.

„Nehmen wir an, daß der Mensch auf einem Bein steht, z.B. auf dem rechten. Nun wollen wir uns vorstellen, daß er die Ferse anhebt und dabei den Körper vorneigt.[1] In dieser Stellung wird das Lot vom Schwerpunkt aus selbstverständlich die Standfläche verlassen, und der Mensch muß nach vorn kippen. Kaum aber beginnt dieses Kippen, und schon wird der linke Fuß, der sich in der Schwebe befand, schnell nach vorn gebracht und hinter dem Lot vom Schwerpunkt aus abgesetzt, so daß das Lot nun innerhalb der aus den Grenzlinien beider Füße gebildeten Standfläche endet. Das Gleichgewicht ist also wieder hergestellt; der Mensch hat einen Schritt ausgeführt.

Er kann in dieser recht ermüdenden Stellung auch stehenbleiben. Wenn er aber weitergehen will, dann neigt er seinen Körper noch mehr

---

[1] Dabei belastet der schreitende Mensch, wenn er sich von der Stützfläche abstößt, diese mit einer weiteren Gewichtskraft von etwa 200 N über seine eigene Gewichtskraft hinaus. Daraus folgt übrigens, daß der Mensch im Gehen einen größeren Druck auf den Boden ausübt als im Stehen.–J. I. P.

vor, verlegt das Lot vom Schwerpunkt aus nach außerhalb der Standfläche und bringt im Augenblick der Kippgefahr wieder ein Bein nach
vorn, diesmal aber nicht das linke, sondern das rechte – er macht also den
nächsten Schritt, usw. Das Gehen ist darum nichts anderes als eine Reihe
nach vorn gerichteter Kippbewegungen, denen durch das rechtzeitige

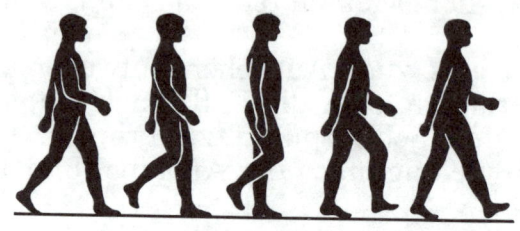

Bild 19   Die einzelnen Phasen der Gehbewegung

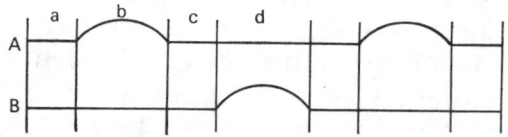

Bild 20   Darstellung der Beinbewegungen beim Gehen. Die Linien *A*
und *B* entsprechen jeweils einem Bein. Die geraden Linien
kennzeichnen die Zeit, in der der jeweilige Fuß abgesetzt ist, die
Bogenlinien verdeutlichen die Zeit der Vorschwingbewegung.
In der Zeit *a* berühren beide Füße den Boden; in der Zeit *b* ist
der Fuß *A* in der Luft, Fuß *B* ist abgestützt; in der Zeit *c*
berühren beide Füße wieder den Boden. Je schneller der
Mensch geht, um so kürzer werden die Zeitintervalle *a* und *c*
(vgl. Darstellung der Laufbewegung auf Bild 22).

Vorsetzen und Abstützen des bis dahin nicht bewegten Beines vorgebeugt wird.

Sehen wir uns die Angelegenheit näher an. Nehmen wir an, der erste
Schritt sei bereits getan. In diesem Augenblick berührt der rechte Fuß
noch den Boden, der linke jedoch wird schon wieder abgesetzt. Wenn der
Schritt nicht sehr kurz war, dann mußte sich die rechte Ferse anheben,
denn eben dieses Anheben macht es dem Körper möglich, sich vor-
zuneigen und das Gleichgewicht zu verletzen. Der linke Fuß wird

zunächst mit der Ferse abgesetzt. Wenn danach die gesamte Sohle abgesetzt wird, hebt sich der rechte Fuß vollkommen von der Erde ab. Gleichzeitig wird das linke Bein, das im Knie etwas angewinkelt war, durch Kontraktion des Oberschenkelmuskels gestreckt und nimmt für einen Augenblick die Senkrechtstellung ein. Dies macht es dem halb-

Bild 21 Die einzelnen Phasen der Laufbewegung (in bestimmten Augenblicken befinden sich beide Beine in der Luft).

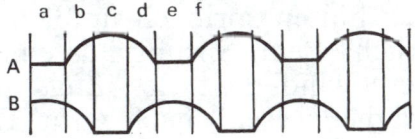

Bild 22 Darstellung der Beinbewegungen beim Laufen (vgl. Bild 20). In den Zeitintervallen *b*, *d* und *f* befinden sich beide Beine in der Luft; gleichzeitige Bodenberührung hat niemals Platz. Dies macht den Unterschied zum Gehen aus.

angewinkelten rechten Bein möglich, vorzuschwingen, ohne die Erde zu berühren, und, der Körperbewegung folgend, die Ferse genau rechtzeitig für den nächsten Schritt abzusetzen.

Die gleiche Reihe von Bewegungen beginnt dann für das linke Bein, das sich in dieser Zeit nur mit den Zehen abstützte und nun die Vorschwingbewegung auszuführen hat.

Das Laufen unterscheidet sich vom Gehen dadurch, daß das Standbein durch schlagartige Muskelkontraktion energisch gestreckt wird und den Körper vorwärtsstößt, so daß er sich für einen Augenblick vollkommen von der Erde löst. Danach fällt er wieder auf die Erde zurück, diesmal aber mit dem anderen Bein, das, solange der Körper in der Luft war, eine schnelle Vorschwingbewegung ausgeführt hat. Das Laufen besteht also aus einer Reihe von Sprüngen von einem Fuß auf den anderen.“

Was nun die Energie anbetrifft, die der Mensch beim Gehen auf einer waagerechten Straße aufwendet, so ist sie nicht gleich Null, wie manche annehmen: der Schwerpunkt des Fußgängers wird bei jedem Schritt um einige Zentimeter angehoben. Es läßt sich nachrechnen, daß die Geharbeit auf einem waagerechten Weg etwa einem Fünfzehntel der Arbeit entspricht, die aufgewendet werden müßte, um den Körper des Fußgängers auf eine Höhe zu heben, die gleich der Weglänge ist.

WIE SPRINGT MAN AUS EINEM FAHRENDEN ZUG?

Als Antwort bekommt ihr natürlich zu hören: „Man springt nach vorn, entsprechend dem Trägheitsgesetz.“ Wenn ihr nun euren Gesprächspartner bittet, dies näher zu erläutern, wird er sehr flott loslegen, aber – vorausgesetzt, man unterbricht ihn nicht – recht bald verwundert ins Stocken kommen: aus der Wirkungsrichtung der Trägheit ergibt sich nämlich, daß man nach hinten springen muß!

Wie ist es nun wirklich? Beim Sprung aus einem fahrenden Zug hat unser Körper die Geschwindigkeit des Zugs und bewegt sich also (entsprechend dem Trägheitsgesetz) nach vorn. Der Sprung nach vorn vernichtet diese Geschwindigkeit nicht, sondern erhöht sie sogar.

Daraus folgt, daß man nach hinten springen müßte, denn dabei wird die Sprunggeschwindigkeit von der Trägheitsgeschwindigkeit abgezogen und unser Körper nach dem Aufprall weniger kippgefährdet sein.

Man springt aber trotzdem nach vorn, auch wenn die Aufprallgeschwindigkeit größer ist als beim Sprung nach hinten. Der Grund besteht in folgendem: Die Trägheitsgeschwindigkeit wird in beiden Fällen nicht vernichtet, der Oberteil des Körpers bewegt sich gegenüber den zum Stehen kommenden Füßen nach vorn weiter und erzeugt damit ein Kippmoment. Nun ist aber der Sprung nach vorn weniger gefährlich, weil man der Wirkung des Kippmoments durch Weiterlaufen vorbeugen kann. Dies sind wir gewohnt, wie uns der vorhergehende Beitrag gezeigt hat: Das Gehen ist nichts anderes als eine Reihe nach vorn gerichteter Kippbewegungen, denen durch Vorsetzen der Beine vorgebeugt wird. Beim Sprung nach hinten geht das nicht, darum ist hier die Umfallgefahr viel größer.

Nach vorn springen wir also aus einem fahrenden Zug weniger aus

Überlegungen des Trägheitsgesetzes heraus als vielmehr auf Grund der Beschaffenheit unseres Körpers. Für unbelebte Gegenstände trifft dies nicht zu: eine aus dem fahrenden Zug in Fahrtrichtung hinausgeworfene Flasche wird mit viel größerer Wucht auftreffen als eine nach hinten fliegende Flasche. Wenn ihr also aus irgendeinem Grund gezwungen sein solltet, aus einem fahrenden Zug zu springen, dann werft euer Gepäck nach hinten und springt selbst nach vorn.

Sprungerfahrene Leute – Schaffner, Fahrkartenkontrolleure – springen nach hinten, schauen dabei aber in Fahrtrichtung, lassen sich also mit Schwung nach hinten abfallen. Dieses Verfahren hat zwei Vorteile: erstens wird die Trägheitsgeschwindigkeit abgebaut, zweitens kann der Rest der Trägheitsgeschwindigkeit durch Weiterlaufen abgefangen, die Gefahr des Umfallens also vermieden werden.

Noch wirksamer ist eine speziell eintrainierte Methode. Soldaten springen vom fahrenden LKW nach einem kräftigen Anlauf auf der Wagenpritsche nach hinten, machen dann die Überschlagrolle rückwärts und kommen auf der Stelle zum Stehen.

EINE GEWEHRKUGEL MIT DER HAND FANGEN

Im ersten Weltkrieg, teilten die Zeitungen mit, soll einem französischen Piloten etwas ganz Unwahrscheinliches passiert sein. In einer Höhe von etwa 2 km sah er einen kleinen Gegenstand, der sich neben seinem Gesicht bewegte (ein Kabinendach gab es damals noch nicht). Er meinte, es sei ein Insekt, und griff danach. Groß war aber seine Verwunderung, als er eine deutsche Gewehrkugel erblickte!

Hier könnte einem der Freiherr von Münchhausen in den Sinn kommen, der Kanonenkugeln mit der bloßen Hand gefangen haben will. Doch das geschilderte Ereignis ist gar nicht so abwegig.

Eine Gewehrkugel bewegt sich doch nicht immer mit ihrer Anfangsgeschwindigkeit von 800 bis 900 m/s. Infolge des Luftwiderstandes wird sie immer langsamer und macht zum Schluß – jetzt heißt sie matte Kugel – nur noch 40 m/s. Dies aber entspricht der Geschwindigkeit der damaligen Kampfflugzeuge. Die Kugel kann also neben einer solchen Maschine herfliegen, so daß es dem Piloten nichts ausmachen wird, sie mit der Hand zu fangen. Nur muß er Handschuhe tragen, denn die Kugel erhitzt sich in der Luft ganz enorm.

MELONEN ALS GESCHOSS

Eine Gewehrkugel kann, das haben wir eben gesehen, unter bestimmten Umständen harmlos werden. Möglich ist aber auch der entgegengesetzte Fall: Ein „harmloser" Körper mit einer unbedeutenden Anfangsgeschwindigkeit kann wie ein Geschoß wirken. Im Jahre 1924 fand ein Autorennen Leningrad – Tiflis (heute Tbilissi) statt. Die Bauern der kaukasischen Gebirgsdörfer warfen den Insassen der vorbeirasenden Fahrzeuge als Begrüßung Melonen und Äpfel zu. Die Wirkung dieser gutgemeinten Geschenke war alles andere als erfreulich: Die Melonen verunstalteten die Wagen, sogar die Äpfel fügten den Passagieren schwere Verletzungen zu. Die Summe aus der Eigengeschwindigkeit des Fahrzeugs und der fliegenden Melone machte diese zu einem gefährlichen Geschoß. Es läßt sich unschwer ausrechnen, daß eine Gewehrkugel von 10 g die gleiche Bewegungsenergie aufweist wie eine 4-kg-Melone, die auf einen mit 120 km in der Stunde fahrenden Wagen trifft. Nur hat die Melone infolge geringerer Härte nicht die gleiche Durchschlagskraft.

Die beschriebene Erscheinung der Geschwindigkeitsaddition macht der Luftfahrt viel zu schaffen. Bekannt ist die beachtliche Zahl der Flugzeuge, die infolge Kollision mit Vögeln abstürzen. Ein gegen die Cockpitscheibe eines Düsenflugzeugs prallender Vogel zertrümmert diese mühelos und kann dem Piloten und damit allen Fluggästen das Leben kosten.

Bei gleicher Bewegungsrichtung trifft nicht Addition, sondern Subtraktion der Geschwindigkeiten zu. Dies hat im Jahre 1935 der Lokführer *Borstschew* ausgenutzt. Er fing einen triebwagenlosen Zug aus 36 Wagen ab, der, weil aus Fahrlässigkeit keine Bremskeile untergelegt worden waren, mit einer Geschwindigkeit von 15 km/h eine abschüssige Gleisstrecke hinabrollte.

Borstschew brachte seinen bedrohten Zug zum Stehen, gab Gegendampf, fuhr mit der gleichen Geschwindigkeit von 15 km/h rückwärts und fing den frei rollenden Zug ohne jede Beschädigung ab.

Auf dem gleichen Prinzip schließlich beruht eine Vorrichtung, die das Schreiben in einem sich bewegenden Zug enorm erleichtert. Das Schreiben ist hier darum so schwierig, weil die durch das Überfahren der Schienenstöße verursachten Erschütterungen nicht synchron auf Papier und Feder wirken. Richtet man es so ein, daß die Erschütterungen gleichzeitig stattfinden, dann besteht kein Bewegungsunterschied zwischen Papier und Feder mehr und das Schreiben wird keine Mühe ausmachen.

Die entsprechende Vorrichtung ist auf Bild 23 zu sehen. Die Hand mit dem Schreibgerät wird an dem Brettchen *a* festgeschnallt, das sich in Nuten entlang eines Führungsbretts *b* quer zum Blatt bewegen kann,

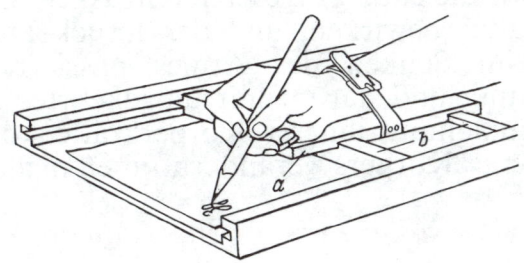

Bild 23   Diese Vorrichtung macht das störungsfreie Schreiben in einem rüttelnden Eisenbahnzug möglich.

welches wiederum zu einer Bewegung längs des Blattes fähig ist. Die Hand ist ausreichend beweglich, um schreiben zu können, die Erschütterungen des Wagens machen sich so gut wie nicht bemerkbar. Nachteilig ist nur, daß der Blick ruckweise über das Papier gleitet, denn die Erschütterungsbewegungen von Kopf und Hand sind nicht synchron.

AUF DER TAFEL EINER WAAGE

Eine Dezimalwaage gibt das Gewicht eures Körpers nur dann richtig an, wenn ihr vollkommen unbeweglich auf der Tafel steht[1]. Ihr bückt euch, und die Waage zeigt während der Bückbewegung ein niedrigeres Gewicht an. Warum? Weil die Muskeln, die den oberen Teil des Rumpfes beugen, zugleich auch den unteren Teil nach oben ziehen, so daß die Belastung der Waage geringer wird. In dem Augenblick aber, wenn ihr

---

[1] Mit einer Waage ermitteln wir im allgemeinen die Masse eines Körpers (in kg); diese ändert sich beim Bewegen auf der Waage natürlich nicht. Wir können aber auch die vom Körper ausgeübte Gewichtskraft (das ist Masse mal Fallbeschleunigung) mit der von den Wägestücken verursachten Gewichtskraft (in N) vergleichen. – Man überlege sich stets, ob man mit einer Waage eine Masse oder eine Kraft bestimmt („Gewicht" kann beides bedeuten)!

mit der Bückbewegung aufhört, bewirken die streckenden Muskeln eine deutliche Gewichtserhöhung entsprechend der höheren Belastung der Tafel durch den unteren Teil des Körpers.

Die gleiche Wirkung wird sogar durch Heben oder Senken des Armes erreicht. Das Heben des Armes geschieht mit Druck auf die Schulter und folglich mit höherer Belastung der Waage. Bei Abschluß des Hebevorgangs bringen wir die entgegengesetzten Muskeln in Funktion, die ein Anziehen der Schulter bewirken, und der Druck auf die Grundplatte wird geringer. Beim Senken des Armes passiert dasselbe, nur in umgekehrter Richtung und darum mit umgekehrter Anzeige.

Durch Wirksammachung innerer Körperkräfte können wir also die Gewichtskraft unseres Körpers verändern (aber nicht seine Masse!).

WO SIND DIE GEGENSTÄNDE SCHWERER?

Die Kraft, mit der Körper von der Erdkugel angezogen werden, nimmt mit der Höhe über der Erdoberfläche ab. In einer Höhe von 6 400 km, d.h. zwei Erdradien vom Erdmittelpunkt entfernt, würde eine Masse von einem Kilogramm an einer Federwaage einer Gewichtskraft von 2,5 N entsprechen, denn die Erdanziehungskraft sinkt hier um den Faktor 2^2, also auf ein Viertel. Entsprechend dem Gravitationsgesetz zieht die Erdkugel alle außerhalb von ihr befindlichen Körper so an, als sei ihre gesamte Masse im Mittelpunkt konzentriert, und die Kraft dieser Anziehung nimmt umgekehrt zum Quadrat der Entfernung ab.

In einer Entfernung von 12 800 km von der Erdoberfläche (d.h. Verdreifachung der Entfernung bis zum Erdmittelpunkt) würde die Erdanziehung nur $1/3^2$, d.h. 1/9 des ursprünglichen Werts betragen, die Masse von 1 kg entspricht einer Gewichtskraft von 0,11 N.

Logischerweise müßte sich daraus ergeben, daß beim Eindringen in das Erdinnere, also bei Annäherung an den Erdmittelpunkt, die Gewichtskraft zunehmen müßte. Dies stimmt aber nicht: mit der Zunahme der Abstiegtiefe werden die Körper nicht schwerer, sondern leichter. Dies erklärt sich daraus, das die für Anziehungskraft sorgenden Partikeln der Erde nun nicht mehr allein unterhalb, sondern auch oberhalb des Körpers liegen. Dies zeigt uns Bild 24. Es läßt sich beweisen, daß zur Wirkung hier nur die Anziehungskraft der Kugel mit einem Radius kommt, der gleich der Entfernung vom Erdmittelpunkt bis zum Standort des Körpers ist. Im Erdmittelpunkt selbst üben die Körper überhaupt keine Gewichtskraft mehr aus, denn die Anziehungskräfte sind alle gleichmäßig nach außen gerichtet.

Am schwersten ist also ein Körper auf der Erdoberfläche selbst, über oder unter der Erdoberfläche ist er leichter. Ein Umstand ist hier noch zu berücksichtigen. Das Gesagte wäre hundertprozentig richtig, wenn die Erdkugel in ihrer Dichte homogen wäre. In Wirklichkeit jedoch wächst

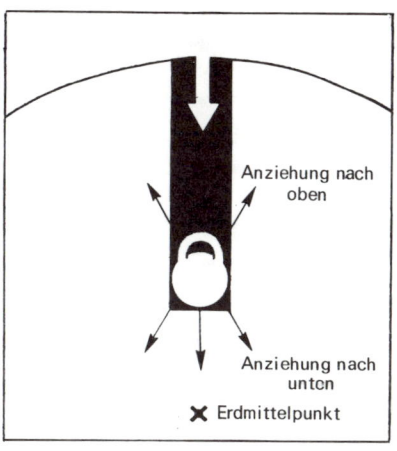

Bild 24

Die Schwerkraft nimmt mit der Tiefe ab.

die Dichte der Erde in Richtung auf ihren Mittelpunkt hin, darum werden die Körper beim Abstieg in die Erde zunächst schwerer, und erst dann nimmt ihre Gewichtskraft ab.

WELCHE KRAFT WIRKT AUF EINEN FALLENDEN KÖRPER?

Habt ihr einmal auf das sonderbare Gefühl geachtet, das ihr verspürt, wenn der Fahrstuhl seine Abwärtsbewegung beginnt? Ihr kommt euch unnormal leicht vor, etwa so, wie ein Mensch, der in die Schlucht hinabstürzt. Das ist nichts anderes als das Gefühl der Schwerelosigkeit: im ersten Augenblick der Bewegung, wenn der Fußboden unter euch bereits hinabgleitet, euer Körper aber noch nicht auf diese Geschwindigkeit gekommen ist, drückt er nur wenig gegen die Bodenfläche. Dann holt euer beschleunigt fallender Körper den gleichmäßig nach unten ziehenden Fahrstuhl ein, und ihr könnt wieder eure Masse spüren.

65

So zeigt auch ein geeichtes Wägestück an der Federwaage bei der Abwärtsbewegung einen geringeren Wert an, als der Prägestempel ausweist. Bei freiem Fall – leider (oder nicht leider?) könnt ihr ihn nicht mitmachen – zeigt eine Federwaage Null, d.h. keine Gewichtskraft an.

Das gilt für jeden Körper, sogar den allerschwersten, im Verlauf seines freien Falls. Der Grund ist leicht zu verstehen. Unter dem „Gewicht"

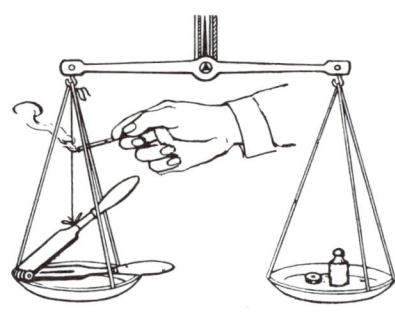

Bild 25 Ein Versuch zur Verdeutlichung der Schwerelosigkeit eines fallenden Körpers

eines Körpers verstehen wir die Kraft, mit der er an der Aufhängung zieht oder auf die Stützfläche drückt. Ein fallender Körper kann aber die Feder der Waage nicht auseinanderziehen, denn sie fällt ja mit.

(Die Frage, wieviel ein fallender Körper wiegt, läuft also auf die Frage hinaus: Wieviel wiegt ein Körper, der nicht wiegt?)

Bereits der Begründer der Mechanik, *Galilei*, hat im 17. Jahrhundert geschrieben: „Wir spüren die Last auf unseren Schultern, wenn wir bestrebt sind, ihr Fallen zu verhindern. Wenn wir uns aber mit der gleichen Geschwindigkeit nach unten bewegen wie auch die Last, die auf unserem Rücken liegt, wie kann sie dann drücken und uns belasten? Das wäre das gleiche, als wenn wir jemanden mit der Lanze spießen wollten, der vor uns mit der gleichen Geschwindigkeit läuft, mit der auch wir uns bewegen."

Der folgende, leicht auszuführende Versuch stellt eine anschauliche Bestätigung dieser Überlegung dar.

Auf die eine Schale einer Balkenwaage ist eine Nußzange zu legen, so daß der eine Schenkel auf der Schale aufliegt, während der andere am Balken festgebunden wird (Bild 25). Durch Wägestücke auf der anderen Schale ist die Waage ins Gleichgewicht zu bringen. Nun haltet ihr ein

Streichholz an den Faden – der Faden verbrennt, und der obere Schenkel wird auf die Schale herabklappen.

Preisfrage: Wie wird sich in diesem Augenblick die Schale mit der Zange verhalten?

Die Antwort wißt ihr schon aus dem vorhergehenden Text: die Schale wird für einen Augenblick nach oben wippen. In der Tat, der fallende Schenkel steht zwar mit der Schale in Verbindung, belastet sie aber in geringerem Maße, darum nimmt die Gewichtskraft der Nußzange für einen Augenblick ab, und die Schale schnellt nach oben.

AUS DER KANONE ZUM MOND

In den Jahren 1865 bis 1870 erschien in Frankreich der phantastische Roman von *Jules Verne* „Eine Reise zum Mond", in dem als Beförderungsmittel für den Besuch des Mondes ein gigantisches Kanonengeschoß benutzt wird. Viele Leser fragten sich, ob dies tatsächlich möglich wäre.

Untersuchen wir für den Anfang – zumindest theoretisch – die Möglichkeit eines Kanonengeschosses, das nicht auf die Erde zurückfallen würde. Theoretisch ist diese Möglichkeit gegeben. In der Tat, warum fällt eine horizontal abgeschossene Granate wieder auf die Erde zurück? Weil die Erde das Geschoß anzieht und dessen Flugweg krümmt. Die Erdoberfläche ist zwar auch gekrümmt, doch der Krümmungsradius der Geschoßbahn ist kleiner, und darum trifft das Geschoß wieder auf der Erde auf. Wenn man nun den Krümmungsradius der Geschoßbahn größer machen würde, damit ihre Krümmung der der Erdoberfläche entspräche, dann würde das Geschoß niemals zur Erde zurückkehren! Seine Flugbahn wäre konzentrisch zur Kreisfläche der Erde, und es würde wie der Mond um unsere Erde kreisen.

Zu diesem Zweck muß man dem Geschoß eine entsprechend hohe Geschwindigkeit verleihen. Die Größe dieser Geschwindigkeit, die man heute als die erste kosmische Geschwindigkeit bezeichnet, wollen wir nun berechnen.

Auf einem Berg, dessen Höhe wir jetzt vernachlässigen wollen, steht im Punkt A eine Kanone (Bild 26). Ein im rechten Winkel zum Erdradius abgefeuertes Geschoß würde nach einer Sekunde in Punkt B anlangen, wenn die Anziehungskraft der Erde es nicht um den Betrag BC ablenken würde. Soll die Flugbahn des Geschosses horizontal, d.h. immer in gleichem Abstand vom Erdmittelpunkt verlaufen, dann muß die Strecke 5 m betragen. 5 m legt nämlich in Nähe der Erdoberfläche jeder frei fallende Körper als Folge der Erdbeschleunigung in der ersten Sekunde zurück. Dies ist die Voraussetzung dafür, daß die Flugbahn des Geschosses konzentrisch zu dem von der Erdoberfläche gebildeten Kreis verläuft.

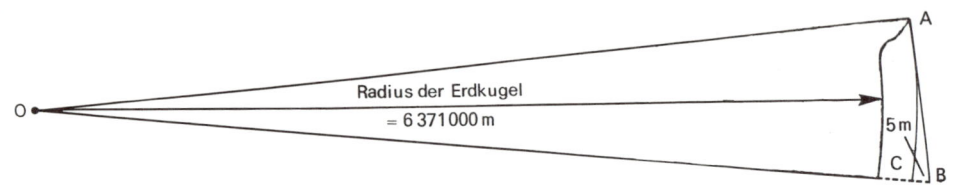

Bild 26 Zur Berechnung der Geschwindigkeit eines Körpers, der für immer auf der Erdumlaufbahn bleiben soll.

Nun bleibt uns nur noch übrig, die Strecke AB zu berechnen, das heißt jenen Weg, den das Geschoß ohne Wirksamwerden der Erdanziehung in einer Sekunde zurücklegen würde. Die Länge dieser Strecke ergibt, auf die Sekunde bezogen, die erforderliche Geschwindigkeit.

Zu diesem Zweck benutzen wir das rechtwinklige Dreieck AOB, in dem OA gleich dem Erdradius von etwa 6 370 000 m und $OB = OC + BC$ ist. Da OC (die Höhe des Berges haben wir ja vernachlässigt) gleich OA ist, erhalten wir $OB = 6\,370\,005$ m. Jetzt ergibt sich nach dem Pythagorassatz:

$$(AB)^2 = (6\,370\,005)^2 - (6\,370\,000)^2 .$$

Die Strecke AB beträgt also ungefähr 8 000 m.

Ein mit 8 000 m/s um die Erde kreisender Körper würde demnach, wenn der Luftwiderstand nicht wäre, der seine Bewegung stark hemmt, niemals auf die Erde zurückfallen. Wenn wir nun die Abschußgeschwindigkeit noch mehr erhöhen, wie würde dann die Flugbahn aussehen? In der Himmelsmechanik wird bewiesen, daß bei einer Geschwindigkeit von 8, 9 und sogar 10 km/s (10 000 m/s) ein Körper eine Ellipse um die Erde beschreiben wird, die um so gestreckter ist, je höher die Anfangsgeschwindigkeit war. Erst bei 11,2 km/s wird die Flugbahn zu einer sich nicht mehr schließenden Kurve – zur Parabel –, und dann wird der Körper aus der Erdumlaufbahn in den Weltraum ausscheren (Bild 27).

Theoretisch also ist es möglich, als Passagier eines Kanonenge-schosses, dem die nötige Geschwindigkeit verliehen worden ist, zum Mond zu fliegen. Auf die Schwierigkeiten praktischer Art soll hier nicht eingegangen werden, mit ihnen werden wir uns im Kapitel 8 befassen. Erwähnt sei lediglich, daß der Widerstand der Erdatmosphäre die Geschwindigkeit eines von der Erdoberfläche abgeschossenen Körpers

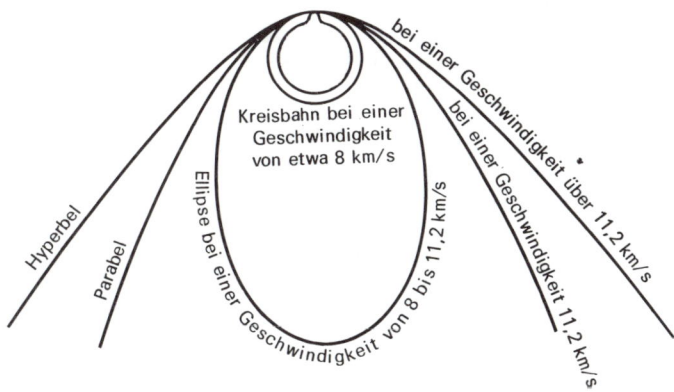

Bild 27   Die Flugbahnen eines Geschosses in Abhängigkeit von der Anfangsgeschwindigkeit

stark vermindern würde, so daß dieser Weg praktisch unreal erscheint, wenn nicht gar unmöglich ist.

DIE MONDREISE

In seinem Roman schreibt *Jules Verne*, daß alle Gegenstände in dem Augenblick, als das Geschoß den Punkt überquerte, wo die Anzie-hungskräfte der Erde und des Mondes gleich sind, ihr Gewicht verloren haben und die Reisenden selbst frei in der Luft schwebten.

Dies entspricht voll der Wirklichkeit, nur hat der Verfasser übersehen, daß die gleiche Erscheinung für alle Punkte vor und hinter dem Ort des Gravitationsgleichgewichts zutreffen muß. Wir wissen ja schon, daß die Schwerelosigkeit bei jedem freien Fall und damit auch vom ersten Augenblick des freien Fluges an eintritt.

Dies wurde von *Jules Verne* nicht berücksichtigt. Nehmen wir das Beispiel des von den Mondreisenden hinausbeförderten toten Hundes. Er ist nicht auf die Erde zurückgefallen, sondern hat neben dem Geschoß seine Bewegung fortgesetzt. Der Verfasser gibt diesem Phänomen die richtige Erklärung: Im luftleeren Raum fallen alle Körper mit der gleichen Geschwindigkeit, denn die Erdbeschleunigung wirkt auf sie alle in gleichem Maße. Auch die Geschwindigkeit von Geschoß und Hund müßte gleich sein, weil sie von der Anziehungskraft der Erde auf gleiche Weise beeinflußt wird.

Aber der Verfasser hat sich folgendes nicht überlegt. Wenn der tote Hund außerhalb des Raumflugkörpers nicht zur Erde zurückkehrt, hat er ja auch innerhalb des Geschosses keine Veranlassung, dies zu tun! Die wirkenden Kräfte sind doch innen wie außen die gleichen! Darum aber müßte auch innerhalb des Geschosses Schwerelosigkeit herrschen, und zwar nicht nur in dem Augenblick, als der Punkt mit gleicher Anziehungskraft seitens der Erde und des Mondes passiert wurde, sondern ständig. Ein Körper innerhalb des Geschosses würde nur dann keine Neigung zur Schwerelosigkeit zeigen, wenn er anderen Beschleunigungskräften als das Geschoß insgesamt ausgesetzt wäre.

Bei *Jules Verne* jedoch zerbrechen sich die Mondreisenden den Kopf, ob sie schon mit ihrem Geschoß im luftleeren Raum sind oder immer noch im Kanonenlauf stecken. Zweifel dieser Art (hat die Fahrt schon begonnen?) können Fahrgäste eines Dampfers, nicht aber Insassen eines Raumflugkörpers haben, denn die erstgenannten behalten ihre Gewichtskraft, während die anderen ihre Einbuße auf keinen Fall übersehen werden.

Es ist nur zu bedauern, daß der berühmte Phantast daran nicht gedacht hat. Das hätte ihm Gelegenheit gegeben, die für die damalige Zeit erstaunlichen Phänomene der Schwerelosigkeit – Gegenstände, die im Raum schweben, Wasser, das in jeder Lage in der Flasche bleibt – beeindruckend zu beschreiben.

RICHTIGES WÄGEN MIT EINER FEHLERHAFTEN WAAGE

Worauf kommt es beim richtigen Wägen an, auf die Waage oder auf die Wägestücke?

Ihr meint, auf beides? Da irrt ihr euch. Richtig wägen kann man auch, wenn man keine richtiggehende Waage, aber zuverlässige Massen (neuerdings heißen sie offiziell Wägestücke) bei der Hand hat. Dafür gibt es mehrere Methoden. Wir wollen uns zwei von ihnen ansehen.

Die erste ist vom berühmten russischen Chemiker *Mendelejew* vorgeschlagen worden. Dabei wird auf die eine Schale irgendeine Last gelegt – ihre Masse spielt nicht die geringste Rolle, sie muß nur höher als die Masse des zu wägenden Gegenstandes sein. Dann wird die Waage durch Wägestücke auf der anderen Schale ins Gleichgewicht gebracht. Jetzt legt man auf die Schale mit den Wägestücken den zu wägenden Gegenstand und nimmt soviel Wägestücke herunter, daß wieder Gleichgewicht herrscht. Die Masse der entfernten Wägestücke ist offensichtlich gleich der Masse des Gegenstandes: Da sie beide auf der gleichen Schale lagen, kommt der Fehler der Waage nicht zur Wirkung.

Dieses Verfahren, das den Namen „Dauerlastverfahren" trägt, eignet sich besonders für das Wägen einer ganzen Reihe von Gegenständen: Die Grundlast bleibt immer die gleiche, es verändert sich nur die Zahl der von der anderen Schale entfernten Wägestücke.

Die andere Methode, die nach ihrem Erfinder als „Borda-Verfahren" bezeichnet wird, besteht in folgendem. Auf die eine Schale legt man den zu wägenden Gegenstand, auf die andere schüttet man Sand oder Schrot, bis Gleichgewicht herrscht. Jetzt entfernt man den Gegenstand (der Sand bleibt!) und legt Wägestücke auf die Schale, bis die Waage wieder ins Gleichgewicht kommt. Bei diesem Verfahren wird der zu wägende Gegenstand ersetzt, substituiert, und darum sagt man auch „Substitutionswägung" dazu.

Dieses Verfahren läßt sich auch auf einer fehlerhaften Federwaage anwenden, die ja bekanntlich nur eine Schale besitzt, wenn zuverlässige Wägestücke vorhanden sind. Sand oder Schrot wird dabei nicht benötigt. Den zu wägenden Gegenstand legt man auf die Schale und merkt sich den Anzeigewert. Danach bringt man soviel Wägestücke auf die Schale (der Gegenstand wurde natürlich vorher entfernt), daß die gleiche Anzeige erreicht wird. Die Masse dieser Wägestücke wird offenbar der Masse des durch sie ersetzten Gegenstandes gleich sein.

MEHR KRAFT, ALS MAN HAT

Wieviel könnt ihr mit einer Hand heben? Nehmen wir an, 10 kg. Ihr meint, diese 10 kg entsprechen der Muskelkraft eures Armes? Da irrt ihr euch gewaltig: Ihr habt viel mehr Kraft! Das wird euch klar, wenn ihr euch mit der Funktion eures Bizeps vertraut macht (Bild 28). Er ist in der Nähe des Drehpunkts jenes Hebels befestigt, der durch den Unterarmknochen gebildet wird, die Last aber greift am anderen Ende dieses Hebels an. Die Entfernung der Last vom Drehpunkt, d. h. vom Gelenk, ist fast 8mal größer als die Entfernung des Muskelbefestigungspunktes vom Drehpunkt. Euer Bizeps entwickelt also eine Kraft, die 8mal größer ist als die Gewichtskraft der Last in eurer Hand. Würde der Bizeps unmittelbar an eurer Hand befestigt sein, könntet ihr demnach bei

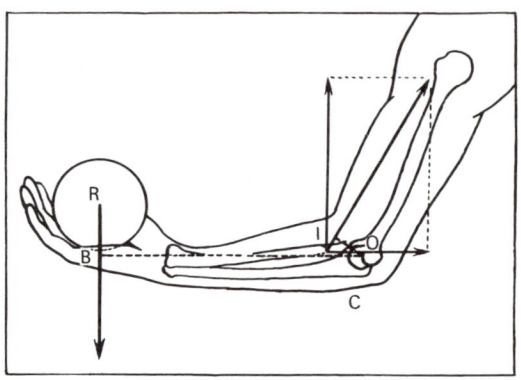

Bild 28 Der Unterarm des Menschen ist ein einseitiger Hebel. Die Hebekraft greift im Punkt *I* an; der Drehpunkt des Hebels befindet sich in Punkt *O* des Armgelenks; der zu überwindende Widerstand (Last *R*) greift im Punkt *B* an. Der Hebelarm *BO* ist etwa 8mal größer als der Hebelarm *IO*.

gleicher Anstrengung 80 kg heben. Ihr könntet es, nur wäre der Weg dieser Hebebewegung sehr klein.

Euer Überschuß an Kraft wird nämlich nicht verschenkt. Hier gilt die schon im Altertum bekannte „goldene Regel" der Mechanik: Was an Kraft verschenkt wird, wird an Weg wieder gutgemacht. Auf unseren Fall angewandt, heißt das: Unsere Arme bewegen sich 8mal schneller als die zu ihrer Betätigung dienenden Muskeln. Die Art und Weise, in der die Muskeln bei Tieren und Menschen befestigt sind, verleiht ihnen eine Schnelligkeit der Bewegung, die im Existenzkampf wichtiger ist als die Kraft. Wir sind nur darum zu Bewegungen fähig, weil wir mehr Kraft haben, als wir haben.

WARUM STECHEN SPITZE GEGENSTÄNDE?

Habt ihr euch einmal Gedanken gemacht, warum eine Nadel so leicht in den Stoff eindringt? Warum kann man ein Stück Pappe mit einer dünnen Nähnadel fast mühelos durchstechen, und warum braucht man dazu bei einem stumpfen Nagel viel mehr Kraft?

Die Kraft ist zwar größer, aber der Druck ist der gleiche. Bei der Nähnadel wird die gesamte Kraft in der Nadelspitze angesetzt, beim Nagel verteilt sich die Kraft auf die größere Angriffsfläche. Darum übt die Nadel bei gleicher Kraftaufwendung einen viel höheren Druck auf die Unterlage aus als der stumpfe Nagel.

Eine Egge mit 20 Zinken greift in den Boden tiefer ein als eine Egge mit der gleichen Masse, aber mit 60 Zinken. Warum? Weil auf jeden Zinken im ersten Fall mehr Kraft entfällt.

Es kommt nämlich nicht nur auf die Kraft, sondern auch auf die Fläche an, die von der Kraft belastet wird. Wenn man uns sagt, daß jemand 1 000 Rubel verdient hat, dann wissen wir noch lange nicht, ob das viel oder wenig ist. 1 000 Rubel im Jahr ist wenig, 1 000 Rubel im Monat ist viel. Genauso hängt die Wirkung einer Kraft von der Größe der Fläche ab, an der sie angreift.

Auf Skiern können wir über eine lockere Schneedecke laufen, zu Fuß sacken wir durch. Warum? Weil unser Körpergewicht sich im ersten Fall auf eine viel größere Fläche verteilt. Die Skier haben eine etwa 20mal größere Auflagefläche als unsere Schuhsohlen, darum belasten sie den Schnee auch nur mit einem Zwanzigstel des üblichen Drucks.

Aus dem gleichen Grund bindet man Pferden und Menschen, die in sumpfigem Gelände arbeiten, „Sumpftreter" an die Füße. Will man jemanden retten, der auf einem Gewässer in dünnes Eis eingebrochen ist, dann muß man an ihn liegend herankriechen, um das eigene Körpergewicht auf eine große Fläche zu verteilen. Auch die Raupen an Panzern, Traktoren und Zugmaschinen dienen dazu, die Gewichtskraft des Fahrzeugs zu verteilen und somit eine niedrige Bodenbelastung zu erreichen, die für hohe Geländegängigkeit sorgt. Ein Raupenfahrzeug von 8 t und mehr Masse belastet den Untergrund mit höchstens $0,6 \, kg/cm^2$ (Bodendruck etwa 60 kPa). Für den Einsatz in sandigem oder sumpfigem Gelände (zum Beispiel beim Torfabbau) wurde ein spezielles Raupenfahrzeug entwickelt, das bei einer Nutzlast von 2 t nur $0,16 \, kg/cm^2$ Bodenbelastung (Bodendruck 16 kPa) ausübt. In diesem

Fall ist die große Auflagefläche technisch genauso vorteilhaft wie die kleine Angriffsfläche im Fall der Nähnadel.

Spitze Gegenstände stechen also darum besser, weil die gesamte angesetzte Kraft stark konzentriert wird. Darauf beruht übrigens auch die Wirkung des Rasiermessers. Man führt damit keine schneidende (exakt ausgedrückt: keine sägende), sondern eine scherende Bewegung aus. Die sich zu hohem Druck konzentrierende Krafteinwirkung sorgt für leichte Rasur.

DAS GEHEIMNIS DER FAKIRE

Auf einem Hocker sitzt es sich unbequem, auf einem Holzstuhl jedoch hält man es lange aus. Warum? Warum fühlt man sich in einer Hängematte wohl, wo doch ihre groben Schnüre einen Schmerzen bereiten müßten? Wie schafft es der Fakir auf seinem Nagelbrett, unversehrt zu bleiben?

Der Grund ist einleuchtend. Auch hier kommt die gleichmäßige Verteilung der Gewichtskraft zur Wirkung. Ein Stuhl ist körpergerecht gearbeitet, darum bietet er uns eine größere Auflagefläche als der ebene Hocker. Eine größere Auflagefläche entspricht aber einem verminderten Druck und damit einer höheren Bequemlichkeit. In einem weichen Bett bilden sich Vertiefungen, die den Unebenheiten unseres Körpers angepaßt sind. Die Kraft verteilt sich also sehr gleichmäßig, so daß nur wenige Newton auf jeden Quadratzentimeter unseres zarten Körpers kommen.

Wir wollen das kurz nachrechnen. Die Körperfläche eines Erwachsenen macht rund $2\ m^2$ oder $20\,000\ cm^2$ aus. Beim Liegen kommt ungefähr 1/4 unserer Körperfläche mit der Auflage in Berührung, das sind etwa $5000\ cm^2$. Wenn wir von einem durchschnittlichen Körpergewicht von 60 kg ausgehen, was etwa 600 N entspricht, so entfallen auf einen Quadratzentimeter nur 0,12 N. Das läßt sich aushalten.

Eine nicht nachgebende Unterlage (Bretter) paßt sich unserem Körper nicht an, bietet also eine viel kleinere Auflagefläche. Darum will es gelernt sein, darauf zu liegen, sein Körpergewicht selbst zu verteilen. Fakire haben das gelernt.

Aber auch auf einer harten Unterlage kann man bequem liegen. Dazu muß diese Unterlage die Umrisse unseres Körpers annehmen. Legt euch auf feuchten Lehm, bis er die Form eures Körpers angenommen hat, laßt ihn dann trocknen. Wenn ihr euch jetzt wieder in die Form hineinlegt (die Schrumpfung um 5 bis 10% muß man in Kauf nehmen), werdet ihr euch wie in einem Daunenbett fühlen, obwohl ihr auf einer steinharten Unterlage liegt.

KONNTE ARCHIMEDES DIE ERDE ANHEBEN?

„Gebt mir einen festen Punkt, und ich werde die Erde aus den Angeln heben!" Diesen Ausruf schreibt die Legende *Archimedes* zu, als er die Hebelgesetze entdeckt hatte. Bei *Plutarch* lesen wir: „Eines Tages schrieb *Archimedes* dem Herrscher von Syrakus, *Hieron*, dessen Verwandter und Freund er war, daß man mit einer bestimmten Kraft jede beliebige Last heben kann. Begeistert von der Stärke des Beweises fügte er hinzu, daß er unsere Erde von der Stelle bewegen würde, wenn es eine zweite ‚Erde' gäbe, auf die er sich stellen könnte."

Archimedes wußte, daß es keine Last gibt, die man nicht mit der kleinsten Kraft ausheben könnte, wenn man sich den Hebel zunutze macht. Es ist nur erforderlich, diese Kraft an einem sehr langen Hebelarm angreifen zu lassen, während die Last am kurzen Hebelarm wirken muß. Deshalb glaubte er auch, daß man mit der Kraft der Arme selbst eine Last heben könnte, die dieselbe Masse wie die Erde aufweist, wenn man auf einen außerordentlich langen Hebelarm drückt.[1]

Aber wenn der große Philosoph des Altertums gewußt hätte, wie ungeheuer groß die Masse der Erde ist, dann hätte er sich wahrscheinlich von seiner Behauptung distanziert. Wir wollen uns für einen Augenblick vorstellen, daß *Archimedes* jene zweite „Erde", jenen festen Punkt, den er suchte, zur Verfügung steht. Wir wollen uns weiter vorstellen, daß er sich einen Hebel mit der notwendigen Länge hergestellt hat. Wißt ihr, wieviel Zeit er brauchen würde, um eine Last, die der Erde an Masse gleich ist, auch nur um einen Zentimeter zu heben? Nicht weniger als 30 Billionen oder 30 000 Milliarden Jahre!

Wollten aber alle Bewohner unserer Erde, das sind heute ungefähr 5 Milliarden Menschen, *Archimedes* helfen, dann dauerte das Anheben der

---

[1] Unter dem Ausdruck „die Erde hochheben" werden wir, um Klarheit in die Aufgabe zu bringen, das Hochheben einer Last an der Erdoberfläche verstehen, wobei die Masse der Last gleich der Masse unseres Planeten ist.

Erde um 1 cm noch immer ungefähr 6000 Jahre. Die Masse der Erde ist bekannt:

$$6 \cdot 10^{24} \text{ kg} = 6\,000\,000\,000\,000\,000\,000\,000 \text{ t}.$$

Ihr entspricht eine Gewichtskraft von rund $6 \cdot 10^{25}$ N.

Wenn der Mensch nur 60 kg unmittelbar heben, also eine Kraft von etwa 600 N $= 6 \cdot 10^2$ N aufbringen kann, dann muß er, wenn er die Erde hochheben will, seine Arme an einem Hebelarm angreifen lassen, der

$$100\,000\,000\,000\,000\,000\,000\,000 \text{ mal} = 10^{23} \text{ mal}$$

so lang wie der kurze Hebelarm ist!

Eine einfache Rechnung wird uns überzeugen, daß in der gleichen Zeit, in der sich das Ende des kurzen Hebelarmes um 1 cm hebt, das Ende des langen im Weltall einen riesigen Bogen von

$$1\,000\,000\,000\,000\,000\,000 \text{ km} = 10^{18} \text{ km}$$

beschreiben wird.

Diesen unvorstellbar langen Weg müßte die Hand des *Archimedes*, die auf den Hebel drückt, zurücklegen, um die Erde nur um 1 cm zu heben. Wieviel Zeit ist dafür nötig, wenn wir annehmen, daß *Archimedes* eine Last von 60 kg (entsprechend einer Gewichtskraft von etwa 600 N) in einer Sekunde einen Meter hochheben konnte (eine Leistung von fast 0,7 kW)? Er hätte dennoch für das Anheben der Erde um 1 cm

$$1\,000\,000\,000\,000\,000\,000\,000 \text{ s}$$

oder 30 Billionen Jahre gebraucht! In seinem ganzen langen Leben hätte er, wenn er ständig auf den Hebel gedrückt hätte, die Erde nicht einmal um den Durchmesser des dünnsten Haares heben können ...

Durch keine List eines genialen Erfinders hätte man ihm helfen können, diese Frist merklich zu verkürzen. Die „Goldene Regel der Mechanik" besagt ja, daß bei jeder Maschine der Kraftgewinn unvermeidlich von einem entsprechenden Zusatz an Weg, d. h. gleichzeitig an Zeit, begleitet wird. Wenn *Archimedes* die Geschwindigkeit seines Armes auf die allergrößte hätte steigern können, die in der Natur möglich ist, auf $3 \cdot 10^8$ m/s (Lichtgeschwindigkeit), dann hätte er selbst unter dieser phantastischen Annahme erst nach *zehn Millionen Jahren* Arbeit die Erde um einen Zentimeter gehoben.

SCHWAN, KREBS UND HECHT IN DER MECHANIK

Die Geschichte vom Schwan, Krebs und Hecht, die einen beladenen Wagen ziehen wollten, ist wohl allen bekannt. Aber wer hat schon versucht, diese Frage vom Standpunkt der Mechanik aus zu betrachten? Das Ergebnis, das man dabei erhält, stimmt mit der Schlußfolgerung des Fabeldichters *Krylow* ganz und gar nicht überein.

Wir haben hier eine Aufgabe aus der Mechanik vor uns, die Addition einiger Kräfte, die unter einem Winkel zueinander wirken. Die Richtung der Kräfte ist in der Fabel folgendermaßen bestimmt:

...Der Schwan strebt in die Wolken, der Krebs geht rückwärts, und der Hecht zieht in das Wasser hinein.

Das bedeutet (Bild 29), daß die eine Kraft, die Zugkraft des Schwanes, nach oben, die des Hechtes (OB) nach der Seite und die Zugkraft des Krebses (OC) nach hinten gerichtet ist. Wir dürfen nicht vergessen, daß noch eine vierte Kraft existiert, die Gewichtskraft des Wagens, die senkrecht nach unten gerichtet ist. Die Sage behauptet, daß der Wagen auch heute noch an derselben Stelle steht, mit anderen Worten, daß die Resultierende aller am Wagen angreifenden Kräfte gleich Null ist.

Stimmt das? Wir wollen es uns überlegen. Der Schwan, der zu den Wolken strebt, arbeitet nicht gegen den Krebs und den Hecht, er hilft ihnen sogar. Die Zugkraft des Schwanes, die der Schwerkraft entgegengerichtet ist, verringert die Reibung der Räder an der Erde und an den Achsen, da die Zugkraft die Gewichtskraft des Wagens vermindert. Wenn die Ladung klein ist („Die Ladung war für sie leicht."), kann es auch sein, daß der Schwan die Gewichtskraft des Wagens sogar vollkommen aufhebt. Nehmen wir der Einfachheit halber den letzten Fall an, so sehen wir, daß nur zwei Kräfte übrigbleiben: die Zugkräfte von

Krebs und Hecht. Über die Richtung dieser Zugkräfte wird gesagt, daß „der Krebs rückwärts geht und der Hecht in das Wasser hineinzieht". Es versteht sich von selbst, daß das Wasser sich nicht vor dem Wagen,

Bild 29   Die Aufgabe über Schwan, Krebs und Hecht aus *Krylow*s Fabel, nach den Gesetzen der Mechanik gelöst. Die Resultierende *OD* muß den Wagen in den Fluß hineinziehen.

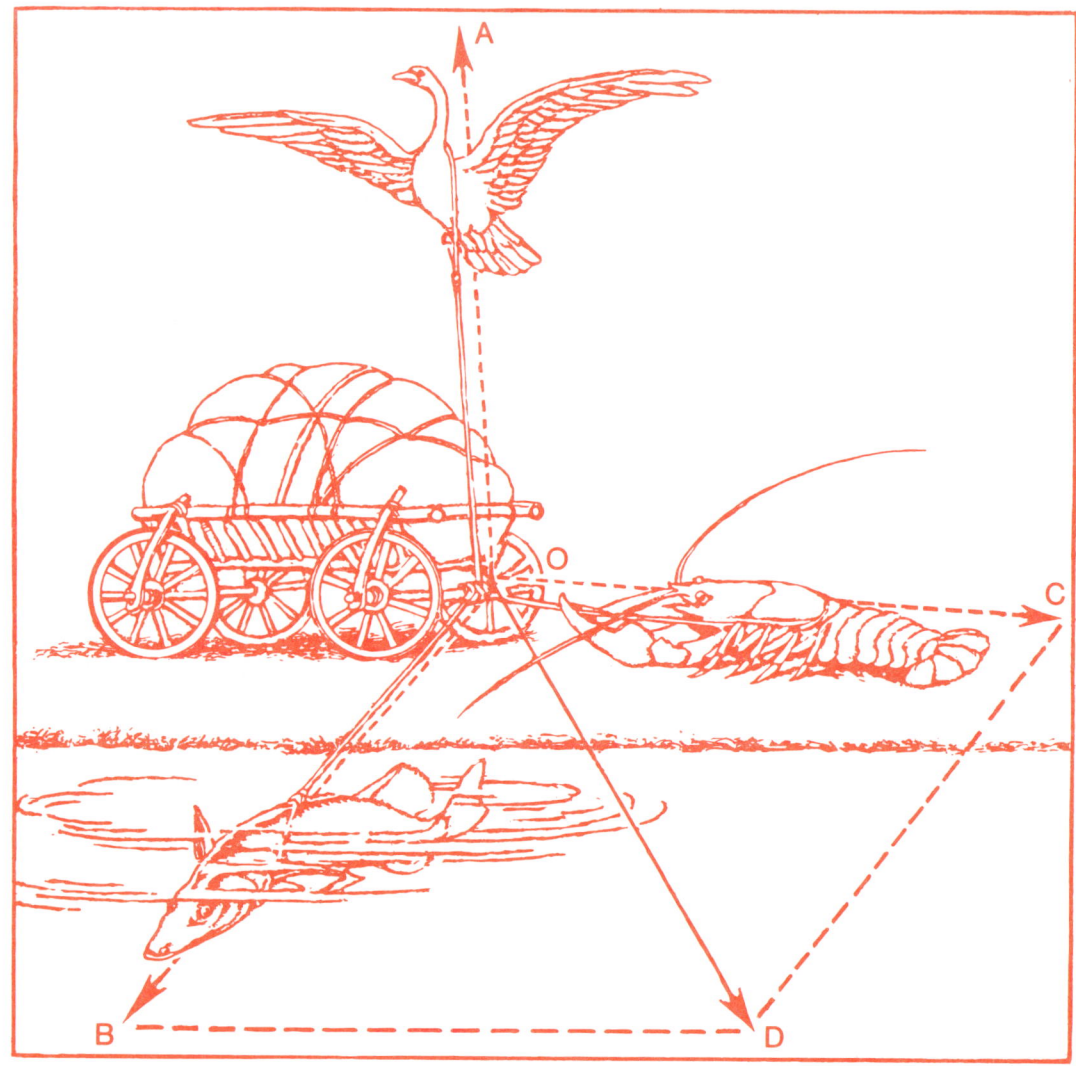

sondern irgendwo seitlich von ihm befindet. Die *Krylow* schen „Arbeiter" versammelten sich ja nicht, um den Wagen zu versenken. Das heißt, die Kräfte des Krebses und des Hechtes bilden einen Winkel miteinander. Wenn die wirkenden Kräfte nicht auf einer Geraden liegen, dann kann ihre Resultierende niemals gleich Null sein.

Verfahren wir nach den Gesetzen der Mechanik und zeichnen zu den beiden Kräften *OB* und *OC* das Parallelogramm. Seine Diagonale *OD* gibt uns Richtung und Größe der Resultierenden an. Es ist klar, daß diese resultierende Kraft den Wagen von der Stelle bewegen muß, um so mehr, da die Gewichtskraft durch die Zugkraft des Schwanes ganz oder teilweise aufgehoben wird. Eine andere Frage ist es, in welche Richtung sich der Wagen bewegen wird: vorwärts, rückwärts oder seitwärts? Das hängt nur vom Verhältnis der Kräfte und der Größe des Winkels zwischen ihnen ab.

Die Leser, die schon ein wenig Praxis im Zusammensetzen und Zerlegen von Kräften haben, werden sich auch in dem Falle leicht zurechtfinden, wenn die Kraft des Schwanes die Gewichtskraft des Wagens nicht aufhebt. Sie werden sich überzeugen, daß der Wagen auch dann nicht unbeweglich stehenbleiben kann. Der Wagen wird sich unter der Wirkung dieser drei Kräfte nur in dem Fall nicht bewegen, wenn die Reibung an den Achsen der Räder und auf der Fahrbahn größer als die Resultierende der wirkenden Kräfte ist. Aber das stimmt nicht mit der Behauptung überein, daß „die Ladung für sie leicht war".

Jedenfalls konnte *Krylow* nicht mit Sicherheit behaupten, daß sich der Wagen nicht von der Stelle rühren würde. Im übrigen jedoch ändert das nicht den Sinn der Fabel.

WIDER KRYLOW

Wir haben nun erkannt, daß der alltägliche Grundsatz von *Krylow* – „Wenn unter Freunden nicht Eintracht herrscht, so geht ihre Sache nicht voran" – nicht immer mit der Mechanik übereinstimmt. Die Kräfte können nach verschiedenen Seiten gerichtet sein, und ungeachtet dessen führen sie zu einem bestimmten Resultat. Wenige wissen, daß fleißige Tiere – die Ameisen, die derselbe *Krylow* als vorbildliche Arbeiter über alle Maßen lobt – gemeinsam gerade nach dem Verfahren arbeiten, das der Fabeldichter belacht. Und die Sache geht bei ihnen trotzdem voran. Wieder hilft das Gesetz von der Kräftezusammensetzung aus der

Patsche. Verfolgt ihr die Ameisen aufmerksam bei der Arbeit, werdet ihr euch bald davon überzeugen, daß ihre sinnvolle Zusammenarbeit nur scheinbar existiert. In Wirklichkeit arbeitet jede Ameise für sich selbst und denkt überhaupt nicht daran, den anderen zu helfen. So beschreibt der Zoologe *Jelatschitsch* die Arbeit der Ameisen:

„Wenn einige zehn Ameisen eine große Beute über eine ebene Fläche

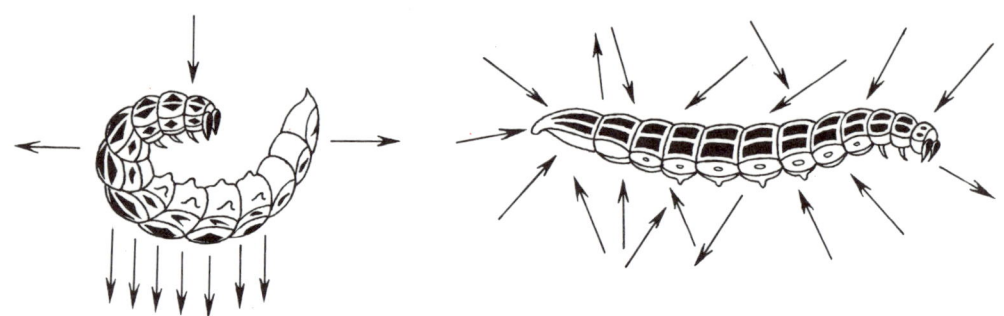

Bild 30

Wie Ameisen eine Raupe fortschleppen.

ziehen, dann ist die Wirkung für alle Ameisen die gleiche. Es ergibt sich der äußere Eindruck einer Zusammenarbeit. Aber die Beute, zum Beispiel eine Raupe, hakt sich dabei an irgendeinem Hindernis ein, an einem Grashalm oder einem Steinchen. Weiter vorwärts zu ziehen ist unmöglich. Man muß das Hindernis umgehen. Und hier zeigt sich mit aller Deutlichkeit, daß jede Ameise sich auf ihre Weise und nicht in Übereinstimmung mit einer der übrigen bemüht, mit dem Hindernis fertig zu werden (Bild 30). Eine zieht nach rechts, die andere nach links; die eine schiebt vorwärts, die andere zieht nach hinten. Sie wechseln ihren Platz, packen die Raupe an einer anderen Stelle, und jede zieht oder schiebt, wie sie will. Wenn sich zum Beispiel die Arbeitskräfte so zusammensetzen, daß an einer Seite vier Ameisen die Raupe bewegen wollen und an der anderen sechs, dann wird sich die Raupe schließlich nach der Seite der sechs Ameisen bewegen, ungeachtet des Widerstandes der vier an der anderen Seite."

Wir werden noch ein übernommenes und für uns lehrreiches Beispiel anführen, das anschaulich die scheinbare Zusammenarbeit der Ameisen illustriert. In Bild 31 ist ein rechteckiges Stück Käse dargestellt, an dem sich 25 Ameisen festgehalten haben. Der Käse bewegt sich langsam in die

Richtung, die durch den Pfeil *A* angezeigt ist, und man kann sich vorstellen, daß die vordere Reihe der Ameisen die Last zu sich zieht, die hintere sie nach vorn stößt und die seitlichen Ameisen allen anderen helfen. Aber daß es nicht so ist, davon kann man sich leicht überzeugen: Trennt mit einem Messer die ganze hintere Reihe ab, und die Last wird sich weitaus schneller fortbewegen. Es ist klar, daß diese elf Ameisen

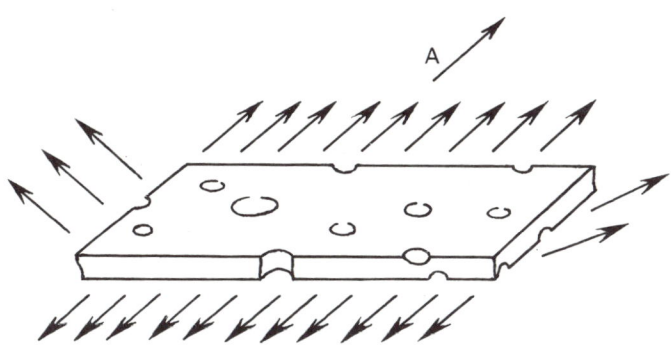

Bild 31   Wie Ameisen eine Beute ziehen. Die Pfeile geben die ungefähre Zugrichtung der einzelnen Ameisen an.

nach rückwärts und nicht nach vorn gezogen haben. Jede von ihnen bemühte sich, die Beute rückwärts in Richtung des Nestes zu bewegen. Das bedeutet, daß die hinteren Ameisen den vorderen nicht nur nicht geholfen haben, sondern sie fleißig störten und ihre Bemühungen zunichte machten. Um das Stückchen Käse fortzuschleppen, wären die Kräfte ganzer vier Ameisen ausreichend, aber die Uneinigkeit in den Handlungen führt dazu, daß 25 Ameisen die Beute ziehen müssen.

Diese Besonderheit des gemeinsamen Handelns der Ameisen wurde schon lange vorher von *Mark Twain* bemerkt. Als er von der Begegnung zweier Ameisen erzählt, von denen eine das Bein einer Heuschrecke gefunden hat, sagt er:

„Sie nehmen das Bein an den beiden Enden und ziehen mit aller Kraft nach entgegengesetzten Richtungen. Beide sehen, daß irgend etwas nicht in Ordnung ist, aber was, das können sie nicht begreifen. Ein gegenseitiger Streit beginnt. Der Streit geht in eine Schlägerei über... Es findet eine Versöhnung statt, und wieder beginnt die gemeinsame sinnlose Arbeit, wobei sich der in der Rauferei verwundete Gefährte nur als

Hindernis erweist. Während sich der gesunde Gefährte mit allen Kräften müht, zieht er die Beute und mit ihr auch den verwundeten Gefährten fort, der anstatt die Beute loszulassen, an ihr hängt." Im Scherz läßt *Mark Twain* die Bemerkung fallen, daß „die Ameisen nur dann gut arbeiten, wenn sie ein unerfahrener Naturforscher beobachtet, der falsche Schlußfolgerungen zieht".

LÄSST SICH EINE EIERSCHALE LEICHT ZERBRECHEN?

Unter den vielen philosophischen Fragen, über die sich Kifa Mokijewitsch aus dem Buch „Die toten Seelen" seinen Kopf tiefsinnig zerbrach, war folgendes Problem: „Wenn aber nun der Elefant in einem Ei zur Welt käme, wäre die Schale doch wohl dick genug, daß du sie nicht mit einer Kanone durchschlagen könntest. Man müßte irgendeine neue Feuerwaffe erfinden."

*Gogol*s Philosoph wäre wahrscheinlich nicht wenig erstaunt gewesen, wenn er erfahren hätte, daß auch ein gewöhnliches Ei ungeachtet der dünnen Schale bei weitem kein zarter Gegenstand ist. Es ist nicht etwa leicht, ein Ei zwischen den Handflächen zu zerdrücken, wenn man die Druckkräfte auf die beiden „Spitzen" wirken läßt. Es kostet große Anstrengungen, die Schale unter diesen Bedingungen zu zerbrechen.[1]

Die so ungewöhnliche Festigkeit einer Eierschale hängt ausschließlich von ihrer gewölbten Form ab und läßt sich genauso wie auch die Haltbarkeit aller Arten von Bögen und Gewölben erklären.

In dem beigefügten Bild 33 ist ein kleiner Steinbogen über einem Fenster dargestellt. Die Last S (d. h., die Masse der darüberliegenden Mauer) wirkt auf den keilartigen mittleren Stein M des Bogens und drückt mit der Kraft nach unten, die in der Zeichnung durch Pfeil A gekennzeichnet ist. Aber der Stein kann sich wegen seiner Keilform nicht nach unten bewegen. Er drückt lediglich auf die benachbarten Steine. Deshalb wird die Kraft A nach dem Parallelogramm der Kräfte in zwei Kräfte, ihre Komponenten, zerlegt, die durch die Pfeile B und C gekennzeichnet sind. Diese zwei Kräfte werden durch den Widerstand der angrenzenden Steine aufgehoben, die nach beiden Seiten nebeneinanderliegen. Auf diese Weise kann eine Kraft, die von außen auf den Bogen drückt, diesen nicht zerstören. Dafür ist es verhältnismäßig leicht,

---

[1] Das Experiment bringt einige Gefahr mit sich und verlangt Vorsicht. Die Schale kann in die Hand eindringen.

ihn durch eine von innen heraus wirkende Kraft zu zerstören. Das ist auch verständlich, da ja die Keilform des Steines, die sein Herabsinken verhindert, beim Hochheben des Steines nicht im Wege steht.

Die Eierschale stellt ebenso ein Gewölbe dar, nur ein geschlossenes. Bei Druck von außen wird sie nicht so leicht zerstört, wie man es von solchem zerbrechlichen Material erwarten könnte. Man kann ganz

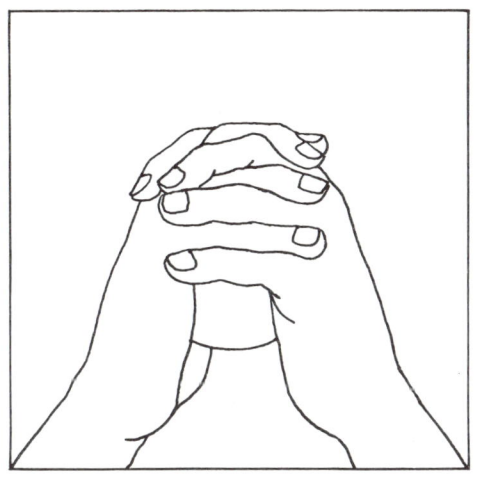

Bild 32   Um ein Ei in der angegebenen Lage zu zerdrücken, bedarf es einer bedeutenden Anstrengung.

beruhigt einen schweren Tisch mit den Beinen auf vier rohe Eier stellen, und sie werden nicht zerdrückt. (Wegen der Standfestigkeit muß man die Eier an den Spitzen mit Verbreiterungen aus Gips versehen. Gips bleibt leicht an der kalkhaltigen Schale haften.)

Jetzt werdet ihr auch verstehen, warum die Bruthenne nicht zu befürchten braucht, daß sie die Schalen der Eier durch die Gewichtskraft ihres Körpers zerbricht. Dagegen zerschlägt der schwache Nestling, der aus der Finsternis des Eies heraus will, mit dem Schnäbelchen ohne Mühe die Schale von innen.

Wenn wir die Schale eines Eies durch seitliche Schläge mit dem Teelöffel zerstören, vermuten wir auch nicht, wie fest sie ist, wenn der Druck auf sie unter natürlichen Verhältnissen wirkt, und durch welch sicheren Panzer die Natur das sich im Ei entwickelnde Lebewesen schützt.

Die Festigkeit von Glühlampen, die ebenso zart und zerbrechlich erscheinen, erklärt sich genauso wie die Festigkeit der Eierschale. Die Festigkeit der Glühlampen wirkt noch erstaunlicher, wenn wir bedenken, daß viele von den Lampen (Vakuumlampen) fast leer sind, und dem äußeren Luftdruck *von innen heraus* nichts entgegenwirkt. Dabei ist die Größe des Luftdruckes auf eine elektrische Glühlampe nicht etwa gering.

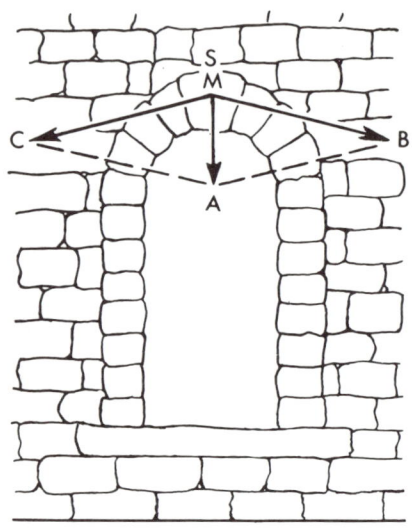

Bild 33   Der Grund für die Haltbarkeit eines Gewölbes

Bei einem Durchmesser von 10 cm wird die Lampe von allen Seiten mit einer Kraft von mehr als 750 N (der Gewichtskraft eines Menschen) zusammengedrückt. Die Erfahrung lehrt, daß eine luftleere elektrische Glühlampe sogar einen gegenüber dem Luftdruck um das 2,5fache größeren Druck aushalten kann.

UNTER SEGELN GEGEN DEN WIND

Man kann sich schwer vorstellen, wie ein Segelschiff gegen den Wind fahren oder, wie der Seemann sagt, „am Wind segeln" kann. In Wirklichkeit wird uns der Seemann sagen, daß es unmöglich ist, gegen den Wind zu segeln, aber daß man unter einem spitzen Winkel zur

Windrichtung fahren kann. Dieser Winkel ist jedoch klein, ungefähr der vierte Teil eines rechten Winkels. Es erscheint uns dabei vielleicht unwesentlich, ob man nun direkt gegen den Wind oder nur unter einem Winkel von 22° (0,38 rad) gegen ihn segelt.

Bild 34

Es ist aber wirklich nicht gleichgültig, und wir werden jetzt erklären, auf welche Weise man dem Wind unter einem kleinen Winkel entgegenfahren kann. Zuerst wollen wir uns anschauen, wie der Wind überhaupt auf ein Segel wirkt, das heißt, wohin er das Segel schiebt, wenn er darauf auftrifft. Ihr denkt vielleicht, daß der Wind das Segel immer in die Richtung schiebt, in die er selbst bläst. Aber so ist das nicht. Wohin der

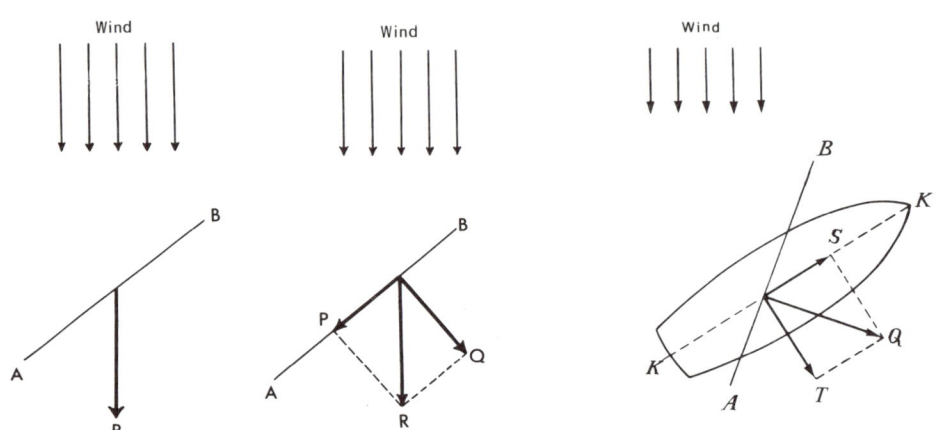

Bild 35   Der Wind schiebt das Segel immer unter einem rechten Winkel zur Ebene des Segels (links und in der Mitte).

Bild 36   Wie man mit Segeln gegen den Wind fahren kann (rechts).

Wind auch weht, er schiebt das Segel immer senkrecht zu dessen Ebene. Soll der Wind einmal die Richtung haben, die in Bild 35 durch die Pfeile angegeben ist. Die Linie *AB* bezeichnet das Segel. Da der Wind gleichmäßig auf die ganze Fläche des Segels drückt, ersetzen wir die Druckkraft des Windes durch die Kraft *R,* die in der Mitte des Segels angreift. Diese Kraft wird in zwei Komponenten zerlegt: die Kraft *Q* senkrecht zum Segel und die Kraft *P* parallel zu ihm (Bild 35). Die letztere Kraft schiebt das Segel gar nicht, da die Reibung des Windes an der Leinwand unbedeutend ist. Es bleibt die Kraft *Q* übrig, die das Segel unter einem rechten Winkel zu ihr schiebt.

Wenn wir das wissen, werden wir leicht verstehen, wie ein Segelschiff unter einem spitzen Winkel gegen den Wind fahren kann. Die Linie *KK* (Bild 36) soll die Kiellinie des Schiffes darstellen. Der Wind weht unter einem spitzen Winkel zu dieser Linie in die Richtung, die durch die Pfeile angegeben ist. Die Linie AB stellt das Segel dar. Es ist so gerichtet, daß seine Ebene den Winkel zwischen der Kiellinie und der Windrichtung halbiert. Verfolgt in Bild 36 die Zerlegung der Kräfte. Die Druckkraft des Windes auf das Segel stellen wir durch die Kraft Q dar, die, wie wir wissen, senkrecht zum Segel liegen muß. Diese Kraft zerlegen wir in zwei

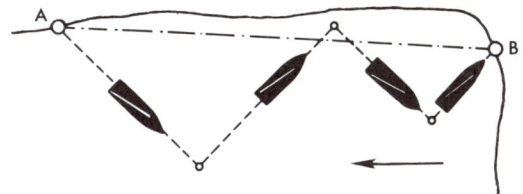

Bild 37

Ein Segelschiff kreuzt gegen den Wind.

Komponenten, die Kraft T senkrecht zur Kiellinie und die Kraft S, die in Richtung der Kiellinie vorwärts zeigt. Die Bewegung des Schiffes in Richtung T stößt auf den großen Widerstand des Wassers (der Kiel eines Segelschiffes reicht sehr tief), so daß die Kraft T durch den Wasserwiderstand fast völlig aufgehoben wird. Es bleibt nur die Kraft S übrig, die, wie wir sehen, vorwärts weist und folglich das Schiff unter einem spitzen Winkel gegen den Wind bewegt.[1] Gewöhnlich fährt man dabei im Zick-Zack, wie es Bild 37 zeigt. In der Seemannssprache heißt diese Bewegung des Schiffes im wahrsten Sinne des Wortes „kreuzen".

DER RIESE VON JULES VERNE UND DIE EULERSCHE FORMEL

Jules Verne beschreibt in einem seiner Romane einen riesenhaften Athleten. „Dieser Athlet ... war beinahe sechs Fuß groß und sehr breitschultrig. Sein Brustkorb ähnelte einem Schmiedeblasebalg, seine Beine waren stark wie zwölfjährige Bäume, seine Arme kräftig wie Pleuelstangen und seine Hände wie große Scheren. Diesen gewaltigen Körper krönte ein wuchtiger Kopf." Vielleicht ist auch von den Heldentaten dieses Riesen, die in dem Roman „Mathias Sandorf"[2]

---

[1] Man kann zeigen, daß die Kraft S dann den größten Einfluß ausübt, wenn die Ebene des Segels den Winkel zwischen Kiellinie und Windrichtung halbiert. S heißt „Vortrieb", Q „Auftrieb", T „Querkraft".

[2] Aus *J. Verne*: Mathias Sandorf.– Berlin: Verl. Neues Leben, 1977

beschrieben werden, der merkwürdige Vorfall mit dem Trabakel, einem kleinen Segelfahrzeug, in Erinnerung, als unser Riese mit der Kraft seiner Arme den Stapellauf des Schiffes aufhielt.

Der Schriftsteller erzählt von dieser Heldentat folgendes (gekürzt): „Der Trabakel war zum Stapellauf bereit. Wenn sein Rumpf ins Wasser glitt, mußte sogleich der Anker geworfen werden, damit das Schiff nicht zu weit in das Hafenbecken geriet... Ein halbes Dutzend Zimmerleute schlug mit großen Hämmern auf die Stapelklötze unter dem Kiel. Die Menge verfolgte schweigend, mit angehaltenem Atem, ihre Arbeit.

Plötzlich tauchte hinter der Landspitze eine Jacht auf. Sie suchte in schneller Fahrt an der Landzunge, auf der sich die Werft befand, vorbeizukommen, um in den Hafen zu gelangen. Da sie an der Werft vorbeifahren mußte, unterbrach man vorsichtshalber die Vorbereitungen zum Stapellauf. Ein Zusammenstoß der beiden Schiffe, das Anprallen der mit großer Geschwindigkeit sich nähernden Jacht an den Trabakel würde unheilvolle Folgen haben.

Die Arbeiter hielten in ihrer Arbeit inne. Es konnte nicht mehr als ein paar Minuten dauern... Alle Blicke waren auf das schöne Schiff gerichtet. Seine weißen Segel schimmerten golden in den Strahlen der untergehenden Sonne. Die Jacht näherte sich dem Ankerplatz; jetzt befand sie sich der Werft gegenüber. Plötzlich erscholl ein vielstimmiger Schrei des Entsetzens. Der Trabakel hatte sich in Bewegung gesetzt, und das Schiff glitt geradewegs auf die Jacht zu. Jetzt war ein Zusammenstoß unvermeidlich. Man hatte weder Zeit noch Mittel, ihn zu verhindern... Der Trabakel glitt auf dem Schlitten hinab. Ein weißlicher Rauch, der durch die Reibung des Kiels entstanden war, kräuselte sich vor seinem Bug, während sein Heck schon das Wasser erreichte. (Das Schiff lief mit dem Heck voran vom Stapel.– J. P.)

Plötzlich stürzte ein Mann blitzschnell aus der Menge vor und ergriff ein Tau, das vom Bug des Trabakels herabhing... Da fiel sein Blick auf einen im Boden steckenden Eisenpfahl. Im Nu warf er das Tau um den Pfahl. All das war das Werk von Sekunden. Plötzlich riß das Tau. Doch die wenigen Sekunden hatten genügt. Der Trabakel glitt ins Wasser der Bucht, kaum einen Fuß vom Heck der Jacht entfernt. Die Jacht war gerettet. Der Mann aber, der so blitzschnell gehandelt hatte, ohne daß jemand Zeit gehabt hätte, ihm zu helfen, war kein anderer als Matifou.“

Wie überrascht wäre der Autor des Romanes, wenn man ihm sagen würde, daß man für die Ausführung dieser Heldentat ganz und gar nicht unbedingt einen Riesen braucht und, wie Matifou, die Kraft eines Tigers besitzen muß. Jeder findige Mensch könnte genau dasselbe tun.

Die Mechanik lehrt, daß beim Gleiten eines Seils, das um einen Pfosten gewickelt ist, die Reibungskraft sehr große Werte erreicht. Je größer die Zahl der Windungen des Seiles ist, um so größer ist die Reibung. Die Gesetzmäßigkeit über die Zunahme der Reibung besagt, daß die Reibung mit dem Quadrat der Seilwindungszahl oder mathematisch ausgedrückt in einer geometrischen Reihe anwächst, wenn die Zahl der Windungen in arithmetischer Reihe steigt. Deshalb kann sogar ein schwaches Kind einer ungeheuer großen Kraft das Gleichgewicht halten, wenn es am freien Ende des Seiles zieht, das 3- bis 4mal um einen Pfahl gewunden ist.

An den Anlegestellen für Binnenschiffe halten Jugendliche mit diesem Verfahren Dampfer mit 100 Passagieren zurück. Ihnen hilft nicht eine ungewöhnliche Kraft in ihren Armen, sondern die Reibung des Seiles am Pfahl.

Euler, der berühmte Mathematiker des 18. Jahrhunderts, stellte für die Abhängigkeit dcr Reibungskraft von der Zahl der Windungen um einen Pfahl eine Formel auf. Für diejenigen, die die gedrängte Sprache algebraischer Ausdrücke nicht abschreckt, führen wir diese wissenswerte Formel von *Euler* an:

$$F = f \cdot e^{\mu \cdot \alpha}.$$

Hier ist F die Kraft, gegen die unsere Kraft f gerichtet ist. Der Buchstabe e bezeichnet die Zahl 2,718 28 (Basis der natürlichen Logarithmen), μ den Reibungskoeffizienten zwischen dem Seil und dem Pfahl. α gibt den „Winkel" der Windungen an, das heißt, das Verhältnis der Länge des von den Windungen gebildeten Bogens zum Radius dieses Bogens.

Windungszahl	0	$\frac{1}{2}$	$\frac{2}{2} = 1$	$\frac{3}{2}$	$\frac{4}{2} = 2$
Umschlingungswinkel α in Grad	0	180	360	540	720
Umschlingungswinkel α in Radiant	0	3,14	6,28	9,42	12,57
$e^{\mu\alpha} = \dfrac{\text{Zugkraft}}{\text{Haltekraft}} = \dfrac{F}{f}$ bei $\mu = 0{,}5$	0	5	25	125	625

Wir wollen die Formel auf den Fall anwenden, der bei *Jules Verne* beschrieben ist. Man erhält ein verblüffendes Resultat. Als Kraft *F* erscheint in dem gegebenen Falle die Zugkraft des Schiffes, das ins Wasser gleitet. Die Masse des Schiffes beträgt, wie aus dem Roman bekannt, 50 t; das entspricht einer Gewichtskraft von etwa 500 kN. Das Gefälle beim Stapellauf sei 1 : 10. Dann wirkt nicht die volle Gewichtskraft des Schiffes auf das Seil, sondern ein Zehntel davon, also 50 kN.

Weiter wollen wir die Größe des Reibungskoeffizienten des Seiles um den Eisenpfahl mit 1/3 annehmen. Die Größe von α können wir leicht bestimmen, wenn wir annehmen wollen, daß Matifou das Seil insgesamt 3mal um den Pfahl gewunden hatte.

Dann ist

$$\alpha = (2\pi r \cdot 3) : r = 6\pi.$$

Setzen wir all diese Angaben in die oben angeführte Formel von *Euler* ein, so erhalten wir die Gleichung

$$f = \frac{F}{e^{\mu\alpha}} = \frac{50\,\text{kN}}{e^{1/3 \cdot 6\pi}} = \frac{50\,000\,\text{N}}{e^{2\pi}},$$

das unbekannte *f* (d. h. die Größe der erforderlichen Kraft) kann man aus dieser Formel bestimmen, indem man die Logarithmen anwendet:

$$\lg f = \lg 50\,000 - 2\pi \lg e.$$

Man erhält

$$f = 93\,\text{N}.$$

Um diese Heldentat zu vollbringen, genügte es demnach dem Riesen, mit einer Kraft von nur 100 N am Seil zu ziehen.

Denkt nicht, daß dieser Wert 100 N nur theoretisch stimmt und daß in Wirklichkeit eine weitaus größere Kraft erforderlich ist. Unser Ergebnis ist im Gegenteil noch übertrieben. Bei einem Hanfseil und einem Holzpfahl, bei denen der Reibungskoeffizient μ größer ist, wird die Kraftanstrengung zu einer lächerlichen Kleinigkeit. Wenn das Seil genügend stark gewesen wäre und den Zug hätte aushalten können, dann hätte sogar ein schwaches Kind, wenn es das Seil 3- bis 4mal herumgeschlungen hätte, die Großtat des Helden von *Jules Verne* nicht nur wiederholen, sondern ihn auch übertreffen können.

WOVON HÄNGT DIE FESTIGKEIT EINES KNOTENS AB?

Im täglichen Leben machen wir uns oft, ohne selbst daran zu denken, den Vorteil zunutze, auf den uns die E u l e r s c h e   F o r m e l hinweist. Ist ein Knoten nicht dasselbe wie eine um einen Pfahl gewundene Schnur, wobei im gegebenen Falle der andere Teil derselben Schnur die Rolle des

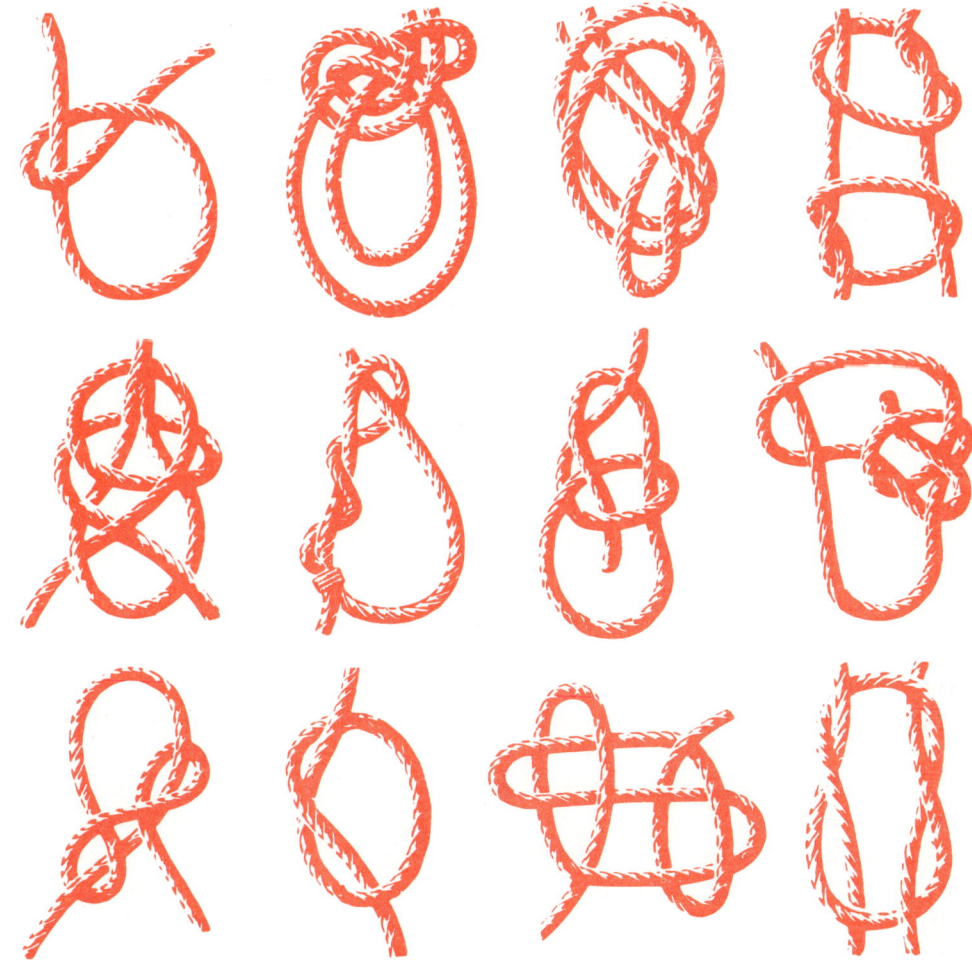

Bild 38　　　Verschiedene Seemannsknoten

Pfahles spielt? Die Festigkeit aller Arten von Knoten, der Seemannsknoten, gewöhnlicher Knoten, Schleifen und dergleichen mehr, hängt ausschließlich von der Reibung ab, die hier deshalb um vieles vergrößert wird, weil die Schnuren sich selbst umschlingen, so wie das Seil einen Pfahl. Davon kann man sich leicht überzeugen, wenn man in einem Knoten die Windungen der Schnur verfolgt. Je mehr Windungen, um so öfter umschlingt sich der Bindfaden selbst, um so größer ist der „Winkel" der Windungen und folglich um so fester der Knoten.

Unbewußt wendet auch der Schneider diesen Umstand an, wenn er einen Knopf annäht. Er wickelt den Faden mehrmals um die den Knopf haltenden Fadenteile und reißt ihn ab. Wenn der Faden fest genug ist, geht der Knopf nicht ab. Hier wird schon ein uns bekanntes Gesetz angewendet: Vergrößert man die Zahl der Fadenwindungen in arithmetischer Folge, so wächst die Festigkeit der Näharbeit in geometrischer Folge. Wenn es keine Reibung gäbe, könnten wir keine Knöpfe verwenden. Der Faden würde sich abwickeln, und der Knopf würde sich lösen.

WENN ES KEINE REIBUNG GÄBE

Ihr seht, wie mannigfaltig und bisweilen unerwartet die Reibung in den uns umgebenden Verhältnissen erscheint. Manchmal ist die Reibung auch an überaus wichtigen Dingen beteiligt, wo wir sie überhaupt nicht vermuten. Wenn plötzlich die Reibung aus der Welt verschwunden wäre, würde eine Vielzahl der üblichen Erscheinungen in völlig anderer Weise verlaufen. Sehr bildhaft schreibt der französische Physiker *Guillaume* über die Rolle der Reibung.

„Wir sind alle schon einmal bei Glatteis ausgegangen. Wieviel Mühe kostet es uns, einen Sturz zu vermeiden, wieviel belustigende Bewegungen müssen wir vollführen, um das Gleichgewicht zu halten! Das zwingt uns zu der Erkenntnis, daß die Erde, auf der wir gehen, gewöhnlich eine wertvolle Eigenschaft hat, dank derer wir ohne besondere Mühe das Gleichgewicht bewahren. Auf denselben Gedanken kommen wir, wenn wir mit dem Fahrrad auf einer glatten Straße fahren oder wenn ein Pferd auf dem Asphalt ausrutscht und stürzt. Haben wir ähnliche Erscheinungen studiert, kommen wir zu dem sie erklärenden Schluß, der zur Reibung führt. Die Ingenieure streben nach Möglichkeiten, die Reibung in den Maschinen zu mindern, und sie haben Erfolg damit. In der Mechanik bezeichnet man die Reibung meist als eine äußerst unerwünschte Erscheinung. Das ist richtig. In vielen anderen Fällen müssen wir die Reibung als sehr wertvoll betrachten. Sie gibt uns die Möglichkeit zum Gehen, zum Sitzen und läßt uns ohne die Befürchtung arbeiten, daß Bücher und Tintenfaß zu Boden fallen werden, der Tisch weggleiten und uns der Federhalter aus den Fingern fallen wird.

Die Reibung stellt eine weit verbreitete Erscheinung dar. Sie wirkt ständig zwischen den Körpern.

Die Zimmerleute richten den Fußboden so ein, daß Tische und Stühle dort stehenbleiben, wohin man sie stellt. Schüsseln, Teller und Gläser, die man auf den Tisch stellt, bleiben ohne besondere Fürsorge unsererseits unbeweglich stehen, wenn man es nicht gerade während des Schlingerns auf einem Dampfer probiert.

Wir wollen uns vorstellen, daß die Reibung möglicherweise vollständig beseitigt ist. Dann bleiben keine Körper, ob sie groß wie ein Steinblock oder klein wie ein Sandkörnchen sein mögen, aufeinander liegen. Alle werden gleiten und rollen, bis sie sich auf gleichem Niveau befinden. Wenn es keine Reibung gäbe, wäre die Erde eine Kugel ohne Unebenheiten, wie bei einer Flüssigkeit."

Dazu läßt sich noch sagen, daß bei fehlender Reibung Nägel und Schrauben aus den Wänden herausrutschen würden, daß man nicht einen einzigen Gegenstand mit den Händen festhalten könnte, daß ein Wirbelsturm niemals aufhören und kein Laut verstummen würde.

Eine anschauliche Lektion, die uns von der großen Notwendigkeit der Reibung überzeugt, gibt uns jedesmal das Glatteis. Werden wir davon auf der Straße überrascht, sind wir sehr unbeholfen und laufen die ganze Zeit Gefahr zu stürzen. Hier ist ein lehrreicher Auszug aus einer Zeitung (Dezember 1927):

„London, den 21. 12. Infolge des starken Glatteises wurde der Verkehr in den Straßen und auf den Straßenbahnen merklich erschwert. Ungefähr 1400 Menschen wurden mit gebrochenen Armen, Beinen usw. in Krankenhäuser eingeliefert."

„Bei einem Zusammenstoß in der Nähe des Hyde-Parks wurden 3 Autos und zwei Straßenbahnen durch die Explosion des Benzins völlig zerstört."

„Paris, den 21. 12. Das Glatteis in Paris und seinen Vororten rief eine Vielzahl von Unglücksfällen hervor."

Aber die geringfügige Reibung auf dem Eis kann technisch erfolgreich genutzt werden. Schon ein gewöhnlicher Schlitten dient als Beispiel dafür. Noch besser erkennt man das an den sogenannten „Eiswegen", die zur Abfahrt des Holzes vom Holzschlag zur Eisenbahn oder zum Floßplatz angelegt werden. Auf einem solchen Weg (Bild 39) ziehen im Winter zwei Pferde einen mit 70 t Holz beladenen Schlitten, sofern die Gleitspuren für die Schlittenkufen glatt vereist sind.

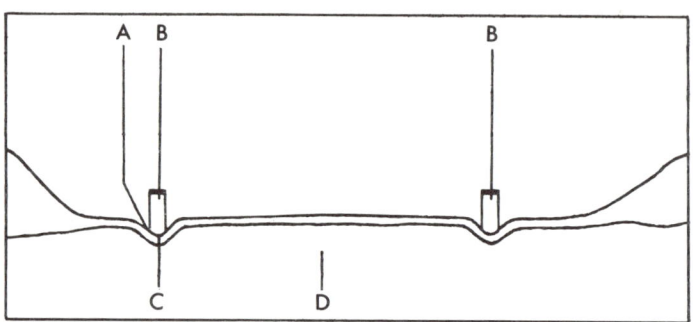

Bild 39 Ein beladener Schlitten auf einem vereisten Weg: *A* Spur, *B* Schlittenkufe, *C* verdichtete Schneedecke, *D* Straßengrund.

DIE PHYSIKALISCHE URSACHE DER KATASTROPHE DER „TSCHELJUSKIN"

Aus dem Gesagten läßt sich jetzt nicht etwa der voreilige Schluß ziehen, daß die Reibung auf dem Eis unter allen Umständen gering ist. Schon bei Temperaturen nahe dem Nullpunkt ist die Reibung auf dem Eis nicht selten ziemlich bedeutend. In Verbindung mit der Arbeit der Eisbrecher wurde die Reibung zwischen dem Eis der Polarmeere und der stählernen Bordwand eines Schiffes genau studiert. Es zeigte sich, daß sie unerwartet groß ist, nicht geringer als die Reibung zwischen zwei Stahlkörpern. Der Reibungskoeffizient zwischen einer neuen stählernen Bordwand eines Schiffes und dem Eis beträgt 0,2.

Um zu verstehen, welche Bedeutung diese Zahl für ein durch das Eis fahrendes Schiff hat, wollen wir Bild 40 genau betrachten. Es gibt die Richtung der Kräfte an, die durch den Druck des Eises auf die Bordwand *MN* des Schiffes wirken. Die vom Druck des Eises herrührende Kraft *P* wird in zwei Komponenten zerlegt, die Kraft *R* senkrecht zur Bordwand und die Kraft *F* in tangentialer Richtung zur Bordwand. Der Winkel zwischen *P* und *R* ist dem Neigungswinkel α der Bordwand gegen die Senkrechte gleich. Die Reibungskraft *Q* des Eises an der Bordwand ist gleich der mit dem Reibungskoeffizienten, das heißt mit 0,2 multiplizierten Kraft *R*. Wir erhalten $Q = 0,2R$. Wenn die Reibungskraft *Q* kleiner als *F* ist, so drückt die Kraft *F* das herandrängende Eis unter Wasser. Das Eis gleitet an der Bordwand entlang, ohne dem Schiff dabei

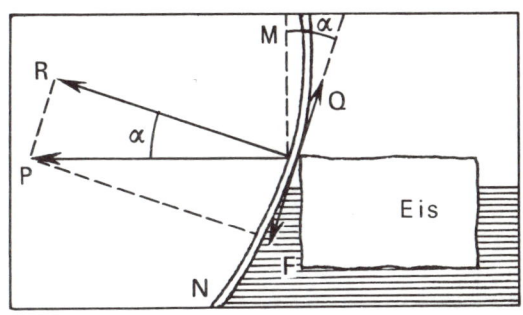

Bild 40 Kräfte, die durch den Druck des Eises auf die Bordwand *MN* des Schiffes wirken.

einen Schaden zuzufügen. Wenn die Kraft *Q* größer als *F* ist, verhindert die Reibung das Gleiten der Eisscholle, und das Eis kann durch den fortgesetzten Druck die Bordwand eindrücken und zertrümmern.

Wann ist nun *Q* kleiner als *F*? Man sieht leicht, daß $F = R \cdot \tan \alpha$ ist. Folglich muß man nun die Ungleichung $Q < R \cdot \tan \alpha$ verwirklichen. Aber da $Q = 0,2R$, führt diese Ungleichung $Q < F$ schließlich zu

$$0,2R < R \cdot \tan \alpha$$

oder

$$\tan \alpha > 0,2.$$

In der Tabelle suchen wir den Winkel auf, dessen Tangens 0,2 beträgt. Es ist der Winkel von 11°. Das heißt, $Q < F$ ist dann erfüllt, wenn der Neigungswinkel $\alpha > 11°$ ist. Dadurch wird ganz von selbst festgelegt, welche Neigung der Bordwände eines Schiffes zur Senkrechten eine ungefähre Fahrt durch das Eis gewährleistet. Die Neigung darf nicht kleiner als 11° sein.

Wenden wir uns jetzt dem Untergang der „Tscheljuskin" zu. Dieser Dampfer, kein Eisbrecher, durchfuhr den ganzen nördlichen Seeweg erfolgreich, aber in der Beringstraße wurde er im Eis eingeklemmt.

Die Eismassen trugen die „Tscheljuskin" weit nach Norden und zerdrückten sie (1934). Das zweimonatige heldenhafte Ausharren der Seeleute auf der „Tscheljuskin" auf einer Eisscholle und ihre Rettung durch die mutigen Flieger blieb bei vielen im Gedächtnis.

Hier soll eine Beschreibung der Katastrophe selbst folgen: „Das feste Metall des Schiffskörpers gab nicht sofort nach", meldete der Leiter der Expedition, *O. J. Schmidt,* durch den Funk. „Man konnte sehen, wie sich die Eisscholle in die Bordwand hineindrückte und wie über ihr die Platten der Bordwand sich lösten und sich nach außen krümmten. Das Eis drang langsam, aber unwiderstehlich weiter ein. Die verbogenen Stahlplatten an der Bordwand des Schiffes wurden an den Nähten auseinandergerissen. Mit lautem Knall flogen die Niete davon. Augenblicklich wurde die linke Bordwand des Dampfers vom Bugraum bis zum hinteren Ende des Decks aufgerissen..."

Nach dem, was in diesem Artikel gesagt wurde, muß dem Leser die physikalische Ursache der Katastrophe klar sein.

EIN STAB, DER SICH SELBST IM GLEICHGEWICHT HÄLT

Auf die Zeigefinger der nebeneinandergehaltenen Hände legt ihr einen glatten Stab, wie es in Bild 41 gezeigt ist. Nun bewegt ihr die Finger aufeinander zu, bis sie eng nebeneinanderliegen. Eine sonderbare Sache! Es zeigt sich, daß der Stab in der erreichten Lage nicht herunterfällt, sondern das Gleichgewicht behält. Ihr führt den Versuch viele Male durch und verändert dabei die Ausgangslage der Finger, aber das Ergebnis ist unveränderlich dasselbe: Der Stab bleibt im Gleichgewicht. Habt ihr den Stab durch ein Zeichenlineal, durch einen Spazierstock mit Knauf, durch ein Billard-Queue oder durch einen Besen ersetzt, so werdet ihr die gleiche Eigenschaft bemerken.

Worin besteht die Lösung des Rätsels bei diesem unerwarteten Ergebnis?

Zunächst ist folgendes klar: Da der Stab auf den aneinanderliegenden Fingern sich im Gleichgewicht befindet, ist es gewiß, daß die Finger unter dem Schwerpunkt des Stabes zusammenkommen. (Ein Körper bleibt im Gleichgewicht, wenn die Schwerelinie, die vom Schwerpunkt ausgeht, zwischen den Unterstützungspunkten liegt.)

Wenn die Finger anfangs auseinandergerückt sind, liegt die größere

Last auf dem Finger, der sich näher am Schwerpunkt des Stabes befindet. Mit der Last wächst auch die Reibung. Der Finger, der näher am Schwerpunkt liegt, erfährt eine größere Reibung als der weiter entfernte. Deshalb gleitet der näher am Schwerpunkt liegende Finger nicht unter dem Stab entlang. Es bewegt sich immer nur der Finger, der weiter von diesem Punkt entfernt ist. Sobald nun der sich

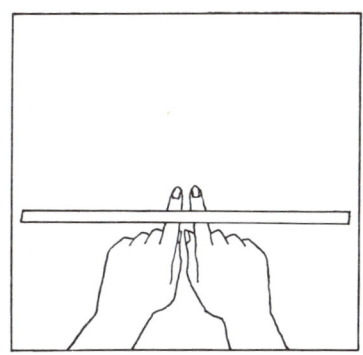

Bild 41

Versuch mit einem Lineal

bewegende Finger näher am Schwerpunkt liegt als der andere, vertauschen die Finger ihre Rollen. Ein solcher Wechsel vollzieht sich einige Male, so lange die Finger nicht unmittelbar zusammenliegen. Und so bewegt sich jedesmal nur einer der beiden Finger, nämlich der, der weiter vom Schwerpunkt entfernt ist. Deshalb ist es selbstverständlich, daß in der Endlage beide Finger unter dem Schwerpunkt zusammentreffen.

Bevor wir mit diesem Versuch zu Ende kommen, wollen wir ihn mit einem Besen (Bild 42 oben) wiederholen und uns die folgende Frage stellen: Wir zersägen den Besen an der Stelle, wo wir ihn mit den beiden zusammenliegenden Fingern unterstützen, und legen dann beide Teile auf je eine Schale einer Waage (Bild 42 unten). Welches Stück wird dann schwerer sein, das mit dem Stiel oder das mit der Bürste?

Fast scheint es so, daß beide Teile des Besens sich auf den Fingern das Gleichgewicht gehalten haben, daß sie sich auch auf den Waagschalen im Gleichgewicht befinden. In Wirklichkeit hat aber die Waagschale mit der Bürste ein Übergewicht.

Auf die Ursache kommt man sehr leicht, wenn man bedenkt, daß das Gewicht beider Teile an ungleichen Hebelarmen angreift, wenn sich der Besen auf den Fingern im Gleichgewicht befindet. Im zweiten Fall jedoch liegen die beiden Teile des Besens als verschiedene Massen an den Enden eines gleicharmigen Hebels (Waagebalken).

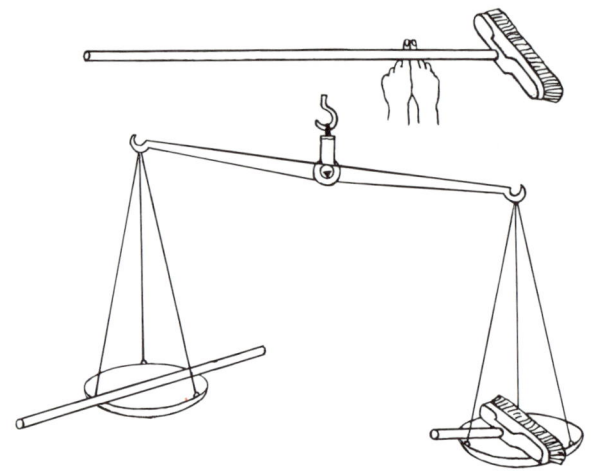

Bild 42   Derselbe Versuch mit einem Besen. Ist die Waage im Gleichgewicht?

**Der Widerstand
eines
Mediums**

GEWEHRKUGEL UND LUFT

Allen ist bekannt, daß eine Gewehrkugel bei ihrer Bewegung von der Luft gebremst wird, doch nur wenige machen sich einen Begriff davon, wie groß diese Bremswirkung ist. Die meisten neigen zu der Annahme, daß ein derart zartes Medium wie Luft, das für gewöhnlich nicht einmal wahrgenommen wird, keine große Wirkung ausüben dürfte.

Bild 43 zeigt uns, daß das Gegenteil der Fall ist. Der große Bogen entspricht dem Weg, den eine Kugel in Nähe der Erdoberfläche zurücklegen würde, wenn es keine Atmosphäre gäbe. Mit einer Anfangsgeschwindigkeit von 620 m/s und unter einem Winkel von 45° (0,79 rad) aus dem Lauf kommend, würde die Kugel einen 10 km hohen Bogen über fast 40 km Erdoberfläche beschreiben. In Wirklichkeit jedoch beschreibt die Kugel bei diesen Anfangsbedingungen einen recht bescheidenen Bogen über einer Strecke von nur 4 km. So gewaltig ist die Bremswirkung der Luft!

DAS FERNSCHIESSEN

Das Beschießen des Gegners aus einer Entfernung von 100 und mehr Kilometern ist gegen Ende des ersten Weltkrieges aufgekommen. Damals hatten die französischen und englischen Fliegerkräfte die Lufthoheit errungen, so daß der deutsche Generalstab gezwungen war, die Luftangriffe auf Paris einzustellen und sich nach einer anderen Möglichkeit umzusehen.

Auf die Lösung kam man ganz zufällig. Die deutschen Artilleristen hatten zu ihrer Verwunderung entdeckt, daß bei einem größeren Abschußwinkel die Reichweite ihrer großkalibrigen Kanone nicht mehr 20, sondern 40 km beträgt. Die Erklärung dieser Erscheinung besteht darin, daß ein steil nach oben abgefeuertes Geschoß große Höhen erreicht, wo der Luftwiderstand kleiner ist und das Geschoß entsprechend weniger gebremst wird. Bild 44 zeigt die Reichweite eines Artilleriegeschosses in Abhängigkeit vom Abschußwinkel.

Die gemäß diesem Phänomen ausgeführte Kanone kam im Sommer 1918 zum Einsatz. Sie hatte eine Masse von 750 t und einen 34 m langen Lauf. Die 120-kg-Geschosse (Länge 1 m, Durchmesser 21 cm) wurden

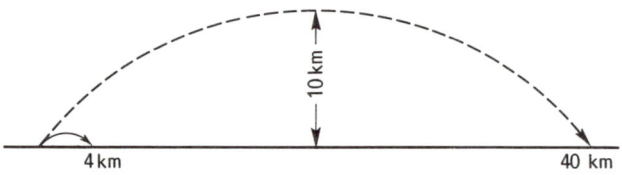

Bild 43 Der Weg einer Gewehrkugel im luftleeren Raum (großer Bogen) und in der Luft (kleiner Bogen)

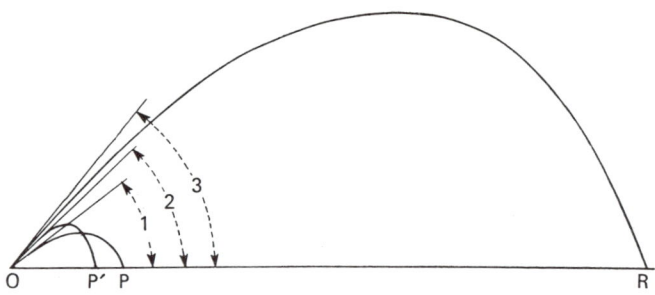

Bild 44 So verändert sich die Flugweite eines Geschosses bei Veränderung des Neigungswinkels einer Kanone großer Reichweite: Bei Winkel *1* trifft das Geschoß in *P* auf, bei Winkel *2* in *P′*, bei Winkel *3* jedoch wächst die Reichweite sofort um das Vielfache, denn das Geschoß passiert die verdünnten Schichten der Atmosphäre.

durch eine Treibladung von 150 kg mit einer Anfangsgeschwindigkeit von 2000 m/s abgeschossen. Der Abschußwinkel betrug 52° (0,9 rad), so daß die Geschosse bei einer Scheitelhöhe von 40 km in einer Entfernung von 115 km auftrafen. Dazu benötigten sie 3,5 Minuten, von denen 2 Minuten auf die Bewegung in der Stratosphäre entfielen.

Der Luftwiderstand nimmt mit der Anfangsgeschwindigkeit eines

Geschosses ganz enorm zu, er ist zumindest dem Quadrat der Geschwindigkeit proportional.

WARUM FLIEGT EIN DRACHEN?

Habt ihr euch einmal Gedanken darüber gemacht, warum ein Drachen nach oben steigt, wenn man ihn an der Leine nach vorn zieht?

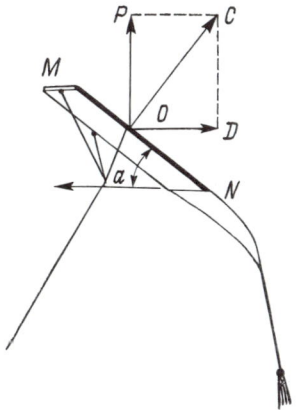

Bild 45 Die an einem Papierdrachen angreifenden Kräfte

Wenn ihr diese Frage beantworten könnt, dann werdet ihr auch begreifen, warum ein Flugzeug oder die Flügelfrucht eines Ahorns in der Luft bleibt, und auch zum Teil die sonderbaren Bewegungen eines Bumerangs verstehen.

Zur Erklärung des Drachenfluges sehen wir uns Bild 45 an. Die Linie MN stellt die Drachenfläche in der Seitenansicht dar. Sie ist geneigt, weil der schwere Schwanz die Hinterkante des Drachens nach unten zieht. Den Neigungswinkel (in der Aerodynamik heißt er Anstellwinkel) bezeichnen wir durch α. Wenn wir nun an der Leine (auf unserem Bild von rechts nach links) ziehen, dann setzt die Luft dem Drachen einen Widerstand in rechtem Winkel zur Drachenebene entgegen (Pfeil OC). Diese Kraft zerlegen wir im Kräfteparallelogramm in die beiden Kräfte OD und OP. Die Kraft OD bremst die Vorwärtsbewegung, während die Kraft OP den Drachen steigen läßt, wenn sie seiner Gewichtskraft

101

zumindest gleich ist. Die Auftriebskraft eines Drachens hängt also von seinem Anstellwinkel und von der Windstärke (Pfeil *OD*) ab.

Das gleiche trifft in vereinfachter Darstellung (ohne Berücksichtigung des Flügelprofils)[1] auch für das Flugzeug zu, nur wird hier die Vorwärtsbewegung, die zusammen mit dem Luftwiderstand und dem Anstellwinkel der Tragflügel die Auftriebskraft erzeugt, nicht durch eine Leine, sondern durch einen Propellermotor oder ein Strahltriebwerk bewirkt.

LEBENDE SEGELFLUGZEUGE

Flugzeuge sind also, wie wir gesehen haben, weniger den Vögeln mit ihren Schwingen nachgestaltet, sondern eher den Flughörnchen, Pelzflatterern und fliegenden Fischen. Diese Tiere benutzen nämlich ihre Flughäute nicht dazu, in die Höhe aufzusteigen, sondern führen damit „Gleitflüge" aus. Die Auftriebskraft (*OP* in Bild 45) ist geringer als die Gewichtskraft ihres Körpers, ermöglicht also keinen Flug nach oben oder in der Horizontalen. Die Flughörnchen gleiten von der Krone des einen auf die unteren Äste eines anderen Baumes und überwinden dabei Entfernungen bis zu 30 m.

In Ostindien und auf der Insel Ceylon gibt es eine sehr große Art der Flughörnchen – den Taguan – von der Größe unserer Hauskatze. Die Spannweite seiner Flughäute beträgt etwa einen halben Meter und macht Gleitflüge bis zu 50 m möglich. Der Pelzflatterer, den man auf den Sundainseln und den Philippinen antrifft, überbrückt auf diese Weise bis zu 70 m.

SEGELFLUG BEI DEN PFLANZEN

Pflanzen benutzen oft eine Art Segel- oder besser Schwebeflug, um ihre Samen und Früchte zu verbreiten. Diese sind dann entweder mit fallschirmähnlichen Haarbüscheln ausgestattet (Pusteblume, Bocksbart, Baumwollstaude) oder mit tragenden Flügelflächen in Form von Auswüchsen, Vorsprüngen usw. Solche pflanzlichen Segler kann man bei den Nadelhölzern den Ahornen, den Ulmen, der Birke, der Buche, bei vielen Doldenblütlern usw. beobachten.

---

[1] Siehe dazu Seite 240.

In dem bekannten Buch des *Kerner von Marilaun* „Das Leben der Pflanzen" können wir darüber folgendes nachlesen:

„Bei Windstille an sonnigen Tagen wird eine Unmenge von Früchten und Samen durch die vertikale Luftströmung in eine beträchtliche Höhe emporgehoben, setzt sich aber nach Sonnenuntergang gewöhnlich wieder in der Nähe ab. Solche Flüge sind nicht so sehr für die Ausbreitung der

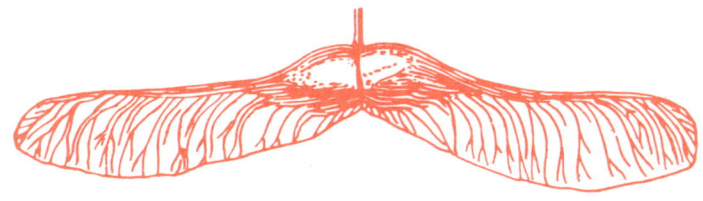

Bild 46

Flügelfrucht des Ahorns

Pflanzen als vielmehr für das Ansiedeln auf Mauervorsprüngen und in den Rissen von Steilhängen und Felswänden von Wichtigkeit, wohin die Samen auf dem üblichen Wege nicht gelangen können. Die horizontal strömenden Luftmassen jedoch können die in der Luft schwebenden Früchte und Samen über recht große Entfernungen befördern.

Bei einigen Pflanzen bleiben die Flügel und die Fallschirme nur für die Zeit des Fluges mit den Samen in Verbindung. Die Samen der Distel schweben ruhig durch die Luft, bei Auftreffen auf ein Hindernis jedoch lösen sie sich von dem Fallschirm und fallen zu Boden. Dies erklärt, warum die Distel so oft entlang von Mauern und Zäunen anzutreffen ist. In anderen Fällen bleibt der Samen ständig mit dem Fallschirm verbunden."

Auf Bild 46 ist die Flügelfrucht des Ahorns zu sehen, die eine „Segelvorrichtung" hat.

Die pflanzlichen Segler sind in vielen Hinsichten sogar vollkommener als die von Menschenhand gebauten. Sie können eine im Vergleich zu ihrer eigenen Masse ziemlich schwere Last tragen. Außerdem zeichnet sich ein solches pflanzliches Flugzeug durch automatische Stabilität aus: Wenn man den Samen des indischen Jasmins auf den Kopf stellt, kehrt er von selbst in die Ausgangslage zurück. Trifft der Samen im Flug auf ein Hindernis, dann stürzt er nicht ab, sondern nimmt wieder die Lage mit geringer Fallgeschwindigkeit ein und schwebt nach unten.

103

DER VERZÖGERUNGSSPRUNG AM FALLSCHIRM

Hier kommen einem die Verzögerungssprünge beim Fallschirmsport in den Sinn. Dabei läßt sich der Fallschirmspringer aus ungefähr 10 km Höhe fallen und reißt erst kurz vor der Erde seinen Fallschirm auf.

Viele meinen, der Fallschirmspringer falle dabei, nur der Erdanziehung ausgesetzt, wie ein Stein zu Boden. Das stimmt aber nicht. Seine Fallbewegung wird durch den Luftwiderstand gebremst, so daß die Fallgeschwindigkeit sich nach einer bestimmten Zeit stabilisiert. Nur in den ersten zehn Sekunden, im Verlauf der ersten hundert Meter, erfährt der Körper des frei fallenden Fallschirmspringers eine Beschleunigung, danach geht er von der beschleunigten in die gleichmäßige Bewegung über.

Berechnungen weisen aus, das die beschleunigte Bewegung nur die ersten 12 Sekunden oder etwas weniger, je nach Körpergewicht, anhält. In dieser Zeit legt der Fallschirmspringer 400 bis 500 m zurück und kommt auf eine Geschwindigkeit von 50 m/s. Danach bleibt diese Fallgeschwindigkeit konstant.

So ähnlich fallen auch Regentropfen. Der Unterschied besteht lediglich darin, daß die Anfangsphase der beschleunigten Bewegung bei den Regentropfen nur etwa eine Zehntelsekunde und sogar weniger dauert. Die stabilisierte Endgeschwindigkeit des Regentropfens beträgt darum 2 bis 7 m/s je nach Tropfengröße.

DER BUMERANG

Diese originelle Waffe – die vollkommenste technische Kreation des Urmenschen – hat lange Zeit die Verwunderung der Wissenschaftler hervorgerufen. In der Tat, die sonderbaren, verworrenen Figuren, die ein Bumerang in der Luft beschreibt (Bild 47), können einem wirklich ein Rätsel aufgeben.

Heute ist der Flug des Bumerangs theoretisch recht gründlich erforscht, so daß er nicht mehr als Wunder gilt. In die interessanten Einzelheiten wollen wir uns nicht vertiefen, gesagt sei lediglich, das die ungewöhnliche Flugbahn eines Bumerangs durch das Zusammenwirken von drei Faktoren hervorgebracht wird: 1. durch die primäre Wurfbewegung, 2. durch die Drehung des Bumerangs und 3. durch den Luftwiderstand. Die Eingeborenen Australiens kombinieren diese drei

Faktoren instinktiv: sie verändern geschickt den Neigungswinkel des Bumerangs, die Wucht und die Richtung des Wurfs, um das gewünschte Ergebnis zu erzielen.

Gewisse Geschicklichkeit in dieser Kunst kann sich übrigens jeder von uns aneignen.

Bild 47   Handhabung des Bumerangs durch Australier bei der Jagd

Für Übungen im Zimmer reicht voll ein Papier-Bumerang aus, den man aus einer Postkarte ausschneiden kann, wie es auf Bild 48 gezeigt ist. Jeder Ausleger ist etwa 5 cm lang und knapp 1 cm breit. Klemmt diesen Bumerang unter dem Daumennagel fest und schnipst so gegen sein Ende, daß der Stoß nach vorn und leicht nach oben gerichtet ist. Der Bumerang wird ungefähr fünf Meter weit fliegen, eine mitunter recht verschnörkelte Kurve beschreiben und, falls er nicht irgendwo angestoßen ist, vor euren Füßen landen.

Noch besser gelingt der Versuch, wenn man sich bei der Konstruktion an Bild 49 hält. Der Bumerang ist hier in der natürlichen Größe dargestellt, die beiden Ausleger sind schraubenförmig (Bild 49) zu verdrehen. Ein solcher Bumerang wird recht komplizierte Kurven beschreiben und dann zum Startort zurückkehren.

Zum Schluß sei gesagt, daß der Bumerang keinesfalls allein den

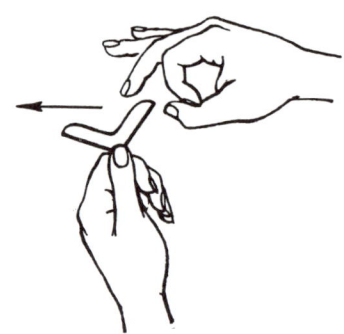

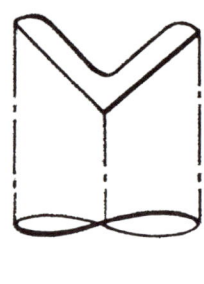

Bild 48   Ein Papier-Bumerang und sein Abschuß

Bild 49   Eine andere Form des Papier-Bumerangs (in natürlicher Größe)

Eingeborenen Australiens vorbehalten war. Er wurde auch an verschiedenen Orten in Indien benutzt und gehörte, wie es Überreste von Fresken ausweisen, zur gewöhnlichen Ausstattung der assyrischen Krieger. Im alten Ägypten und in Nubien war der Bumerang auch bekannt. Das Besondere am australischen Bumerang ist lediglich seine schraubenförmige Krümmung, die für komplizierte Flugfiguren und für das Rückkehren des Bumerangs sorgt.

WARUM FÄLLT EIN ROTIERENDER KREISEL NICHT UM?

Von tausend Leuten, die in ihrer Kindheit gern mit einem Kreisel gespielt haben, können viele auf diese Frage keine richtige Antwort geben. Wie ist es wirklich zu erklären, daß ein rotierender Kreisel, der senkrecht oder gar schräg aufgestellt wird, entgegen allen Erwartungen nicht umkippt? Welche Kraft hält ihn in dieser scheinbar stabilen Lage? Wirkt etwa die Schwerkraft nicht auf ihn? Hier treffen wir auf eine sehr interessante Wechselwirkung von Kräften. Die Theorie des Kreisels ist nicht einfach, und wir werden nicht tiefer in sie eindringen. Wir wollen nur die grundlegenden Tatsachen anführen, um zu erkennen, warum ein rotierender Kreisel nicht umfällt.

In Bild 50 ist ein Kreisel dargestellt, der sich in Richtung der Pfeile dreht. Wendet die Aufmerksamkeit dem Punkt A seines Randes und dem gegenüberliegenden Punkt B zu. Der Teil A bewegt sich von euch weg, der Teil B kommt auf euch zu. Verfolgt jetzt, was für eine Bewegung diese Teile vollführen, wenn ihr die Achse des Kreisels zu euch hin neigt. Mit diesem Impuls zwingt ihr den Punkt A, sich nach oben zu bewegen, den Punkt B aber zu einer Bewegung nach unten. Beide Punkte erhalten einen Anstoß unter einem rechten Winkel zu ihrer eigentlichen Bewegung. Aber da bei schneller Umdrehung des Kreisels die Bahngeschwindigkeit der Punkte auf der Kreisscheibe sehr groß ist, gibt die ihm mitgeteilte unbedeutende Geschwindigkeit, die sich mit der großen Bahngeschwindigkeit dieser Punkte zusammensetzt, eine Resultierende, die dieser Bahngeschwindigkeit sehr nahe kommt. Die Bewegung des Kreisels verändert sich daher kaum. Dadurch ist es verständlich, warum sich der Kreisel dem Versuch, ihn umzustoßen, widersetzt. Je mehr Masse der Kreisel besitzt und je schneller er sich dreht, um so hartnäckiger wirkt er dem Umkippen entgegen.

Das Wesentliche dieser Erklärung ist unmittelbar mit dem Gesetz von der Trägheit verbunden. Jedes Teilchen des Kreisels bewegt sich auf einer Kreisbahn in einer Ebene, die senkrecht zur Rotationsachse liegt. Nach dem Trägheitsgesetz wollen die Teilchen in jedem Augenblick die Kreisbahn auf einer Geraden verlassen, die der Tangente an die Kreisbahn entspricht. Aber jede Tangente liegt in derselben Ebene, in der

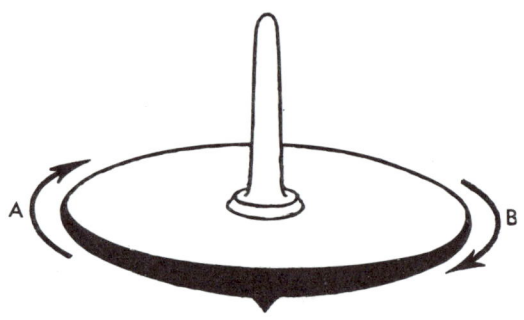

Bild 50   Warum fällt der Kreisel nicht um?

Bild 51   Ein rotierender Kreisel, der in einer bestimmten Lage hochgeworfen wird, behält die ursprüngliche Richtung seiner Achse bei.

auch die Kreisbahn selbst liegt. Deshalb will sich jedes Teilchen so bewegen, daß es ständig in der Ebene bleibt, die senkrecht auf der Rotationsachse steht. Hieraus folgt, daß alle Ebenen im Kreisel, die auf der Drehachse senkrecht stehen, ihre Lage im Raum beibehalten wollen. Deshalb wird auch deren gemeinsame Senkrechte, das heißt die Rotationsachse selbst, ihre Richtung beibehalten. Wir werden nicht alle Bewegungen des Kreisels betrachten, die entstehen, wenn äußere Kräfte auf ihn wirken. Das würde viel zu ausführliche Erklärungen erfordern, die am Ende langweilig erscheinen würden. Ich wollte nur den Grund für das Bestreben jedes rotierenden Körpers erläutern, die Richtung der Rotationsachse unverändert beizubehalten.

Diese Eigenschaft nutzt die heutige Technik weitgehend aus. Verschiedene Kreiselapparate (auf der Eigenschaft des Kreisels aufgebaut), Kompasse, Stabilisatoren und andere Geräte, werden auf Schiffen und in Flugzeugen eingebaut. Die Rotation sichert die Stabilität des Fluges von Geschossen und Granaten, und man kann sie auch für die Sicherung der Stabilität der Bewegung von kosmischen Geschossen, Sputniks und Raketen, anwenden. Das ist nützliche Anwendung eines scheinbar einfachen Spielzeugs.

DIE KUNST DER JONGLEURE

Viele bestaunenswerte Tricks in den abwechslungsreichen Programmen der Jongleure beruhen auch auf der Eigenschaft rotierenden Körper, die Richtung ihrer Rotationsachse beizubehalten. Ich erlaube mir, einen Auszug aus dem spannenden Buch „Der rotierende Kreisel" von dem englischen Physiker Prof. *John Perry* zu bringen.

„Eines Tages zeigte ich einige meiner Versuche vor einem Publikum, das in dem prachtvollen Viktoria-Konzertsaal in London Kaffee trank. Ich bemühte mich, meine Zuhörer zu interessieren, so weit ich das konnte. Ich erzählte davon, daß man einen flachen Ring in Umdrehungen versetzen muß, wenn man ihn so werfen will, daß man vorher bestimmen kann, wohin er fallen wird. Genauso handelt man auch, wenn man irgend jemandem einen Hut so zuwerfen will, daß er diesen Gegenstand mit einem Stab auffangen kann. Immer kann man sich auf den Widerstand verlassen, den ein rotierender Körper zeigt, wenn man die Richtung seiner Rotationsachse verändern will. Weiter erklärte ich meinen Zuhörern, daß man niemals mit Genauigkeit zielen kann, wenn

109

man den Lauf eines Kanonenrohres innen glatt poliert. Aus diesem Grunde fertigt man gezogene Läufe an, das heißt, man schneidet in die Innenseite des Kanonenrohres schraubenförmige Rillen, in die die entsprechenden Vorsprünge der Geschosse und Granaten passen, so daß diese eine Drehbewegung erhalten, wenn sie die Kraft des explodierenden

Bild 52   Wie eine hochgeworfene rotierende Münze fliegt.

Bild 53   Eine hochgeworfene Münze, die nicht rotiert, fällt in verschiedenen Lagen herab.

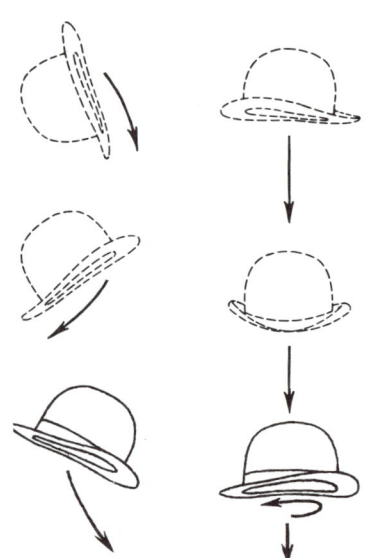

Bild 54   Ein hochgeworfener Hut läßt sich leicht auffangen, wenn man ihn um die Achse rotieren läßt.

Pulvers durch den Lauf hinausdrückt. Infolgedessen verläßt das Geschoß den Lauf mit einer genau festgelegten Drehbewegung.

Das war alles, was ich in dieser Lektion machen konnte, da ich nicht die Fertigkeit besitze, Hüte und Scheiben zu werfen. Aber nachdem ich meine Lektion beendet hatte, kamen zwei Jongleure auf die Bühne. Ich konnte mir keine bessere Illustration der eben erwähnten Gesetze wünschen als die, die jedes einzelne Kunststück darstellte, das die beiden Artisten zeigten. Sie warfen einander rotierende Hüte, Reifen, Teller und Schirme zu. Einer der Jongleure warf eine ganze Reihe Messer in die Luft, fing sie wieder auf und warf sie erneut mit großer Genauigkeit hoch. Mein Auditorium, das eben erst die Erklärung dieser Erscheinungen angehört hatte, jubelte vor Vergnügen. Es bemerkte die Drehbewegung, die der Jongleur jedem Messer verlieh, wenn er es mit der Hand so hoch wärf, daß er vorher wußte, in welcher Lage das Messer zu ihm zurückkehren würde. Ich war damals überrascht, daß die Tricks der Jongleure, die an diesem Abend gezeigt wurden, fast alle ohne Ausnahme eine Illustration des vorher dargelegten Prinzips darstellten."

EINE NEUE LÖSUNG DER AUFGABE VON KOLUMBUS

Seine berühmte Aufgabe, wie man ein Ei auf die Spitze stellt, löste *Kolumbus* sehr einfach: Er drückte die Schale des Eies ein.[1]

Diese Lösung ist im Grunde genommen falsch. Indem *Kolumbus* die Schale des Eies eindrückte, veränderte er dessen F o r m , und das bedeutet, daß er nicht die Eiform, sondern einen Körper mit anderer Form auf die Spitze stellte. *Kolumbus* gab also die Lösung nicht für den Körper an, für den sie gesucht wurde.

Indessen läßt sich aber die Aufgabe des großen Seefahrers lösen, ohne die Form des Eies im geringsten zu verändern, wenn man sich die Eigenschaft des Kreisels zunutze macht. Dazu genügt es schon, das Ei um seine lange Achse rotieren zu lassen. Ohne umzukippen wird es dann einige Zeit auf dem stumpfen oder sogar auf dem spitzen Ende

---

[1] Im übrigen muß bemerkt werden, daß die populäre Legende vom Ei des *Kolumbus* nicht auf historischen Tatsachen beruht. Diese Aufgabe soll schon früher von einer anderen Person und aus einem anderen Anlaß heraus gelöst worden sein, nämlich von dem italienischen Architekten *Brunelleschi* (1377 bis 1446), dem Erbauer der riesigen Domkuppel zu Florenz („Meine Kuppel steht so sicher wie dieses Ei auf seiner Spitze!").

stehenbleiben. Wie man das macht, zeigt Bild 56. Das Ei versetzt man mit den Fingern in Rotation. Wenn man die Hände wegnimmt, könnt ihr sehen, daß sich das Ei noch eine Zeitlang weiter aufrechtstehend dreht. Die Aufgabe ist gelöst.

Zu diesem Versuch muß man unbedingt gekochte Eier nehmen. Diese Einschränkung widerspricht den Bedingungen der Aufgabe von *Kolum-*

Bild 55

Bild 56   Die Lösung der Aufgabe von *Kolumbus*

bus nicht. Als er die Aufgabe löste, nahm *Kolumbus* das Ei direkt vom Tisch. Aber zu Tisch wurden, wie man annehmen muß, keine rohen Eier gereicht. Es wird auch kaum gelingen, ein rohes Ei zum Rotieren zu bringen, wenn ihr es aufrecht stellen wollt, weil die innere flüssige Masse in diesem Falle als Bremse wirkt. Darin besteht unter anderem die einfache Methode, rohe Eier von hartgekochten zu unterscheiden.

DIE „VERSCHWUNDENE" SCHWERKRAFT

„Das Wasser fließt aus einem rotierenden Gefäß nicht aus, sogar dann nicht, wenn das Gefäß auf dem Kopf steht, weil die Rotation das Ausfließen verhindert", schrieb vor 2000 Jahren *Aristoteles*. In Bild 57 ist dieser effektvolle Versuch dargestellt, der ohne Zweifel vielen bekannt ist. Dreht ihr einen Eimer mit Wasser genügend schnell, wie es auf dem Bild gezeigt ist, erreicht ihr damit, daß das Wasser sogar dann nicht ausfließt, wenn der Eimer auf dem Kopf steht.

Es ist üblich, diese Erscheinung mit der „Fliehkraft" zu erklären, unter der man jene Kraft versteht, die an dem Körper anzugreifen scheint und ihn vom Zentrum der Rotation wegbewegen will. Das Bestreben, sich vom Drehpunkt wegbewegen zu wollen, ist nichts anderes als die Äußerung der Trägheit. In der Physik versteht man unter der „Fliehkraft" oder richtiger Zentralkraft nichts anderes als jene reale Kraft, mit der der rotierende Körper an dem ihn haltenden Faden zieht oder auf seine gekrümmte Bahn drückt. Diese Kraft greift nicht am bewegten Körper an, sondern an dem Hindernis, das ihm die geradlinige Bewegung unmöglich macht: am Faden, an den Schienen einer gekrümmten Bahn und dergleichen mehr.

Indem wir uns der Rotation des Eimers zuwenden, wollen wir versuchen, uns über den Grund dieser Erscheinung klar zu werden, ohne überhaupt bei dem zweideutigen Begriff „Fliehkraft" Zuflucht zu suchen. Wir wollen uns selbst eine Frage stellen: Wohin wird sich der Wasserstrahl richten, wenn man ein Loch in die Wand des Eimers bohrt? Wenn es keine Schwerkraft gäbe, hätte der Wasserstrahl die Richtung der Tangente AK an den Kreis AB (Bild 57). Die Schwerkraft zwingt den Strahl zur Bewegung auf einer nach unten gekrümmten Bahn (der Parabel AP). Wenn die Bahngeschwindigkeit der Kreisbewegung groß genug ist, verläuft die gekrümmte Bahn außerhalb des Kreises AB. Der Strahl gibt uns den Weg an, auf dem sich das Wasser bei der Rotation

113

des Eimers bewegen würde, wenn nicht der auf das Wasser drückende Eimer im Wege stehen würde. Jetzt ist es klar, warum sich das Wasser überhaupt nicht senkrecht nach unten bewegen kann und warum es deshalb auch nicht aus dem Eimer ausfließt. Es könnte nur in dem Falle aus dem Eimer entweichen, wenn er mit einer Öffnung in der Richtung seiner Umdrehung versehen wäre.

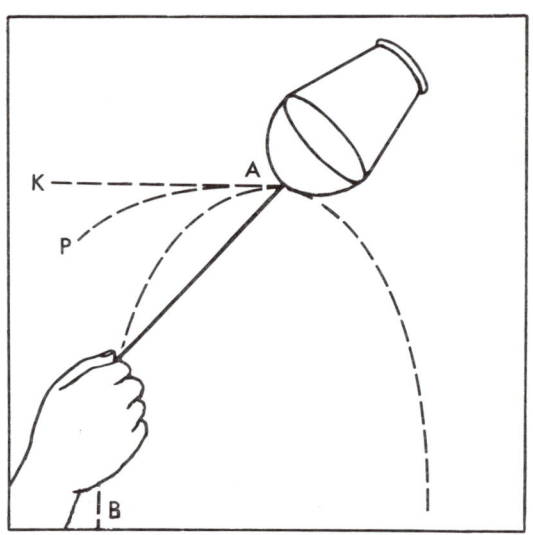

Bild 57   Warum fließt das Wasser nicht aus dem rotierenden Eimer aus?

Rechnet jetzt aus, mit welcher Geschwindigkeit sich der Eimer bei diesem Versuch bewegen muß, damit das Wasser nicht aus ihm nach unten ausfließt. Die Geschwindigkeit muß so groß sein, daß Radialbeschleunigung des rotierenden Eimers größer ist als die Fallbeschleunigung. Dann wird der Weg, auf dem sich das Wasser bewegen will, außerhalb des vom Eimer beschriebenen Kreises liegen. Das Wasser wird nirgends aus dem Eimer herauskommen. Die Formel für die Berechnung der Radialbeschleunigung lautet:

$$a_r = v^2 : r.$$

Dabei ist v die Bahngeschwindigkeit und r der Radius der Kreisbahn. Da die Fallbeschleunigung an der Erdoberfläche $g = 9{,}8 \, \text{m/s}^2$ beträgt, er-

114

halten wir die Ungleichung

$$a_r = \frac{v^2}{r} \geqslant 9,8 \, \text{m/s}^2.$$

Wenn wir den Radius r mit 70 cm annehmen, dann ist $v \geqslant \sqrt{0,7\,\text{m}\cdot 9,8\,\text{m/s}^2}$, demnach $v \geqslant 2,6\,\text{m/s}$.

Es läßt sich leicht ausrechnen, daß man zum Erzeugen dieser Bahngeschwindigkeit mit der Hand ungefähr anderthalb Umdrehungen in der Sekunde ausführen muß. Diese Bahngeschwindigkeit ist bei der Rotation ohne weiteres zu erreichen, und der Versuch gelingt ohne Mühe.

Die Eigenschaft einer Flüssigkeit, sich an die Wände des Gefäßes zu schmiegen, wenn sie sich in diesem um eine horizontale Achse dreht, wird in der Technik beim sogenannten *Schleudergußverfahren* ausgenützt. Dabei besteht die hauptsächliche Bedeutung darin, daß sich eine inhomogene Flüssigkeit in Schichten absetzt, die sich in ihren Dichten unterscheiden. Die leichteren Bestandteile liegen näher an der Achse. Infolgedessen scheiden sich alle Gase, die im flüssigen Metall enthalten sind und sogenannte Blasen im Guß bilden könnten, im inneren Hohlraum des Gußstückes ab. Werkstücke, die auf diese Weise hergestellt werden, sind dicht und frei von Hohlräumen. Der Schleuderguß ist billiger als der gewöhnliche Guß durch Druck und erfordert keine so komplizierte Vorrichtung.

DER LESER ALS GALILEI

Den Freunden heftiger Empfindungen wird manchmal ein eigenartiges Vergnügen geboten, die sogenannte „Teufelsschaukel". Eine solche Schaukel gibt es auch in Leningrad. Diese Schaukel ist an einem festen, horizontalen Balken befestigt, der in einer gewissen Höhe über dem Fußboden durch das Zimmer führt. Wenn sich alle gesetzt haben, schließt ein dafür bestimmter Angestellter die Eingangstür und räumt das Brett weg, das als Steg gedient hat. Während er mitteilt, daß er den Zuschauern die Möglichkeit geben wird, eine kleine Luftreise zu unternehmen, kommt die Schaukel ganz langsam in Schwung. Danach setzt er sich hinten auf die Schaukel, wie ein Kutscher auf den Kutschbock, oder er geht aus dem Zimmer hinaus. Unterdessen werden die Schwingungen der Schaukel immer größer und größer. Sie erhebt sich bis zur Höhe des Balkens, geht danach höher und höher über ihn hinaus und beschreibt schließlich einen vollen Kreis. Die Bewegung wird beträchtlich schneller, und die Schaukelnden, wenn sie auch zum größten Teil schon gewarnt sind, fühlen das Schaukeln und die schnelle Bewegung ganz offensichtlich. Es scheint ihnen, daß sie auf dem Kopf

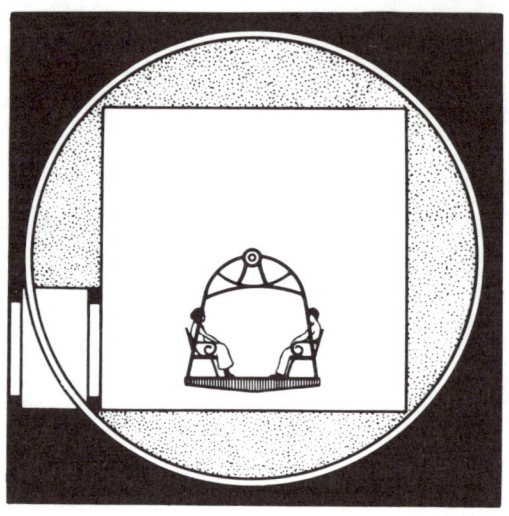

Bild 58   Schematischer Aufbau der „Teufelsschaukel"

nach unten durch den Raum getragen werden, so daß sie unwillkürlich nach den Lehnen der Sitze greifen, um nicht herabzufallen.

Aber da beginnen die Schwingungen der Schaukel kleiner zu werden. Die Schaukel hebt sich schon nicht mehr bis in die Höhe des Balkens, und nach einigen Sekunden steht sie wieder still.

In Wirklichkeit aber hing die Schaukel *die ganze Zeit unbeweglich,* während der Versuch ablief, und das Zimmer selbst drehte sich mit Hilfe eines einfachen Mechanismus an den Zuschauern vorbei um eine horizontale Achse. Die verschiedenen Einrichtungsgegenstände sind am Fußboden oder an den Wänden des Raumes befestigt. Die Lampe ist so am Tisch angebracht, daß sie scheinbar leicht umkippen kann. Sie besteht aus einer elektrischen Glühlampe, die unter einem großen Schirm verborgen ist. Der Angestellte, der die Schaukel anscheinend in Schwung gebracht hatte, indem er ihr leichte Anstöße gab, brachte im Grunde genommen diese Anstöße nur in Einklang mit den Schwingungen des Raumes und erweckte damit den Eindruck, als ob er die Schaukel zum Schwingen bringen würde.

Wie ihr seht, ist das Geheimnis der Täuschung geradezu lachhaft. Und trotzdem würdet ihr euch von der Täuschung beeinflussen lassen, wenn ihr jetzt auf der Teufelsschaukel sitzen würdet, obwohl ihr schon wißt, worum es sich handelt. So sehr wird man getäuscht!

Erinnert ihr euch an das Gedicht „Bewegung" von *Puschkin*?

> Bewegung gibt es nicht, sprach einst ein Weiser[1] bärtig.
> Der andre[2] schwieg und ging vor ihm stumm auf und ab.
> Die Antwort lobte man, die er ihm damit gab.
> Denn sie war stark und geistesgegenwärtig.
> Doch meine Herren, die scherzhafte Idee
> Läßt jetzt ein andres Bild in mir entstehen:
> Sehn wir nicht jeden Tag die Sonne gehen,
> Und doch hat recht der sture *Galilee*![3]

Unter den Insassen der Schaukel, die nicht in deren Geheimnis eingeweiht sind, wäret ihr gewissermaßen *Galilei,* nur daß *Galilei* im Gegensatz dazu zeigte, daß sich Sonne und Sterne nicht bewegen und wir selbst uns im Kreise bewegen. Ihr werdet jedoch zeigen, daß wir in der Schaukel in der Ruhelage sind und sich das gesamte Zimmer um uns dreht. Es ist möglich, daß ihr auch das traurige Schicksal *Galilei*s erleiden würdet. Man würde auf euch blicken wie auf einen Menschen, der offenkundige Tatsachen bestreitet.

MEIN STREIT MIT EUCH

Es würde euch auch nicht so leicht gelingen, wie ihr möglicherweise glaubt, den anderen zu zeigen, daß ihr im Recht seid. Stellt euch vor, daß ihr euch selbst auf der „Teufelsschaukel" befindet und eure Nachbarn überzeugen wollt, daß sie sich irren. Ich schlage euch vor, mit mir ein Streitgespräch zu beginnen. Nachdem ich mich mit euch zusammen auf

---

[1] Der griechische Philosoph *Zenon* aus Elea (5. Jh. v. u. Z.), der lehrte, daß alles in der Welt unbewegt sei und daß es uns nur infolge einer Sinnestäuschung so vorkomme, als ob sich die Körper bewegen würden.

[2] *Diogenes*

[3] Die deutsche Fassung des Gedichtes wurde entnommen aus „*Alexander Puschkin*, Ausgewählte Werke", Band 1. Aufbau-Verlag Berlin 1949, Seite 150.

die Teufelsschaukel gesetzt habe, warten wir auf den Augenblick, in dem die scheinbar schwingende Schaukel beginnt, volle Kreise zu beschreiben, und führen ein Streitgespräch darüber, was sich dreht, die Schaukel oder das ganze Zimmer. Ich bitte aber zu bedenken, daß wir während des Streites die Schaukel nicht verlassen dürfen. Alles Notwendige nehmen wir im voraus mit.

Ihr: „Wie kann man daran zweifeln, daß wir uns in Ruhe befinden und das Zimmer sich dreht. Wenn unsere Schaukel tatsächlich auf dem Kopf stehen würde, würden wir alle doch nicht mit dem Kopf nach unten schweben, sondern aus ihr herausfallen. Aber wie man sieht, fallen wir nicht heraus. Also dreht sich nicht die Schaukel, sondern das Zimmer."

Ich: „Bedenkt aber, daß das Wasser aus einem schnell kreisenden Eimer nicht ausfließt, auch wenn er auf dem Kopf steht (Bild 57). Ein Radfahrer in der ‚Teufelsschleife' (siehe Bild 66) fällt auch nicht herab, auch wenn er mit dem Kopf nach unten fährt."

Ihr: „Wenn das so ist, dann werden wir die Zentralbeschleunigung ausrechnen und prüfen, ob sie groß genug ist, damit wir nicht aus der Schaukel herausfallen. Da wir unseren Abstand von der Rotationsachse und die Zahl ihrer Umdrehungen pro Sekunde kennen, werden wir die Lösung mit Hilfe der Formel schnell erhalten."

Ich: „Bemüht euch nicht, das auszurechnen. Die Erbauer der Teufelsschaukel, die von unserem Streitgespräch wissen, haben mir vorher mitgeteilt, daß die Zahl der Umdrehungen völlig genügen würde, um die Erscheinung auf meine Art und Weise zu erklären. Folglich entscheidet die Rechnung unseren Streit nicht."

Einer von euch: „Aber ich habe die Hoffnung noch nicht verloren, Sie zu überzeugen. Sehen Sie, das Wasser aus diesem Glas fließt nicht auf den Fußboden. Übrigens beziehen auch Sie sich hier auf den Versuch mit dem rotierenden Eimer. Nun gut, ich werde ein Lot in der Hand halten, und es ist die ganze Zeit auf unsere Füße gerichtet, das heißt nach unten. Wenn wir uns drehen würden und das Zimmer sich in Ruhe befände, würde das Lot die ganze Zeit auf den Fußboden gerichtet sein, das heißt, es würde einmal zu unserem Kopf und einmal auch nach der Seite hin ziehen."

Ich: „Ihr irrt euch. Wenn wir uns mit genügender Geschwindigkeit drehen, dann muß das Lot die ganze Zeit von der Rotationsachse radial weggeschleudert werden, also in Richtung unserer Füße, wie wir es auch beobachten."

DAS ENDE UNSERES STREITES

Erlaubt mir nun, euch einen Tip zu geben, wie man den Sieg in diesem Streitgespräch davontragen kann. Man muß eine Federwaage mit auf die Teufelsschaukel nehmen und ein Wägestück von beispielsweise 1 kg daranhängen und die Lage des Zeigers beobachten. Er wird die ganze Zeit ein und dieselbe Masse von 1 kg anzeigen. Das ist ein Beweis für die Ruhelage der Schaukel. Wenn wir tatsächlich zusammen mit der Federwaage Kreise um die Achse beschreiben würden, dann würde außer der Schwerkraft auch die von der Achse wegziehende Zentrifugalkraft auf das Wägestück wirken. Diese Gegenkraft würde in den unteren Punkten der Bahn die Gewichtskraft des Körpers v e r g r ö ß e r n und sie in den oberen Punkten v e r r i n g e r n. Wir müßten feststellen, daß das Wäge- stück einmal schwerer wird und dann wieder fast nichts wiegt. Aber da wir das nun einmal nicht feststellen konnten, dreht sich demnach das Zimmer und wir befinden uns in Ruhe.

IN DER „ZAUBERKUGEL."

Ein Unternehmer in Amerika baute zum Vergnügen des Publikums ein sehr lustiges und lehrreiches Karussell in Form eines rotierenden kugelförmigen Raumes. Die Menschen haben darin ungewöhnliche Empfindungen, wie wir sie etwa nur im Schlaf oder in einem Märchen für möglich halten.

Wir wollen uns zunächst daran erinnern, was der Mensch empfin- det, wenn er auf einer waagerecht schnell rotierenden Kreisscheibe steht.

Die Drehbewegung will den Menschen nach außen wegschleudern. Je weiter wir vom Drehpunkt entfernt stehen, um so heftiger werden wir nach außen gedrängt und gezogen. Wenn ihr die Augen schließt, werdet ihr den Eindruck haben, daß ihr nicht auf einem waagerechten Fußbo- den, sondern auf einer schiefen Ebene steht, auf der ihr mit Mühe auf- recht stehen könnt. Das wird uns verständlich, wenn wir betrachten, welche Kräfte dabei auf unseren Körper wirken (Bild 59). Die Wirkung der Drehbewegung zieht unseren Körper nach außen, die Schwerkraft zieht ihn nach unten. Setzt man die beiden Kräfte nach dem Parallelogramm der Kräfte zusammen, so ergibt sich eine Resultierende, die *schräg nach unten* zeigt. Je schneller sich die Scheibe dreht, um so größer wird die resultierende Kraft und um so stärker wird unser Körper nach außen gezogen. Stellt euch jetzt vor, daß der Rand der Scheibe nach oben gekrümmt ist, und ihr steht auf dem geneigten Teil (Bild 60). Wenn sich die Scheibe in Ruhe befindet, könnt ihr euch in dieser Lage nicht halten. Ihr rutscht ab oder fallt sogar hin. Etwas anderes ist es, wenn die Scheibe rotiert. Dann wirkt diese schiefe Ebene bei einer bestimmten Geschwindigkeit für euch wie eine waagerechte Ebene, weil die Richtung der

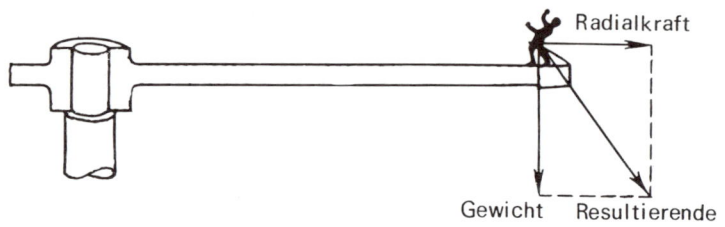

Bild 59 Was der Mensch auf der rotierenden Scheibe empfindet.

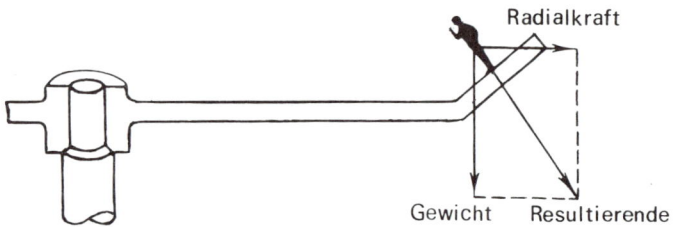

Bild 60 Ein Mensch steht auf dem schrägen Rand einer rotierenden Scheibe vollkommen sicher.

Resultierenden aus der Gewichtskraft und der Zentralkraft im rechten Winkel zum gekrümmten Rand der Kreisscheibe steht.[1]

Wenn wir der rotierenden Scheibe eine Krümmung geben, so daß ihre Oberfläche bei einer bestimmten Geschwindigkeit in *jedem* Punkt senkrecht zur Resultierenden liegt, dann wird sich ein daraufstehender Mensch an allen Punkten der Scheibe wie auf einer waagerechten

---

[1] Das erklärt, wie wir beiläufig bemerken wollen, warum in einer Kurve der Eisenbahn die äußere Schiene höher gelegt ist als die innere, weshalb auch eine Radrennbahn nach innen abfällt und wieso die Bahnfahrer auf der steil geneigten und gekrümmten Bretterwand fahren können.

Scheibe fühlen. Durch mathematische Berechnung findet man, daß eine derartig gekrümmte Oberfläche die Oberfläche eines ganz bestimmten geometrischen Körpers, des *Paraboloids*, darstellt. Man kann diese Oberfläche erhalten, wenn man ein bis zur Hälfte mit Wasser gefülltes Glas schnell um die senkrechte Achse rotieren läßt. Dann steigt das Wasser am Rand empor, in der Mitte fällt der Wasserspiegel, und die Oberfläche nimmt die Form eines Paraboloids an.

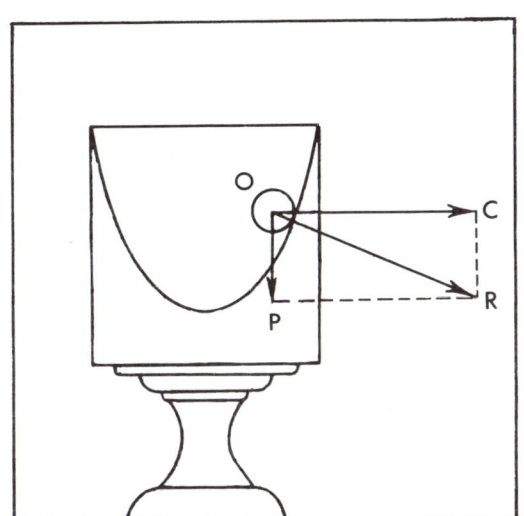

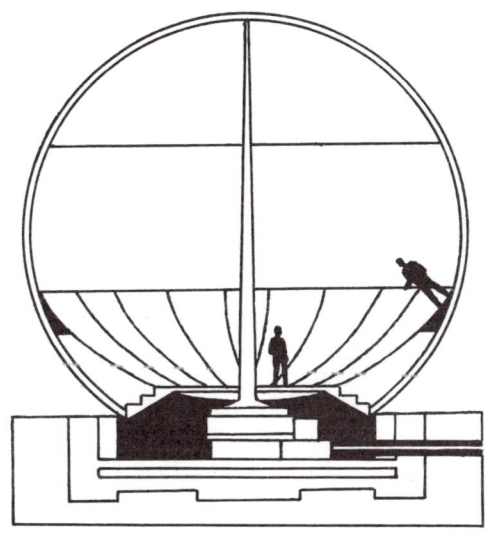

Bild 61 Wenn sich dieses Gefäß schnell genug dreht, dann rollt die kleine Kugel nicht zur tiefsten Stelle.

Bild 62 Die „Zauberkugel" (Schnitt)

Wenn man statt Wasser geschmolzenes Wachs in das Glas füllt und die Drehbewegung so lange aufrechterhält, bis das Wachs erkaltet ist, dann hat die hart gewordene Wachsoberfläche die genaue Form eines Paraboloids angenommen. Bei einer bestimmten Rotationsgeschwindigkeit erscheint diese Oberfläche für eine Kugel wie eine waagerechte Ebene. Legt man diese Kugel auf einen beliebigen Punkt der Oberfläche, so rollt sie nicht nach unten, sondern bleibt in dieser Lage (Bild 61).

Jetzt werdet ihr die Konstruktion der „Zauberkugel" leicht verstehen. Ihr Boden ist eine große rotierende Scheibe (Bild 62), die wie ein

121

Paraboloid gekrümmt ist. Wenn auch die Rotation durch einen unter der Scheibe verborgenen Mechanismus auf recht einfache Art erzeugt wird, hätten trotzdem alle Menschen auf der Scheibe ein Schwindelgefühl, wenn sich nicht alle sie umgebenden Gegenstände mit ihnen gemeinsam bewegen würden. Um keinem Beobachter die Möglichkeit zu geben, die

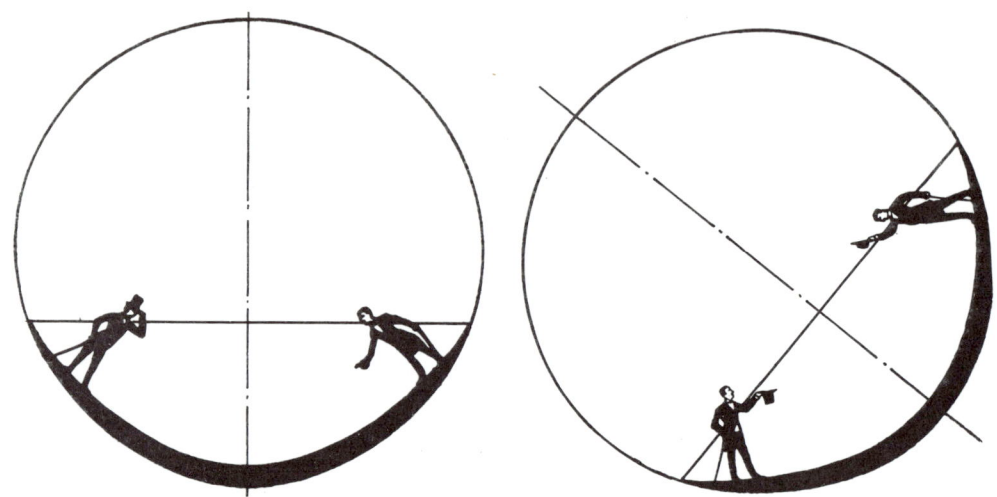

Bild 63   Wie ist die Lage eines Menschen im Inneren der Zauberkugel tatsächlich (links) und wie erscheint sie jedem der beiden Beteiligten (rechts)?

Bewegung zu erkennen, befindet sich die rotierende Scheibe im Inneren einer großen Kugel mit undurchsichtigen Wänden, die sich mit der gleichen Geschwindigkeit wie die Scheibe selbst dreht.

So ist das Karussell konstruiert, das die Bezeichnung „Zauberkugel" oder „Zaubersphäre" trägt. Was empfindet ihr, wenn ihr euch auf der Scheibe innerhalb der Kugel befindet? Wenn sie rotiert, ist der Boden unter euren Füßen waagerecht, ganz gleich, in welchem Punkt der gekrümmten Scheibe ihr euch befindet, ob an der Achse, wo der Boden tatsächlich waagerecht ist, oder am Rand, wo er um 45° (0,79 rad) geneigt ist. Die Augen sehen deutlich die Krümmung der Scheibe, während die Empfindungen der Muskeln dafür sprechen, daß unter euch eine ebene Fläche liegt. Beide Empfindungen stehen im schroffen Widerspruch zueinander. Wenn ihr von einer Stelle am Rand quer über die Scheibe zum gegenüberliegenden Rand geht, dann kommt es euch so vor, als würde sich die ganze riesige Kugel durch die Gewichtskraft eures Körpers mit der Leichtigkeit einer Seifenblase auf die andere Seite wälzen; denn ihr fühlt euch ja in jedem Punkt wie auf einer waagerechten Ebene. Die Lage der anderen Leute aber, die schräg auf der Scheibe stehen, dürfte euch

Bild 64   Die wirkliche Lage des rotierenden Laboratoriums

Bild 65   Die scheinbare Lage desselben rotierenden Laboratoriums

äußerst ungewöhnlich vorkommen. Ihr habt den Eindruck, daß die Leute wie Fliegen an den Wänden laufen (Bild 63).

Wasser, das man auf den Boden der Zauberkugel gießt, würde auf deren gekrümmter Oberfläche zu einer dünnen Schicht breitfließen. Die Leute würden glauben, daß das Wasser wie eine schräge Wand vor ihnen steht.

Die gewohnheitsmäßigen Vorstellungen von den Gesetzen der Erdbeschleunigung werden in dieser merkwürdigen Kugel scheinbar außer Kraft gesetzt.

Ähnliche Eindrücke empfindet ein Pilot beim Durchfliegen von Kurven. Wenn er mit einer Geschwindigkeit von 200 km/h eine Kurve

123

mit einem Radius von 500 m fliegt, dann erscheint ihm der Erdboden so, als hätte derselbe sich um 16° (0,28 rad) zur Senkrechten aufgerichtet.

In Göttingen wurde für wissenschaftliche Untersuchungen ein rotierendes Laboratorium errichtet. Es ist ein zylinderförmiger Raum (Bild 64) mit einem Durchmesser von 3 m, der mit einer Drehzahl bis zu 50 Umdrehungen je Sekunde rotiert. Obwohl der Fußboden des Raumes waagerecht liegt, erscheint es einem an der Wand stehenden Beobachter bei der Rotation so, als ob der Raum nach hinten umkippen würde und er halb liegend an einer schrägen Wand lehnen würde (Bild 65).

DAS FLÜSSIGKEITSTELESKOP

Die beste Form für den Spiegel eines Spiegelteleskops ist die Form eines Rotationsparaboloids. Das ist gerade die Form, die die Oberfläche einer Flüssigkeit in einem rotierenden Gefäß einnimmt. Die Konstrukteure des Teleskops wenden viel mühevolle Arbeit auf, um dem Spiegel eine derartige Form zu geben. Die Anfertigung eines Spiegels für ein Teleskop zieht sich ganze Jahre hin. Der amerikanische Physiker *Wood* umging diese Schwierigkeiten, indem er einen *Flüssigkeitsspiegel* herstellte. Er ließ Quecksilber in einem großen Gefäß rotieren und erhielt eine ideale parabolische Oberfläche, die die Rolle des Spiegels übernehmen konnte, da ja Quecksilber die Lichtstrahlen gut reflektiert. Das Teleskop *Wood*s war in einem Schacht aufgestellt. Ein Nachteil des Teleskops ist es, daß die geringste Erschütterung die Oberfläche des Flüssigkeitsspiegels kräuselt und die Abbildung verzerrt. Ungeachtet der verführerischen Einfachheit der Idee fand das Quecksilberteleskop *Wood*s keine praktische Anwendung. Weder der Erfinder selbst, noch Physiker, die zur selben Zeit lebten, wendeten sich ernsthaft dieser originellen Vorrichtung zu. Hier sollen sie als Beispiel eine Notiz lesen, die *A. G. Webster,* der Leiter einer physikalischen Abteilung einer der amerikanischen Universitäten nach der Besichtigung des Teleskops machte:

Bim, bam, bum,
Wood geht im Schachte um.
Was nahm der Wood wohl mit dorthin?
Eine Waschschüssel, Quecksilber drin.
Was kam heraus dabei?
Fast nichts, nur Spielerei.[1]

---

[1] Aus „Robert Wood" von *W. Sibruk.*

DIE „TEUFELSSCHLEIFE"

Es kann sein, daß ihr das schwindelerregende Kunststück mit dem Fahrrad kennt, das manchmal im Zirkus gezeigt wird. In der Arena wird eine Bretterbahn in Form einer Schleife mit ein oder zwei Schlingen aufgebaut, wie sie in Bild 66 dargestellt ist. Der Artist fährt mit dem

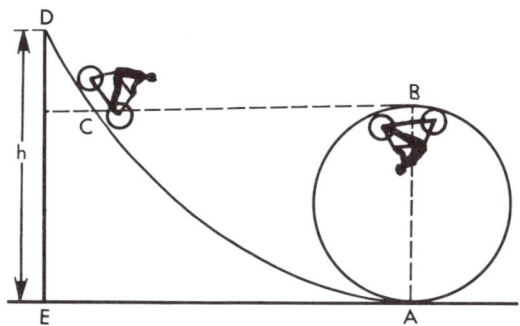

Bild 66   Die „Teufelsschleife". Das Schema für die Berechnung

Fahrrad den geneigten Teil der Schleife herab, danach steigt er mit seinem Stahlroß auf deren kreisförmigem Teil schnell hoch, vollführt buchstäblich mit dem Kopf nach unten eine volle Umdrehung und kommt wohlbehalten auf der Erde an.[1]

Dieses halsbrecherische Kunststück mit dem Fahrrad scheint den Zuschauern die Krone der artistischen Kunst zu sein. Das verblüffte Publikum fragt sich vor Erstaunen: Welche geheimnisvolle Kraft hält den tollkühnen Artisten mit dem Kopf nach unten fest? Mißtrauisch veranlagte Leute sind schnell dabei, hier eine geschickte Täuschung zu vermuten. Dagegen ist aber in diesem Kunststück nichts Übernatürliches zu finden. Es läßt sich ganz und gar mit den Gesetzen der Mechanik erklären. Eine Billardkugel, die man auf dieser Bahn mit der gleichen Geschwindigkeit rollen läßt, wird das Kunststück nicht weniger erfolgreich ausführen. In den Physikkabinetten der Schulen findet man Miniaturausgaben der „Teufelsschleife".

---

[1] Die „Teufelsschleife" wurde im Jahre 1902 gleichzeitig von 2 Zirkusartisten erstmals benutzt, von „Diavolo" (Johnson) und „Mephisto" (Nuasette).

Der berühmte Artist und Darsteller dieser Tricks, der Artist „Mephisto", benutzte zur Erprobung der Festigkeit der „Teufelsschleife" eine schwere Kugel, deren Masse der des Radfahrers mit dem Fahrrad glich. Diese Kugel ließ er auf der Bahn rollen, und wenn die Kugel die Bahn sicher durchlief, so entschloß sich der Artist, selbst die Schleife zu durchfahren.

Schließlich wird der Leser vermuten, daß der Grund dieses sonderbaren Vorganges der ist, der auch den allgemein bekannten Versuch mit dem rotierenden Eimer erklärt (Bild 57). Um wohlbehalten die gefährliche Zone im oberen Teil der Schleife zu durchfahren, muß der Radfahrer eine genügend große Geschwindigkeit besitzen. Diese Geschwindigkeit wird durch die Höhe bestimmt, in der der Artist seine Bewegung beginnt, und die kleinste zulässige Geschwindigkeit hängt vom Radius der Schleife ab. Man muß genau die Höhe ausrechnen, in der der Radfahrer seine Bewegung beginnen muß. Sonst endet die Vorführung mit einer Katastrophe.

MATHEMATIK IM ZIRKUS

Ich weiß, daß eine Reihe von „leblosen" Formeln manche Leute von der Physik abschreckt. Aber wenn sich solche Gegner der Mathematik von der Kenntnis der mathematischen Seite der Erscheinungen abwenden, berauben sie sich selbst des Vergnügens, den Ablauf eines Vorganges vorhersagen und seine Voraussetzungen bestimmen zu können. Im gegebenen Falle werden uns zum Beispiel 2 bis 3 Formeln helfen, mit Genauigkeit zu bestimmen, unter welchen Bedingungen die erfolgreiche Durchführung eines so erstaunlichen Tricks wie die Fahrt in der „Teufelsschleife" möglich ist.

Wollen wir zur Rechnung übergehen.

Wir wollen die Größen, mit denen wir rechnen müssen, mit Buchstaben bezeichnen.

Mit h bezeichnen wir die H ö h e , von der der Radfahrer herabfährt.

Mit x bezeichnen wir den Teil der Höhe h, der über dem höchsten Punkt der Schleife liegt. Aus Bild 66 ersieht man, daß $x = h - AB$.

Mit r bezeichnen wir den Radius der Kreisschleife.

Mit m wird die G e s a m t m a s s e des Artisten zusammen mit dem Fahrrad bezeichnet. Ihre Gewichtskraft wird dann durch $m \cdot g$ berechnet.

Dabei ist g die F a l l b e s c h l e u n i g u n g auf der Erde. Sie beträgt bekanntlich 9,81 m/s². Mit v bezeichnen wir die G e s c h w i n d i g k e i t des Fahrrades in dem Augenblick, in dem es den höchsten Punkt des Kreises erreicht.

All diese Größen können wir durch zwei Gleichungen in Zusammenhang bringen. Wir wissen erstens aus der Mechanik, daß die Geschwindigkeit, die das auf der schiefen Ebene herabrollende Fahrrad im Punkt C erlangt hat, gleich der ist, die es im höchsten Punkt der Schleife, in Punkt B, besitzt; denn die Punkte B und C befinden sich in einer Höhe. (Diese Lage ist auf dem Schema in Abbildung 66 dargestellt.) Die Geschwindigkeit wird nach der Formel $v = \sqrt{2gx}$ oder $v^2 = 2gx$ berechnet. Folglich ist auch die Geschwindigkeit v des Radfahrers im Punkt B gleich $\sqrt{2gx}$, das heißt $v^2 = 2gx$.

Damit der Radfahrer nicht herunterfällt, wenn er den höchsten Punkt der Kreisbahn erreicht hat, muß weiterhin die dabei entwickelte Zentralbeschleunigung (s. Abschnitt – Die „verschwundene" Schwerkraft) größer als die Fallbeschleunigung sein, das heißt, daß $v^2 : r > g$ oder $v^2 > g \cdot r$ sein muß. Wir wissen aber bereits, daß $v^2 = 2gx$ und folglich $2gx > g \cdot r$ oder $x > r : 2$.

Somit erkennen wir, daß zur erfolgreichen Ausführung dieses halsbrecherischen Kunststückes die „Teufelsschleife" so gebaut werden muß, daß der höchste Punkt der Anlaufbahn über dem höchsten Punkt der Schleife mehr als um die Hälfte des Radius hinausragt. Die Steigung der schiefen Ebene spielt keine Rolle. Es ist nur erforderlich, daß der Punkt, von dem aus der Radfahrer losfährt, den höchsten Punkt der Schleife um mehr als den vierten Teil ihres Durchmessers überragt. Diese Berechnung berücksichtigt den Einfluß der Reibung im Fahrrad nicht. Man setzt voraus, daß die Geschwindigkeiten im Punkte C und im Punkte B gleich sind. Deshalb darf man den Anlauf nicht zu lang und damit das Gefälle nicht zu gering wählen. Bei wenig geneigter Anlaufbahn wird als Ergebnis der wirkenden Reibung die Geschwindigkeit des Fahrrades beim Erreichen des Punktes B kleiner als im Punkte C sein. Wenn die Schleife zum Beispiel einen Durchmesser von 16 m besitzt, dann muß der Artist seinen Anlauf in nicht weniger als 20 m Höhe beginnen. Wenn er diese Bedingung nicht erfüllt, kann ihm keine Kunst helfen, die „Teufelsschleife" wirklich zu durchfahren. Ohne daß er den höchsten Punkt der Schleife erreicht hat, fällt er unweigerlich herab.

Es muß noch erwähnt werden, daß der Radfahrer bei der Ausführung dieses Tricks ohne Kette fährt und das Rad der Wirkung der Schwerkraft

127

überläßt. Er kann seine Bewegung weder beschleunigen noch verzögern, was er ja auch nicht nötig hat. Seine ganze Kunst besteht darin, daß er sich in der Mitte der Bretterbahn halten muß. Bei der kleinsten Abweichung riskiert der Artist, von der Bahn abzukommen und zur Seite geschleudert zu werden. Die Geschwindigkeit auf der Kreisbahn ist sehr groß. Bei einem Kreisdurchmesser von 16 m durchfährt der Radfahrer die Schleife in 3 Sekunden. Das entspricht einer Geschwindigkeit von 60 km/h. Ein Fahrrad bei dieser Geschwindigkeit zu lenken, ist natürlich nicht einfach. Aber man kann sich kühn auf die Gesetze der Mechanik verlassen. „Der Trick selbst", lesen wir in einer Broschüre, die von einem Berufsfahrer zusammengestellt wurde, „ist bei richtiger Berechnung und fester Konstruktion des Gerätes nicht gefährlich. Die Gefahr des Tricks liegt im Artisten selbst. Wenn die Hand des Artisten zittert, wenn er aufgeregt ist, die Selbstbeherrschung verliert oder ihm unerwartet übel wird, dann kann man auf alles gefaßt sein." Auf demselben Gesetz beruhen auch die allen bekannte „Todesschleife" (Looping oder Überschlag) und andere Kunstflugfiguren.

DER GEWICHTSUNTERSCHIED

Irgendein Spaßvogel erklärte eines Tages, daß er eine Methode kennen würde, den Kunden die Ware ohne Betrug falsch abzuwiegen. Das Geheimnis liegt darin, daß man die Waren in Äquatorialländern kauft und sie in der Nähe der Pole verkauft. Es ist längst bekannt, daß die Gegenstände in der Nähe des Äquators scheinbar eine geringere Masse als an den Polen haben. Ein Körper, der am Äquator 1 kg wiegt und zum Pol gebracht wird, wiegt dann 5 g mehr.[1] Man darf aber keine Balkenwaage benutzen, sondern muß eine Federwaage nehmen, die am Äquator hergestellt (geeicht) wurde, sonst gewinnt man keinen Vorteil. Die Ware wird schwerer, aber auch die gegebenenfalls verwendeten Wägestücke werden um so viel schwerer.

---

[1] Diese Überlegungen beruhen darauf, daß früher nicht streng zwischen Gewicht = Masse (kg) und Gewicht = Kraft (kp bzw. N) unterschieden wurde, die Gewichtskraft als Maß für die Masse diente. Wem der Unterschied zwischen der Masse eines Körpers und der von ihm ausgeübten Gewichtskraft geläufig ist, der weiß, daß die Masse eines Körpers (als Maß für die Warenmenge) am Äquator die gleiche wie an den Polen ist, die Gewichtskraft – die von der Federwaage angezeigt wird – ist jedoch am Pol größer: 1 kg $\hat{=}$ 9,78 N am Äquator, 1 kg $\hat{=}$ 9,83 N an den Polen. Differenz: 0,05 N (= 5 p $\hat{=}$ 5 g).

Ich glaube nicht, daß sich irgendeiner durch einen derartigen Handel bereichern kann, aber dem Wesen nach hat der Spaßvogel recht. Die Erdbeschleunigung nimmt tatsächlich mit größer werdender Entfernung vom Äquator zu. Das kommt daher, weil die Erde am Äquator den größten Durchmesser und die größte Rotationsgeschwindigkeit hat und deshalb dort auf alle Körper eine größere Zentralkraft als anderswo wirkt.

Der größte Teil des Gewichtskraftunterschiedes (des scheinbaren Masseunterschiedes) wird durch die Rotation der Erde hervorgerufen. Sie verringert die Gewichtskraft eines jeden Körpers am Äquator im Vergleich zur Gewichtskraft desselben Körpers an den Polen etwa um den dreihundertsten Teil.

Die Änderung der Gewichtskraft bei der Ortsveränderung eines Körpers von einem Breitengrad zum anderen ist für leichte Körper geringfügig. Aber bei schweren Körpern kann die Abnahme der Gewichtskraft (und damit der scheinbare Masseverlust) ziemlich groß werden. Ihr werdet zum Beispiel auch nicht vermutet haben, daß eine Lokomotive, die in Moskau 60 t gewogen hat, bei der Ankunft in Archangelsk 60 kg schwerer war und bei der Ankunft in Odessa ebenso viel leichter geworden ist.

Von der Insel Spitzbergen werden jährlich bis zu 300 000 t Kohle in südlicher gelegene Häfen exportiert. Wenn man diese Menge nach irgendeinem Hafen am Äquator geliefert hätte, dann hätte man dort einen scheinbaren Masseunterschied von 1200 t entdeckt, wenn man die Ladungen bei der Übernahme mit Federwaagen, die von Spitzbergen geliefert wurden, ausgewogen hätte. Ein Schlachtschiff, das in Archangelsk 20 000 t Wasserverdrängung besitzt, hat bei der Ankunft in äquatorialen Gewässern 80 t weniger. Aber das macht sich nicht bemerkbar, da ja selbstverständlich auch alle anderen Körper leichter werden, also auch das Wasser des Ozeans[1].

Wenn sich zum Beispiel unsere Erdkugel schneller als augenblicklich um ihre Achse drehen würde, wenn der Tag nicht 24 Stunden dauern würde, sondern, sagen wir, 4 Stunden, dann wäre der Gewichtskraftunterschied der Körper am Äquator und an den Polen merklich größer.

---

[1] Unter anderem sinkt deshalb ein Schiff in äquatorialen Gewässern genau so tief ein wie auch in den Polarmeeren. Wenn es auch leichter wird, so wird ja auch das von ihm verdrängte Wasser um so viel leichter.

Bei einem vierstündigen Tag zum Beispiel würde ein Körper, der am Pol scheinbar 1 kg wiegt, am Äquator insgesamt nur 875 g wiegen. So ähnlich sind die Schwerezustände auf dem Saturn. An den Polen dieses Planeten sind alle Körper um 1/6 schwerer als am Äquator.

Da die Radialbeschleunigung proportional dem Quadrat der Geschwindigkeit der Rotation zunimmt, läßt es sich leicht ausrechnen, bei welcher Rotationsgeschwindigkeit sie auf dem Erdäquator 300mal so groß werden muß, das heißt gleich der Erdbeschleunigung ist. Das tritt bei einer Geschwindigkeit ein, die 17mal so groß wie die derzeitige ist (17·17 gibt annähernd 300). In diesem Zustand würden die Körper auf ihre Unterstützungsflächen keinen Druck mehr ausüben. Mit anderen Worten heißt das: Wenn die Erde sich 17mal so schnell drehen würde, übten die Gegenstände am Äquator *überhaupt keine Gewichtskraft mehr aus*!

$$G = m(g - a_r)$$

$$g = a_r$$

a_r Radialbeschleunigung

Auf dem Saturn würde dieser Zustand bei einer Geschwindigkeit eintreten, die 2,5 mal so groß wie die gegenwärtige ist.

WIE UNTERSCHEIDET MAN EIN GEKOCHTES VON EINEM ROHEN EI?

Gemeint ist hier das Erkennen des gekochten Eies, ohne es zu zerschlagen. Wie man das macht, weiß jede Hausfrau, nur kann sie meistens keine Erklärung dafür geben.

Es ist nämlich so, daß gekochte und rohe Eier auf unterschiedliche Weise rotieren. Man legt das Ei auf einen flachen Teller und versetzt es in Drehung, wie auf Bild 67 gezeigt ist. Das gekochte Ei wird sich viel schneller und länger drehen als das rohe, bei genügendem Anfangsschwung kann es sogar auf das spitze Ende zu stehen kommen.

Der Grund für das unterschiedliche Drehverhalten besteht darin, daß das gekochte Ei wie eine kompakte Masse rotiert, während der flüssige Inhalt des rohen Eies die Bewegung der harten Hülle infolge seiner Trägheit hemmt.

Auch bei einem Stoppen der Drehbewegung zeigen gekochte und rohe Eier ein unterschiedliches Verhalten. Tippt man an ein gekochtes Ei, dann kommt es gleich zum Stehen, das rohe jedoch wird sich auf Grund der Trägheit der flüssigen Masse noch leicht weiterdrehen.

Man kann den Versuch auch anders gestalten. Hängt die Eier an Gummiringen und Bindfäden auf (Bild 68). Wenn man nun beide Eier mit der gleichen Zahl von Umdrehungen „aufzieht", dann wird das gekochte Ei nach der entsprechenden Zahl von Umdrehungen in die Ausgangsstellung zurückkehren und danach den Faden durch Weiterdrehen spannen, sich wieder zurückdrehen usw., während das rohe Ei in

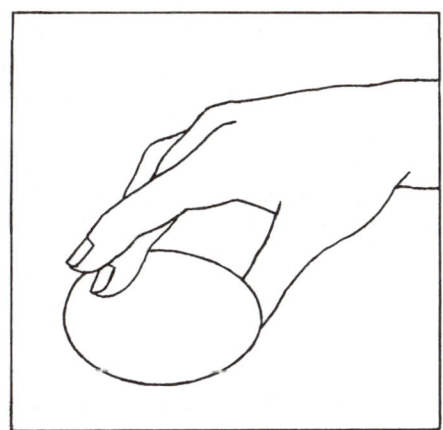 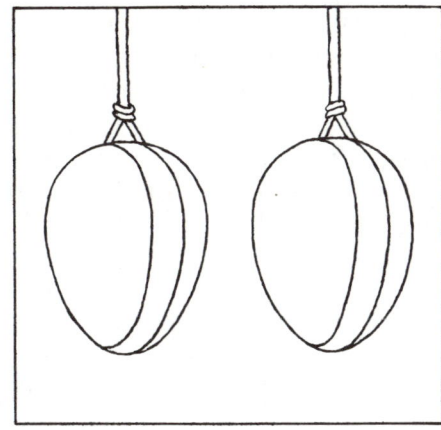

So wirft man das Ei an.

Bild 67

Bild 68 Das Herausfinden eines gekochten Eies durch Drehung im hängenden Zustand

der Ausgangsstellung verharrt, weil die flüssige Masse nur sehr träge in Schwung kommt.

DAS „PURZELRAD"

Öffnet einen Regenschirm, stellt ihn auf die Spitze und versetzt ihn in Drehung. Wenn ihr jetzt einen Ball oder zerknülltes Papier in den Regenschirm werft, wird dieser Gegenstand wieder herausgeschleudert. Gewöhnlich bezeichnet man diese Erscheinung als „Fliehkraft" oder „Zentrifugalkraft", was aber genau genommen falsch ist, denn der Gegenstand flieht nicht dem Mittelpunkt, sondern setzt seine Bewegung infolge Trägheit tangential zur Kreisbewegung fort.

Diese Erscheinung macht man sich bei einem „Purzelrad" zunutze, das eine beliebte Rummelattraktion ist. Hier können die Besucher am eigenen Leib die Wirkung der Trägheit verspüren. Nach dem Start des Rades werden sie bei zunehmender Geschwindigkeit an den Rand geschleudert. Es gibt kein Mittel, sich auf der rotierenden Scheibe zu halten.

Die Erdkugel ist eigentlich auch so ein „Purzelrad", nur mit riesigen Abmessungen. Sie schleudert uns zwar nicht davon, verringert aber spürbar unser Gewicht. Am Äquator, wo die Umfangsgeschwindigkeit der Erde am größten ist, erreicht die dadurch bewirkte Abnahme der Gewichtskraft bis zu einem Dreihundertstel der vom Körper ausgeübten Gewichtskraft. Zusammen mit der anderen Ursache (Abplattung der Erde an den Polen) macht die Abnahme der Gewichtskraft am Äquator im Vergleich zum Pol etwa ein halbes Prozent (d. h. 1/200), das sind etwa 3 N für einen Erwachsenen (was einer Masse von 0,3 kg entspricht), aus.

TINTENWIRBEL

Fertigt aus einem Stück Pappe und einem angespitzten Streichholz einen Kreisel an (Bild 69). Nun tropft Tinte auf den Kreisel und bringt ihn zum Drehen. Die noch nassen Tintentropfen werden zu spiralförmigen Linien zerfließen und alle zusammen das Bild eines Wirbels ergeben.

Hier kommt die gleiche Erscheinung wie auch beim „Purzelrad" zur Wirkung. Die Tropfen werden nach außen geschleudert, wo die Umfangsgeschwindigkeit der Kreiselscheibe größer ist als die Geschwindigkeit des Tropfens. Die Scheibe ist also in ihrer Bewegung schneller als der Tropfen, der jetzt gegenüber der Scheibe eine Rückwärtsbewegung ausführt und so spiralförmige Spuren auf ihr hinterläßt.

Ähnlich verhalten sich Luftströmungen, die von einem Hochdruckgebiet (Antizyklon) davoneilen oder von einem Tiefdruckgebiet (Zyklon) angezogen werden. Als Zyklon wird übrigens aus diesem Grund auch der Wirbelsturm bezeichnet.

DIE IRREGEFÜHRTE PFLANZE

Bei schneller Drehbewegung kann die Zentrifugalkraft die Erdanziehungskraft übertreffen. Sehr beeindruckend äußert sich dies in folgendem Versuch. Wir wissen, daß eine junge Pflanze immer nach oben, d. h.

132

entgegen der Richtung der Erdanziehung sprießt. Wenn man Samen am inneren Felgenrand eines sich schnell drehenden Rades anpflanzt, so wird man eine ganz erstaunliche Sache erblicken: Die Sprossen wachsen alle in Richtung der Radmitte (Bild 70).

Der Grund für dieses Verhalten leuchtet ein. Die Pflanzen hielten die Zentrifugalkraft für die Erdanziehungskraft und richteten sich ent-

Bild 69 Das Auseinanderfließen der Tintentropfen auf einem Papier-kreisel

sprechend aus. Gemäß dem modernen physikalischen Weltbild besteht kein prinzipieller Unterschied zwischen der Gravitations- und der Beschleunigungskraft.

PERPETUUM MOBILE

Das Perpetuum mobile – das „beständig Bewegliche" – ist eine Einrichtung, die nach den Vorstellungen ihrer erfolglosen Erfinder sich selbst auf alle Fälle unaufhaltsam antreiben und zudem möglichst noch nützliche Arbeit ausführen (zum Beispiel eine Last heben) soll. Es gab und gibt heute noch zahllose Versuche, ein funktionierendes Perpetuum mobile zu bauen, doch sie alle blieben und bleiben erfolglos, da sie dem Gesetz von der Erhaltung der Energie widersprechen.

Das Prinzip eines besonders typischen Vertreters der Gattung Perpetuum mobile zeigt uns Bild 71. Am Umfang eines Rades sind schwenkbare Gewichte befestigt, die links als Verlängerung des Radius verlaufen und rechts nach unten umklappen. Der Idee nach sollen die linken Gewichte auf Grund ihres größeren Hebelarms das Rad im Uhrzeigersinn in Bewegung versetzen. Die Sache funktioniert aber nicht, und zwar aus folgendem Grund. Die Zahl der Gewichte rechts vom senkrecht verlaufenden Raddurchmesser wird immer größer als die Zahl der links

Bild 70   Bohnenpflanzen, wie sie an der Felge eines rotierenden Rades großgewachsen sind. Die Halme streben zur Radachse, die Wurzeln nach außen.

befindlichen Gewichte sein, so daß die Summe aller Drehmomente (Gewichtskraft mal Hebelarm) sich gegenseitig aufhebt.

Es wurden auch andere Arten des Perpetuum mobile konzipiert, Hunderte von Arten, doch keines von ihnen funktionierte. Jedesmal hatte der unglückselige Erfinder irgendeine „Kleinigkeit" übersehen, die sich bei näherem Hinschauen als das Energieerhaltungssatz entpuppte.

134

Hier ein weiteres Beispiel (Bild 72), bei dem der Erfinder meinte, die in den Aussparungen sich am Radumfang befindenden Kugeln würden das Rad zum Drehen bringen. Das Prinzip und damit auch der Denkfehler sind hier die gleichen wie im eben beschriebenen Projekt. Dennoch

Bild 71   Ein sich vermeintlich ewig drehendes Rad aus dem Mittelalter

wurde in einer amerikanischen Stadt ein solches Rad als Reklame für ein Café angebracht. Es funktionierte auch, so meinten die Passanten, nur ist als Antrieb ein Elektromotor verwendet worden, was den Passanten unbekannt blieb. Von der gleichen Art waren auch viele Perpetuum

Bild 72   Vermeintliches Perpetuum mobile in Los Angeles (Kalifornien)
zu Reklamezwecken

mobiles in den Schaufenstern von Uhrengeschäften.

Eines davon hat mir großen Ärger bereitet. Meine Schüler – Produktionsarbeiter – waren so davon beeindruckt, daß sie meinen Argumenten über die Unmöglichkeit eines Perpetuum mobile nicht das geringste Gehör schenkten. Die zur Radmitte rollenden und am Radumfang angeblich für Bewegung sorgenden Kugeln waren stärker als alle Beweise. Dann aber fand sich doch noch ein schlagkräftiges Argument. Das war zu jener Zeit gewesen, als das städtische Elektrizitätswerk am Sonntag Ruhetag hatte. Ich gab also meinen Schülern den Rat, sich diese Wunderkonstruktion am Sonntag anzusehen. Sie taten dies.

„Na, was ist, habt Ihr das Perpetuum mobile gesehen?" fragte ich.

„Nein", sagten sie verschämt, „da war nichts zu sehen, da hing eine Zeitung drüber..."

Das Gesetz von der Erhaltung der Energie war jetzt bei ihnen wieder in Ehren und blieb es auch.

DER „IMPETUS"

Auch in Rußland gab es mehr als genug Versuche, das Perpetuum mobile zu bauen. Einen der Erfinder, den sibirischen Bauern *Alexander Schtscheglow*, hat *Schtschedrin* in der Erzählung „Eine moderne Idylle" unter dem Namen „Kleinbürger Presentow" beschrieben. Hier der Bericht über einen Besuch der Werkstatt dieses Erfinders.

„Die Stube war recht geräumig, doch gut die Hälfte davon nahm ein großes Schwungrad ein, so daß unsere Gesellschaft nur mit Mühe Platz fand. Es war ein offenes Rad, mit Speichen. Sein Kranz, von sehr beeindruckendem Umfang, war aus Brettern zusammengezimmert, ähnlich einer Kiste, im Innern war er leer. In dieser Leere eben befand sich der Mechanismus, der das Geheimnis des Erfinders ausmachte. Sonderlich weisheitsträchtig war das Geheimnis natürlich nicht, etwa in der Art sandgefüllter Säcke, die einander im Gleichgewicht zu halten hatten. In einer Speiche steckte ein Knüppel, der dem Rad den Zustand der Bewegungslosigkeit verlieh.

,Wir haben gehört, daß Sie das Gesetz der ewigen Bewegung auf die Praxis angewandt haben?' begann ich.

,Ich weiß nicht recht, wie ich vermelden darf', antwortete er konfus, ,es scheint ja wohl so zu sein...'

,Dürften wir einen Blick darauf werfen?'

,Aber ich bitte! Glücklich schätz ich mich...'

Er führte uns an das Rad heran, dann um dieses herum. Es erwies sich, daß vorn und hinten Rad ist.

,Dreht es sich?'

,Müßte sich wohl drehen. Hat eben nur seine Mucken...'

,Könnte man die Sperre entfernen?'

Presentow zog den Knüppel heraus – das Rad rührte sich nicht.

,Hat seine Mucken', wiederholte er, ,braucht eben einen Impetus.'

Er packte mit beiden Händen den Radkranz, drehte ihn mehrere Male nach oben und unten, bekam ihn schließlich in Schwung und warf ihn an – jetzt drehte sich das Rad. Mehrere Umdrehungen machte es recht schnell und zügig – es war jedoch zu hören, wie die Säcke im Innern des Radkranzes gegen die Zwischenwände prallten und wieder von ihnen abfielen; dann drehte es sich langsamer und langsamer; ein Knarren, ein Knirschen wurde hörbar, und schließlich blieb das Rad ganz stehen.

,Hat wohl noch einen Haken die Sache', erklärte der Erfinder beschämt, spannte sich wieder ein und warf das Schwungrad an.

Aber auch diesmal wiederholte sich das gleiche.

,Die Reibung, vielleicht haben Sie die nicht berechnet?'

,Reibung wurde auch berechnet... Was soll schon die Reibung? Nicht von der Reibung kommt das, sondern so eben... Das eine Mal macht es einem richtig eine Freude, und dann wieder... zeigt es seine Mucken, seinen Starrsinn – und alles ist vorbei. Wenn das Rad aus richtigem Material wäre, so aber, nur Abfälle, was eben gerade da war.' "

Natürlich lag es nicht an dem „Haken", an dem „richtigen Material", sondern an der Irrigkeit der Grundidee. Das Rad kam vom „Impetus" (Anstoß) in Bewegung, mußte aber unvermeidlich stehenbleiben, wenn die Energie des Anstoßes durch die Reibung verzehrt war.

DER AKKUMULATOR UFIMZEWS

Wie leicht man in den Fehler verfallen kann, das Perpetuum mobile für verwirklichbar zu halten, wenn man nur auf das Äußere achtet, zeigt uns der sogenannte Akkumulator mechanischer Energie von *Ufimzew*. Der in Kursk lebende Erfinder hat ein Windkraftwerk mit einem billigen „Trägheitsakkumulator" vom Typ eines Schwungrades entwickelt. Das 1920 gebaute Funktionsmodell bestand aus einer Schwungscheibe, die in einem luftleeren Gehäuse auf einer Senkrechtachse mit Kugellager rotierte. Brachte man die Scheibe auf 20 000 Umdrehungen in der Minute, dann rotierte sie noch fünfzehn Tage lang weiter! Ein Außenstehender, der jetzt hinzukam, könnte meinen, ein real verwirklichtes Perpetuum mobile vor sich zu sehen.

EIN WUNDER, DAS KEIN WUNDER IST

Das aussichtslose Unterfangen, ein Perpetuum mobile zu bauen, hat viele Menschen tief unglücklich gemacht. Ich kannte einen Arbeiter, der seinen gesamten Verdienst und all seine Ersparnisse dafür ausgab und schließlich in schlimmstem Elend endete. Abgerissen, immer hungrig, bettelte er alle um Mittel für sein „endgültiges Modell" an, das diesmal „ganz bestimmt funktionieren wird". Betrüblich war es zu wissen, daß die Entbehrungen dieses Mannes sich nur aus seiner schlechten Kenntnis der elementaren Grundlagen der Physik erklären.

Das Suchen nach dem Perpetuum mobile blieb immer ergebnislos, das tiefgründige Begreifen seiner Unmöglichkeit jedoch führte recht oft zu fruchtbaren Entdeckungen.

Ausgezeichnetes Beispiel dafür ist das Verfahren, das es *Stevin*, dem wirklich bemerkenswerten holländischen Gelehrten Ende des 16. und Anfang des 17. Jahrhunderts, gestattet hat, das Gesetz des Kräftegleichgewichts auf einer geneigten Ebene zu entdecken. Dieser Mathematiker verdient eine viel größere Bekanntheit, als ihm beschieden war, denn er hat viele wichtige Entdeckungen gemacht, die wir heute ständig nutzen: Erfindung der Dezimalbrüche, Einführung der Exponenten in den algebraischen Gebrauch, Entdeckung des hydrostatischen Gesetzes, das später von *Pascal* neu entdeckt worden ist.

Das Gesetz des Kräftegleichgewichts auf einer geneigten Ebene entdeckte er, ohne sich auf das Kräfteparallelogramm zu stützen, sondern lediglich unter Verwendung der Zeichnung, die wir hier anführen (Bild 73). Auf einem dreiseitigen Prisma liegt eine Kette mit 14 gleichen Kugeln. Was passiert mit dieser Kette? Der untere Teil, der als Girlande herabhängt, gleicht sich selbst aus. Gleichen sich aber die beiden anderen Teile der Kette gegenseitig aus? Anders formuliert: Werden die beiden rechten Kugeln durch die vier linken Kugeln im Gleichgewicht gehalten? Es muß so sein, denn sonst würde die Kette in Bewegung kommen, die Kugeln würden ihren Platz wechseln und wir hätten ein funktionierendes Perpetuum mobile. Da dies aber nicht geschieht, müssen sich die

139

aufliegenden Kugeln in ihrer Wirkung ausgleichen. Zwei Kugeln üben also die gleiche Kraft wie vier Kugeln aus. Ein Wunder?

Aus diesem Scheinwunder hat *Stevin* ein wichtiges Gesetz der Mechanik abgeleitet. Seine Überlegungen lauteten folgendermaßen. Beide Ketten – die lange und die kurze – unterscheiden sich nach ihrer Gewichtskraft: Die eine Kette ist um sovielmal schwerer als die andere, um

Bild 73

Ein Wunder, das kein Wunder ist.

wievielmal die lange Seite des Prismas länger als die kurze Seite ist. Daraus ergibt sich, daß zwei durch eine Schnur verbundene Lasten sich generell auf geneigten Ebenen ausgleichen, wenn ihre Gewichtskräfte der Länge dieser Ebenen proportional sind.

Im partiellen Fall, wenn die kurze Ebene senkrecht verläuft, erhalten wir das bekannte Gesetz der Mechanik: Um einen Körper auf einer geneigten Ebene zu halten, muß man in Richtung dieser Ebene eine Kraft wirken lassen, die um sovielmal kleiner als die Gewichtskraft des Körpers ist, um wievielmal die Länge der Ebene größer als ihre Höhe ist.

So ist ausgehend vom Gedanken über die Unmöglichkeit des Perpetuum mobile eine wichtige Entdeckung der Mechanik gemacht worden.

Bild 74

Auch das ist kein Perpetuum mobile.

WEITERE AUSFÜHRUNGEN DES PERPETUUM MOBILE

Auf Bild 74 seht ihr eine schwere Kette, die so zwischen Kettenrädern angebracht ist, daß ihr rechter Teil in jedem Fall länger als der linke Teil ist. Folglich müßte er, meinte der Erfinder, für ständige Bewegung sorgen.

Aber auch diese Konstruktion war nicht funktionstüchtig. Den Grund dafür kennen wir bereits. Der linke Teil der Kette verläuft senkrecht, während der schwerere rechte Teil geneigt ist und darum keinen Überschuß an wirkender Gewichtskraft erbringt.

Den originellsten Einfall hatte ein Erfinder des Perpetuum mobile, der seine Kreation in den sechziger Jahren des vorigen Jahrhunderts auf der Pariser Ausstellung vorführte. Es handelte sich um ein großes Schwungrad mit darin rollenden Kugeln, von dem der Erfinder behauptete, niemand würde es zum Stehen bringen. Das war wirklich der Fall. Die Besucher legten alles daran, das Rad anzuhalten, doch dann raste es wieder los. Der Trick bestand in einer sinnreich konstruierten Antriebsfeder, die durch die Bemühungen der Besucher gespannt wurde, das Rad zum Stehen zu bringen.

DAS PERPETUUM MOBILE AUS DER ZEIT PETER DES ERSTEN

In den Jahren 1715 bis 1722 führte *Peter I.* einen regen Schriftwechsel, um in Deutschland das von einem gewissen Doktor *Orffyreus* erfundene Perpetuum mobile zu erwerben. Der Erfinder war in ganz Deutschland durch sein „selbstbewegendes Rad" berühmt, das er dem Zaren nur gegen eine riesige Summe abzutreten bereit war. Der gelehrte Bibliothekar *Schuhmacher*, von *Peter* nach Westeuropa zwecks Ankaufs von Raritäten entsandt, schilderte dem Zaren die Forderung *Orffyreus'* folgendermaßen:

„Die letzte Rede des Erfinders war: Auf die eine Seite setzt 100 000 Joachimsthaler, auf die andere setze ich die Maschine."

Über die Maschine selbst äußerte sich der Erfinder, in der Wiedergabe des Bibliothekars, daß sie „sicher ist, und niemand kann selbige tadeln, es sei denn aus Böswilligkeit, und die Welt ist übervoll von bösen Menschen, denen zu glauben gar unmöglich ist."

Im Januar 1725 wollte *Peter* nach Deutschland reisen, um sich das Perpetuum mobile persönlich anzusehen, doch der Tod kam ihm zuvor.

Wer war nun dieser geheimnisvolle Doktor *Orffyreus* und was stellte dessen „berühmte Maschine" dar? Es ist mir gelungen, Informationen über beide zu finden.

Sein richtiger Name lautete *Beßler*. Er wurde 1680 in Deutschland geboren, studierte Theologie, Medizin, Malerei und machte sich schließlich an die Erfindung des Perpetuum mobile. Von vielen Tausenden solcher Erfinder hatte *Orffyreus* die größte Berühmtheit und wohl den größten Erfolg zu verzeichnen. Bis zu seinem Tode (1745) lebte er bestens von den Einkünften aus der Vorführung seiner Maschine.

Auf Bild 75, das einem alten Buch entnommen ist, seht ihr die Maschine von *Orffyreus'*, wie sie im Jahre 1714 gestaltet war. Das große Rad soll sich nicht nur selbst angetrieben, sondern auch eine schwere Last in eine große Höhe befördert haben.

Die Kunde von der wunderbaren Erfindung, die der gelehrte Doktor zunächst auf Jahrmärkten vorführte, verbreitete sich schnell in Deutschland, und *Orffyreus* konnte sich der Gunst einflußreicher Gönner rühmen. Interesse zeigten der König von Polen und danach der Landgraf von Hessen-Kassel. Letztgenannter stellte dem Erfinder sein Schloß zur Verfügung und unterzog die Maschine allen möglichen Prüfungen.

So wurde der Motor am 12. November 1717 in einem isolierten Raum in Gang gesetzt, dann schloß man das Zimmer ab, versiegelte es und überließ es der Obhut zweier wachsamer Grenadiere. Vierzehn Tage lang durfte sich niemand dem Zimmer auch nur nähern, in dem das geheimnisvolle Rad rotierte. Erst am 26. November wurden die Siegel entfernt; der Landgraf mit seinem Gefolge betrat den Raum. Und was erblickten sie? Das Rad drehte sich immer noch mit „unverminderter Geschwindigkeit"... Man hielt die Maschine an, untersuchte sie gründlich und setzte sie wieder in Gang. Vierzig Tage lang blieb der Raum wieder versiegelt, vierzig Tage lang hielten Grenadiere vor der Tür Wache. Und als die Siegel am 4. Januar 1718 entfernt wurden, konnten die Experten die Funktion des Rades bestätigen.

Der Landgraf gab sich auch damit nicht zufrieden: Beim dritten Experiment wurde der Motor für ganze zwei Monate versiegelt. Und wieder drehte sich das Rad nach Ablauf dieser Frist!

Der Erfinder erhielt vom begeisterten Landgrafen eine offizielle Urkunde, daß sein Perpetuum mobile 50 Umdrehungen in der Minute ausführt, eine Last von 16 Kilogramm 1,5 Meter hoch heben sowie einen Blasebalg und eine Schleifmaschine antreiben kann. Mit dieser Urkunde in der Tasche trat dann *Orffyreus* seinen Erfolgszug durch Europa an. Er muß gute Einnahmen gemacht haben, wenn er von *Peter I.* nicht weniger als 100 000 Joachimsthaler für seine Maschine verlangte.

Peter war überhaupt auf alle möglichen „raffinierten Maschinen" versessen. Das Rad von *Orffyreus* erregte bereits 1715 seine Aufmerksamkeit, als er im Ausland weilte, damals auch beauftragte er den bekannten Diplomaten *A. Osterman*, diese Erfindung näher in Augenschein zu nehmen. Dieser schickte bald einen ausführlichen Bericht, obwohl er die Maschine selbst nicht zu Gesicht bekommen hatte. *Peter* hatte sogar die Absicht, den Doktor *Orffyreus* als herausragenden Erfinder in seine Dienste zu nehmen, und ordnete darum an, bei *Christian Wolff*, einem bekannten Philosophen jener Zeit (Lehrer *Lomonossow*s), ein Gutachten einzuholen.

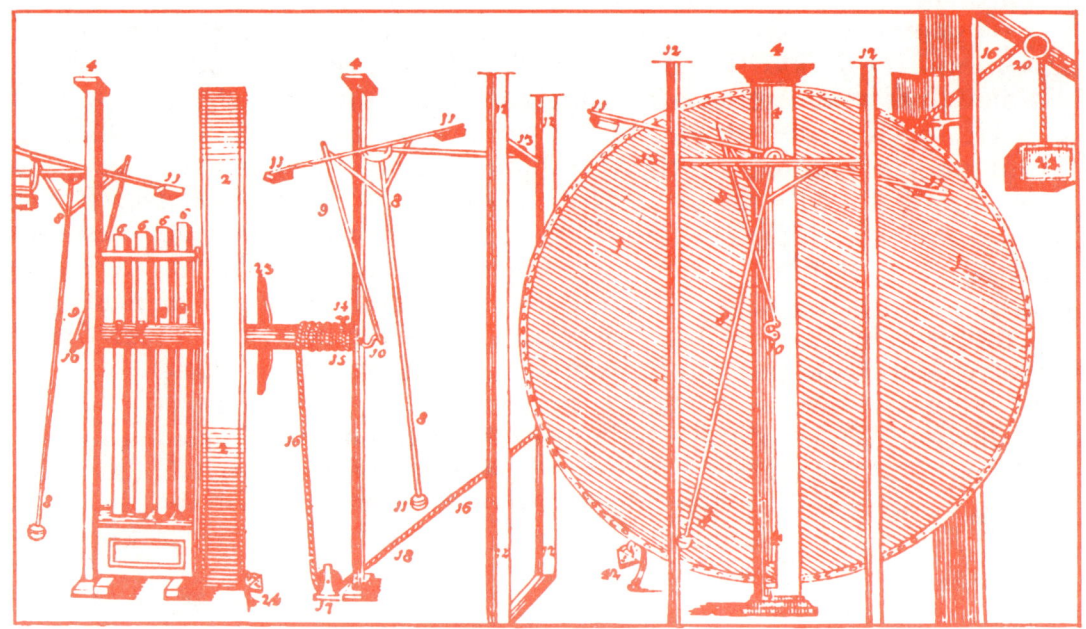

Bild 75 Das selbstbewegende Rad von *Orffyreus*, das *Peter I.* fast gekauft hätte.

Der berühmte Erfinder bekam von allen Seiten schmeichelhafte Angebote. Die Großen dieser Welt überschütteten ihn mit ihrer Huld; Dichter reimten Oden und Hymnen zu Ehren seines Wunderrades. Es gab aber auch Mißgünstige, die hier einen gut ausgeknobelten Betrug witterten. Von einigen Mutigen wurde *Orffyreus* des Betrugs beschuldigt; man bot einen Preis von 1000 Mark für die Entlarvung des Betrügers. In einem anklagenden Pamphlet finden wir die hier abgedruckte Zeichnung (Bild 76). Das Geheimnis des Perpetuum mobile bestehe darin, hieß es dort, daß ein geschickt versteckter Mensch das Rad mittels eines Stricks über einen in der Stütze verborgenen Antrieb in Bewegung versetzt.

Der raffinierte Betrug wurde zufällig nur darum entdeckt, weil der gelehrte Doktor sich mit seiner Frau und seinem Dienstmädchen verkracht hatte. Sie waren es nämlich, die an der feinen Schnur zu ziehen hatten.

Bild 76   Das Antriebsgeheimnis des *Orffyreus*-Rades

Zu Zeiten *Peter des I.* war in Deutschland noch ein anderes Perpetuum mobile – eines gewissen *Gärtner* – berühmt. *Schuhmacher* schrieb über diese Maschine folgendes: „Des Herrn *Gärtner*s Perpetuum mobile, das ich in Dresden gesehen habe, besteht aus Leinen, mit Sand gefüllt, und einer in Gestalt eines Schleifsteines ausgeführten Maschine, die nach vorn und nach hinten sich von selbst bewegt, aber, nach den Worten des Herrn Inventors (Erfinders), nicht überaus groß gemacht werden kann." Zweifellos erreichte auch diese Konstruktion ihr Ziel nicht und stellte im besten Fall nur einen verworrenen Mechanismus mit einem geschickt verborgenen, aber keinesfalls ständig wirkenden Antrieb dar. Nur zustimmen kann man dem Bibliothekar *Schuhmacher*, der *Peter I.* mitteilte, daß die französischen und englischen Gelehrten „alle selbigen Perpetuen mobiles mitnichten hochachten und Rede halten, daß Selbiges gegen die mathematischen Prinzipe ist".

WIE GROSS IST DIE MASSENANZIEHUNGSKRAFT?

„Wenn wir nicht in jeder Minute das Fallen von Körpern beobachten würden, wäre es für uns eine höchst verwunderliche Erscheinung", schrieb der bekannte Astronom *Arago*. Die Gewohnheit macht es, daß uns die Anziehung aller Gegenstände der Erde durch die Erde als eine natürliche und gewöhnliche Erscheinung vorkommt. Aber wenn man uns sagt, daß sich die Gegenstände auch untereinander anziehen, wollen wir dies gar nicht glauben, weil wir im gewöhnlichen Leben nichts derartiges beobachten.

Warum eigentlich zeigt sich uns das Gesetz der allgemeinen Anziehung nicht ständig an gewöhnlichen Einrichtungen rings um uns? Warum sehen wir nicht, wie zwischen Tischen und Stühlen oder anderen Körpern Kräfte der Massenanziehung wirken? Weil für diese Gegenstände mit geringer Masse die Anziehungskraft außerordentlich klein ist.

Ich bringe ein anschauliches Beispiel zu dieser Erscheinung. Zwischen zwei Menschen, die zwei Meter voneinander entfernt stehen, wirken Massenanziehungskräfte, aber die Kräfte sind verschwindend klein. Für Menschen mittlerer Größe beträgt diese Kraft weniger als 1/10 mN (10^{-7}N). Das heißt, daß zwischen zwei Menschen eine Kraft wirkt, mit der auch ein kleines Wägestück von 1/100 mg auf die Waagschale einer Waage drücken würde. Nur außerordentlich empfindliche Waagen in wissenschaftlichen Laboratorien sind in der Lage, eine solche verschwindend kleine Belastung anzuzeigen. Diese Kraft kann uns selbstverständlich nicht von der Stelle schieben, denn das wird durch die Reibung zwischen unseren Sohlen und dem Fußboden verhindert. Um uns z. B. auf Holzfußboden zu verschieben (die Reibungskraft der Sohlen auf dem Fußboden beträgt 30% der Gewichtskraft des Körpers), ist eine Kraft von mindestens 200 N notwendig. Ist es noch verwunderlich, daß wir

10*

unter gewöhnlichen Voraussetzungen nicht einmal eine Andeutung der gegenseitigen Anziehung der Körper auf der Erde bemerken?

Anders wäre es, wenn die Reibung nicht vorhanden wäre. Durch nichts würde dann verhindert, daß sogar eine kleine Anziehungskraft die Annäherung von Körpern hervorruft. Aber bei einer Kraft von 10^{-7}N kann die Geschwindigkeit der Annäherung von Menschen nur sehr klein bleiben. Man kann berechnen, daß sich zwei Menschen, die in einem Abstand von zwei Metern stehen, im Verlaufe der ersten Stunde bei fehlender Reibung um 3 cm nähern würden. Im Verlauf der folgenden Stunde wären sie sich noch um 9 cm näher gekommen, im Verlauf der dritten Stunde noch um weitere 15 cm. Die Bewegung würde immer schneller werden, aber ganz nahe kämen sie sich erst nach 5 Stunden.

Die Anziehungskraft der Körper auf der Erde kann man beobachten, wenn die Reibungskraft nicht als Hindernis auftritt, was bei unbeweglichen Körpern der Fall ist. Eine Last, die an einem Faden aufgehängt ist, steht unter dem Einfluß der Schwerkraft, und deshalb hängt der Faden lotrecht. Aber wenn sich in der Nähe der Last irgendein massiver Körper befindet, der die Last anzieht, schlägt der Faden ein wenig aus der senkrechten Lage aus und richtet sich in die Richtung der Resultierenden aus der Erdanziehungskraft und der verhältnismäßig schwachen Anziehungskraft des anderen Körpers ein. Die Abweichung eines Senkbleies in der Nähe eines großen Berges beobachtete zuerst *Mascelain* im Jahre 1775 in Schottland. Er verglich auf zwei Seiten ein und desselben Berges die Richtung des Senkbleies mit der Richtung zum Himmelspol. Später erlaubten vollkommenere Experimente, die Massenanziehungskraft auf der Erde mit besonders konstruierten Geräten genau zu messen.

Die Größe der Anziehungskraft zwischen kleinen Massen ist sehr gering. Bei Vergrößerung der Massen wächst sie proportional ihrem Produkt an. Aber viele sind geneigt, diese Kraft zu überschätzen. Zwei Schiffe mit Massen von je 25 000 t in einer Entfernung von 100 m wirken aufeinander mit einer Anziehungskraft von nur 4 N. Selbstverständlich ist diese Kraft nicht ausreichend, an den Schiffen im Wasser auch nur eine winzig kleine Verschiebung vorzunehmen. Die wahre Ursache der Anziehung umströmter Schiffskörper wird im Abschnitt über die Eigenschaften der Flüssigkeiten erläutert.

Die für kleine Massen winzige Anziehungskraft wird fühlbar, wenn es sich um die kolossalen Massen der Himmelskörper handelt. So schickt uns der Neptun, der weit weg von unserem Planeten fast am Rande des Sonnensystems langsam kreist, seinen „Gruß" durch die Anziehung der Erde mit einer Kraft von 180 Milliarden Newton ($1,8 \cdot 10^{11}$ N = 180 GN)! Trotz der gewaltigen Entfernung, die uns von der Sonne trennt, bewahrt die Erde das Gleichgewicht auf ihrer Bahn einzig und allein durch die Massenanziehungskraft. Wenn die Anziehungskraft der Sonne aus

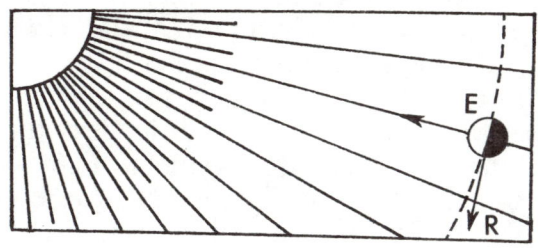

Bild 77 Die Anziehungskraft der Sonne krümmt die Bahn der Erde *E*. Infolge der Trägheit ist die Erdkugel bestrebt, auf der Tangente *ER* weiterzufliegen.

irgendeinem Grunde verschwände, würde die Erde auf der Tangente an ihrer Bahn weiterfliegen und für immer in den Weltraum stürzen.

EIN STAHLSEIL VON DER ERDE ZUR SONNE

Stellt euch vor, daß die riesige Anziehungskraft der Sonne aus irgendeinem Grunde wirklich verschwände und der Erde das traurige Los bevorstände, auf immer in die kalte und finstere Einöde des Weltalls hinauszufliegen. Ihr könnt euch mit etwas Phantasie vorstellen, daß Ingenieure beschließen würden, die sogenannten unsichtbaren Ketten der Anziehungskraft durch stoffliche Verbindungen zu ersetzen, d. h. ganz einfach, daß man sich vornehmen würde, die Erde mit der Sonne durch kräftige Stahlseile zu verbinden, die die Erde in ihrem Lauf um die Sonne auf einer Kreisbahn halten sollten. Was kann fester sein als Stahl, der fähig ist, eine Belastung von 1000 N/mm² (= 1 GPa) auszuhalten? Stellt euch eine mächtige Stahlsäule mit einem Durchmesser von 5 m vor. Ihre Querschnittfläche schließt rund gerechnet 20 000 000 mm² ein; folglich zerreißt eine solche Säule erst bei $2 \cdot 10^{10}$ N (= 20 GN) Belastung. Stellt euch weiter vor, daß sich diese Säule von der Erde bis zur Sonne erstreckt und beide Himmelskörper verbindet. Wißt ihr, wieviel solcher mächtiger Säulen notwendig wären, um die Erde auf ihrer Bahn zu halten? Eine Billion! Um sich diesen Wald von Stahlsäulen, die alle Erdteile und Ozeane dicht bedecken, anschaulicher vorzustellen, füge ich hinzu, daß bei gleichmäßiger Verteilung über die ganze der Sonne zugewandte Hälfte der Erde die Abstände zwischen den benachbarten Säulen nicht viel größer wären als die Säulen selbst. Stellt euch die Kraft vor, die zum Zerreißen dieses riesigen Waldes von Stahlsäulen notwendig ist, und ihr erhaltet eine Vorstellung über die eigentliche Größe der unsichtbaren Kraft der gegenseitigen Anziehung von Erde und Sonne.

Diese ganze kolossale Kraft zeigt sich nur darin, daß die Bahn der Erdbewegung gekrümmt wird und die Erde gezwungen wird, in jeder Sekunde 3 mm von der Tangente abzuweichen. Dadurch verwandelt sich der Weg unseres Planeten in eine Ellipse. Ist das nicht seltsam: Damit sich die Erde in jeder Sekunde um 3 mm verschiebt, das ist die Höhe dieser Druckzeile, ist eine solche gigantische Kraft nötig! Das zeigt, wie ungeheuer groß die Masse der Erde ist, wenn sogar eine so riesige Kraft bei ihr nur eine sehr unbedeutende Veränderung bewirken kann.

KANN MAN SICH DER MASSENANZIEHUNGSKRAFT ENTZIEHEN?

Eben phantasierten wir darüber, was geschähe, wenn die gegenseitige Anziehung zwischen Sonne und Erde verschwände. Befreit von der unsichtbaren Kette der Anziehungskraft würde die Erde in den endlosen Raum des Weltalls fliegen. Jetzt wollen wir über ein anderes Thema phantasieren: Was würde mit den Gegenständen auf der Erde geschehen, wenn sie nicht schwer wären? Nichts verbände sie mit unserem Planeten, und beim kleinsten Stoß würden sie in den interplanetaren Raum enteilen. Man brauchte jedoch gar nicht auf einen Stoß zu warten. Durch die Drehung unseres Planeten würde alles, was nicht fest mit dessen Oberfläche verbunden ist, in den Raum verstreut.

Der englische Schriftsteller *Wells* verwendete eine ähnliche Idee, um in einem Roman eine phantastische Reise zum Mond zu beschreiben. In diesem Werk („Die ersten Menschen auf dem Monde") gibt der scharfsinnige Romanschriftsteller eine sehr originelle Methode an, um von Planet zu Planet zu reisen. Ein Gelehrter, der Held seines Romanes, erfand nämlich einen besonderen Stoff, welcher eine bemerkenswerte Eigenschaft besitzt – Undurchlässigkeit für die Massenanziehungskraft. Wenn eine Schicht dieses Stoffes unter irgendeinen Körper gelegt wird, ist er von der Schwerkraft der Erde befreit und unterliegt nur der Wirkung der Schwerkraft der übrigen Körper. Diese phantastische Materie nannte *Wells* „Keworit" nach dem Namen seines erdichteten Erfinders Kewor. „Wir wissen", schreibt der Romanschriftsteller, „daß alle Körper für die Massenanziehungskraft, d. h. für die Schwerkraft, durchlässig sind. Ihr könnt Schranken errichten, um den Lichtstrahlen den Zutritt zu Gegenständen zu versperren; mittels Metallplatten könnt ihr einen Gegenstand vor dem Einfall der elekrtischen Wellen des Telegraphen schützen,– aber durch keinerlei Schranken könnt ihr einen Gegenstand vor der Wirkung der Massenanziehungskraft der Sonne oder vor der Schwerkraft der Erde bewahren. Weshalb es eigentlich in der Natur solche Schranken für die Massenanziehungskraft nicht gibt, ist schwer zu sagen. Selbst Kewor fand nicht die Ursache dafür, warum eine solche Materie, die undurchlässig für die Massenanziehungskraft ist, nicht existieren könnte. Er hielt sich für fähig, diese für die Massenanziehungskraft undurchlässige Materie künstlich zu schaffen.

Jeder, der nur einen Funken Phantasie besitzt, kann sich leicht vorstellen, welche ungeahnten Möglichkeiten uns eine solche Materie erschließt. Wenn z. B. eine Last gehoben werden muß, so wird es genügen, wie groß sie auch sei, unter ihr eine Schicht dieser Materie auszubreiten,– und man wird die Last sogar mit einem Strohhälmchen hochheben können."

Im Besitze dieser bemerkenswerten Materie erbauen die Helden des Romans ein Raumschiff, in welchem sie den kühnen Flug zum Mond unternehmen. Die Konstruktion des Gerätes ist höchst einfach. In ihm gibt es keinen Antriebsmechanismus, weil es sich durch die Wirkung der Anziehungskraft der Himmelskörper fortbewegt.

So lautet die Beschreibung dieses phantastischen Gerätes:
„Stellt euch ein kugelähnliches Gerät vor, gerade groß genug, um zwei Menschen mit ihrem Gepäck aufzunehmen. Das Gerät wird zwei Hüllen haben, eine innere und eine äußere. Die innere Hülle besteht aus dickem Glas, die äußere aus Stahl. Es besteht die Möglichkeit, einen Vorrat an verdichteter Luft, konzentrierte Nahrung, Apparate zur Destillation von Wasser usw. mitzuführen. Die Stahlkugel wird außen ganz von einer Schicht ‚Keworit' bedeckt. Die innere Glashülle wird außer einer Luke vollkommen geschlossen. Die Stahlhülle wird aber aus einzelnen Teilen bestehen, und jedes Teil kann wie ein Rollvorhang verschoben werden. Das ist mit besonderen Federn leicht zu machen. Es wird möglich sein,

die Rollvorhänge durch elektrischen Strom, der durch Platindrähte in der Glashülle fließt, herunterzulassen und zusammenzurollen. Aber das sind schon technische Einzelheiten. Wichtig ist, daß die Außenhülle des Gerätes so gebaut sein wird, als ob sie aus Fenstern mit ‚Keworit'-Rollvorhängen bestünde. Wenn alle Rollvorhänge dicht geschlossen sind, kann ins Innere der Kugel kein Licht, keine Art von Strahlungsenergie und auch nicht die Massenanziehungskraft der Welt eindringen. Nun stellt euch vor, einer der Rollvorhänge ist hochgezogen. Ein beliebiger massiver Körper, welcher sich zufällig in der Ferne dem Fenster gegenüber befindet, zieht uns zu sich hin. Praktisch können wir im Weltall in jede Richtung reisen, indem wir von dem einen oder anderen Himmelskörper angezogen werden.“

WIE FLOGEN DIE HELDEN WELLS' ZUM MOND?

Interessant wird von dem Romanschriftsteller jeder Moment der Funktion des interplanetaren Fahrzeuges auf der Reise beschrieben. Die dünne Schicht „Keworit“, die die äußere Oberfläche des Gerätes bedeckt, macht dieses scheinbar vollkommen frei von Gewichtskräften. Ihr versteht, daß ein gewichtskraftfreier („schwereloser“) Körper nicht ruhig am Boden des Luftmeeres liegen bleiben kann. Mit ihm muß dasselbe geschehen, was mit einem Korken geschehen würde, der an den Grund eines Sees versenkt ist: Der Korken würde schnell zur Wasseroberfläche aufsteigen. Ebenso muß das gewichtskraftfreie Gerät, das außerdem durch die Trägheit von der Erdumdrehung weggeworfen wird, sehr schnell nach oben aufsteigen. Ist es an der äußersten Grenze der Atmosphäre angelangt, muß es seinen Weg ungehindert in den Weltraum fortsetzen. So flogen auch die Helden des Romanes. Nachdem sie sich im Weltraum befanden, gelangten sie auf unsere Trabanten, indem sie eine Klappe öffneten, eine andere schlossen und so das Innere des Gerätes der Anziehungskraft der Sonne, der Erde oder des Mondes aussetzten. Später kehrte einer der Reisenden in diesem Gerät auch zur Erde zurück.

Wir wollen uns hier nicht auf eine strenge Analyse der Idee *Wells'* konzentrieren. Wir glauben eine Minute dem geistreichen Romanschriftsteller und folgen seinen Helden auf den Mond.

EINE HALBE STUNDE AUF DEM MOND

Wir sehen, wie sich die Helden der Erzählung *Wells'* fühlten, nachdem sie das Weltall erreicht hatten, wo die Anziehungskraft viel schwächer ist als auf der Erde.

Das sind interessante Seiten des Romans „Die ersten Menschen auf dem Mond". Die Erzählung ist aus der Sicht eines Erdbewohners geschrieben, der eben auf dem Mond angekommen ist.

„Ich begann, den Deckel des Gerätes abzuschrauben. Dazu kniete ich mich hin und schaute aus der Luke hinaus. Drei Fuß (etwa 92 cm) von meinem Kopf entfernt lag unten der unberührte Schnee des Mondes. Kewor saß in eine Decke gehüllt am Rande der Luke und begann, vorsichtig die Füße hinabzulassen. Nachdem er sie bis zu einen halben Fuß über Boden heruntergelassen hatte, rutschte er nach kurzem Zögern auf den Boden der Mondwelt hinunter.

Ich beobachtete ihn durch die Glashülle der Kugel. Nach einigen Schritten verharrte er eine Minute und blickte sich um, darauf entschloß er sich und sprang nach vorn.

Das Glas verzerrte seine Bewegungen, aber mir schien, daß es in Wirklichkeit ein übermäßig großer Sprung war. Kewor war mit einem Mal 6 bis 10 Meter weit von mir weggekommen. Auf einem Felsen stehend machte er mir irgendwelche Zeichen. Wahrscheinlich rief er auch, aber die Töne erreichten mich nicht... Aber wie führte er seinen Sprung aus?

Bestürzt schlüpfte ich durch die Luke, ließ mich ebenfalls nach unten und erreichte das Gebiet des Schneefeldes. Als ich einen Schritt nach vorn machen wollte, wurde ein Sprung daraus. Ich fühlte, daß ich durch die Luft flog. Schnell gelangte ich in die Nähe des Felsens, auf dem Kewor stand und mich schon erwartete.

Kewor schrie mir, nachdem er sich heruntergebeugt hatte, mit schriller Stimme zu, daß ich behutsamer sein solle. Ich hatte vergessen, daß auf dem Mond die Schwerkraft nur ein Sechstel gegenüber der Schwerkraft auf der Erde beträgt. Die Wirklichkeit selbst erinnerte mich daran. Behutsam und mit verhaltenen Bewegungen kletterte ich auf die Spitze des Felsens und wie ein Rheumatiker gehend richtete ich mich neben Kewor in der Sonne auf. Unser Gerät lag 30 Fuß (etwa 9 m) vor uns auf einer schmelzenden Schneewehe.

‚Sehen Sie', sagte ich und wendete mich an Kewor.

153

Aber Kewor war verschwunden.

Einen Moment war ich durch diese Überraschung verblüfft. Nun wollte ich den Rand des Felsens aufsuchen und schritt hastig nach vorn. Dabei vergaß ich vollkommen, daß ich mich auf dem Mond befand. Die Anstrengung, die ich machte, hätte mich einen Meter vorwärts gebracht, wäre ich auf der Erde gewesen. Auf dem Mond aber brachte sie mich 6 Meter nach vorn, und ich befand mich plötzlich 5 m jenseits des Felsrandes.

Ich empfand jenes Gefühl des Aufenthaltes im Raum, das man im Schlafe zu erleben pflegt, wenn man träumt, man falle in einen Abgrund. Auf der Erde fällt ein Mensch während der ersten Sekunde 5 m, auf dem Mond aber legt er beim Fallen in der ersten Sekunde 80 cm zurück. Deshalb fiel ich schwebend nach unten, in eine Tiefe von 9 m. Der Fall erschien mir sehr lang, er dauerte drei Sekunden. Ich begann in der Luft zu schwimmen und sank wie ein Federchen schwebend herab. Schließlich steckte ich bis zu den Knien in einer Schneewehe am Grunde eines felsigen Tales.

‚Kewor', schrie ich umherschauend. Aber er war nirgends, und nichts geschah.

Und plötzlich erblicke ich ihn. Er stand auf der Spitze einer Klippe 20 m vor mir, lachte und gab mir Zeichen. Ich konnte kein Wort hören, aber ich begriff den Sinn seiner Gesten. Er forderte mich auf, zu ihm zu springen.

Ich war unschlüssig. Die Entfernung erschien mir ungeheuer groß. Aber ich erwog schnell, daß es wahrscheinlich auch mir gelingt zu springen, wenn Kewor diesen Sprung vollbracht hat. Nachdem ich einen Schritt zurückgetreten war, sprang ich mit aller Kraft. Wie ein Pfeil schoß ich in die Luft und mir schien es, als könnte ich nie wieder nach unten sinken. Es war ein phantastischer Flug, so ungeheuer wie in einem Traum, aber gleichzeitig wunderbar angenehm. Der Sprung erwies sich als viel zu kräftig, denn ich flog über den Kopf Kewors hinaus."

EIN SCHUSS AUF DEM MOND

Die folgende Episode, die der Erzählung des hervorragenden sowjetischen Erfinders *K. E. Ziolkowski* „Auf dem Mond" entnommen wurde, hilft uns, die Voraussetzungen für eine Bewegung unter dem Einfluß der Schwerkraft zu erklären. Auf der Erde kompliziert die Atmosphäre die einfachen Fallgesetze, da sie die Bewegung der Körper in ihr hemmt. Auf dem Mond fehlt die Luft vollkommen. Der Mond wäre ein vortreffliches Laboratorium für die Erforschung des Falles von Körpern, wenn wir zu ihm gelangen und wissenschaftliche Untersuchungen anstellen könnten.

Wenden wir uns der Episode aus der Erzählung zu, in der erklärt wird, daß sich zwei Gesprächspartner auf dem Mond befinden und zu erforschen wünschen, wie sich dort Kugeln bewegen werden, die aus einem Gewehr hinausfliegen.

„Wird denn das Pulver arbeiten?"

„Die Sprengstoffe müssen im Vakuum sogar eine größere Kraft entwickeln als in der Luft, weil letztere ihre Ausbreitung nur hemmt. Was den Sauerstoff betrifft, so brauchen sie ihn nicht, weil alles Notwendige in ihrer Masse selbst enthalten ist."

„Muß das Gewehr vertikal gehalten werden, um die Kugel nach der Explosion in der Nähe auffinden zu können?..." Dann heißt es: Feuer! Ein schwacher Laut[1], eine leichte Erschütterung des Bodens.

„Wo ist der Ladestopfen? Er muß hier sein, in der Nähe."

„Der Ladestopfen flog zusammen mit der Kugel fort. Er wird kaum hinter ihr zurückbleiben, weil nur die Atmosphäre ihn auf der Erde hindert, mit der Bleikugel mizukommen. Hier steigt und fällt auch eine Feder mit der gleichen Schnelligkeit wie ein Stein. Nimm eine Feder, die aus dem Kissen herausragt, in die Hand, und ich nehme ein eisernes Kügelchen. Du kannst deine Feder fallen lassen und mit ihr sogar ein entferntes Ziel treffen, mit der gleichen Leichtigkeit, wie ich mit dem Kügelchen. Ich kann mit geringer Anstrengung das Kügelchen 400 Meter weit werfen, und auch Du kannst die Feder in diese Entfernung schleudern. Du kannst aber niemand mit ihr verletzen, und beim Werfen merkst Du gar nicht, daß Du überhaupt etwas wirfst."

Die Feder war etwas früher am Ziel als das Kügelchen.

„Was ist das? Seit dem Abschuß vergingen drei Minuten, aber die Kugel ist noch nicht wieder da!"

„Warte zwei Minuten, und sie kehrt bestimmt zurück."

Nach der vorausgesagten Frist verspüren wir tatsächlich eine leichte Erschütterung des Bodens und sehen unweit den Ladepfropfen aufspringen.

---

[1] Ein Ton, der durch den Boden und den Körper der Menschen weitergeleitet wird, aber nicht durch die Luft, die es auf dem Mond nicht gibt.

„Wie lange flog die Kugel! Welche Höhe muß sie erreicht haben?"

„Siebzig Kilometer. Diese Höhe wird durch die geringe Schwerkraft und das Fehlen des Luftwiderstandes möglich."

Überprüfen wir! Wenn wir für die Geschwindigkeit der Kugel im Moment des Abschusses aus dem Gewehrlauf bescheidene 500 m/s annehmen (für moderne Gewehre ist sie in der Tat bis 2mal so groß), wäre die erreichte Höhe auf der Erde *bei fehlender Atmosphäre:*

$$h = \frac{v^2}{2g} = \frac{500^2 \, \text{m}^2 \, \text{s}^2}{2 \cdot \text{s}^2 \cdot 10 \, \text{m}} = 12\,500 \, \text{m},$$

das heißt, 12,5 km. Auf dem Mond aber, wo die Anziehungskraft ein Sechstel beträgt, muß man für $g = 10/6 \, \text{m/s}^2$ setzen; die Kugel erreicht eine Höhe von 75 km.

IN EINEM BODENLOSEN SCHACHT

Was im tiefen Inneren unseres Planeten geschieht, ist praktisch kaum bekannt. Die einen nehmen an, daß unter der festen Rinde in 100 km Tiefe eine feurig-flüssige Masse beginnt. Andere rechnen damit, daß die ganze Erdkugel bis zu ihrem Zentrum erstarrt ist. Die Frage zu lösen ist schwierig. Sogar das tiefste Bohrloch reicht nicht tiefer als 11,6 km (Bohranlage „Uralmasch 15 000" auf der Halbinsel Kola). Der tiefste Schacht, in den Menschen einfahren, ist bis in eine Tiefe von 3300 m[1] getrieben worden, aber der Radius der Erdkugel mißt 6400 km. Wenn es möglich wäre, durch unseren Planeten einen Schacht zu bohren, dann wären alle derartigen Fragen selbstverständlich gelöst. Die heutige Technik ist von der Möglichkeit, derartige Vorhaben auszuführen, noch weit entfernt, obwohl alle in die Erdrinde getriebenen Bohrlöcher zusammen genommen eine Länge ergäben, die den Durchmesser unseres Planeten übertrifft.

Natürlich hat bis jetzt noch niemand derartiges getan, aber wir benützen die Idee dieses bodenlosen Schachtes, um eine beliebte Aufgabe zu stellen. Wie glaubt ihr, würde es euch ergehen, wenn ihr in diesen bodenlosen Schacht hineinfallen würdet (den Luftwiderstand vernachlässigen wir zunächst)? Am Boden zerschellen könntet ihr nicht, denn einen

---

[1] Eine Goldgrube in Boksburg (Transvaal, Südafrika), bei der die Mündung des Schachtes in einer Höhe von 1600 m über dem Meeresgrund liegt, das heißt, die Tiefe des Schachtes vom Meeresspiegel aus beträgt 1700 m.

Boden gibt es hier nicht. Aber wo würdet ihr zum Stillstand kommen? Im Mittelpunkt der Erde? Nein!

Wenn ihr am Mittelpunkt vorbei fliegt, wird euer Körper eine so große Geschwindigkeit haben (~ 8 km/s), daß vom Anhalten in diesem Punkte gar keine Rede sein kann. Ihr braust weiter und erst allmählich wird die Bewegung langsamer werden, bis ihr in die Höhe der gegenüberliegenden

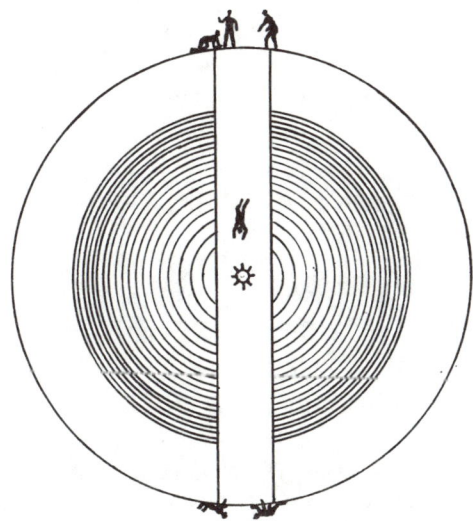

Bild 78

Schachtöffnung kommt. Dort müßt ihr euch schnellstens am Rand festhalten, sonst macht ihr von neuem den Spazierflug durch den ganzen Schacht bis ans andere Ende. Wenn es auch dort nicht gelingt, euch irgendwo festzuklammern, fallt ihr wieder in den Schacht hinein, und so werdet ihr hin und her taumeln ohne Ende. Die Mechanik lehrt, daß bei solchen Vorgängen (nur wenn man, ich betone es noch einmal, den Luftwiderstand im Schacht vernachlässigt) ein Körper pausenlos hinauf und hinunter pendeln muß.[1]

Wie groß wäre die Dauer eines solchen Pendelvorganges? Es stellt sich heraus, daß die ganze Reise 84 Minuten und 24 Sekunden dauern würde, das sind rund gerechnet anderthalb Stunden. Nehmen wir an, die

---

[1] Beim Vorhandensein des Luftwiderstandes wird das Pendeln allmählich abklingen, und der Vorgang endet damit, daß der Mensch im Erdmittelpunkt zur Ruhe kommt.

Eingangsöffnung des Schachtes wäre in einer Höhe von zwei Kilometern auf einer Hochebene Südamerikas angelegt, aber das gegenüberliegende Ende des Tunnels befände sich in Meereshöhe. Ein Mensch, der aus Unvorsichtigkeit in die amerikanische Öffnung stürzte, würde das gegenüberliegende Ende mit einer solchen Geschwindigkeit erreichen, daß er zwei Kilometer hoch aus ihm herausflöge. Befänden sich jedoch beide Enden des Schachtes auf Meereshöhe, könnte man dem fliegenden Menschen im Moment des Auftauchens in der Öffnung, wenn die Fluggeschwindigkeit gleich Null ist, die Hand reichen. Im vorhergehenden Falle müßte man umgekehrt aus Vorsicht dem überaus stürmischen Reisenden Platz machen.

EIN MÄRCHENHAFTER WEG

Früher wurde in St. Petersburg eine Broschüre mit dem seltsamen Titel herausgegeben: „Eine unterirdische Schienenbahn zwischen St. Petersburg und Moskau. Ein phantastischer Roman vorläufig in drei Kapiteln, aber mit diesen noch nicht abgeschlossen." Der Autor dieser Broschüre, *A. A. Rodnych*, legt ein scharfsinniges Projekt vor, durch das er sich auf interessante Weise als Liebhaber physikalischer Paradoxa bekannt macht.

Das Projekt besteht „in der Ausführung eines 600 Kilometer langen Tunnels, welcher unsere beiden Städte durch eine vollkommen gerade unterirdische Linie verbinden soll. Auf diese Weise bestünde erstmalig die Möglichkeit für die Menschheit, einen geradlinigen Weg zu begehen und nicht auf gekrümmten Wegen zu laufen, wie es bisher war." (Der Autor will sagen, daß alle unsere Wege, die sich der Krümmung der Erdoberfläche unterwerfen, einem Bogen folgen, während der projektierte Tunnel längs einer geraden Linie, der Sehne, verläuft.)

Wenn man diesen Tunnel graben könnte, hätte er eine hervorragende Eigenschaft, die kein anderer Weg auf der Welt aufweist. Sie besteht darin, daß ein beliebiger Wagen in diesem besonderen Tunnel *sich selbst bewegen kann.* Denken wir an unseren durch die Erdkugel gebohrten bodenlosen Schacht zurück. Der Tunnel Leningrad–Moskau ist auch solch ein Schacht. Bei einem Blick auf Bild 79 zeigt sich, daß der Tunnel in Wirklichkeit waagerecht gegraben ist, und daß infolge der Schwerkraft der Zug nicht durch ihn hindurchrollt. Aber das ist nur eine optische Täuschung. Zieht in Gedanken Radien zu den Tunnelenden (die

Richtung des Radius ist die Richtung des Lots)! Ihr erkennt nun, daß der Tunnel nicht unter einem rechten Winkel zu dem Lot gegraben ist, das heißt nicht horizontal, sondern abschüssig.

In diesem schrägen Schacht muß jeder Körper, da er durch die Schwerkraft angezogen wird, vorwärts und rückwärts pendeln, wobei er sich die ganze Zeit über an den Boden andrückt. Wenn man in den

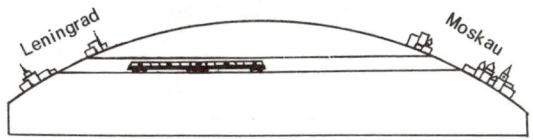

Bild 79 Wenn man einen Tunnel zwischen Leningrad und Moskau graben würde, müßte in ihm ein Zug durch seine eigene Gewichtskraft hin- und herrollen, ohne Lokomotive.

Tunnel Schienen einbaut, so wird ein Eisenbahnwagen von allein auf ihnen rollen. Die Gewichtskraft ersetzt die Zugkraft der Lokomotive! Anfangs wird sich der Zug ganz langsam bewegen. Aber mit jeder Sekunde wird die Geschwindigkeit des selbst fahrenden Zuges anwachsen. Bald erreicht er eine unvorstellbare Geschwindigkeit, so daß die Luft im Tunnel schon merklich die Fahrt des Zuges bremsen wird. Aber wir lassen zunächst dieses unangenehme Hindernis, das die Verwirklichung vieler verlockender Projekte verhindert, außer acht, und verfolgen den Zug weiter. Nachdem er bis zur Mitte des Tunnels gerollt ist, wird der Zug eine so gewaltige Geschwindigkeit haben – viel schneller als eine Kanonenkugel! –, daß er mit diesem Anlauf fast bis zum gegenüberliegenden Ende des Tunnels hindurchrollt, wäre nicht die Reibung vorhanden. Der Zug ohne Lokomotive aus Leningrad würde von allein in Moskau ankommen. Die Dauer der Durchfahrt in einer Richtung ist die gleiche, wie die Rechnung beweist, wie für den Fall durch einen Tunnel, der längs eines Durchmessers gegraben ist: 42 Minuten und 12 Sekunden. Seltsamerweise hängt sie nicht von der Tunnellänge ab. Die Reise in einem Tunnel Moskau–Leningrad, Moskau–Wladiwostok oder Moskau–Melbourne würde die gleiche Zeit dauern.[1]

---

[1] Man kann auch noch eine andere, nicht minder interessante Sachlage bezüglich des bodenlosen Schachtes beweisen: Die Dauer des Pendelns hängt nicht von der G r ö ß e des Planeten ab, sondern von seiner D i c h t e.

Das alles würde sich mit einem beliebigen anderen Wagen wiederholen: mit einer Draisine, einer großen Kutsche, einem Auto usw. Fürwahr ein märchenhafter Weg, der selbst unbeweglich steht und alle Wagen auf sich von einem Ende bis zum anderen entlang jagt, und überdies mit unvorstellbarer Geschwindigkeit!

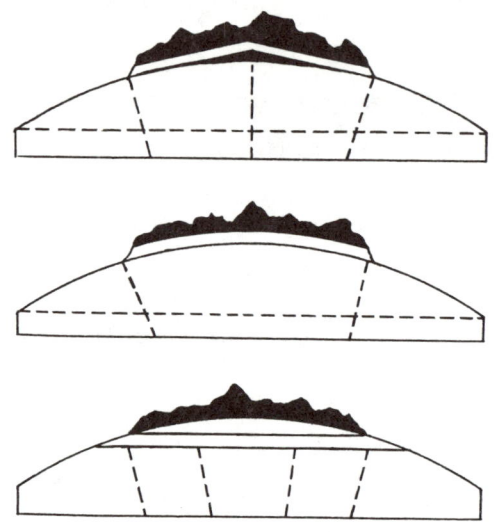

Bild 80

Drei Arten, einen Tunnel durch einen Berg zu bauen

WIE GRÄBT MAN EINEN TUNNEL?

Betrachtet das Bild 80, das drei Arten der Ausführung von Tunneln darstellt und sagt: Welcher von ihnen ist horizontal gegraben?

Weder der obere noch der untere, sondern der mittlere, der in einem Bogen verläuft, der in allen Punkten einen rechten Winkel mit der Richtung der senkrechten Linie (oder den Erdradien) bildet. Das ist der horizontale Tunnel; sein Bogen entspricht völlig der Krümmung der Erdoberfläche.

Große Tunnel baut man gewöhnlich (Bild 80 oben) in einer geraden Linie, der Tangente an die Erdoberfläche in den Endpunkten des Tunnels. Ein solcher Tunnel steigt anfangs *nach oben an* und senkt sich dann wieder *nach unten*. Er hat den Vorteil, daß das Wasser nicht in ihm stehen bleibt, sondern von selbst zu den Enden abfließt.

Wenn der Tunnel genau horizontal angelegt wäre, hätte ein langer Tunnel eine bogenförmige Gestalt. Das Wasser hätte nicht das Bestreben, aus ihm herauszufließen, weil es sich in jedem Punkt im Gleichgewicht befände. Wenn ein Tunnel 15 km lang ist (der Simplontunnel zum Beispiel hat eine Länge von 20 km), so kann man von dem einen Ausgang aus nicht den anderen sehen. Der Blick stößt an die Decke, weil der mittlere Punkt des Tunnels mehr als 4 m über den Endpunkten liegt.

Wenn man schließlich einen Tunnel gräbt, der die Endpunkte durch eine gerade Linie verbindet, wird er von beiden Seiten aus eine leichte Neigung *nach unten* zur Mitte hin haben. Das Wasser wird nicht nur nicht aus ihm herausfließen, sondern sich im Gegenteil in der Mitte, seinem tiefsten Teil, ansammeln. Wenn man an dem einen Ende dieses Tunnels steht, wird man dafür das andere Ende sehen können. Die beigefügten Abbildungen beweisen das Gesagte.[1]

---

[1] Aus dem Dargelegten geht unter anderem hervor, daß alle horizontalen Linien gekrümmt sind. Gerade horizontale Linien kann es nicht geben. Vertikale Linien dagegen können nur gerade sein.

11–627

Im Anschluß an unsere Unterhaltungen über die Gesetze der Bewegung und der Anziehungskraft wollen wir uns jener phantasievollen Reise zum Mond zuwenden, die von *Jules Verne* in den Romanen „Eine Reise zum Mond" und „Reise um den Mond" so interessant beschrieben wird. Da gab es einen „Gun-Klub" von Baltimore, deren Mitglieder mit Beendigung des Nordamerikanischen Krieges zur Untätigkeit verurteilt waren. Diese beschlossen, eine riesengroße Kanone zu gießen, sie mit einer gigantischen hohlen Granate zu laden und das Kabinengeschoß, nachdem die Passagiere darin Platz genommen haben, mit einem Schuß auf den Mond zu schicken.

Ist diese Idee phantastisch? Wie ist es denn: Kann man einem Körper eine solche Geschwindigkeit verleihen, daß er die Erdoberfläche unwiderruflich verläßt?

DER NEWTONSCHE BERG

Wir wollen dem genialen *Newton*, der die Gesetzmäßigkeiten der Gravitation entdeckt hat, das Wort geben. In seinem Buch „Die mathematischen Grundlagen der Physik" schreibt er (wir wollen diese Stelle wegen des leichteren Verständnisses in freier Übersetzung bringen): Ein geworfener Stein weicht unter der Wirkung der Gravitation vom geradlinigen Weg ab, beschreibt eine gekrümmte Linie und fällt auf die Erde zurück. Wenn man den Stein mit großer Geschwindigkeit wirft, dann fliegt er weiter. Deshalb ist es möglich, daß er einen Bogen von 10, 100 oder gar 1000 Meilen Länge (1 engl. Meile = 1609 m) beschreiben wird und schließlich über die Grenzen der Erde hinauseilen und nicht mehr auf sie zurückkehren wird. Es seien AFB (Bild 81) die Oberfläche der Erde, C ihr Mittelpunkt und UD, UE, UF, UG gekrümmte Linien, die ein Körper beschreibt, der mit immer größerer Geschwindigkeit von einem sehr hohen Berg aus in horizontale Richtung geworfen wurde. Wir lassen dabei den Widerstand der Atmosphäre außer acht, das heißt, wir nehmen an, daß keine Atmosphäre vorhanden ist. Bei kleiner Anfangsgeschwindigkeit beschreibt der Körper die Kurve *UD*, bei großer Anfangsgeschwindigkeit die Kurve *UE* und bei noch größeren Geschwindigkeiten *UF* bzw. *UG*. Bei einer bestimmten Geschwindigkeit

Bild 81 Wie müßte ein Stein fallen, der von dem Gipfel eines Berges mit riesiger Geschwindigkeit in horizontaler Richtung abgeworfen wird?

fliegt der Körper rings um die ganze Erde und kehrt zu dem Gipfel des Berges zurück, von dem aus er geworfen wurde. Dabei wird die Geschwindigkeit des Körpers beim Umlauf bis zum Ausgangspunkt nicht *kleiner* als am Anfang, so daß der Körper seine Bewegung auf derselben Kurve auch weiter fortsetzen wird.

Wenn man auf diesem nur in unserer Vorstellung existierenden Berg

163

eine Kanone aufstellen würde, dann würde die von ihr abgeschossene Granate bei einer bestimmten Geschwindigkeit niemals wieder auf die Erde zurückfallen, sondern würde unaufhaltsam um die Erde kreisen. Mittels sehr einfacher Rechnung kann man leicht feststellen, daß dieser Fall bei einer Geschwindigkeit von rund 8 km/s eintreten muß (vgl. S. 68). Mit anderen Worten heißt das, daß die von der Kanone mit einer Geschwindigkeit von 8 km/s abgeschossene Granate für immer die Erdoberfläche verläßt und ein Trabant unseres Planeten wird. Sie wird sich 17mal schneller bewegen als irgendein Punkt auf dem Äquator und unseren Planeten in 1 Stunde und 24 Minuten einmal umkreisen. Geben wir der Granate eine noch größere Geschwindigkeit, so wird sie nicht mehr einen Kreis um die Erde beschreiben, sondern eine mehr oder weniger auseinandergezogene Ellipse, die in riesiger Entfernung von der Erde liegt. Erhöht man die Anfangsgeschwindigkeit noch weiter, so fliegt sie für immer von unserem Planeten weg hinaus in den Weltraum. Dieser Fall muß bei einer Anfangsgeschwindigkeit von etwa 11 km/s eintreten. (Bei all diesen Überlegungen ist natürlich vorausgesetzt, daß sich das Geschoß im *leeren* Raum und nicht in Luft bewegt.)

Wir wollen nun sehen, ob man den Flug zum Mond mit den Mitteln verwirklichen kann, die *Jules Verne* vorgeschlagen hat. Ein modernes Geschütz verleiht einer Granate eine Geschwindigkeit von mehr als 2 km/s. Das ist der fünfte Teil der Geschwindigkeit, mit der ein Körper zum Mond fliegen kann. Die Romanhelden waren der Überzeugung, daß es ihnen gelingen würde, eine Geschwindigkeit zu erzeugen, die ausreicht, um das Geschoß auf den Mond zu bringen, wenn sie eine riesenhafte Kanone bauen würden und diese mit einer ungeheuer großen Menge Sprengstoff laden würden.

DIE PHANTASTISCHE KANONE

Und so gossen die Mitglieder des „Gun-Klub" eine gigantische Kanone von einem Viertel Kilometer Länge, die senkrecht in die Erde eingegraben war. Es wurde ein entsprechend riesenhaftes Geschoß angefertigt, das im Innern eine Kabine für Passagiere besaß. Die Masse betrug 8000 kg. Die Kanone wurde mit einer Menge von 160 000 kg Schießbaumwolle, Pyroxilin, geladen. Als Ergebnis der Explosion erreichte das Geschoß, wenn man dem Romanschriftsteller Glauben schenken will, eine Geschwindigkeit von 16 km/s, aber infolge der

Reibung an der Luft verringerte sich diese Geschwindigkeit auf 11 km/s. Auf diese Weise hatte das Geschoß von *Jules Verne*, wenn es sich außerhalb der Atmosphäre befand, eine genügend große Geschwindigkeit, um weiter bis zum Mond zu fliegen.

So wird es in dem Roman beschrieben. Was läßt sich nun zu dieser Physik sagen?

Wir werden das Projekt von *Jules Verne* ganz und gar nicht in dem Punkt angreifen, auf den im allgemeinen die Zweifel des Lesers gerichtet sind. Erstens kann man den Beweis bringen, daß man einem Geschoß mit einer Kanone durch Explosion niemals eine Geschwindigkeit von mehr als 3 km/s verleihen kann.

Außerdem rechnete *Jules Verne* nicht mit dem Luftwiderstand, der bei diesen riesigen Geschwindigkeiten viel größer sein muß und das Bild des Fluges vollkommen verändern wird. Aber auch abgesehen davon gibt es ernsthafte Einwände gegen das Projekt eines Fluges zum Mond in einem Artilleriegeschoß.

Die hauptsächlichen Besorgnisse erregt das Schicksal der Passagiere selbst. Denkt nicht, daß ihnen während des Fluges von der Erde zum Mond Gefahr droht. Wenn es ihnen gelungen wäre, bis zu dem Augenblick am Leben zu bleiben, in dem sie die Mündung des Kanonenrohres verlassen, dann würden sie während der weiteren Reise nichts mehr zu befürchten haben. Die riesige Geschwindigkeit, mit der die Passagiere mit ihrer Kabine zusammen durch den Weltraum fliegen würden, ist ebenso unschädlich für sie, wie für uns als Bewohner der Erde die noch größere Geschwindigkeit unschädlich ist, mit der unsere Erde um die Sonne kreist.

DER SCHWERE HUT

Den gefährlichsten Augenblick für unsere Reisegefährten würden jene wenigen hundertstel Sekunden darstellen, im Verlauf derer sich das Geschoß mit der Kabine im Kanonenrohr bewegt. Denn innerhalb dieses verschwindend kleinen Zeitraumes muß die Geschwindigkeit, mit der die Passagiere in der Kanone bewegt werden, von Null auf 16 km/s anwachsen. Deshalb erwarteten die Passagiere in dem Roman den Abschuß mit solcher Angst. Und Barbikan hat vollkommen recht, als er behauptete, daß der Augenblick, in dem das Geschoß losfliegt, für die Passagiere genau so gefährlich wird als ob sie sich nicht innerhalb, sondern vor dem Geschoß befänden. Tatsächlich wird der Boden der Kabine im Moment des Abschusses die Passagiere mit einer Kraft von unten anstoßen, mit der das Geschoß auf jeden Körper auftreffen würde, der sich auf dessen Bahn befindet. Die Romanhelden verhielten sich dieser Gefahr gegenüber zu leichtsinnig. Sie stellten sich vor, daß man schlimmstenfalls nur mit einem Blutandrang zum Kopf davonkommt…

Die Sache verhält sich anders. Im Kanonenrohr bewegt sich das Geschoß beschleunigt; seine Geschwindigkeit wächst unter dem ständigen Druck der Gase, die sich bei der Explosion bilden. Im Laufe eines winzigen Teiles einer Sekunde wächst diese Geschwindigkeit von Null auf 16 km/s an. Der Einfachheit halber sei angenommen, daß das Anwachsen der Geschwindigkeit gleichmäßig vor sich geht. Dann wird die Beschleunigung, die dafür notwendig ist, um die Geschwindigkeit des Geschosses in so kurzer Zeit auf 16 km/s zu bringen, hier rund gerechnet 600 km/s^2 erreichen. (Die Berechnung ist im letzten Abschnitt dieses Kapitels weiter ausgeführt.) Die verhängnisvolle Bedeutung dieser Zahlen werden wir vollkommen verstehen, wenn wir bedenken, daß die normale Beschleunigung durch die Anziehungskraft auf der Erdoberfläche nicht mehr als 10 m/s^2 beträgt[1]. Daraus folgt, daß jeder Körper innerhalb des Geschosses im Moment des Abschusses auf den Boden der Kabine eine Druckkraft ausüben würde, die 60 000mal größer als die Gewichtskraft des Gegenstandes ist. Mit anderen Worten: Die Passagiere würden fühlen, daß sie scheinbar einige 10 000mal schwerer geworden sind! Unter der Wirkung dieser kolossalen Schwere wären sie augenblicklich zerdrückt. Der Zylinderhut des Herrn Barbikan hätte im Moment des Abschusses eine Gewichtskraft von nicht weniger als 150 kN ausgeübt (entsprechend der Gewichtskraft eines beladenen Waggons von 15 t Masse bei normaler Schwere). Ein solcher Hut ist mehr als ausreichend, um seinen Besitzer zu erdrücken.

Es ist richtig, daß man die im Roman beschriebenen Maßnahmen für die Abschwächung des Stoßes ergriffen hat. Der Kern des Geschosses ist mit Spiralfederpuffern ausgerüstet und mit einem doppelten Boden versehen, dessen Zwischenraum mit Wasser ausgefüllt ist. Die Stoßdauer zieht sich dadurch ein wenig in die Länge, und folglich verringert sich die

---

[1] Wir wollen noch hinzufügen, daß die Beschleunigung eines Rennautos, das seine rasende Fahrt beginnt, 2 bis 3 m/s^2 nicht überschreitet und die Beschleunigung eines Zuges, der gleichmäßig von einer Station abfährt, bis $0,5 \text{ m/s}^2$ beträgt.

Schnelligkeit, mit der die Geschwindigkeit anwächst. Aber bei den riesigen Kräften, mit denen wir es hier zu tun haben, ist der Nutzen dieser Vorrichtungen unbedeutend. Die Kraft, die die Passagiere auf den Boden drücken wird, verringert sich nur um einen winzigen Teil, und ist es nicht ganz gleich, ob man von einem Hut mit 15 000 kg oder von einem mit 14 000 kg zerdrückt wird?

WIE KANN MAN DEN STOSS ABSCHWÄCHEN?

Die Mechanik gibt einen Hinweis darauf, wie man das verhängnisvoll schnelle Anwachsen der Geschwindigkeit vermindern könnte.

Man könnte es dadurch erreichen, indem man *das Kanonenrohr verlängert.*

Die Verlängerung muß jedoch sehr beträchtlich sein, wenn wir erreichen wollen, daß im Augenblick des Abschusses die „künstliche" Schwerkraft im Innern des Geschosses der gewöhnlichen Schwerkraft auf der Erde gleichkommt. Eine Überschlagsrechnung zeigt, daß dafür eine Kanone von nicht mehr und nicht weniger als 6000 km Länge angefertigt werden müßte! Mit anderen Worten heißt das, daß die „Kolumbiade" von *Jules Verne* tief in die Erde direkt bis zu deren Mittelpunkt hätte reichen müssen... Dann hätten die Passagiere von allen Unannehmlichkeiten befreit werden können. Zu ihrer gewöhnlichen Gewichtskraft wäre infolge des langsamen Anwachsens der Geschwindigkeit nur noch eine gleich große scheinbare Gewichtskraft hinzugekommen. Sie hätten sich gefühlt, als ob sie doppelt so schwer geworden wären.

Übrigens ist der menschliche Organismus für kurze Zeit in der Lage, eine um einige Male größere Schwerkraft ohne Schaden zu ertragen. Wenn wir mit einem Schlitten einen Abhang herabfahren und sich dabei sehr schnell die Richtung unserer Bewegung zur Waagerechten hin ändert, so vergrößert sich in diesem kurzen Augenblick unsere Gewichtskraft merklich, das heißt, unser Körper wird kräftiger als gewöhnlich auf den Schlitten gedrückt. Eine Vergrößerung der Beschleunigung um das Dreifache hält unser Körper ohne weiteres aus. Wenn wir annehmen, daß der Mensch sogar eine zehnfache Vergrößerung der Gewichtskraft innerhalb kurzer Zeit unbeschadet überstehen kann, dann würde es genügen, eine Kanone von „nur" 600 km Länge zu gießen. Doch das bringt wenig Trost, weil auch eine derartige Anlage außerhalb der Grenzen der technischen Möglichkeiten liegt.

Seht nun, unter welchen Bedingungen nur eine Durchführung des verlockenden Projektes von *Jules Verne*, in einem Kanonengeschoß zu fliegen, denkbar wäre.[1]

FÜR DIE FREUNDE DER MATHEMATIK

Unter den Lesern dieses Buches werden sich ohne Zweifel auch solche finden, die selbst die Ergebnisse überprüfen wollen, die weiter oben erwähnt wurden. Wir bringen hier diese Berechnungen. Sie sind aber nur angenähert, da sie auf der Annahme begründet sind, daß sich das Geschoß im Kanonenrohr gleichmäßig beschleunigt bewegt (in Wirklichkeit geht das Anwachsen der Geschwindigkeit ungleichmäßig vor sich.)

Für die Berechnung muß man folgende zwei Formeln der gleichmäßig beschleunigten Bewegung anwenden:

Die Geschwindigkeit v ist nach der Zeit t genau $a \cdot t$, wobei a die Beschleunigung ist: $v = a \cdot t$.

Der Weg s, der in der Zeit t zurückgelegt wird, wird nach der Formel $s = \frac{1}{2} a \cdot t^2$ bestimmt.

Nach diesen Formeln werden wir außerdem die Beschleunigung des Geschosses bestimmen, wenn es im Rohr der „Kolumbiade" gleitet.

Aus dem Roman ist die Länge des Teiles der Kanone bekannt, der nicht von der Sprengladung ausgefüllt ist. Es sind 210 m. Das ist auch der vom Geschoß zurückgelegte Weg s.

Wir kennen auch die Endgeschwindigkeit $v = 16\,000$ m/s. Die gegebenen Größen s und v erlauben es, die Größe t zu bestimmen – die Dauer der Bewegung des Geschosses im Kanonenrohr (diese Bewegung als gleichmäßig beschleunigt betrachtet). Danach ergibt sich aus

$$v = a \cdot t \quad \text{und} \quad s = \frac{1}{2} a \cdot t^2$$

---

[1] In dem Roman sind *Jules Verne* bei der Beschreibung der Bedingungen im Inneren des fliegenden Kanonengeschosses wesentliche Nachlässigkeiten unterlaufen. Der Romanschriftsteller berücksichtigte nicht, daß nach dem Schuß die Gegenstände im Inneren des Geschosses während des gesamten Fluges vollkommen ohne Gewichtskraft sein werden, da ja die Schwerkraft sowohl dem Geschoß als auch allen anderen Körpern in ihm gleiche Beschleunigungen erteilt. (Siehe auch im Kapitel 10 den Abschnitt „Das fehlende Kapitel in einem Roman von *Jules Verne*".)

$$t = \frac{2 \cdot s}{a \cdot t} \qquad t = \frac{2 \cdot s}{v}$$

$$t = \frac{2 \cdot 210 \text{ m}}{16\,000 \text{ m}} \text{ s} \qquad t \approx \frac{1}{40} \text{ s.}$$

Es ergibt sich, daß das Geschoß insgesamt 1/40 s lang in der Kanone gleiten würde.

$$a = \frac{v}{t}$$

$$a \approx \frac{16\,000 \text{ m}}{\frac{1}{40} \text{ s} \cdot \text{s}}$$

$$a \approx 640\,000 \text{ m/s}^2.$$

Das bedeutet, daß die Beschleunigung des Geschosses bei der Bewegung im Rohr etwa 640 000 m/s² beträgt, das ist 64 000mal so viel wie die Beschleunigung durch die Schwerkraft auf der Erde. Welche Länge müßte die Kanone haben, damit die Geschoßbeschleunigung nur 10mal so groß wie die Beschleunigung eines fallenden Körpers wäre (das wäre etwa 100 m/s²)?

Diese Aufgabe ist der entgegengesetzt, die wir gerade gelöst haben. Gegeben sind: $a = 100$ m/s², $v = 11\,000$ m/s (beim Fehlen des Widerstandes der Atmosphäre reicht diese Geschwindigkeit aus).

$$v = a \cdot t$$

$$t = \frac{v}{a}$$

$$t = \frac{11\,000 \text{ m} \cdot \text{s}^2}{\text{s} \cdot 100 \text{ m}}$$

$$t = 110 \text{ s.}$$

Aus der Formel

$$s = \frac{1}{2} a \cdot t^2$$

$$s = \frac{1}{2} v \cdot t$$

$$s = \frac{1}{2} \cdot 11\,000\,\frac{m}{s} \cdot 110\,s$$

erhält man

$$s = 605\,000\,m$$

$$s = 605\,km.$$

Mit diesen Berechnungen erhält man Zahlen, die die verlockenden Pläne der Helden von *Jules Verne* zerstören.[1]

---

[1] Alle Überlegungen dieses Kapitels wie auch alle Berechnungen sind unbedingt richtig. Praktisch wird das Problem der Flüge von Menschen zum Mond und zu anderen Planeten nur mit Hilfe der Raketen gelöst.

DIE AUFGABE VON ZWEI KAFFEEKANNEN

Wir haben zwei Kaffeekannen gleicher Grundfläche vor uns stehen (Bild 82), aber die eine ist hoch, die andere niedrig. Welche von ihnen faßt mehr?

Viele werden, ohne groß nachzudenken, sagen, daß die hohe Kaffeekanne mehr Flüssigkeit aufnimmt. Ein praktischer Versuch würde jedoch ergeben, daß dies ein Irrtum ist. Die Tüllen der beiden Kannen befinden sich in gleicher Höhe, und folglich würde die hohe Kanne überlaufen, gäbe man mehr Flüssigkeit in sie hinein als in die niedrige Kanne.

Der Grund ist verständlich: Sowohl in der Kanne selbst als auch in der Tülle (es handelt sich um kommunizierende Röhren) muß der Flüssigkeitsspiegel den gleichen Wert aufweisen, auch wenn die Flüssigkeit in der Tülle viel weniger wiegt als die in der Kanne. Darum muß die Tülle genauso hoch sein wie der obere Rand des Behälters, mitunter zieht man sie sogar noch höher, um ein Überlaufen beim Neigen der Kanne zu vermeiden.

WAS DIE ALTEN NICHT WUSSTEN

Die Einwohner des heutigen Roms benutzen immer noch die Überreste der von ihren Vorfahren errichteten Wasserleitung – sie ist von den römischen Sklaven sehr solide gebaut worden.

Solides Wissen kann aber den damaligen römischen Ingenieuren nicht nachgesagt werden – die Grundlagen der Physik waren ihnen offenbar nur schlecht bekannt. Werft einen Blick auf Bild 83, das nach einem Gemälde aus dem Deutschen Museum in München gezeichnet worden ist. Ihr seht, daß die altrömische Wasserleitung nicht in der Erde, sondern auf gemauerten Stützen in Rundbogenform (Aquädukte) verlegt wurde. Als Begründung für diese Ausführung gaben die römischen Ingenieure an, daß bei unterirdischer Verlegung der Wasserrohre Stauungen entstehen würden, denn das Wasser könnte dem mitunter steigenden Bodenrelief nicht folgen, da es ja bekanntlich immer nur abwärts fließt. Aus diesem Grund sorgten sie für eine gleichmäßige Neigung der Aquädukte, dazu aber mußten sie Bodensenken umgehen oder überbrücken. Einer der römischen Aquädukte, der Aqua Marcia, ist 100 km lang, obwohl der Luftweg zwischen seinen Endpunkten nur die

Bild 82   In welche von diesen beiden Kaffeekannen paßt mehr hinein?

Bild 83   Die Wasserleitungen (Aquädukte) des alten Roms in ihrem damaligen Zustand

Hälfte beträgt. 50 km Steinmauern wurden errichtet, nur weil man ein Elementargesetz der Physik nicht kannte!

172

FLÜSSIGKEITEN DRÜCKEN NACH OBEN!

Daß Flüssigkeiten nach unten, gegen den Boden des Gefäßes, und nach den Seiten, gegen seine Wandungen, drücken, wissen alle, sogar die der Physik Unkundigen. Daß sie aber auch nach oben drücken, das ahnen viele nicht. Wir können uns davon unter Zuhilfenahme einer Glasröhre,

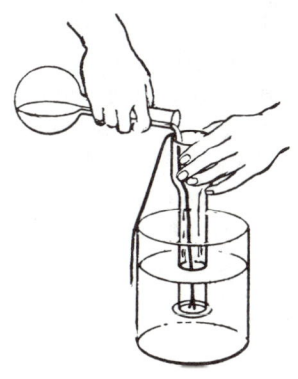 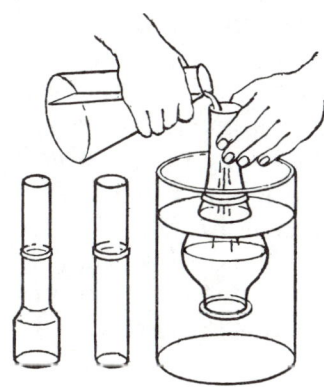

Bild 84   Ein einfaches Verfahren, um sich davon zu überzeugen, daß die Flüssigkeit von unten nach oben drückt.

Bild 85   Der Druck einer Flüssigkeit gegen den Gefäßboden hängt nur von der Bodenfläche und von der Pegelhöhe der Flüssigkeit ab.

zum Beispiel des Zylinders einer Petroleumlampe, überzeugen. Fertigt aus Pappe eine runde Scheibe an, die ein Ende des Zylinders voll abdeckt. Nun muß man den Zylinder mit der anliegenden Scheibe ins Wasser senken, wie Bild 84 zeigt. Zur besseren Handhabung beim Eintauchen empfiehlt sich die Befestigung eines Fadens in der Mitte der Pappscheibe. Nach Erreichen einer bestimmten Tiefe bleibt die Scheibe fest haften, auch wenn ihr den Faden nicht mehr anzieht. Die Scheibe wird also vom Wasser nach oben, gegen. den Zylinderrand gedrückt.

Ihr könnt sogar den Wert dieses Drucks messen. Gebt in den Zylinder vorsichtig Wasser ein – sowie der Wasserpegel innerhalb des Zylinders sich dem außerhalb von ihm nähert, fällt die Pappscheibe ab. Also wird der Wasserdruck von unten durch den Druck der Wassersäule von oben ausgeglichen, deren Höhe gleich der Eintauchtiefe der Pappscheibe ist. So lautet das Gesetz des Flüssigkeitsdrucks für jeden eingetauchten

Körper. Daraus ergibt sich übrigens auch jener „Gewichtsverlust" in Flüssigkeiten, von dem das berühmte *Archimedi*sche Gesetz spricht.

Habt ihr mehrere Glaszylinder verschiedener Form, aber gleicher Austrittsfläche zur Hand, dann könnt ihr auch ein anderes Gesetz des Flüssigkeitsverhaltens nachweisen: Der Druck einer Flüssigkeit gegen den Gefäßboden hängt nur von der Bodenfläche und der Pegelhöhe ab, die Form des Gefäßes aber hat keinerlei Einfluß. Der Nachweis wird darin bestehen, daß ihr den eben ausgeführten Versuch mit den verschiedenen Zylindern wiederholt, die gleichtief einzutauchen sind (an den Zylindern sind zweckmäßigerweise Höhenmarkierungen anzubringen). Die Pappscheibe wird immer bei gleicher Höhe der Wassersäule innerhalb des Zylinders abfallen (Bild 85). Der Druck von Wassersäulen unterschiedlicher Form hängt also nur von der Grundfläche und der Höhe ab. Beachtet, daß hier von der Höhe, nicht aber von der Länge gesprochen wird, denn ein senkrecht stehender kurzer Zylinder hat die gleiche Höhe wie ein geneigt eintauchender langer Zylinder, übt also bei gleicher Grundfläche den gleichen Druck aus.

WAS IST SCHWERER?

Gegeben sind zwei absolut gleiche, bis zum Rand gefüllte Wassereimer, wobei in dem einen von ihnen ein Stück Holz schwimmt (Bild 86). Welcher Eimer wird die Waageschale senken?

Ich habe diese Frage sehr vielen Menschen gestellt und ganz unterschiedliche Antworten erhalten. Die einen sagten, der Eimer mit dem Holz sei schwerer, denn „zu dem Wasser kommt noch das Holz hinzu", andere meinten, das Gegenteil treffe zu, denn „Wasser ist schwerer als Holz".

Beides stimmt nicht: Die Eimer haben gleiche Masse. Der zweite Eimer enthält zwar weniger Wasser, weil das Holz einen Teil davon verdrängt, wiegt aber genausoviel, denn es wirkt das Gesetz: Jeder schwimmende Körper verdrängt mit seinem Unterwasserteil genausoviel Flüssigkeit (der Masse nach), wie dieser Körper insgesamt wiegt. Darum bleibt die Waage im Gleichgewicht.

Jetzt löst bitte eine andere Aufgabe. Ich stelle ein Glas mit Wasser auf die Waage und lege ein Wägestück daneben. Ich merke mir die Anzeige und versenke das Wägestück im Glas. Was wird die Waage jetzt anzeigen?

Nach dem Gesetz des *Archimedes* wird das Wägestück im Wasser leichter, als es vorher war. Also müßte die Waage jetzt weniger anzeigen? In Wirklichkeit jedoch bleibt sie im Gleichgewicht, denn das Wägestück hat Wasser verdrängt, so daß der Wasserpegel gestiegen ist. Folglich erhöht sich der Druck gegen den Boden des Gefäßes, auf die Waage wirkt eine zusätzliche Kraft, die gleich dem Verlust an Gewichtskraft des Wägestücks ist.

Bild 86   Die beiden gleichgroßen Eimer sind randvoll mit Wasser gefüllt; in dem einen schwimmt ein Holzscheit. Welcher Eimer ist schwerer?

DIE NATÜRLICHE FORM EINER FLÜSSIGKEIT

Wir meinen gewöhnlich, Flüssigkeiten hätten keine eigene Form. Das stimmt nicht. Die natürliche Form einer jeden Flüssigkeit ist die Kugel. Unter üblichen Verhältnissen wird die Flüssigkeit von der Erdanziehung daran gehindert, diese Form anzunehmen – sie breitet sich außerhalb eines Gefäßes als Pfütze aus oder nimmt im Gefäß dessen Form an. Befindet sich aber eine Flüssigkeit innerhalb einer anderen Flüssigkeit mit der gleichen Dichte, dann hebt sich nach dem Gesetz des *Archimedes* ihre Gewichtskraft auf – sie wiegt gewissermaßen nichts mehr, die Schwerkraft kann ihr nichts anhaben – und nimmt ihre natürliche Kugelform an.

Speiseöl schwimmt im Wasser, geht aber in Alkohol unter. Wir können also aus Wasser und Spiritus ein Gemisch herstellen, in dem Öl schwebt. Führen wir nun mittels einer Injektionsspritze etwas Öl in dieses Gemisch ein, dann bekommen wir ein ungewohntes Bild zu sehen: Das Öl bildet einen großen runden Tropfen, der nicht aufsteigt und nicht untergeht, sondern unbeweglich im Wasser schwebt (Bild 87).

Zur Ausführung dieses Versuchs braucht man Geduld und Fingerspitzengefühl, denn sonst erhält man statt einer großen Ölkugel mehrere kleine. Aber auch in dieser Form ist der Versuch aussagekräftig. Damit wir die Kugel wirklich rund sehen, müssen wir ein Gefäß mit flachen Wandungen verwenden oder ein Gefäß beliebiger Form in einem

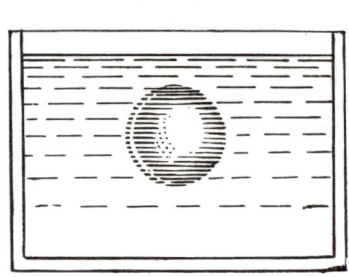 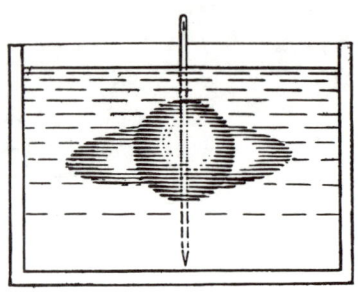

Bild 87   Öl in einem Wasser-Spiritus-Gemisch bildet eine Kugel, die nicht nach unten sinkt und nicht aufsteigt (der Versuch von *Plateau*).

Bild 88   Bringt man die Ölkugel mittels eines Stabes in schnelle Umdrehungen, dann stößt sie einen Ring ab.

wassergefüllten Rechteckaquarium aufstellen.

Doch damit ist der Versuch nicht zu Ende. Durch die Mitte der Ölkugel sticht man nun einen dünnen Stab und dreht ihn um seine Achse. Die Ölkugel wird diese Drehbewegung mitmachen. (Noch wirksamer ist eine ölgetränkte Pappscheibe, die auf den Stab gezogen wird und aus der Ölkugel nicht heraustreten darf.) Die rotierende Kugel wird zunächst plattgedrückt werden und einige Sekunden danach einen Ring abstoßen (Bild 88). Dieser Ring wird in Bruchstücke zerfallen, die wiederum nicht formlos, sondern kugelförmig sind und weiterhin um die Zentralkugel kreisen.

Diesen lehrreichen Versuch hat als erster der belgische Physiker *Plateau* ausgeführt. Der eben beschriebene Versuch stellt eine klassische Form dar. Viel einfacher und nicht weniger lehrreich ist eine andere Ausführung. Man spült ein Schnapsglas mit Wasser aus, füllt es mit Speiseöl und stellt es auf den Boden eines großen Wasserglases. Danach gießt man in das Wasserglas vorsichtig Spiritus, bis das Schnapsglas ganz in ihm verschwindet. Nun gibt man behutsam mit einem Löffel Wasser hinzu (nicht hineinschütten, sondern die Wandung hinunterlaufen lassen!). Die Oberfläche des Öls im Schnapsglas wird sich aufwölben und bei ausreichender Menge an hinzugegebenem Wasser eine aus dem kleinen Glas kommende Kugel beeindruckender Größe bilden (Bild 89).

Der vereinfachte Versuch von *Plateau*

Bild 89

Statt Spiritus läßt sich auch Anilin verwenden – eine Flüssigkeit, die bei Zimmertemperatur schwerer und bei 75 bis 85 °C leichter als Wasser ist. Erwärmt man das Wasser, dann beginnt das Anilin in ihm zu schwimmen, wobei es die Kugelform annimmt. Bei Zimmertemperatur zeigt Anilin das gleiche Verhalten, wenn man Salz im Wasser auflöst. Verwendbar ist auch Orthotoluidin, eine dunkelrote Flüssigkeit, die bei 24 °C die gleiche Dichte wie Salzwasser hat.

WARUM IST SCHROT RUND?

Wir haben eben gesagt, daß jede Flüssigkeit, die von der Wirkung der Schwerkraft nicht beeinflußt wird, ihre natürliche Kugelform annimmt. Wenn wir uns nun daran erinnern, was wir bereits über die Schwerelosigkeit eines fallenden Körpers gesagt haben, und in Betracht ziehen, daß der verschwindend geringe Luftwiderstand ganz zu Anfang der Fallbewegung vernachlässigt werden kann,[1] dann wird uns klar, daß

---

[1] Regentropfen fallen nur ganz zu Anfang beschleunigt; bereits in der zweiten Hälfte der ersten Sekunde stellt sich gleichmäßige Bewegung ein: Die Gewichtskraft des Tropfens wird durch die Widerstandskraft der Luft ausgeglichen, die bei Zunahme der Fallgeschwindigkeit größer wird.

fallende Flüssigkeitsportionen ebenfalls Kugelform annehmen müssen. In der Tat, fallende Regentropfen sind kugelförmig. Schrotkörner sind nichts anderes als erstarrte Tropfen aus zuvor flüssigem Blei, das bei industrieller Fertigung aus großer Höhe in kaltes Wasser getröpfelt wird.

Das auf diese Weise gegossene Schrot wird als „Turmschrot" bezeichnet, weil man es bei der Fertigung von einem hohen Turm der Schrotgießerei fallen läßt. Der als Metallkonstruktion ausgeführte Turm kann 45 m hoch sein, in seinem oberen Teil befindet sich die Bleigießerei, unten ein Behälter mit Wasser. Die gegossenen Schrotkörner müssen noch sortiert und nachbehandelt werden. Die fallenden Tropfen erstarren schon in der Luft zu Schrotkörnern, der Wasserbehälter dient lediglich dazu, den Aufprall zu mildern, damit die Kugelform des Schrotes nicht verletzt wird. (Schrot mit einem Durchmesser über 6 mm für sogenannte Kartätschen, einer mit diesem Schrot gefüllten Art von Granaten, wird anders hergestellt: aus Draht zurechtgeschnitten und danach gerollt.)

EIN „BODENLOSES" WEINGLAS

Diesen Wunschtraum aller Trinker könnt ihr ohne Schwierigkeit zu Hause verwirklichen. Ihr füllt ein Weinglas randvoll mit Wasser. Neben dem Glas steht eine Schachtel mit Stecknadeln. Wieviel Stecknadeln, schätzt ihr, werden im Weinglas noch Platz finden? Macht den Versuch.

Die Nadeln sind umsichtig zu versenken: erst die Spitze behutsam eintauchen und dann die Nadel erschütterungsfrei nachgleiten lassen, damit kein Wasser überschwappt. Ihr werdet staunen – wenn hundert Stecknadeln auf dem Grund des Weinglases liegen, ist von einer Erhöhung des Pegels noch nichts zu merken (Bild 90). Erst wenn ihr etwa das vierte Hundert an Nadeln in das Glas gebracht habt, wird sich die Wasseroberfläche leicht wölben, sich über den Rand erheben. In dieser Wölbung der Flüssigkeitsoberfläche, die man als Meniskus bezeichnet, liegt das ganze Geheimnis. Wenn das Glas auch nur ganz wenig angefettet ist, was sich bei gewöhnlichem Umgang mit Geschirr nicht vermeiden läßt, wird es vom Wasser nur schlecht benetzt. Das Wasser fließt darum nicht über den Rand des Weinglases hinweg, sondern bildet, wenn es durch die Stecknadeln verdrängt wird, eine Oberflächenwölbung. Wenn ihr euch nun die Arbeit macht, das Volumen einer

Stecknadel und der Wasserwölbung nachzurechnen, dann werdet ihr herausfinden, daß das Meniskusvolumen mehrere hundertmal größer ist, daß also mehrere hundert Stecknadeln im vollen Weinglas Platz finden. Das Meniskusvolumen hängt vom Glasdurchmesser ab, denn es wird bei gleichem Pegelanstieg proportional zum Radius des durch den Rand des Glases gebildeten Kreises anwachsen.

Bild 90 Der frappierende Versuch mit Stecknadeln in einem gefüllten Weinglas

Der Anschaulichkeit halber wollen wir das kurz durchrechnen. Die Stecknadel ist etwa 25 mm lang und einen halben Millimeter im Durchmesser. Ihr Volumen ergibt sich folglich nach der Formel für das Zylindervolumen ($\pi d^2 h/4$) gleich 5 mm^3. Rechnet man noch den Stecknadelkopf hinzu, dann kommt man auf höchstens 5,5 mm^3.

Nun wollen wir das Meniskusvolumen für ein Weinglas mit 90 mm Randdurchmesser berechnen. Die Kreisfläche beträgt demnach etwa 6400 mm^2; wenn der Meniskus nur 1 mm dick ist, beträgt sein Volumen also 6400 mm^3. Das ist das 1200fache des Nadelvolumens! In einem „vollen" Weinglas lassen sich also mehr als tausend Nadeln versenken, ohne daß das Glas überläuft!

EINE BEMERKENSWERTE BESONDERHEIT DES PETROLEUMS

Wer schon einmal mit einer Petroleumlampe zu tun hatte, wird bestimmt die unerfreulichen Überraschungen kennen, die sich aus einer Besonderheit des Petroleums ergeben. Wir füllen den Behälter, wischen ihn gründlich trocken, eine Stunde später aber ist er wieder naß.

Der Grund besteht darin, daß der Brenner zu schwach festgeschraubt wurde und das Petroleum nun herauskriecht. Will man also solche „Überraschungen" vermeiden, dann muß man den Brenner ganz stark festschrauben. Dabei ist jedoch zu beachten, daß der Behälter nicht randvoll gefüllt werden darf, denn Petroleum dehnt sich bei Erwärmung aus (um 1/10 des Ausgangsvolumens bei Temperaturanstieg um 100 K) und könnte den Behälter sprengen.

Die Kriechneigung des Petroleums ist recht nachteilig auf Schiffen zu verspüren, die Petroleum oder Heizöl als Kraftstoff verwenden. Wenn keine speziellen Maßnahmen ergriffen werden, läßt sich in solchen Schiffen nichts anderes befördern als eben Petroleum oder Heizöl, denn diese Stoffe kriechen durch winzige Spalte aus den Tanks, breiten sich aus der Metalloberfläche der Behälter selbst aus und durchdringen buchstäblich alles, sogar die Kleidung der Fahrgäste. Ihrem penetranten Geruch ist durch nichts beizukommen, alle Mittel versagen hier.

Der englische Humorist *Jerome* hat nicht sonderlich übertrieben, als er in seiner Erzählung „Drei Mann in einem Boot, vom Hunde ganz zu schweigen" folgendes über das Petroleum zum besten gab:

„Ich kenne keinen Stoff, der mehr fähig wäre, überall einzudringen, als das Petroleum. Wir bewahrten es zwar am Bug des Bootes auf, aber es sickerte doch zum anderen Ende durch und tränkte mit seinem Geruch alles, was ihm in den Weg kam. Es zwängte sich durch die Beplankung, es tropfte ins Wasser, es verpestete die Luft und den Himmel, es vergiftete das Leben. Mitunter wehte der Petroleumwind von Westen, mitunter von Osten, manchmal war das nördlicher Petroleumwind oder vielleicht auch südlicher, doch erreichte er uns, ob er nun aus der verschneiten Arktis kam oder in dem Sand der Wüste geboren wurde, immer nur angefüllt mit Petroleumaroma. Abends vernichtete dieser Duft jeden Reiz des Sonnenuntergangs, auch der Mondschein strahlte ganz sicher Petroleum aus... Wir hatten das Boot an der Brücke festgemacht und einen Spaziergang durch die Stadt unternommen, doch der schreckliche Geruch verfolgte uns. Die ganze Stadt war, schien es, von ihm durchtränkt."

Die Fähigkeit des Petroleums, die Außenfläche von Behältern zu benetzen, hat Anlaß für die irrige Überzeugung gegeben, Petroleum könne Metalle und Glas durchdringen.

EINE MÜNZE, DIE IM WASSER NICHT UNTERGEHT

Die gibt es nicht nur im Märchen, sondern auch in der Wirklichkeit. Mehrere einfache Versuche werden uns davon überzeugen. Beginnen wir bei den kleineren Dingen, bei den Nähnadeln. Legen wir ein Stückchen Zigarettenpapier und darüber eine absolut trockene Nadel auf das

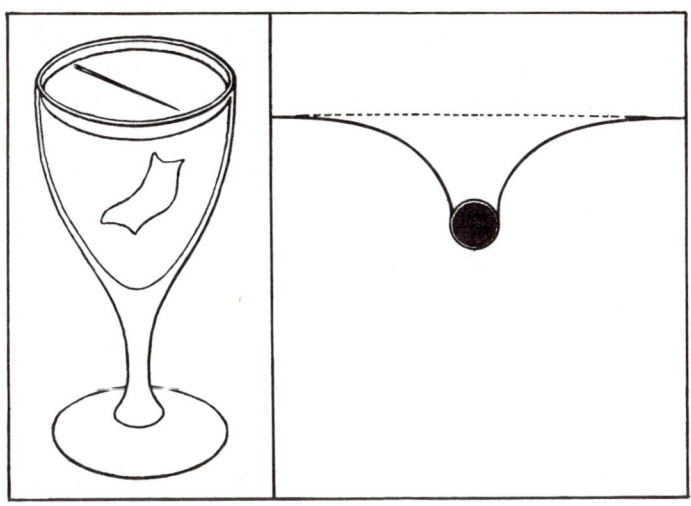

Bild 91   Die in Wasser schwimmende Nadel. Rechts: die Nadel im Querschnitt (2 mm stark) und die exakte Form der Einbuchtung auf der Wasseroberfläche (2fache Vergrößerung), links: der Trick, eine Nadel mittels Papierschnipsel zum Schwimmen zu bringen.

Wasser. Jetzt bleibt nur noch, das Papier zu entfernen. Dazu verfährt man folgendermaßen: Mittels einer anderen Nadel versenkt man das Papier, wobei man sich immer mehr der Mitte nähert. Wenn das Papier ganz durchgeweicht ist, sinkt es auf den Grund, die Nadel aber bleibt an der Oberfläche schwimmen (Bild 91). Ein Magnet vermag jetzt sogar, die Nadel auf „große Fahrt" zu bringen.

Bei gewisser Übung und Geschicklichkeit kommt man auch ohne Papier aus. Dazu ist die Nadel in der Mitte anzupacken und in waagerechter Stellung aus geringer Höhe auf die Wasseroberfläche fallen zu lassen.

Nun kann man die Übungen mit Sicherheitsnadeln (auch nicht stärker als 2 mm), leichten Knöpfen, kleinen flachen Metallgegenständen fortsetzen. Bei Ausdauer schafft man es sogar mit einer kupfernen Kopeke.

Der Grund für die Schwimmfähigkeit dieser Metallgegenstände besteht darin, daß Wasser nur schwer Metall benetzt, das durch unsere Hände gegangen ist und folglich mit einer feinsten Fettschicht bedeckt ist. Darum bildet sich auf der Wasseroberfläche rings um die Nadel eine kleine Einbuchtung, die man sogar sehen kann. Der Oberflächenfilm der Flüssigkeit will sich wieder strecken, drückt von unten gegen die Nadel und hält sie darum auf dem Wasser. Auch die Ausstoßkraft des Wassers leistet ihren Teil entsprechend dem Gesetz der Schwimmfähigkeit: Die Nadel wird von unten mit einer Kraft hinausgestoßen, die gleich der Gewichtskraft des verdrängten Wassers ist.

Der einfachste Trick besteht darin, die Nadel vorher einzufetten; dann kann man sie ohne viel Aufhebens auf das Wasser legen, und sie wird nicht untergehen.

WASSER IM SIEB

Die Märchenforderung, Wasser im Sieb zu tragen, läßt sich auch im Leben verwirklichen. Diese von der Klassik als unmöglich gewertete Aufgabe ist für den in der Physik Bewanderten kein Problem. Gebraucht wird dazu ein Drahtsieb von etwa 15 cm Durchmesser mit nicht zu kleinen Rasterwerten (ungefähr 1 mm²). Das Sieb ist in flüssiges Paraffin zu tauchen, nach dem Herausnehmen erstarrt das Paraffin und bildet einen Film um die Siebdrähte, der kaum zu sehen ist.

Das Sieb ist Sieb, die Löcher sind Löcher geblieben – der Nadelversuch zeigt es –, jetzt können Sie aber Wasser in diesem Sieb tragen. Füllt man es vorsichtig ein und bewahrt man das Sieb vor Stößen, dann kann die Wasserschicht recht beachtlich sein.

Der Grund? Wasser benetzt das Paraffin nicht, es bildet in den Sieblöchern feine Oberflächenfilme, die nach unten gewölbt sind und das Wasser am Durchsickern hindern (Bild 92).

Ein solches paraffinbehandeltes Sieb wird auf dem Wasser auch schwimmfähig sein. Man kann also nicht nur Wasser in einem Sieb tragen, sondern es sogar als Schwimmkörper benutzen.

Der letzte Satz dient nicht nur der Anschaulichkeit, er hat einen sehr bedeutsamen praktischen Sinn. Er bezieht sich nämlich auf eine Riesenzahl von Erscheinungen, die uns so gewohnt geworden sind, daß wir über sie nicht mehr nachdenken. Das Teeren von Fässern und Kähnen, das Einfetten von Pfropfen und Buchsen, das Anstreichen mit Ölfarbe und überhaupt das Auftragen von öligen Schichten auf alle jene Gegenstände, die wasserdicht werden sollen, sowie das Imprägnieren von Geweben ist nichts anderes als das Herstellen eines eben beschriebenen Maschen-

Bild 92   Warum das Wasser ein paraffinüberzogenes Sieb nicht zu durchdringen vermag.

siebes. Das Wesen der Erscheinung ist in jedem Fall das gleiche, nur zeigt es sich uns im Fall des Siebes von einer ungewohnten Seite.

SCHAUMSCHLÄGEREI IM DIENSTE DER TECHNIK

Die Schwimmfähigkeit einer Stahlnadel und einer Kupfermünze hat etwas mit der Erscheinung zu tun, die man im Hüttenwesen zur Aufbereitung, das heißt zur Anreicherung von Erzen nutzt. Diese Erzbehandlung hat es auf Erhöhung der Konzentration an Nutzstoffen abgesehen und kann mittels verschiedener Verfahren ausgeführt werden, wobei die Flotation – die Schwimmaufbereitung – das wirksamste unter ihnen ist. Sie führt zum Ergebnis, wenn alle anderen Verfahren versagen.

Das Wesen der Flotation besteht in folgendem. Das feinzerkleinerte Erz wird in einen Behälter mit Wasser und öligen Stoffen eingegeben, die um die Nutzstoffpartikeln feinste, vom Wasser nicht benetzbare Filme bilden. Das Gemisch wird unter Zugabe von Luft energisch vermischt – geschlagen –, so daß kleinste Blasen entstehen, die in ihrer Masse einen Schaum ergeben. Die in Öl verkapselten Partikeln des Minerals heften sich an die Luftblasen und werden nach oben getragen, so wie ein Ballon die Gondel mitnimmt (Bild 93). Die Partikeln des tauben Gesteins jedoch, die von keiner Ölhülle umgeben sind, machen diese Aufwärtsfahrt nicht mit. Die Luftblasen sind viel größer als die Mineralpartikeln, und darum werden sie mit fast allen diesen Teilchen fertig, die nun in dem Schaum schweben. Den Schaum schöpft man ab und behandelt ihn weiter, um das sogenannte Konzentrat zu erhalten, das von den Hüttenwerkern als Eindickung oder Einengung bezeichnet wird, da der Nutzstoff in der Gesamtmasse jetzt eine viel höhere Konzentration aufweist.

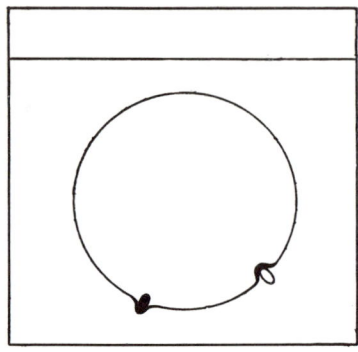

Bild 93

Das Prinzip der Flotation

Man hat das Verfahren der Flotation so gut im Griff, daß durch Variation der entsprechenden Beigaben das nützliche Mineral von taubem Gestein beliebiger Zusammensetzung getrennt werden kann.

Auf die Idee der Flotation kam man nicht durch die Theorie, sondern durch Beachten eines zufälligen Fakts. Ende des vorigen Jahrhunderts ist der amerikanischen Lehrerin *Carrie Everson* beim Waschen ölverschmutzter Säcke, in denen zuvor Kupferkies aufbewahrt wurde, aufgefallen, daß die Kiespartikeln mit dem Seifenschaum nach oben steigen. Diese Beobachtung gab den Anstoß für die Entwicklung des Flotationsverfahrens.

EIN VERMEINTLICHES PERPETUUM MOBILE

In Büchern findet man mitunter die Beschreibung eines solchen Perpetuum mobile: Öl (oder Wasser) aus einem Behälter wird zunächst über Dochte in ein höher gelegenes Gefäß gehoben und von dort über andere Dochte noch höher; das oberste Gefäß besitzt eine Rinne für das Öl, das nun auf die Schaufeln eines Wasserrades tropft. Aus der Wanne unter dem Rad wird das Öl wieder über die Dochte nach oben befördert. Die Einrichtung müßte, meint man, pausenlos in Betrieb sein.

Hätten sich die Verfasser aber die Arbeit gemacht, diese Wunder-

Bild 94   Mittelalterliches Projekt eines Perpetuum mobile als Wasser-
radantrieb einer Schleifscheibe

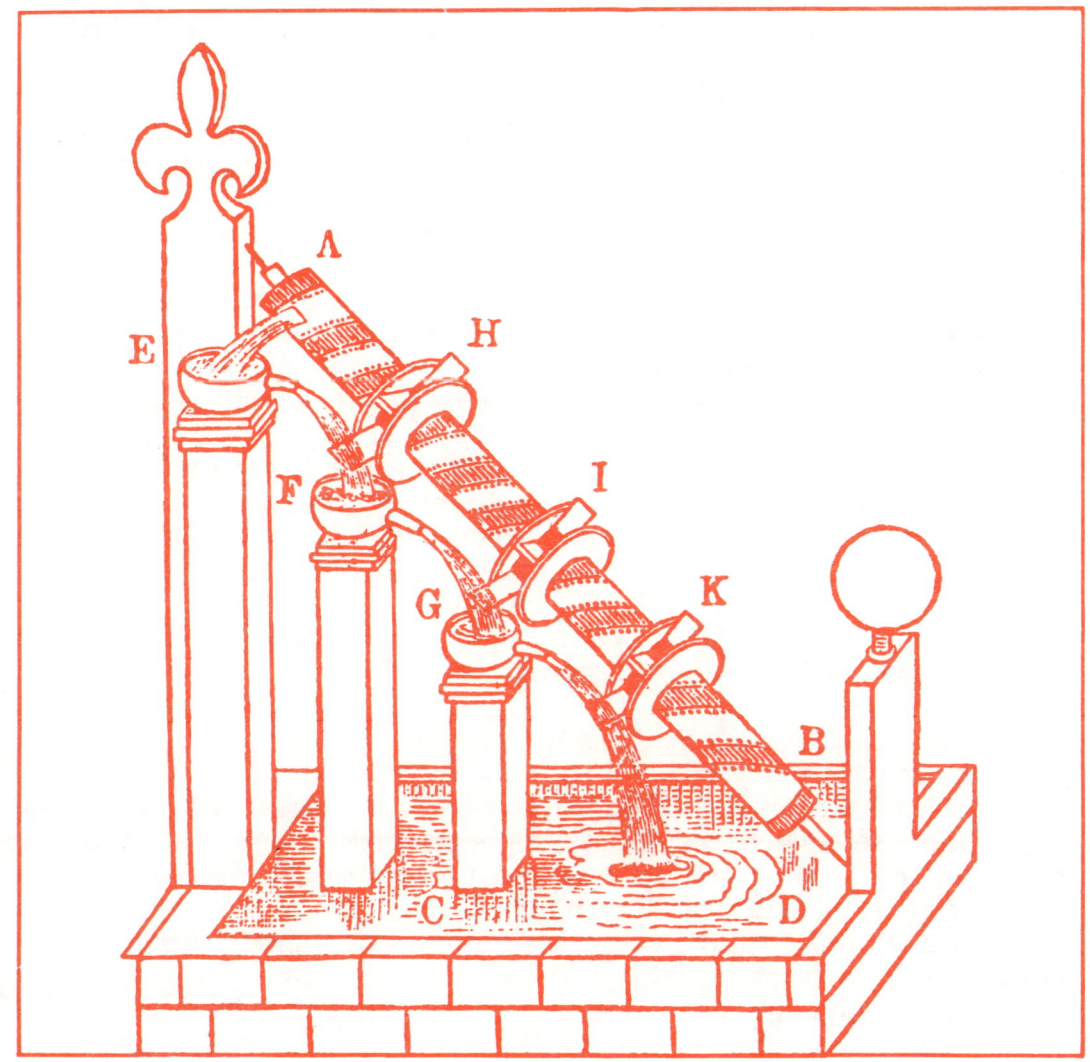

konstruktion nicht nur zu beschreiben, sondern auch in natura auszuführen, dann wären sie mächtig enttäuscht worden: Keinen Tropfen
Flüssigkeit hätten sie im oberen Behälter entdeckt!

Übrigens kann man sich das auch denken, ohne das dochtversorgte
Wasserrad in materieller Form vor sich zu haben. In der Tat, warum
sollte das Öl vom oberen, nach unten gekrümmten Teil des Dochtes
herabtropfen? Die Kapillarkraft hat ausgereicht, um die Flüssigkeit, die
Schwerkraft überwindend, durch den Docht nach oben zu befördern;
aber die gleiche Kraft wird sie auch im Docht halten und am
Herabtropfen hindern. Wenn man annimmt, daß die Kapillarkräfte die
Flüssigkeit vom unteren in den oberen Behälter transportieren werden,
dann muß man auch einsehen, daß die gleichen Kräfte sie nicht von oben
zurück nach unten befördern werden.

Dieses vermeintliche Perpetuum mobile erinnert an eine andere
„beständig bewegliche" Wassermaschine, die sich der italienische Mechaniker *Strada der Ältere* bereits im Jahre 1575 ausgedacht hat. Bild 94
zeigt das Prinzip dieser originellen Fehlidee. Eine archimedische
Schraube hebt das Wasser in den oberen Behälter, von wo es über eine
Rinne auf die Schaufeln eines Wasserrades (rechts unten) gelangt. Das
Wasserrad treibt eine Schleifscheibe und gleichzeitig über ein Zahnrad-
werk die archimedische Schraube an. Die Schraube treibt ein Wasserrad
an, das wiederum die Schraube antreibt! Vereinfacht käme diese
Konstruktion folgender Ausführung gleich: Man legt ein Seil über eine
Rolle und befestigt an seinen Enden zwei gleichgroße Körper. Der eine
Körper senkt sich und zieht damit den anderen hoch, danach würde der
zweite Körper aus der Höhe hinabsinken und den ersten Körper nach
oben bringen. Ein typisches Perpetuum mobile!

SEIFENBLASEN

Habt ihr euch schon einmal im Herstellen von Seifenblasen versucht?
Das ist nicht so einfach, wie es auf den ersten Blick scheint. Zuerst meinte
ich, besondere Übung gehöre dazu nicht, dann jedoch mußte ich mich
überzeugen, daß das Fertigbringen großer und schöner Seifenblasen fast
eine Kunst ist und Training voraussetzt. Sind Seifenblasen überhaupt der
Mühe wert?

Im Alltag sind sie nicht sonderlich gut angeschrieben, zumindest
benutzt sie unsere Umgangssprache als Sinnbild für wenig schmeichel-

hafte Denkprodukte. Ganz anders sieht sie der Physiker. Hier eine Aussage des berühmten englischen Gelehrten *Kelvin*: „Blasen Sie eine Seifenblase aus und betrachten Sie diese: Sie können mit diesem Studium Ihr ganzes Leben verbringen und daraus immer neue Lehren für die Physik ziehen."

In der Tat, das zauberhafte Spiel der Farben auf der Oberfläche der feinsten Seifenfilme gibt dem Physiker die Möglichkeit, die Länge von Lichtwellen zu messen, und das Studium der Spannung dieser zarten Oberflächen hilft beim Erkennen der Gesetze von der Wirkung der Kräfte zwischen Partikeln – jener Kohäsionskräfte (Haftkräfte), ohne die es auf der Welt nichts geben würde außer feinstem Staub.

Die wenigen Versuche, die wir nachfolgend beschreiben, haben keine derart forschungsintensiven Aufgaben im Sinn. Sie sind lediglich ein amüsantes Vergnügen, das uns in der Kunst der Herstellung von Seifenblasen schulen wird. Wir wollen hier nur die einfachsten Versuche vornehmen.

Geeignet dafür ist eine Lösung aus gewöhnlicher Kernseife (Gesichtsseifen sind für diesen Zweck weniger wirksam), hingewiesen sei noch auf Oliven- oder Mandelölseife, mit der sich große und schöne Seifenblasen besser herstellen lassen. Die Seife wird vorsichtig in reinem kaltem Wasser aufgelöst, bis sich eine recht dickflüssige Lösung ergibt. Man benutzt am besten Regen- oder Schneewasser, ist das nicht zu beschaffen, kocht man Leitungswasser ab und läßt es abkühlen. Damit sich die Blasen länger halten, empfiehlt sich, der Lösung 1/3 Glyzerin (nach dem Volumen) hinzuzufügen. Mit einem Löffel entfernt man von der Oberfläche der Lösung Schaum und Blasen, dann versenkt man ein dünnes Tonröhrchen in die Lösung, dessen Ende vorher innen und außen einzuseifen ist. Gute Ergebnisse lassen sich auch mit etwa 10 cm langen Strohhalmen erzielen, die am Ende kreuzweise aufzuspalten sind.

Das Ausblasen geschieht folgendermaßen: Nach dem Eintauchen des Röhrchens in die Lösung muß man es senkrecht halten, damit sich am Ende ein Seifenfilm bildet, dann ist vorsichtig hineinzupusten. Da sich die Seifenblase mit der in unserer Lunge angewärmten Luft füllt, die leichter ist als die Zimmerluft, wird die Blase sofort aufsteigen.

Wenn man gleich auf eine Seifenblase von 10 cm Durchmesser kommt, dann ist die Lösung richtig; im entgegengesetzten Fall muß man der Lösung noch mehr Seife hinzusetzen. Es ist noch eine andere Probe zu machen. Man versucht, die Blase mit einem in der Seifenlösung angefeuchteten Finger zu durchstoßen, platzt sie, dann ist ebenfalls noch etwas Seife hinzuzufügen. Die Versuche sind langsam, vorsichtig, bedächtig auszuführen. Es wird helle Beleuchtung verlangt, damit die Seifenblasen ihre Regenbogenfarben zeigen.

Hier einige unterhaltsame Versuche mit Seifenblasen.

Seifenblase als Blumenhülle. Auf einen flachen Teller gießt man soviel Seifenlösung, daß der Boden zu 2 bis 3 mm bedeckt ist; in die Mitte wird eine Blume gelegt und mit einem Glastrichter bedeckt. Nun muß man in den Trichter hineinblasen und ihn dabei langsam abheben – es bildet sich eine Seifenblase; wenn sie die gewünschte Größe erreicht hat, ist der Trichter zu neigen, wie auf Bild 95 zu sehen ist, und abzuheben. Die Blume liegt jetzt unter einer durchsichtigen Halbkugel, die in allen Regenbogenfarben schillert.

Statt der Blume kann man eine Nippfigur nehmen, der man eine kleine Blase auf den Kopf setzt. Dazu muß man der Figur vorher etwas Lösung auf den Kopf träufeln und dann, wenn die große Halbkugel bereits fertig ist, diese durchstechen und in ihr eine kleine Seifenblase aufblasen.

Mehrere Seifenblasen ineinander. Mit dem Trichter stellt man wie eben beschrieben eine große Seifenblase her. Dann wird ein Strohhalm so in die Seifenlösung getaucht, daß nur das mundseitige Ende trocken bleibt, und vorsichtig durch die Wandung der ersten Blase bis zur Mitte durchgestoßen; nun zieht man den Strohhalm langsam zurück und bläst dabei die zweite Seifenblase in der ersten auf, auf die gleiche Weise die dritte, die vierte usw.

Seifenfilmzylinder (Bild 96). Ihn erhält man zwischen zwei Drahtringen. Dazu ist auf den unteren Ring eine gewöhnliche Kugelblase abzusetzen, danach gegen diese von oben der zweite angefeuchtete Ring zu drücken und nach oben zu ziehen, damit die Seifenblase sich dehnt und zylindrisch wird. Wenn wir dabei den oberen Ring in eine Höhe heben, die größer ist als der Kreisumfang des Ringes, dann wird der Zylinder in der einen Hälfte zusammenschrumpfen und in der anderen anschwellen und schließlich in zwei Blasen zerfallen.

Die Oberfläche der Seifenblase ist ständig gespannt und drückt die Luft im Innern zusammen: Wenn wir den Austritt des Trichters gegen eine Flamme halten, dann werden wir feststellen, daß die Kraft des zarten Seifenfilms nicht unterschätzt werden darf – die Flamme wird sichtlich ausschlagen (Bild 97).

188

Aufschlußreich ist es, eine Seifenblase zu beobachten, wenn sie aus einem warmen in einen kalten Raum gerät – sie schrumpft deutlich zusammen, im umgekehrten Fall nimmt sie an Umfang zu. Der Grund besteht natürlich in der Verdichtung und der Ausdehnung der Luft im Innern der Seifenblase. Wenn zum Beispiel eine Blase von 1000 cm^3

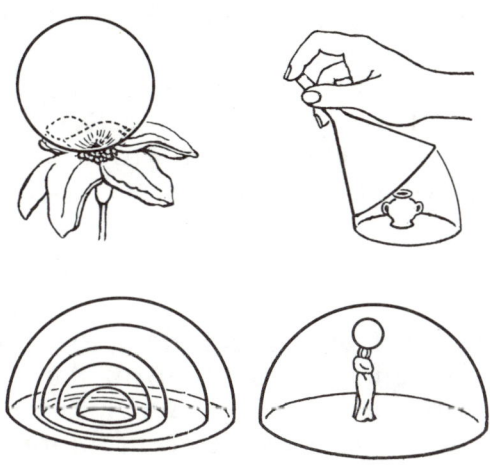

Bild 95 Versuche mit Seifenblasen: Blume mit Seifenblase; Seifenblase als Schmuckglocke; verschachtelte Seifenblasen; Seifenblase als Kopfschmuck einer Nippfigur in einer Glocke.

Bild 96 So stellt man eine Seifenblase in Zylinderform her.

Bild 97 Die Oberflächenspannung der Seifenblase drückt Luft aus der Blase.

Inhalt (bei −15 °C) in einen Raum mit +15 °C gebracht wird, dann erhöht sich ihr Volumen um etwa

$$1000 \text{ cm}^3 \cdot 30 \text{ K} \cdot 1/(273 \text{ K}) = 110 \text{ cm}^3.$$

Zu sagen ist noch, daß die landläufigen Vorstellungen von der Kurzlebigkeit der Seifenblasen nicht gerechtfertigt sind. Bei entsprechender Behandlung kann eine Seifenblase über mehrere Wochen erhalten werden. Der englische Physiker *Dewar* (berühmt durch seine Arbeiten zur Luftverflüssigung) bewahrte Seifenblasen in speziellen Flaschen auf, die gut gegen Staub, Austrocknung und Lufterschütterungen geschützt waren; seine Seifenblasen hielten einen Monat und länger. *Lorenz* in Amerika vermochte es, Seifenblasen unter einer Glasglocke über Jahre zu erhalten.

WAS IST AM DÜNNSTEN?

Wenige nur wissen wahrscheinlich, daß der Film einer Seifenblase eines der feinsten Dinge darstellt, die mit bloßem Auge zu sehen sind. Die gewöhnlichen Bezugsobjekte, die in unserer Sprache zur Kennzeichnung der Feinheit verwendet werden, sind recht klobig im Vergleich zum Seifenfilm. „Haarfein" oder „dünn wie Zigarettenpapier" sind Größen, die den Film einer Seifenblase um das 5000fache übertreffen. Bei 200facher Vergrößerung ist ein Menschenhaar etwa einen Zentimeter stark, einen Seifenfilm im Schnitt kann man aber auch bei dieser Vergrößerung nicht erkennen. Man müßte noch einmal 200fach vergrößern, um eine feine Linie wahrzunehmen, das Haar jedoch würde (40 000mal vergrößert!) 2 m stark sein. Bild 98 macht diese Verhältnisse deutlich.

TROCKEN AUS DEM WASSER STEIGEN

Legt eine Münze auf einen flachen Teller, gießt Wasser darüber, bis die Münze bedeckt ist, und fordert eure Gäste auf, die Münze in die Hand zu nehmen, ohne die Finger naß zu machen.

Diese scheinbar unmögliche Handlung läßt sich recht leicht mittels eines Wasserglases und eines Stücks Papier bewerkstelligen. Zündet das Papier an, legt es brennend in das Glas und setzt dieses neben der Münze mit der Öffnung nach unten auf dem Teller ab. Das Papier wird verlöschen, das Glas wird sich mit weißem Rauch füllen, und dann wird sich das ganze Wasser vom Teller unter das Glas zusammenziehen. Die Münze bleibt natürlich an ihrem Platz, und eine Minute später kann man nach ihr greifen, ohne sich die Finger naß zu machen.

Welche Kraft hat das Wasser in das Glas getrieben und dort in einer bestimmten Höhe festgehalten? Der atmosphärische Druck. Das brennende Papier hat die Luft im Glas erwärmt, der Druck hat zugenommen

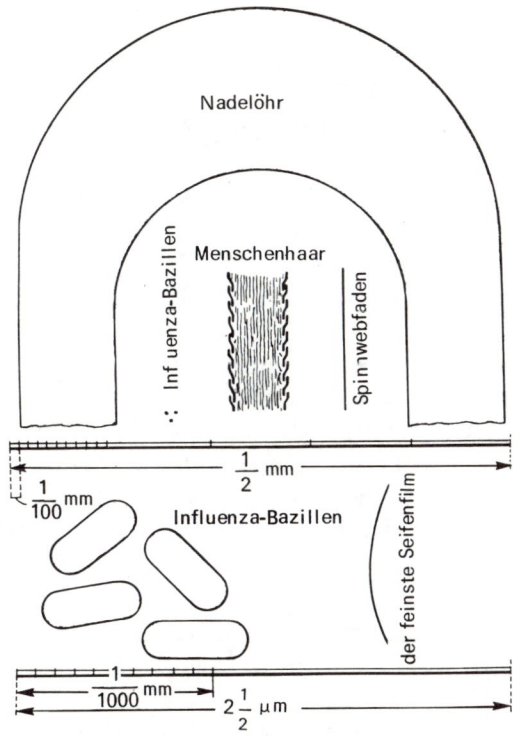

Bild 98 Oben: Nadelöhr, Menschenhaar, Bazillen und ein Spinnwebfaden in 200facher Vergrößerung. Unten: Bazillen und ein Seifenfilm in 40 000facher Vergrößerung.

und einen Teil der Luft hinausgepreßt. Dann hat sich die Luft wieder abgekühlt, der Druck ist unter den Ausgangswert gesunken, und nun strömt Wasser ein, das vom Außendruck getrieben wird.

Statt eines Fidibus kann man Streichhölzer benutzen, die man in einen Korken steckt, wie auf Bild 99 gezeigt ist.

Recht oft hört und liest man völlig irrige Erklärungen dieses schon im Altertum bekannten Phänomens. (Seine erste Beschreibung und richtige Erklärung finden wir beim Physiker *Philo von Byzanz,* der um das 1. Jahrhundert vor unserer Zeitrechnung lebte.) Und zwar sagt man, daß dabei „der Sauerstoff verbraucht" wird und die Menge des Gases im Wasserglas aus diesem Grunde abnimmt. Das ist ein schwerer Irrtum.

Bild 99 So zieht man das Wasser von einem Teller unter ein umgestülptes Glas zusammen.

Die beschriebene Erscheinung beruht hauptsächlich auf der Erwärmung der Luft, keinesfalls aber nur auf der Bindung von Sauerstoff bei der Verbrennung. Erstens folgt dies daraus, daß man den Versuch auch ohne brennendes Papier, allein mittels Erwärmung des Glases durch siedendheißes Wasser ausführen kann. Zweitens kann man statt des Papierfidibus einen spiritusgetränkten Wattebausch nehmen, der länger brennt und die Luft stärker erwärmt. Das Wasser wird dann bis in halbe Höhe des Wasserglases steigen, obwohl doch bekannt ist, daß Sauerstoff nur 1/5 des Luftvolumens ausmacht.

WIE TRINKEN WIR?

Kann man sich wirklich auch darüber noch Gedanken machen? Aber natürlich. Wir setzen die Tasse oder den Löffel an den Mund und „ziehen" die Flüssigkeit ein. Und eben dieses profane „Einziehen" der Flüssigkeit, an das wir so gewohnt sind, bedarf einer Erklärung. In der Tat, warum strömt die Flüssigkeit in unseren Mund? Was treibt oder zieht sie? Der Grund ist der: Beim Trinken weiten wir den Brustkorb und sorgen damit für Unterdruck in der Mundhöhle, unter dem Druck der Außenluft strömt die Flüssigkeit in den Niederdruckraum in unserem

Mund. Hier passiert dasselbe wie in kommunizierenden Röhren, wenn über einer von ihnen die Luft plötzlich verdünnt wird: der Flüssigkeitspegel in dieser Röhre steigt dank dem höheren atmosphärischen Druck, der am Flüssigkeitspegel der anderen Röhre anliegt. Wenn ihr jedoch den Hals einer Flasche fest mit den Lippen umschließt, werdet ihr keinen Tropfen „einziehen" können, denn der Druck in eurem Mund und in der Flasche sinkt um den gleichen Wert.

Streng genommen trinken wir also nicht nur mit dem Mund, sondern auch mit der Lunge, denn die Ausweitung unserer Lunge ist der Grund dafür, daß die Flüssigkeit in den Mund strömt.

EIN TRICHTER MIT HÖHERER FUNKTIONSTÜCHTIGKEIT

Wer schon einmal Wasser durch einen Trichter in eine Flasche abgefüllt hat, der weiß, daß man den Trichter von Zeit zu Zeit anheben muß, weil der Wasserfluß ins Stocken kommt. Bei fest anliegendem Trichter kann die Luft aus der Flasche nicht entweichen und wirkt der Flüssigkeit entgegen. Etwas Wasser wird natürlich doch hinabrinnen, so daß der Luftdruck in der Flasche zunimmt. Die jetzt komprimierte Luft wird genügend Spannkraft haben, um die Gewichtskraft der Flüssigkeit im Trichter auszugleichen. Durch Anheben des Trichters lassen wir die zusammengedrückte Luft entweichen und ermöglichen damit den weiteren Zufluß der Flüssigkeit.

Recht günstig ist es darum, an der Außenseite der Trichtertülle Längsrippen oder Längskerben vorzusehen, damit die Luft aus der Flasche entweichen kann.

EINE TONNE HOLZ UND EINE TONNE EISEN

Die Witzfrage, welche von diesen beiden Tonnen schwerer ist, ist allgemein bekannt. Aus dem Stegreif antworten viele, daß eine Tonne Eisen schwerer ist, und rufen damit allgemeine Heiterkeit hervor.

Noch lauter würden die Spaßmacher wahrscheinlich lachen, wenn die Antwort ausfiele, daß die Tonne Holz schwerer sei. Für diese Aussage sehen sie nun wirklich nicht den geringsten Anlaß, dabei ist diese Antwort – streng genommen – die richtige!

Es ist nämlich so, daß das Gesetz von *Archimedes* nicht nur für Flüssigkeiten, sondern auch für Gase gilt. Jeder Körper „verliert" in der

193

Luft soviel von seiner Gewichtskraft – und damit scheinbar von seiner Masse –, wie die von ihm verdrängte Luft wiegt.

Holz und Eisen verlieren in der Luft natürlich auch einen Teil ihrer Gewichtskraft, scheinen also weniger Masse zu haben. Um ihre wahre Masse zu ermitteln, muß man den scheinbaren Masseverlust hinzurechnen. Die wahre Masse des Holzes beträgt folglich in unserem Fall eine Tonne plus die Masse der Luft vom Volumen des Holzes; die wahre Masse des Eisens ist gleich eine Tonne plus die Masse der Luft vom Volumen des Eisens.

Nun ist das Volumen des Holzes aber viel größer als das des Eisens (etwa 15fach), darum ist die wahre Masse des Holzes ebenfalls größer als die wahre Masse des Eisens! Exakt ausgedrückt, müßten wir sagen: Die wahre Masse jener Holzmenge, die in der Luft eine Tonne wiegt, ist größer als die wahre Masse jener Eisenmenge, die in der Luft ebenfalls eine Tonne wiegt.

Da eine Tonne Eisen ein Volumen von $1/8$ m³ hat, während eine Tonne Holz etwa 2 m³ ausmacht, muß die Differenz der von ihnen verdrängten Luft ungefähr 2,5 kg betragen. Das ist der Wert, um den eine Tonne Holz in Wirklichkeit schwerer als eine Tonne Eisen ist!

DER MANN, DER NICHTS WOG

Leicht sein wie eine Flaumfeder und auch leichter sein als Luft,[1] um, befreit von den hinderlichen Ketten der Schwerkraft, sich weit in die Lüfte, wohin man will, erheben zu können, ist für viele von Kindheit an ein verlockender Traum. Dabei vergißt man aber einen Umstand, den nämlich, daß die Menschen sich nur darum frei auf der Erde bewegen können, weil sie schwerer als Luft sind. Eigentlich „leben wir auf dem Grund eines Luftozeans", sagte *Torricelli,* und sollten wir aus irgendeinem Grund plötzlich tausendmal leichter werden – leichter als Luft –, dann würden wir unvermeidlich an die Oberfläche dieses Luftozeans hochschnellen. So etwa, wie der Husar bei *Puschkin,* der soviel erhebende Getränke zu sich genommen hat, daß er, nach eigener Darstellung, sich flaumartig in die Luft erhob. Wir würden mehrere

---

[1] Eine Flaumfeder ist entgegen der verbreiteten Meinung keinesfalls leichter, sondern einige hundertmal schwerer als Luft. Sie schwebt nur darum in der Luft, weil sie eine recht große Oberfläche hat, so daß der ihrer Bewegung entgegengesetzte Luftwiderstand im Vergleich zu ihrer Gewichtskraft groß ist.

Kilometer aufsteigen, bis in Bereiche, wo die Dichte der Luft der unseres Körpers gleich wäre. Die Träume vom freien Schweben in den Lüften würden sehr schnell in Enttäuschung umschlagen, wenn wir, von den Ketten der Schwerkraft befreit, nun Gefangene einer anderen Kraft – der atmosphärischen Strömungen – wären.

Herbert Wells schildert in einer seiner utopischen Erzählungen,[1] wie ein korpulenter Mann seinem Freund das Rezept für eine Wunderarznei abgebettelt hat, die jegliches Körpergewicht beseitigt. Folgendes ist dabei herausgekommen:

„Und dann bemerkte ich mit einemmal, daß er sich überhaupt nicht festhielt, sondern daß er dort oben schwebte – wie eine gasgefüllte Blase. Nun mühte er sich mit dem Versuch ab, sich von der Decke abzustoßen und an der Wand zu mir herunterzuklettern. ‚Es liegt an jenem Rezept‘, keuchte er dabei... Beim Sprechen hielt er sich ziemlich unvorsichtig an einer gerahmten Radierung fest, sie gab nach, und er flog wieder zur Decke, während das Bild auf das Sofa plumpste. Er bumste gegen die Decke, und da wurde mir klar, warum alle vortretenden Kurven und Ecken seiner Person über und über weiß waren. Er machte einen zweiten vorsichtigeren Abstiegsversuch, diesmal an der Kamineinfassung entlang... ‚Inwiefern?‘ ‚Gewichtsverlust – fast vollständig.‘ Und da verstand ich natürlich. ‚Du meine Güte, Pyecraft‘, sagte ich, ‚Sie hatten eine Entfettungskur nötig! Aber Sie sprachen immer von Gewicht.‘ Irgendwie amüsierte mich das ungeheuer. Jetzt mochte ich Pyecraft geradezu. ‚Lassen Sie sich helfen!‘ sagte ich, nahm seine Hand und zog ihn herab. Er strampelte und versuchte, irgendwo Fuß zu fassen. Es war ganz so, als hielte man an einem windigen Tag eine Fahne fest.

‚Der Tisch da‘, sagte er und zeigte darauf, ‚ist ganz aus Mahagoni und sehr schwer. Wenn Sie mich darunter stecken könnten...‘

Ich tat es, und er hüpfte dort herum wie ein Fesselballon, während ich auf seinem Kaminvorleger stand und mit ihm sprach...

Ich schlug vor, daß er sich den neuen Bedingungen anpassen solle. So kamen wir zum wirklich sinnvollen Teil der Angelegenheit. Ich äußerte die Vermutung, daß es ihm nicht schwerfallen dürfte, auf den Händen an der Decke entlanglaufen zu lernen – ‚Ich kann nicht schlafen‘, sagte er. Aber darin lag keine Schwierigkeit. Es war durchaus möglich, führte ich aus, ein Lager unter einem Stahlfederboden herzurichten, die Matratze

---

[1] Aus *H. G. Wells*: Die Wahrheit über Pyecraft. – Leipzig: Reclam, 1979

festzubinden und Decke, Laken und Überzug mit seitlichem Knopf-
verschluß zu versehen... Er könnte eine Bibliotheksleiter im Zimmer
haben, und den Tisch könne man ihm oben auf dem Bücherschrank
decken. Wir kamen auch auf eine glorreiche Idee, wie er immer, wenn er
wollte, zu Boden gelangen könnte, nämlich: er brauchte nur die ‚Britische
Enzyklopädie‘ oben aufs Regal zu legen. Er nahm dann einfach eine
Anzahl Bände in die Hand, und schon schwebte er herab...

Ich verbrachte in der Tat zwei ganze Tage in seiner Wohnung. Ich bin
ein Typ, der mit einem Schraubenzieher umzugehen weiß und überall
mithelfen muß, und ich baute alle möglichen genialen Vorrichtungen für
ihn... ‚Du meine Güte, Pyecraft!‘ sagte ich. ‚Das alles ist doch völlig
unnötig.‘ Und ehe ich mir noch alle Konsequenzen meines Einfalls
klargemacht hatte, sprudelte ich ihn heraus. ‚Bleiunterwäsche‘, sagte ich...
‚Kaufen Sie Bleiblech‘, sagte ich, ‚lassen Sie es in Scheiben stanzen und
überall an ihrer Unterwäsche festnähen, bis es reicht. Lassen Sie die
Schuhe mit Blei beschlagen, nehmen Sie eine Tasche ganz aus Blei zur
Hand, und Sie haben den Ausweg! Statt hier Gefangener zu sein, können
Sie wieder ins Ausland, Pyecraft; Sie können reisen...‘

Ich hatte eine noch bessere Idee. ‚Ein Schiffbruch würde Ihnen keinen
Schrecken mehr einjagen. Sie brauchen ja bloß einige oder alle Sachen
abzulegen, das erforderliche Gepäck zur Hand zu nehmen und in die
Luft zu schweben...‘"

Dies alles scheint auf den ersten Blick den Gesetzen der Physik vollauf
zu entsprechen. Bestimmte Details können aber nicht widerspruchslos
hingenommen werden. In erster Linie muß darauf hingewiesen werden,
daß der Dicke, nachdem er sein Körpergewicht losgeworden ist, dennoch
nicht an die Decke geflogen wäre!

In der Tat, entsprechend dem Gesetz des *Archimedes* wäre Pyecraft
nur in dem Fall an die Decke „geschwebt", wenn die Masse seiner
Kleidung einschließlich des gesamten Tascheninhalts geringer gewesen
wäre als die Masse der durch seinen fülligen Körper verdrängten Luft.
Die Masse der Luft vom Volumen des menschlichen Körpers kann man
sich unschwer ausrechnen eingedenk der Tatsache, daß die Dichte
unseres Körpers fast der des Wassers gleichkommt. Wir wiegen im
Schnitt 60 kg, Wasser des gleichen Volumens wiegt etwa genausoviel,
Luft gewöhnlicher Dichte ist aber 770mal leichter als Wasser; also wiegt
die dem Volumen unseres Körpers entsprechende Luft 80 g. Der
korpulente Mister Pyecraft mag 100 kg gewogen haben, folglich konnte

er nicht mehr als 130 g verdrängen. Die Sachen, die er anhatte, wogen bestimmt mehr. Also hätte der Dicke auf dem Boden bleiben müssen, wenn auch in einer sehr instabilen Lage. Nur vollkommen entkleidet wäre er tatsächlich an die Decke geschwebt. Angezogen jedoch würde er einem Mann am Spring-Ballon ähneln: Eine kleine Muskelanstrengung, ein leichter Sprung würde ihn hoch in die Luft erheben, von wo er bei Windstille auf einer gestreckten Bahn herabgleiten würde.

EINE EWIGE UHR

Wir haben uns in diesem Buch schon mehrere vermeintliche Perpetuum mobile angesehen und die Aussichtslosigkeit nachgewiesen, sie praktisch funktionsfähig zu machen. Nun wollen wir uns über einen „Gratis-Antrieb" unterhalten, das heißt über einen solchen Motor, der unbestimmt lange Zeit ohne jedes Hinzutun unsererseits zu arbeiten vermag, da er die von ihm benötigte Energie aus den unversiegbaren Vorräten in der Umwelt schöpft. Alle haben natürlich ein Barometer – in Quecksilber- oder Metallausführung – gesehen. In Abhängigkeit vom atmosphärischen Druck steigt oder fällt hier die Quecksilbersäule, beziehungsweise verändert sich die Spannung der Aneroidfeder. Im 18. Jahrhundert hat nun ein Erfinder diese Barometerbewegungen für das Aufziehen eines Uhrwerks nutzbar gemacht und tatsächlich eine Uhr gebaut, die sich selbst aufzog und pausenlos ging. Der bekannte englische Mechaniker und Astronom *Ferguson* hat diese interessante Erfindung gesehen und folgendermaßen bewertet (1774):

„Ich sah mir die oben beschriebene Uhr an, die durch Heben und Senken des Quecksilbers in einem originell ausgeführten Barometer ständig in Gang gehalten wird; es gibt keinen Anlaß zu meinen, sie würde irgendwann einmal stehenbleiben, denn die sich in ihr akkumulierende treibende Kraft würde ausreichen, die Uhr sogar ein ganzes Jahr nach völliger Entfernung des Barometers in Gang zu halten. Ich muß mit aller Offenheit sagen, daß diese Uhr, wie das detaillierte Vertrautmachen mit ihr zeigt, der geistreichste Mechanismus ist, den ich je zu sehen die Gelegenheit hatte – sowohl nach der Idee als auch nach der Ausführung."

Leider ist diese Uhr nicht erhalten geblieben – sie wurde gestohlen, und niemand weiß, wo sie verblieben ist. Doch die vom erwähnten Astronomen ausgeführten Konstruktionszeichnungen liegen vor, so daß einem Nachbau nichts im Wege steht.

197

Zum Bestand des Uhrwerks gehört ein großes Quecksilberbarometer. In einer gläsernen Urne, die in einem Rahmen hängt, und in einem darüber mit der Öffnung nach unten hängenden Glaskolben befinden sich etwa 150 kg Quecksilber. Beide Gefäße sind gegeneinander be-

Bild 100 Die Konstruktion eines Gratis-Antriebes aus dem 18. Jahrhundert

weglich angebracht; ein durchdachtes Hebelsystem sorgt dafür, daß bei Zunahme des atmosphärischen Drucks der Kolben sinkt und die Urne steigt, bei Fallen des Luftdrucks bewegen sie sich in der umgekehrten Richtung. Beide Bewegungen treiben ein kleines Zahnrad immer in gleicher Richtung an. Das Zahnrad steht nur bei völliger Konstanz des Luftdrucks still, doch in dieser Zeit bewegt sich das Uhrwerk weiter, vor allem dank der gespeicherten Energie von Fallgewichten. Es ist kein leichtes Ding, die Konstruktion so zu gestalten, daß die Gewichte nach oben gezogen werden und gleichzeitig durch ihr Fallen das Uhrwerk antreiben. Aber die damaligen Uhrmacher waren erfinderisch genug, mit dieser Aufgabe fertig zu werden. Es erwies sich sogar, daß die Energie der Luftdruckveränderung deutlich über dem Bedarf lag, das heißt, die Gewichte wurden schneller gehoben, als sie sanken; darum mußte eine spezielle Vorrichtung eingebaut werden, um die Fallgewichte nach Erreichen des höchsten Punkts zeitweilig anzuhalten.

Der prinzipielle Unterschied des „Gratis-Antriebs" dieser und ähnlicher Ausführungen zum Perpetuum mobile ist leicht zu ersehen. In den Gratis-Antrieben wird die Bewegung nicht aus dem Nichts geboren, wie das von den Erfindern des Perpetuum mobile erträumt wurde, sie wird von außen geschöpft – in unserem Fall aus der umgebenden Atmosphäre. Praktisch wären Gratis-Antriebe genauso vorteilhaft wie ein tatsächlich funktionierendes Perpetuum mobile, wenn ihre Konstruktion, an der von ihnen gelieferten Energie gemessen, nicht zu aufwendig ausfallen würde (was in den meisten Fällen nicht gesichert werden kann).

Später werden wir noch andere Ausführungen des Gratis-Antriebes vorstellen und am Beispiel zeigen, warum die industrielle Nutzung solcher Mechanismen in der Regel nicht die geringsten Vorteile bringt.

DAS MEER, IN DEM MAN NICHT VERSINKEN KANN

Ein solches Meer gibt es in einem Lande, das der Menschheit seit ältesten Zeiten bekannt ist. Es ist das abflußlose Tote Meer. Sein Wasser ist so außergewöhnlich salzhaltig, daß in ihm kein lebendes Wesen existieren kann. Das glühendheiße regenlose Klima Palästinas verursacht eine starke Verdunstung des Wassers an der Oberfläche des Meeres. Da aber nur reines Wasser verdunstet, verbleiben die zugeführten, aus dem Boden gelösten Salze im Meer und erhöhen den Salzgehalt des Wassers bis zur Sättigung. Daher enthält das Wasser des Toten Meeres nicht 2 oder

3 Prozent (20 bis 30 g/kg) Salz wie die meisten Meere und Ozeane, sondern 27 und mehr Prozent, mit der Tiefe wächst der Salzgehalt noch. Die Gesamtmenge des Salzes im Toten Meer wird auf 40 Millionen Tonnen geschätzt.

Der hohe Salzgehalt des Toten Meeres ruft seine Besonderheit hervor: Das Wasser dieses Meeres ist bedeutend schwerer als gewöhnliches Meereswasser. In dieser schweren Flüssigkeit zu versinken ist unmöglich.

Die Masse unseres Körpers ist bedeutend geringer als die Masse des gleichen Volumens stark salzhaltigen Wassers. Folglich kann nach dem Gesetz des Auftriebs ein Mensch im Toten Meer nicht untergehen. Er schwimmt auf ihm, wie ein Hühnerei auf Salzwasser schwimmt (in salzlosem Wasser versinkt es).

Mark Twain (der mit bürgerlichem Namen *Samuel Clemens Langhorn* hieß) beschrieb nach einem Besuch dieses Binnenmeeres mit komischer Ausführlichkeit das ungewohnte Gefühl, das er und seine Begleiter empfanden, als sie im schweren Wasser des Toten Meeres badeten.–„Das war ein lustiges Bad! Wir konnten nicht untertauchen. Hier kann man sich in ganzer Länge auf dem Wasser ausstrecken, sich auf den Rücken legen und die Hände auf der Brust falten, weil der größte Teil des Körpers über Wasser gehalten wird. Dabei kann man sogar den Kopf heben... Ihr könnt sehr bequem auch auf dem Rücken liegen, dabei die Beine ans Kinn ziehen und mit den Armen umschlingen. Aber bald kippt ihr um, weil ihr euch im labilen Gleichgewicht befindet. Ihr könnt auch auf dem Kopf stehen – und von Brustmitte bis zum Fußende werdet ihr über Wasser bleiben. Aber ihr könnt diese Lage nicht lange beibehalten. Ihr könnt nicht auf dem Rücken schwimmen; denn ihr bewegt euch nur unmerklich, weil eure Füße aus dem Wasser herausragen und ihr euch nur mit den Fersen abstoßen könnt. Wenn ihr mit dem Gesicht nach unten schwimmt, so bewegt ihr euch infolge der großen Widerstandsfläche der ins Wasser tauchenden Oberschenkel nicht vorwärts, sondern rückwärts. Ein Pferd hat eine so ungünstige Gewichtsverteilung, daß es im Toten Meer nicht schwimmen und nicht stehen kann. Es legt sich sofort auf die Seite.“–

Diese ungewöhnlichen Eigenschaften besitzt auch das Wasser der Kara-Bogas-Gol (ein Haff des Kaspischen Meeres) und nicht minder auch das Salzwasser des Elton-Sees, das 27 % Salz enthält.

Ähnliches müssen auch jene Kranken erfahren, die Salzbäder nehmen. Wenn der Salzgehalt des Wassers sehr groß ist, wie zum Beispiel im

Mineralwasser von Staraja-Russa, muß der Kranke große Kraft aufbringen, um sich am Boden der Wanne zu halten. Ich hörte, wie sich eine Frau, die sich in Staraja-Russa behandeln ließ, empört darüber beschwerte, daß das Wasser „sie gewaltsam aus der Wanne herausstieß". Sie schien geneigt zu sein, der Verwaltung des Kurortes deshalb einen Vorwurf zu machen...

Bild 101 Lademarke an der Bordwand eines Schiffes. Die Bezeichnung der Marken bezieht sich auf die Höhe der Wasserlinie. Die Bedeutung der Buchstaben wird im Text erklärt.

Der Grad des Salzgehaltes des Wassers schwankt in den verschiedenen Meeren ein wenig, und dementsprechend haben die Schiffe keinen einheitlichen Tiefgang im Meereswasser. Es kann sein, daß einige Leser zufällig an der Bordwand eines Schiffes unter der Wasserlinie die sogenannte „Lloyd-Marke" gesehen haben – ein Zeichen, das den Stand der höchsten Wasserlinie in Wasser verschiedener Dichte darstellt. Zum

Beispiel bedeutet der Stand der in Bild 101 dargestellten Lademarke die höchste Wasserlinie:

in Frisch-(Süß-)Wasser (Fresh Water) . . . . FW
Indianersommer – Herbst (Indian-Summer) . . . . IS
in Salzwasser im Sommer (Summer) . . . . S
in Salzwasser im Winter (Winter) . . . . W
im Nordatlantik im Winter (Winter North Athlantic) . . . . . WNA.

Wir wollen zum Schluß bemerken, daß es eine Abart des Wassers gibt, das auch in reinem Zustand ohne jede Zusätze merklich schwerer ist als gewöhnliches Wasser. Seine Dichte beträgt 1,1 g/cm³, das heißt 10% mehr als gewöhnliches Wasser. Folglich könnte ein Mensch in einem Bassin mit solchem Wasser kaum versinken, selbst wenn er nicht schwimmen kann. Dieses Wasser nennt man „schweres" Wasser. Seine chemische Formel lautet D_2O (der in die Verbindung eingehende Wasserstoff besteht aus Atomen, die zweimal so schwer sind wie die Atome des gewöhnlichen Wasserstoffs, und wird mit Deuterium – D – bezeichnet). „Schweres" Wasser ist in geringer Menge im gewöhnlichen gelöst: Ein Eimer Trinkwasser enthält davon ungefähr 8 g.

Schweres Wasser der Zusammensetzung D_2O (17 Abarten des schweren Wassers mit verschiedener Zusammensetzung sind möglich) wird heute schon in fast reiner Form gewonnen. Der Anteil des gewöhnlichen Wassers beträgt etwa 0,05%. Schweres Wasser wird sehr viel in der Kerntechnik angewandt, insbesondere in Atomreaktoren. Es wird aus gewöhnlichem Wasser im industriellen Verfahren in großen Mengen gewonnen.

WIE ARBEITET EIN EISBRECHER?

Wenn ihr ein Bad nehmt, so versäumt nicht, folgenden Versuch auszuführen: Bevor ihr die Wanne verlaßt, öffnet ihr den Ausfluß und bleibt am Boden liegen. So wie ein immer größerer Teil eures Körpers aus dem Wasser hervorragt, werdet ihr empfinden, wie er allmählich schwerer wird. Auf diese sehr anschauliche Weise überzeugt ihr euch davon, daß die Gewichtskraft, um die der Körper im Wasser vermindert erschien (ihr erinnert euch, wie leicht ihr euch im Wasser fühltet), wieder auftritt, sobald der Körper über Wasser erscheint. Wenn zufällig ein Wal in solch eine ähnliche Lage plötzlich auf eine Sandbank gerät, sind die

Folgen für das Tier bei eintretender Ebbe verhängnisvoll: Es wird durch seine eigene Gewichtskraft zerquetscht. Die Auftriebskraft des Wassers schützt ihn vor der unheilvollen Wirkung der Schwerkraft.

Das bisher Gesagte hat eine nahe Beziehung zur Überschrift dieses Kapitels. Das Arbeiten eines Eisbrechers beruht auf der gleichen physikalischen Erscheinung. Man darf nicht denken, daß der Eisbrecher das Eis auf seiner Fahrt durch ununterbrochenen Druck mit seinem Bug zerschneidet, etwa durch den Druck des Vordersteven. So arbeitet nicht der Eisbrecher, sondern der Eisschneider. Ein solcher Eisschneider war zum Beispiel die in den dreißiger Jahren eingesetzte „Litke“. Dieses Prinzip ist aber nur für Eis von verhältnismäßig geringer Dicke verwendbar.

Wirkliche Eisbrecher – solche, wie die zu ihrer Zeit berühmten „Krassin“ und „Jermak“ von den alten Eisbrechern, und ein solcher wie der Eisbrecher „Lenin“ (mit Kernreaktor) – arbeiten anders. Kraft seiner mächtigen Maschinen schiebt der Eisbrecher sein Vorderteil, das zu diesem Zweck unter Wasser schräg gebaut ist, auf die Eisfläche. Wenn der Bug des Schiffes über das Wasser herausragt, erhält er infolge des Auftriebsverlustes seine volle Gewichtskraft. Diese gewaltige Last (bei „Jermak“ zum Beispiel betrug die Masse bis 800 t, entsprechend einer Gewichtskraft von etwa 8 MN) durchbricht das Eis. Zur Verstärkung dieser Wirkung pumpt man in einen Bugbehälter des Eisbrechers noch Wasser – „flüssigen Ballast“.

So arbeitet ein Eisbrecher so lange, wie die Dicke des Eises einen halben Meter nicht übersteigt. Dickeres Eis wird durch Schlagwirkung des Schiffes bezwungen. Der Eisbrecher weicht zurück und rennt mit seiner ganzen Masse gegen den Rand des Eises. Dabei wirkt nicht die Gewichtskraft, sondern die kinetische Energie des sich bewegenden Schiffes. Das Schiff wirkt wie ein Artilleriegeschoß mit geringer Geschwindigkeit, dafür aber mit gewaltiger Masse – wie ein Rammsporn. Eisschollen von einigen Metern Dicke zerschellen unter der Energie der dauernden Schläge mit dem festen Bug des Eisbrechers.

Ein Teilnehmer der bekannten Polarfahrt der „Sibirjakow“ im Jahre 1932, der Polarforscher *N. Markow,* beschrieb die Arbeitsweise dieses Eisbrechers.

„Inmitten hunderter Eisfelsen, inmitten einer kompakten Eisdecke begann die ‚Sibirjakow‘ die Schlacht. 52 Stunden lang sprang der Zeiger des Maschinentelegraphen von ‚volle Kraft zurück‘ auf ‚volle Kraft voraus'. Dreizehn vierstündige Meereswachen lang bohrte sich die „Sibirjakow' mit Anlauf in das Eis und zermalmte es mit ihrem Bug, kletterte sie auf das Eis, zerbrach es und lief von neuem zurück. Das Eis mit einer Dicke von 3/4 m gab uns nur langsam den Weg frei. Mit jedem Schlag erkämpften wir einen Weg von einem Drittel der Körperlänge."

WO BEFINDEN SICH GESUNKENE SCHIFFE?

Sogar unter Seeleuten ist die Meinung verbreitet, daß im Ozean versunkene Schiffe nicht den Meeresgrund erreichen, sondern unbeweglich in einer gewissen Tiefe schweben, in der das Wasser „durch den Druck höhergelegener Schichten entsprechend verdichtet ist".

Diese Meinung teilte offensichtlich sogar der Autor von „20 000 Meilen unter dem Meer". In einem Abschnitt dieses Romans beschreibt *Jules Verne* ein träge im Wasser schwebendes gesunkenes Schiff, in einem anderen erzählt er von Schiffen, „die untergegangen sind und frei im Wasser schweben".

Ist eine derartige Behauptung richtig?

Dafür gibt es *scheinbar* eine gewisse Begründung, weil der Druck des Wassers in den Tiefen des Ozeans tatsächlich gewaltige Maße annimmt. In 10 m Tiefe drückt das Wasser mit einer Kraft von etwa 10 N auf 1 cm^2 eines versenkten Körpers (also mit einem Druck von 0,1 MPa). In 20 m Tiefe ist der Druck 0,2 MPa, in 100 m Tiefe 1 MPa, in 1000 m Tiefe 10 MPa. Der Ozean hat an vielen Stellen eine Tiefe von einigen Kilometern. An den tiefsten Stellen des Großen Ozeans ist er mehr als 11 km tief (Marianen-Graben). Es ist leicht auszurechnen, welch gewaltigen Druck versunkene Gegenstände in diesen ungeheuren Tiefen aushalten müssen.

Wenn eine leere zugekorkte Flasche in sehr große Tiefe versenkt und danach wieder herausgezogen wird, so zeigt sich, daß der Druck des Wassers den Korken in die Flasche hineingedrückt hat, und das ganze Gefäß ist voll Wasser. Der bekannte Ozeanograph *John Murray* berichtet in seinem Buch „Der Ozean", daß folgender Versuch durchgeführt wurde: Drei an beiden Enden verschlossene Glasröhren verschiedener Größe wurden in Leinewand eingepackt und in einem Kupferzylinder mit Öffnungen für den freien Zutritt des Wassers untergebracht. Der Zylinder wurde in eine Tiefe von 5 km hinunter gelassen. Als man ihn herauszog, zeigte sich, daß die Leinewand mit einer schneeförmigen Masse angefüllt war: Das war das zerkleinerte Glas. In die gleiche Tiefe versenkte Holzstücke versanken nach dem Herausziehen wie Ziegelsteine im Wasser, so zusammengepreßt waren sie.

Natürlich wäre scheinbar zu erwarten, daß der ungeheuerliche Druck das Wasser in großen Tiefen verdichten muß, und zwar dermaßen, daß sogar schwere Gegenstände nicht in ihm untergehen, wie ein stählernes Wägestück in Quecksilber nicht versinkt. Jedoch ist eine ähnliche Annahme völlig unbegründet. Ein Versuch beweist, daß sich Wasser, wie Flüssigkeiten überhaupt, kaum komprimieren läßt. Bei einer Druckkraft von 10 N auf 1 cm² (= 100 kPa) verdichtet sich das Wasser nur um den 22 000. Teil seines Volumens, und so ungefähr verdichtet es sich weiter bei Steigerung des Druckes um jeweils 100 kPa. Wenn wir Wasser mit einer solchen Dichte haben wollen, daß in ihm Stahl schwimmt, müssen wir das Wasser um das Achtfache verdichten. Schon für die Verdopplung der Dichte, das entspricht der Verkleinerung des Volumens auf die Hälfte, ist ein Druck von 10^9 Pa notwendig (wenn das erwähnte Maß der Kompression für diese gewaltigen Drücke erreicht würde). Dies entspricht einer Tiefe von 110 km unter der Meeresoberfläche!

Hieraus wird klar, daß es ganz und gar nicht zutrifft, wenn von irgendeiner merklichen Verdichtung des Wassers in der Tiefe der Ozeane gesprochen wird. An den tiefsten Stellen wird das Wasser um 1100/22 000, das ist 1/20 oder 5%, seiner normalen Dichte zusammengedrückt[1]. Dies kann sich kaum auf das Gesetz über den Auftrieb eines beliebigen Körpers im Wasser auswirken, wobei noch hinzukommt, daß schwere Gegenstände, die ins Wasser versinken, ebenfalls durch diesen Druck komprimiert werden und folglich auch eine größere Dichte annehmen.

Es kann daher nicht der geringste Zweifel darüber bestehen, daß gesunkene Schiffe auf dem Meeresgrunde ruhen. „Alles, was in einem Glas Wasser versinkt", sagt *Murray,* „muß auch im tiefsten Ozean auf den Grund sinken."

Ich habe dagegen Einwände hören müssen. Wenn man ein Glas vorsichtig mit dem Boden nach oben ins Wasser eintaucht, kann es in

---

[1] Ein englischer Physiker berechnete, daß sich der Wasserstand des Meeres um 35 m heben würde, wenn die Erdanziehungskraft plötzlich wegbliebe und das Wasser gewichtskraftfrei würde (weil das verdichtete Wasser sein normales Volumen einnehmen würde). „Das Meer würde 5 000 000 km² trockenes Land überschwemmen. Dieses verdankt seine Existenz über Wasser nur der Kompressibilität des Meerwassers, von dem es umgeben ist."

dieser Lage bleiben, weil ein Wasservolumen verdrängt wird, das ebensoviel wiegt, wie das Glas. Ein schwereres metallisches Gefäß kann sich in der gleichen Lage in der Höhe der Wasseroberfläche halten, ohne auf den Grund zu sinken. Ebenso wäre es möglich, daß ein gekentertes Schiff mit nach oben gekehrtem Kiel nur zu einem Teil ins Wasser eintaucht und keineswegs untergeht. Wenn in einigen Räumen des Schiffes Luft dicht eingeschlossen ist, so sinkt das Schiff bis in eine gewisse Tiefe und bleibt dort stehen. Nicht selten versinken auch Schiffe in umgekippter Lage zum Grund. Es ist möglich, daß einige von ihnen deshalb den Grund nicht erreichten und in ungewissen Tiefen des Ozeans schweben. Ein kleiner Stoß würde genügen, um ein solches Schiff aus dem Gleichgewicht zu bringen. Es kippt um, füllt sich mit Wasser und muß auf den Grund fallen. Aber woher kommt ein Stoß in der Tiefe des Ozeans, wo ewig Ruhe und Frieden herrschen und wohin auch nicht das Echo der Stürme vordringt?

Alle diese Argumente beruhen auf einem physikalischen Fehler. Ein umgestülptes Glas versinkt nicht von selbst im Wasser, eine äußere Kraft muß es ins Wasser versenken, wie ein Stück Holz oder eine mit Luft gefüllte zugekorkte Flasche. Genauso beginnt auch ein kieloben treibendes Schiff nicht zu sinken, sondern bleibt an der Wasseroberfläche. Auf halbem Wege zwischen der Oberfläche und dem Grund des Meeres kann es niemals stehenbleiben.

WIE SICH DIE TRÄUME VON JULES VERNE UND HERBERT WELLS ERFÜLLTEN

Die Unterseeboote unserer Zeit übertreffen in vielen Beziehungen die phantastische „Nautilus" von *Jules Verne*. Zwar ist die Fahrgeschwindigkeit moderner Unterseeboote nur halb so groß wie die Geschwindigkeit der „Nautilus": 24 Knoten gegen 50 bei *Jules Verne* (1 Knoten entspricht ungefähr 1,8 km/h = 0,5 m/s). Die längste Reise eines modernen Unterseebootes ist eine Fahrt um die Welt, während Kapitän Nemo mit der „Nautilus" einen zweimal längeren Weg vollbrachte. Dafür besaß die „Nautilus" nur eine Wasserverdrängung von 1500 t, hatte an Bord eine Mannschaft von 20 bis 30 Menschen und konnte nicht länger als 48 Stunden ohne Pause unter Wasser bleiben. Das Unterseeboot „Surcouph", das im Jahre 1929 für die französische Flotte gebaut wurde, hatte 3200 t Wasserverdrängung, führte eine Besatzung von 150 Menschen mit sich und konnte 120 Stunden unter Wasser bleiben, ohne aufzutauchen.[1]

Die Strecke von den Häfen Frankreichs bis zur Insel Madagaskar konnte dieses Unterseeboot zurücklegen, ohne unterwegs einen einzigen Hafen anzulaufen. Im Komfort der Wohnräume stand die „Surcouph" der „Nautilus" sicher nicht nach. Weiterhin hatte die „Surcouph" gegenüber dem Schiff des Kapitäns Nemo den unbestreitbaren Vorzug, daß auf dem Oberdeck eine wasserdichte Flugzeughalle für ein Erkundungs-Wasserflugzeug aufgebaut war. Wir heben weiter hervor, daß Jules Verne die „Nautilus" nicht mit einem Periskop ausstattete, das dem Kapitän die Möglichkeit gibt, den Horizont und die Wasseroberfläche zu beobachten.

Nur in einer Beziehung werden die Unterseeboote noch lange Zeit weit hinter der Phantasieschöpfung des französischen Romanschriftstellers zurückbleiben: beim Tauchen in die Tiefe. Es muß jedoch bemerkt werden, daß Jules Verne in diesem Punkt die Grenze des Wahrscheinlichen überschritt. „Kapitän Nemo", so lesen wir in einer Stelle des Romans, „erreichte Tiefen von drei-, vier-, fünf-, sieben-, neun- und zehntausend Metern unter der Meeresoberfläche". Einmal tauchte die „Nautilus" sogar in die nie dagewesene Tiefe von sechzehntausend Metern! „Ich fühlte", erzählt der Held des Romanes, „wie der stählerne Bootskörper erzitterte, wie sich seine Streben verbogen, wie die Fenster nach innen nachzugeben drohten, dem Druck des Wassers weichend. Wenn unser Schiff nicht die Festigkeit eines geschlossenen Stahlkörpers gehabt hätte, wäre es augenblicklich zu einem Fladen zusammengepreßt worden."

Diese Befürchtung war völlig angebracht: denn in 16 km Tiefe (wenn es diese Tiefe im Ozean gäbe) würde der Wasserdruck

$$160 \text{ MPa}$$

erreichen. Diese Last zerdrückt zwar nicht das Eisen, aber unbezweifelt würde sie den Bootskörper zusammendrücken. Allerdings kennen wir

---

[1] Unter den heutigen Voraussetzungen macht das Unterseeboot, das mit Atomantrieb ausgestattet ist, den Menschen frei in der Wahl des Weges durch die unerforschten Tiefen der Meere und Ozeane. Die unerschöpflichen Energievorräte an Bord des Unterseebootes erlauben es, gewaltige Strecken zurückzulegen, ohne an die Oberfläche aufzutauchen. So fuhr im Jahre 1958 (vom 22. Juli bis zum 5. August) das amerikanische Unterseeboot mit Atomantrieb „Nautilus" unter Wasser durch das Gebiet des Nordpols, wobei ihm die Durchfahrt aus dem Beringmeer ins Grönländische Meer gelang.

eine derartige Tiefe nicht. Die übertriebenen Vorstellungen über die Tiefen des Ozeans, die zur Zeit *Jules Verne*s verbreitet waren (der Roman

Bild 102 Der stählerne kugelförmige Apparat „Bathysphäre" zum Tauchen in tiefe Meeresschichten. In diesem Apparat erreichte *William Beebe* 1934 eine Tiefe von 923 m. Wanddicke der Kugel ca. 4 cm, Durchmesser 1,5 m, Masse 2,5 t.

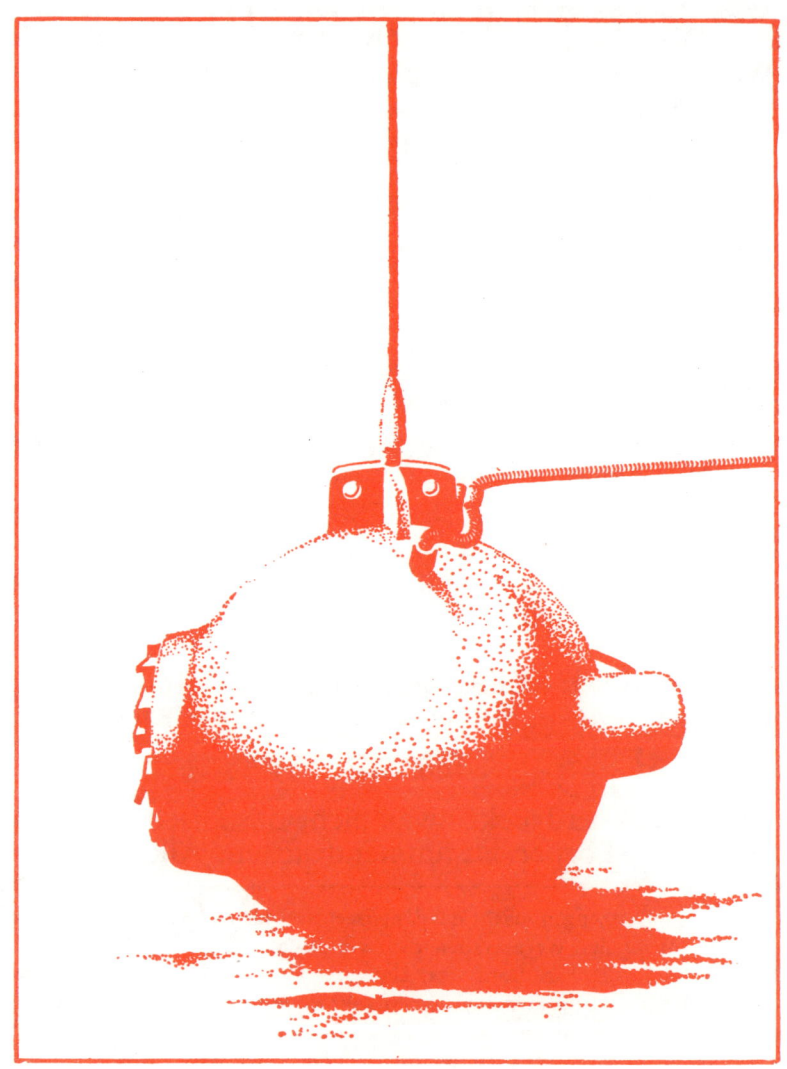

wurde 1869 geschrieben), haben ihre Ursache in den damals noch unvollkommenen Methoden der Tiefenmessung.

Unterseeboote werden zur Zeit für eine Druckbelastung von nicht mehr als etwa 2,5 MPa gebaut. Das bedingt eine sichere Tauchtiefe von 250 m. Weitaus größere Tiefe konnte man in einem besonderen Apparat erreichen, der „Bathysphäre" (Bild 102) genannt wird und speziell für die Erforschung der Tierwelt am Meeresgrund bestimmt ist. Dieser Apparat erinnert jedoch nicht an die „Nautilus" *Jules Verne*s, sondern an das Phantasiegebilde eines anderen Romanschriftstellers – an die Tiefseekugel von *Wells,* die in der Erzählung „In der Tiefe" beschrieben wird.

Der Held dieser Erzählung tauchte in einer dickwandigen Kugel 9 km tief bis auf den Meeresgrund. Der Apparat wurde ohne Trosse versenkt, nur mit einer abwerfbaren Last. Nachdem die Kugel den Meeresgrund erreicht hatte, befreite sie sich von ihrer herabziehenden Last und stieg ungestüm zur Wasseroberfläche auf. In einer „Bathysphäre" erreichten Forscher Tiefen über 1350 m. Die „Bathysphäre" wird an einer Trosse vom Schiff aus abgelassen, die Insassen der Kugel haben mit dem Schiff Telefonverbindung.

1953 wurden in Frankreich und in Italien nach dem Projekt des Professors *A. Piccard* Spezialapparate für die Tiefseeforschung – Bathyscaphe – gebaut. Ihr wichtigster Unterschied zu den Bathysphären besteht darin, daß sie sich bewegen und in großen Tiefen schwimmen können, während die Bathysphären an Trossen hängen. Anfangs ließ sich *Piccard* im Bathyscaph über 3 km hinunter, dann überwanden zwei Franzosen die nächste 1000-m-Marke und erreichten die Tiefe 4050 m. Im November 1959 war der Bathyscaph in einer Tiefe von 5670 m, das war aber noch nicht die Grenze. Am 9. Januar 1960 tauchte *Piccard* 7300 m tief, und am 31. Januar erreichte sein Bathyscaph den Grund des Marianen-Grabens in 10 916 m Tiefe! Bis heute ist das der tiefste bisher festgestellte und jemals erreichte Punkt unseres Erdballes.

WIE WURDE DIE „SADKO" GEHOBEN?

In den großen Weiten des Meeres gehen jährlich Tausende von großen und kleinen Schiffen unter, vor allem in Kriegszeiten. Besonders wertvolle und nicht unzugänglich gesunkene Schiffe begann man in den letzten Jahren vom Meeresgrund heraufzuholen. Sowjetische Ingenieure und Taucher, Angehörige der Mannschaft der EPRON (d. h. „Expedition für Unterwasserarbeiten besonderer Bedeutung") hoben mehr als 150 große Schiffe. Unter ihnen war eins der größten der Eisbrecher „Sadko", der 1916 durch Verschulden des Kapitäns gesunken war. Nachdem der Eisbrecher 17 Jahre am Meeresgrund gelegen hatte, wurde das vortreffliche Schiff von den Arbeitern der EPRON gehoben und wieder in Dienst gestellt.

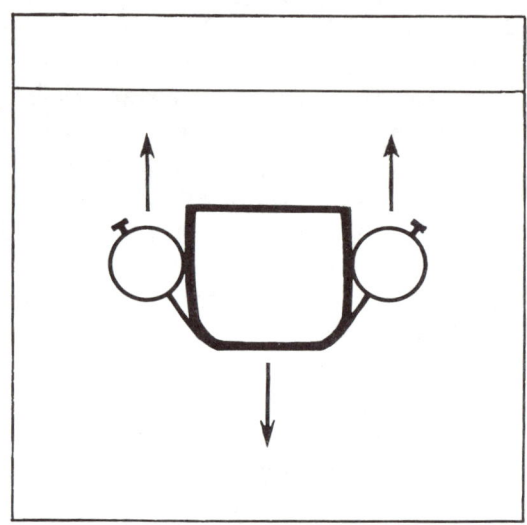

Bild 103 Schema zum Heben der „Sadko". Dargestellt sind der Eisbrecher im Schnitt, die Pontons und die Trossen.

Das Prinzip des Hebens beruht auf dem Gesetz des Auftriebs von *Archimedes*. Unter dem gesunkenen Schiffskörper hindurch gruben die Taucher 12 Tunnel und zogen durch jeden eine Stahltrosse. Die Trossenenden wurden an Pontons befestigt, die zu diesem Zweck neben den Eisbrecher versenkt worden waren. Alle diese Arbeiten wurden in 25 m Tiefe unter dem Meeresspiegel ausgeführt.

Als Pontons (Bild 103) dienten hohle, wasserdichte, stählerne Zylinder von 11 m Länge und 5,5 m Durchmesser. Ein leerer Ponton wog 50 t. Nach den Gesetzen der Geometrie läßt sich sein Volumen leicht ausrechnen: ungefähr 250 m³. Es ist klar, daß der Zylinder als Leergut auf dem Wasser schwimmen muß. Er kann 250 t Wasser verdrängen, selbst wiegt er nur 50 t. Seine Tragfähigkeit ist gleich der Differenz zwischen 250 und 50, das sind 200 t. Um den Ponton abzusenken, füllte man ihn mit Wasser.

Als die Enden der Stahltrossen (s. Bild 103) fest mit den versenkten Pontons verbunden waren, wurden sie mit Preßluft gefüllt. In 25 m Tiefe drückt das Wasser mit 250 kPa, zusammen mit dem Luftdruck von 100 kPa sind das 350 kPa; deshalb wurde die Luft mit ungefähr 400 kPa Druck hineingepreßt. Die luftgefüllten Zylinder wurden durch das umgebende Wasser mit gewaltiger Kraft an die Oberfläche des Meeres gehoben. Sie begannen im Wasser zu schweben wie ein Ballon in der Luft. Ihr gesamtes Hubvermögen würde, wenn das Wasser völlig aus ihnen verdrängt wäre, 200 t · 12 = 2400 t betragen. Es ist größer als die Masse der gesunkenen „Sadko", so daß zum Aufschwimmen die Pontons nur teilweise mit Druckluft gefüllt wurden. Nichtsdestoweniger gelang das Heben erst nach einigen erfolglosen Versuchen. „Vier Pannen erlitt die Rettungsmannschaft, bis sie Erfolg hatte", schreibt der die Arbeiten leitende oberste Schiffsingenieur der EPRON *T. J. Bobrizki*. „Gespannt erwarteten wir das Schiff. Dreimal sahen wir anstelle des zu hebenden Eisbrechers in einem Chaos von Wellen und Schaum die Pontons und die zerrissenen, sich wie Schlangen windenden Schläuche auftauchen. Zweimal zeigte sich der Eisbrecher und verschwand wieder in den Abgrund des Meeres, bevor er zum Vorschein kam und endgültig an der Oberfläche blieb."

EIN „EWIGER" WASSERMOTOR

Unter der Menge der Projekte für ein „Perpetuum mobile" waren auch solche nicht selten, die auf dem Auftrieb der Körper im Wasser beruhten. Ein Turm von 20 m Höhe wird mit Wasser gefüllt. Oben und unten am Turm sind Antriebsräder angebracht, über die man ein endloses Seil legt. An dem Seil werden 14 hohle kubische Behälter von 1 m Kantenlänge befestigt, die aus Stahlblech so zusammengenietet sind, daß kein Wasser in die Behälter eindringen kann. Unser Bild stellt einen Längsschnitt des Turmes dar.

Wie sollte diese Anlage funktionieren? Wer mit dem Gesetz von *Archimedes* vertraut ist, versteht, daß die Behälter nach oben aufsteigen, sobald sie ins Wasser gelangen. Sie drückt eine Kraft nach oben, die gleich der Gewichtskraft des durch die Behälter verdrängten Wassers ist. Das ist die von einem Kubikmeter Wasser ausgeübte Gewichtskraft,

211

multipliziert mit der Anzahl der ins Wasser eingetauchten Behälter. Aus der Skizze geht hervor, daß sich immer 6 Behälter im Wasser befinden. Somit ist die Kraft, die die eingetauchten Behälter nach oben drückt, gleich der Gewichtskraft von 6 m³ Wasser, das sind 58,8 kN. Nach unten zieht die Gewichtskraft der Behälter selbst, die jedoch durch die

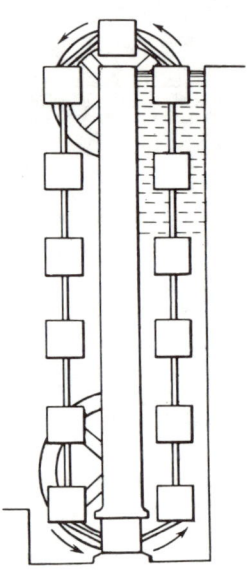

Bild 104   Aufbau des Turmes für den „ewigen" Wassermotor

Gewichtskraft der 6 Behälter ausgeglichen wird, die frei an der außen liegenden Seite des Seiles hängen.

So würde das Seil, das in der dargestellten Weise aufgelegt ist, immer einer Zugkraft von 58,8 kN unterworfen sein, die an einer seiner Seiten angreift und nach oben gerichtet ist. Es ist klar, daß diese Kraft die Anlage zwingen müßte, sich ununterbrochen zu drehen. Bei jedem Umlauf würde eine Arbeit von $58\,800\ \text{N} \cdot 20\ \text{m} = 1\,176\,000\ \text{N} \cdot \text{m} \approx 1{,}2\ \text{MJ}$ verrichtet.

Wenn wir das Land mit solchen Türmen bedeckten, könnten wir von ihnen eine unbegrenzte Menge Arbeit erhalten, die den gesamten Bedarf der Volkswirtschaft ausreichend decken würde.

Wenn man jedoch das Projekt aufmerksam betrachtet, so kann man sich leicht überzeugen, daß die erwartete Bewegung des Seiles unmöglich eintreten kann.

Um das endlose Seil zu drehen, müssen die Behälter unten in das Wasserbassin des Turmes eintreten und es oben verlassen. Aber beim Eintritt in das Bassin muß doch der Behälter die Gewichtskraft der

Holzzylinder

Bild 105 Noch ein Projekt des „ewigen" Wassermotors

Wassersäule von 20 m Höhe überwinden! Die Druckkraft auf einen Quadratmeter Fläche des Behälters ist nicht mehr oder weniger als $20 \text{ t} \cdot 9,8 \text{ m/s}^2 = 196 \text{ kN}$ (die Masse von 20 m^3 Wasser beträgt 20 t). Die Zugkraft nach oben beträgt insgesamt nur 58,8 kN. Sie ist also völlig unzureichend, um den Behälter in das Bassin hineinzuziehen.

Unter den zahlreichen Mustern „ewiger" Wassermotoren – Hunderte wurden von Erfinder-Pechvögeln ersonnen – kann man sehr einfache und raffinierte Varianten finden.

Schaut auf Bild 105! Ein Teil des Holzzylinders, der auf einer Achse befestigt ist, taucht ständig ins Wasser. Wenn das Gesetz von *Archimedes* richtig ist, muß der ins Wasser tauchende Teil an die Wasseroberfläche kommen und, sobald die aufwärts treibende Kraft größer ist als die Reibungskraft an der Achse des Zylinders, darf die Drehung niemals aufhören. Beeilt euch nicht, diesen „ewigen" Motor zu bauen! Ihr habt

213

bestimmt Pech: Der Zylinder rührt sich nicht vom Fleck. Wenn das so ist, worin liegt der Fehler unserer Überlegung? Es zeigt sich, daß wir die Richtung der wirkenden Kräfte unbeachtet gelassen haben. Sie wirken immer senkrecht zur Zylinderoberfläche. Aus täglicher Erfahrung weiß jeder, daß es unmöglich ist, ein Rad zu drehen, wenn man die Kraft zur Achse hinwirken läßt. Um eine Drehung zu erzeugen, muß die Kraft (oder eine Teilkraft) senkrecht zum Radius gerichtet sein, d. h. in Richtung der Tangente am Umfang des Rades wirken. Jetzt ist unschwer zu verstehen, warum auch in diesem Falle der Versuch, den „ewigen" Motor herzustellen, mit einem Mißerfolg endet.

Das Gesetz des *Archimedes* förderte in verlockender Weise den Geist der Erfinder „ewiger" Motoren und veranlaßte sie, ausgeklügelte Mechanismen zum Ausnützen des scheinbaren Gewichtskraftverlustes zwecks Gewinn einer ewigen Quelle mechanischer Energie zu ersinnen. Nicht einer dieser Versuche konnte von Erfolg gekrönt sein.

EINE SCHEINBAR EINFACHE AUFGABE

Ein Samowar (Teekessel), der 30 Gläser Flüssigkeit faßt, ist mit Wasser gefüllt. Ihr haltet ein Glas unter seinen Abfüllhahn, und mit der Uhr in der Hand beobachtet ihr am Sekundenzeiger, in welcher Zeit das Glas bis zum Rand gefüllt ist. Wir stellen fest – in einer halben Minute. Jetzt stellen wir eine Frage: In welcher Zeit wird der ganze Samowar leer, wenn der Abfüllhahn geöffnet bleibt? Es scheint, das wäre eine kinderleichte arithmetische Aufgabe. Ein Glas fließt in einer halben Minute heraus, das bedeutet, 30 Gläser laufen in 15 Minuten heraus.

Aber macht den Versuch! Dabei stellt sich heraus, daß der Samowar nicht, wie wir erwarteten, in einer viertel Stunde leer ist, sondern in einer halben Stunde.

Wie kommt das? Die Rechnung war doch so einfach?

Einfach, aber falsch. Man darf keinesfalls denken, daß die Geschwindigkeit des Herausfließens von Anfang bis Ende ein und dieselbe bleibt. Wenn das erste Glas aus dem Samowar gefüllt ist, fließt der Strahl schon unter geringerem Druck, so wie der Wasserstand im Samowar niedriger geworden ist, das zweite Glas ist erst nach einer größeren Zeitspanne als in einer halben Minute gefüllt. Die Flüssigkeit für das dritte fließt noch langsamer heraus usf.

Die Geschwindigkeit des Durchströmens einer Flüssigkeit durch die

Öffnung eines Behälters hängt in erster Linie von der Höhe der Flüssigkeitssäule ab, die über der Öffnung steht. Der geniale *Torricelli*, ein Schüler *Galilei*s, verwies als erster auf diese Abhängigkeit und erfaßte sie in einer einfachen Formel:

$$v = \sqrt{2\,g \cdot h},$$

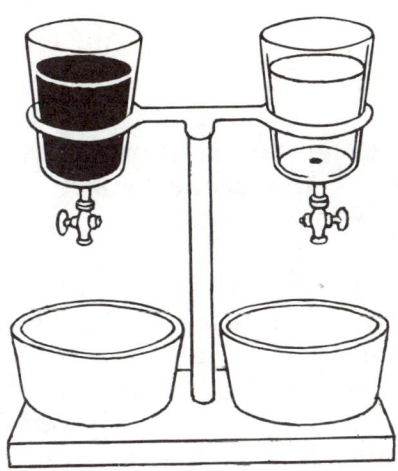

Bild 106 Was fließt schneller aus: Quecksilber oder Spiritus? Der Flüssigkeitsstand in den Gefäßen ist der gleiche.

worin v die Ausströmungsgeschwindigkeit, g die Beschleunigung durch die Schwerkraft und h die Höhe des Flüssigkeitsspiegels über der Öffnung bedeuten. Aus dieser Formel folgt, daß die Geschwindigkeit eines ausströmenden Strahles überhaupt nicht von der *Dichte* der Flüssigkeit abhängt. Der leichte Spiritus und das schwere Quecksilber fließen bei gleichem Flüssigkeitsstand gleich schnell aus einer Öffnung heraus (Bild 106). Aus der Formel sieht man, daß auf dem Mond, auf dem die Schwerkraft nur den sechsten Teil der Schwerkraft auf der Erde beträgt, das Füllen eines Glases ungefähr 2,5mal so lange dauern würde wie auf der Erde. Doch kommen wir zu unserer Aufgabe zurück. Wenn sich nach dem Abfließen von 20 Gläsern der Wasserspiegel im Samowar (gerechnet von der Öffnung des Hahnes aus) bis auf den vierten Teil der Höhe senkt, so füllt sich das 21. Glas halb so schnell wie das erste. Und wenn sich der Wasserspiegel weiter auf den neunten Teil senkt, wird zur

Füllung des letzten Glases schon 3mal soviel Zeit benötigt wie zur Füllung des ersten. Jeder weiß, wie träge das Wasser aus dem Hahn eines Samowars fließt, der schon fast geleert ist. Wenn man die Aufgabe mit den Mitteln der höheren Mathematik löst, kann man zeigen, daß die Zeit, die zur völligen Entleerung eines Gefäßes nötig ist, doppelt so groß ist wie die Zeit, in der das gleiche Flüssigkeitsvolumen unter unverändertem, anfänglichem Wasserspiegel ausfließt.

EINE AUFGABE ÜBER DEN WASSERBEHÄLTER

Von dem oben Gesagten ist es nur ein Schritt zu der bekannten Aufgabe über das Bassin, ohne die keine arithmetische und algebraische Aufgabensammlung auskommt. Alle erinnern sich an klassisch-langweilige, scholastische Aufgaben wie die folgende:

„In einen Behälter führen zwei Rohre. Durch das eine kann der leere Behälter in 5 Stunden gefüllt werden. Durch das andere kann der Behälter in zehn Stunden entleert werden. In wieviel Stunden füllt sich der leere Behälter, wenn beide Rohre gleichzeitig geöffnet werden?" Aufgaben dieser Art haben ein ehrwürdiges Alter – fast 20 Jahrhunderte. Sie reichen zurück bis zu *Heron von Alexandria*. Hier ist eine der Aufgaben *Heron*s, die allerdings noch nicht so spitzfindig ist wie ihre Nachfolgerinnen:

Vier Zuleitungen sind gegeben, ein großer Behälter ist gegeben. In einem Tag und einer Nacht füllt ihn die erste Zuleitung bis zum Rand: Zwei Tage und zwei Nächte muß die zweite wirken. Der Querschnitt der dritten beträgt ein Drittel des Querschnittes der ersten Zuleitung.

In vier Tagen und vier Nächten füllt die letzte den Behälter.

Antworte mir: Wann würde der Behälter gefüllt sein, wenn man sie alle zur gleichen Zeit öffnet?

Zweitausend Jahre löste man Aufgaben über Wasserbehälter und – welch eine Macht des Schematismus! – zweitausend Jahre löste man sie *falsch!* Weshalb falsch, werdet ihr nach dem, was jetzt über das Ausströmen des Wassers gesagt wird, selbst verstehen. Wie muß man die Aufgaben über Behälter lösen? Die erste Aufgabe zum Beispiel löste man so: In einer Stunde füllt das erste Rohr 1/5 des Behälters, das andere entleert 1/10 des Behälters. Das heißt, wenn beide Rohre in Tätigkeit sind, läuft stündlich 1/5 bis 1/10 des Behälters voll, woraus man für die Füllung des Behälters eine Zeit von 10 Stunden erhält. Diese Schlußfolgerung ist unrichtig. Wenn die Strömung des Wassers unter gleichbleibendem Druck und folglich gleichmäßig vor sich geht, kann man so rechnen. Doch das Ausfließen geschieht hier bei sich veränderndem Wasserstand, d. h. *ungleichmäßig*. Daraus, daß das zweite Rohr den Behälter in 10 Stunden entleert, folgt ganz und gar nicht, daß stündlich 1/10 des Inhalts aus dem Behälter abfließt. Die Aufgabe mit den Mitteln

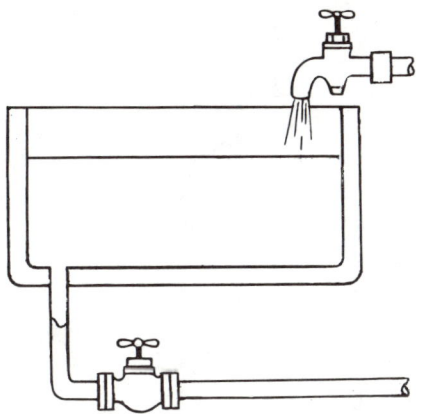

Bild 107

der elementaren Mathematik zu lösen, ist unmöglich, und deshalb gehören die Aufgaben über den Wasserbehälter (mit ausfließendem Wasser) nicht in arithmetische Aufgabensammlungen.

EIN MERKWÜRDIGES GEFÄSS

Kann man ein Gefäß bauen, aus dem das Wasser ungeachtet des sinkenden Flüssigkeitsspiegels mit dauernd gleichbleibender Geschwindigkeit herausfließt? Nach dem, was ihr im vorhergehenden Kapitel gelernt habt, meint ihr wahrscheinlich, eine solche Aufgabe sei unlösbar.
   Dabei ist dies wirklich ausführbar. Die in Bild 108 dargestellte Flasche ist dieses merkwürdige Gefäß: Eine gewöhnliche Flasche mit Pfropfen, durch den ein Glasröhrchen hindurchgesteckt ist. Wenn ihr den Hahn bei *C* öffnet, wird die Flüssigkeit so lange in unvermindertem Strahle aus ihm herausfließen, wie der Wasserspiegel im Gefäß noch nicht bis zum unteren Ende des Röhrchens abgesunken ist. Wenn ihr das Röhrchen bis

fast in die Höhe des Hahnes durchschiebt, könnt ihr die ganze über dem Hahn befindliche Flüssigkeit zwingen, mit gleichmäßigem, wenn auch schwachem Strahl hinauszufließen.

Wie kommt das? Verfolgt in Gedanken genau, was in dem Gefäß beim Öffnen des Hahnes C geschieht (Bild 108). Beim Ausströmen sinkt der Wasserspiegel im Gefäß, und durch das Glasröhrchen dringt in den

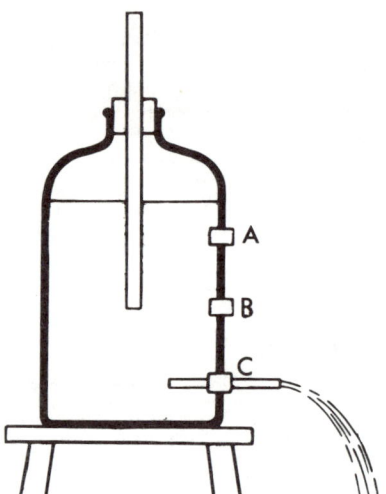

Bild 108 Der Aufbau des Gefäßes von *Mariotte*. Aus der Öffnung fließt das Wasser ganz gleichmäßig.

freien Raum durch das Wasser Außenluft ein. Sie perlt in Bläschen durch das Wasser und sammelt sich über ihm in dem oberen Teil des Gefäßes. Jetzt ist der Druck auf den Wasserspiegel bis B gleich dem atmosphärischen Druck. Das heißt, das Wasser fließt aus dem Hahn C nur unter dem Druck der Wassersäule BC heraus, weil sich der Druck der Atmosphäre innerhalb und außerhalb des Gefäßes ausgleicht. Da die Höhe der Schicht BC gleich bleibt, ist es nicht verwunderlich, daß der Strahl dauernd mit gleicher Geschwindigkeit herausfließt.

Versucht jetzt, auf die Frage zu antworten: Wie schnell wird das Wasser ausfließen, wenn man den Pfropfen B in Höhe des Rohrendes herausnimmt? Es zeigt sich, daß es *überhaupt nicht herausfließen wird* (vorausgesetzt, die Öffnung sei dermaßen klein, daß ihre Weite vernachlässigt werden kann. Sonst wird das Wasser unter dem Druck der dünnen

Wasserschicht, deren Dicke der Weite der Öffnung entspricht, herausfließen). In diesem Falle ist der Druck innen und außen gleich dem atmosphärischen Druck, und nichts veranlaßt das Wasser herauszufließen.

Wenn wir den Pfropfen *A über* dem unteren Ende des Röhrchens entfernen würden, würde das Wasser aus dem Gefäß nicht nur nicht

Bild 109

ausfließen, sondern es würde Außenluft in dieses eindringen. Warum? Aus einem höchst einfachen Grunde: Im Innern dieses Teiles des Gefäßes ist der Luftdruck *geringer* als der atmosphärische Druck außen.

Dieses Gefäß mit so erstaunlichen Eigenschaften wurde von dem bekannten Physiker *Mariotte* erdacht und nach ihm „*Mariotte*sches Gefäß" benannt.

EINE LADUNG LUFT?

In der Mitte des 17. Jahrhunderts waren die Einwohner der Stadt Regensburg und die dort versammelten regierenden Fürsten Deutschlands mit dem Kaiser an der Spitze Augenzeugen eines verblüffenden Schauspiels. 16 Pferde strengten sich mit aller Kraft an, zwei aneinandergedrückte kupferne Halbkugeln auseinanderzureißen. Was verknüpfte sie? „Nichts", Luft. Selbst 8 Pferde, die an der einen Seite zogen, und 8 Pferde, die an der anderen Seite zogen, waren nicht imstande, sie zu trennen. So bewies der Bürgermeister *Otto v. Guericke* allen sehr eindrucksvoll, daß die Luft kein „Nichts" ist, sondern eine Masse hat und mit gewaltiger Kraft auf allen Gegenständen der Erde lastet.

Dieser Versuch wurde am 8. Mai 1654 anläßlich eines Reichstages vorgeführt. Der gelehrte Bürgermeister vermochte alle an seinen wissenschaftlichen Forschungen zu interessieren, obwohl der Versuch im Höhepunkt politischer Streitigkeiten und eines verheerenden Krieges stattfand.

Eine Beschreibung des berühmten Versuches mit den „Magdeburger Halbkugeln" findet sich in Physiklehrbüchern. Trotzdem bin ich überzeugt, daß der Leser mit Interesse die Erzählung aus dem Munde *Guericke*s selbst anhört, dem „deutschen Galilei", wie man manchmal den berühmten Physiker nennt. Ein umfangreiches Buch mit der Beschreibung der langen Reihe seiner Versuche wurde 1672 in lateinischer Sprache in Amsterdam herausgegeben. Wie alle Bücher dieser Zeit trug es einen schwülstigen Titel. Hier ist er:

OTTO von GUERICKE
NEUE (sogenannte) Magdeburger Experimente über den
LEEREN RAUM,
erstmalig beschrieben von dem Professor der Mathematik
an der Würzburger Universität KASPAR SCHOTT.
Herausgegeben vom Autor selbst,
ausführlicher und vervollständigt durch verschiedene
neue Versuche

Einem Versuch, der uns interessiert, ist das Kapitel XXIII des 3. Buches des Werkes gewidmet. Ich führe die wörtliche Übersetzung an.[1]

„Versuch, der zeigt, daß durch den Luftdruck zwei Halbkugeln so miteinander verbunden werden, daß 16 Pferde sie nicht auseinanderreißen können."

„Ich ließ zwei kupferne Halbkugeln oder Schalen anfertigen von ungefähr 3/4 Ellen[2] Durchmesser bzw., da die Handwerker die Stücke

---

[1] Aus *O. v. Guericke*: Neue (sogenannte) Magdeburger Experimente über den leeren Raum. – Leipzig: Dt. Verl. für Grundstoffindustrie, 1986
[2] 1 Magdeburger Elle = 58,3 cm

nicht so genau zu arbeiten pflegen, wie man es von ihnen verlangt, von 67 Hundertstel Ellen. Sie paßten genau aufeinander. Es war ein Hahn oder

Bild 110 Versuch, hängende Magdeburger Halbkugeln mit einer Ladung zu trennen. Nach „Experimenta nova Magdeburgica de vacuo spatio", *Otto von Guericke*, Amsterdam 1672

vielmehr eine andere Art Ventil angelötet, mittels dessen man die Luft im Innern herauspumpen und das Eindringen äußerer Luft verhindern konnte... Ferner sind vier Eisenringe angelötet, an die man Pferde anschirren kann, wie das Bild zeigt. Auch ließ ich einen Lederring nähen, der gründlich mit Wachs (vermischt mit Terpentin) durchtränkt war, so daß keine Luft hindurch konnte.

Ich ließ diese Halbkugel mit dem Lederring als Zwischenlage aufeinanderlegen und dann die Luft mittels der ... Rohrleitung rasch auspumpen. Da sah ich, mit welcher Gewalt sich die beiden Schalen über diesen Ring miteinander vereinten und unter dem Druck der äußeren Luft so fest aneinander hielten, daß 16 Pferde sie nicht oder nur sehr mühsam auseinanderzureißen vermochten. Wenn sie aber bei äußerster Kraftanspannung doch einmal getrennt werden, so gibt es einen Knall wie bei einem Kanonenschuß.

Sobald aber durch Öffnen des Hahnes der Luft Zutritt gewährt wird, können die Schalen von jedem bloß mit den Händen getrennt und voneinander gerissen werden."

Eine einfache Rechnung kann uns beweisen, warum diese große Kraft (8 Pferde an jeder Seite) nötig ist, um die Teile der Hohlkugel zu trennen. Die Luft drückt mit der Kraft von ungefähr 9,8 N auf 1 cm² (980 hPa). Die Kreisfläche[1] mit einem Durchmesser von 0,67 Ellen (39 cm) beträgt 1200 cm². Das bedeutet, daß die Druckkraft der Atmosphäre auf jede Halbkugel 9,8 kN noch übersteigt. Jede Gruppe von 8 Pferden muß folglich mit der Kraft von 9,8 kN ziehen, um den Druck der Außenluft zu überwinden.

Es scheint, daß dies für die 8 Pferde (an jeder Seite) keine sehr große Last sei. Vergeßt jedoch nicht, daß die Pferde beim Bewegen einer Fuhre von beispielsweise 1 t nicht eine Kraft von $1\,\text{t} \cdot 9{,}8\,\text{m/s}^2 = 9{,}8\,\text{kN}$ überwinden müssen, sondern wesentlich weniger, nämlich nur die Reibung der Räder auf den Achsen und auf dem Fahrdamm. Diese Kraft beträgt – zum Beispiel auf einer Chaussee – insgesamt 5 %, das sind bei 1 t Last 0,49 kN. (Wir sprachen bereits davon, daß bei gleichzeitiger Anstrengung von 8 Pferden, wie die Praxis beweist, 50 % der Zugkraft

---

[1] Man nimmt die Kreisfläche, aber nicht die Oberfläche der Halbkugel, weil der atmosphärische Druck die angegebene Größe nur bei senkrechter Wirkung auf die Oberfläche hat, auf schräge Flächen ist der Druck geringer. In vorliegendem Falle nehmen wir die rechtwinklige Projektion der Kugeloberfläche auf die Ebene, das ist der Flächeninhalt des größten Kugelquerschnittes.

verloren gehen.) Die Zugkraft von 9,8 kN entspricht folglich bei 8 Pferden einer Wagenladung von 20 t. Welch eine Luftladung, die die Pferde des Magdeburger Bürgermeisters wegfahren mußten! Es war ähnlich, als müßten sie eine kleine Lokomotive vom Fleck bewegen, die obendrein nicht auf Schienen steht.

Man hat gemessen, daß ein kräftiges Zugpferd einen Wagen mit der Kraft von 800 N zieht[1]. Zum Trennen der Magdeburger Halbkugeln würden demnach bei gleicher Zugkraft 13 Pferde (9800 N : 800 N) an jeder Seite benötigt, wenn in der Kugel das Vakuum erreicht und auch die Abdichtung vollständig hergestellt werden könnte.

Der Leser wird sicher sehr erstaunt sein, wenn er erfährt, daß einige Gelenke unseres Skeletts aus dem gleichen Grunde zusammengehalten werden, wie die Magdeburger Halbkugeln. Unser Hüftgelenk stellt das gleiche dar wie diese Magdeburger Halbkugeln. Man kann sich dieses Gelenk von den Muskeln und Knorpelverbindungen entblößt denken, und trotzdem würde sich der Oberschenkel nicht aus dem Gelenk lösen. Der Luftdruck hält es zusammen, weil sich in dem Zwischengelenkraum keine Luft befindet.

NEUE HERONSCHE FONTÄNEN

Die gewöhnliche Form der Fontäne, die man dem alten Mechaniker *Heron* zuschreibt, ist meinen Lesern sicher bekannt. Ich erinnere hier an ihren Aufbau, wonach ich zur Beschreibung neuerer Spielarten dieser beachtenswerten Einrichtungen übergehe. *Heron*s Fontäne (Bild 112) besteht aus 3 Gefäßen: einem oberen offenen *a* und zwei kugelförmigen *b* und *c*, die hermetisch abgeschlossen sind. Die Gefäße sind durch 3 Röhrchen verbunden, deren Anordnung aus der Skizze hervorgeht. Wenn sich in *a* ein wenig Wasser befindet, die Kugel *b* mit Wasser und die Kugel *c* mit Luft gefüllt ist, beginnt die Fontäne zu sprühen. Das Wasser läuft durch das Röhrchen aus *a* nach *c* und verdrängt von dort die Luft in die Kugel *b*. Durch den Druck der eindringenden Luft steigt das Wasser aus *b* in dem Röhrchen nach oben und sprudelt als Fontäne

---

[1] Bei der Geschwindigkeit von 4 km/h. Im allgemeinen nimmt man an, daß die Zugkraft eines Pferdes 15% der von ihm ausgeübten Gewichtskraft beträgt. Ein leichtes Pferd wiegt 400 kg, ein schweres 750 kg; dem entsprechen die Gewichtskräfte 3920 N und 7350 N. Kurzzeitig kann die Zugkraft (Anzugskraft) etwas größer sein.

in das Gefäß *a*. Wenn die Kugel *b* leer wird, hört die Fontäne auf zu sprudeln.

Das ist die alte Form der *Heron*schen Fontäne. Schon zu unserer Zeit vereinfachte ein Schullehrer in Italien, den die dürftige Einrichtung seines physikalischen Kabinetts zu Findigkeit anregte, den Aufbau der *Heron-*

Alte *Heron*sche Fontäne

Bild 111

schen Fontäne und erdachte eine Ausführung, die jeder mit einfachen Mitteln aufbauen kann (Bild 113).

Anstelle der Kugeln verwendete er Apothekerflaschen, statt der Glas- oder Metallröhrchen nahm er Gummischläuche. Das obere Gefäß muß nicht durchlöchert sein, man kann die Enden der Schläuche auch einfach so einführen wie Bild 113 links zeigt.

In dieser Form ist das Gerät bei weitem besser zum Gebrauch geeignet. Wenn alles Wasser aus der Flasche *b* über das Gefäß *a* in die Flasche *c* geflossen ist, kann man die Flaschen *b* und *c* einfach austauschen und die Fontäne arbeitet von neuem. Man darf natürlich nicht versäumen, die Spitze auf das andere Röhrchen zu setzen.

Ein anderer Vorteil dieser abgewandelten Fontäne besteht darin, daß sie die Möglichkeit bietet, willkürlich die Anordnung der Gefäße zu verändern und zu untersuchen, wie der Abstand der Wasserspiegel in Gefäßen die Höhe des Strahles beeinflußt.

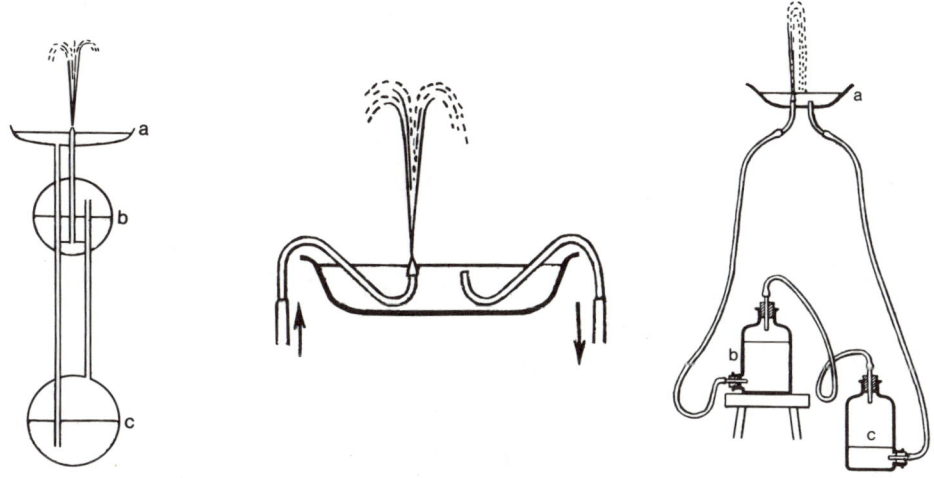

Bild 112 Prinzipaufbau der *Heron*schen Fontäne

Bild 113 Moderne Ausführung der *Heron*schen Fontäne. Links die Variante unter Verwendung eines Tellers

Wenn ihr die Höhe des Strahles um ein Vielfaches vergrößern wollt, könnt ihr das erreichen, indem ihr in der unteren Flasche das Wasser durch Quecksilber ersetzt und die Luft durch Wasser (Bild 114). Die Wirkung des Apparates ist einleuchtend. Das Quecksilber fließt aus der Flasche c in die Flasche b, verdrängt aus dieser das Wasser und läßt es als Fontäne aufspringen. Da wir wissen, daß Quecksilber 13,5mal so schwer ist wie Wasser, können wir ausrechnen, in welche Höhe der Strahl der Fontäne aufsteigen muß. Wir bezeichnen die Differenz der Höhen entsprechend mit h_1, h_2, h_3. Jetzt bestimmen wir, mit welcher Kraft das Quecksilber aus dem Gefäß c (Bild 114) nach b überfließt. Das Quecksilber in dem Verbindungsschlauch ist von zwei Seiten dem Druck unterworfen. Von rechts wirkt der Druck aus der Differenz h_2 der Quecksilbersäule (welcher dem Druck einer 13,5mal so hohen Wassersäule entspricht, 13,5 h_2) plus der Druck der Wassersäule h_1. Von links drückt die Wassersäule h_3. Insgesamt wird das Quecksilber mit der Kraft der Flüssigkeitssäule

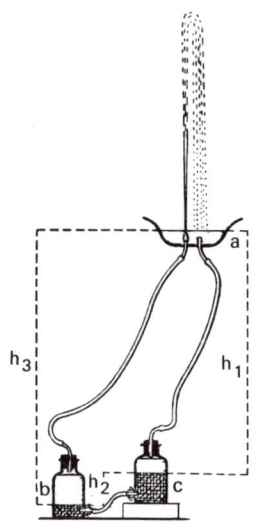

Bild 114 Eine Fontäne, betrieben durch den Druck des Quecksilbers. Der Strahl springt zehnmal so hoch wie die Differenz der Quecksilberstände beträgt.

$$13,5\,h_2 + h_1 - h_3$$

belastet. Da $h_3 - h_1 = h_2$, setzen wir für $h_1 - h_3$ den Wert $- h_2$ ein und erhalten

$$13,5\,h_2 - h_2,$$

das ist $12,5\,h_2$. Folglich steht das Quecksilber im Gefäß b unter dem Druck einer Wassersäule mit der Höhe $12,5\,h_2$. Theoretisch muß die Fontäne daher in eine Höhe aufsteigen, die gleich der Differenz der Quecksilberstände in den Flaschen multipliziert mit 12,5 ist. Die Reibung vermindert etwas diese theoretische Höhe.

Trotzdem gibt die beschriebene Anordnung eine einfache Möglichkeit, einen weit nach oben steigenden Strahl zu erzeugen. Um zu erreichen, daß die Fontäne in eine Höhe von zum Beispiel 10 m aufspringt, genügt es, die eine Flasche ungefähr 1 m über die andere zu stellen. Interessant ist, daß, wie aus unserer Rechnung hervorgeht, eine Erhöhung des Tellers *a* über die Flaschen überhaupt keinen Einfluß auf die Höhe des Strahles hat.

Bild 115 Ein trügerischer Krug aus der Zeit Ende des 18. Jahrhunderts und das Geheimnis seines Aufbaues

DIE TRÜGERISCHEN GEFÄSSE

In der Vergangenheit – im 17. und 18. Jahrhundert – belustigten sich die Reichen mit folgendem lehrreichem Spielzeug. Man fertigte ringförmige Gefäße (oder Krüge), die an der Außenseite tiefe Einschnitte zur Verzierung hatten (Bild 115). Ein solches Gefäß setzte man mit Wein gefüllt einem weniger angesehenen Gast vor, über den man ungestraft lachen konnte. Wie muß man daraus trinken? Neigen war unmöglich. Der Wein fließt aus einer Vielzahl durchgehender Öffnungen aus, aber zum Mund gelangt nicht ein Tropfen. Es kommt so, wie es im Märchen heißt:

Er trank Met und Bier,
und der Schnurrbart war vollkommen durchnäßt.

Aber wer das Geheimnis derartiger ringförmiger Gefäße kannte, das Geheimnis, das in Bild 115 rechts gezeigt ist, der verschloß mit einem Finger die Öffnung im Henkel, nahm das Schnäuzchen in den Mund und sog die Flüssigkeit ein, ohne das Gefäß zu neigen. Der Wein floß durch die Öffnung hoch durch den Kanal im Henkel, weiter durch seine Fortsetzung im Innern des oberen Randes des Gefäßes und gelangte zum Schnäuzchen.

227

15*

Vor kurzer Zeit wurden derartige Gefäße noch von unseren Töpfern angefertigt. Ich erlebte es, daß ich in einem Haus ein Erzeugnis ihrer Arbeit sah, das ziemlich geschickt das Geheimnis der Konstruktion des Gefäßes verbarg. Auf dem Gefäß stand die Aufschrift:

„Trinke, aber begieße Dich nicht!"

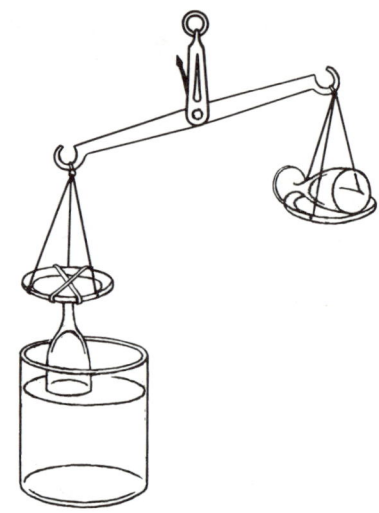

Bild 116   Abwiegen von Wasser in einem umgestürzten Glas

WIEVIEL WIEGT DAS WASSER IN EINEM UMGESTÜRZTEN GLAS?

„Natürlich wiegt es nichts. In diesem Glas befindet sich kein Wasser, es fließt aus", sagt ihr.

„Aber wenn es nicht ausfließt?" frage ich. „Was dann?"

Tatsächlich ist es doch möglich, Wasser in einem umgestürzten Glas zu halten, ohne daß es ausfließt. Dieser Fall ist in Bild 116 dargestellt. Ein umgekehrtes Weinglas, das mit einem Faden an der Waagschale einer Waage angebunden ist, wird so mit Wasser angefüllt, daß es nicht ausfließen kann, weil der Rand des Glases in ein Gefäß mit Wasser taucht. Auf die andere Schale der Waage ist ein gleiches leeres Glas gelegt worden.

Nach welcher Seite wird sich die Waage neigen?

Die größere Gewichtskraft wirkt dort, wo das umgestürzte Glas mit Wasser angebunden wurde. Auf dieses Glas wirkt von oben die volle Kraft des atmosphärischen Drucks, von unten aber die Kraft des atmosphärischen Drucks, vermindert um die Gewichtskraft des im Pokal enthaltenen Wassers. Zum Erzielen des Gleichgewichts der Waagschalen müßte man auch den Pokal mit Wasser anfüllen, der auf die andere Schale gestellt wurde.

Unter den dargestellten Umständen wiegt Wasser in einem umgestürzten Glas folglich genau so viel, wie in einem aufrecht stehenden.

WESHALB ZIEHEN SCHIFFE EINANDER AN?

Im Herbst 1912 ereignete sich mit dem Ozeandampfer „Olympic", damals eines der größten Schiffe der Welt, folgender Zwischenfall. Die „Olympic" schwamm auf offenem Meere, und fast parallel zu ihr fuhr in einer Entfernung von 100 m mit großer Geschwindigkeit ein anderes Schiff, der wesentlich kleinere Panzerkreuzer „Hawk". Als beide Schiffe auf gleicher Höhe waren, wie in Bild 117 dargestellt, geschah etwas Unerwartetes. Das kleinere Schiff bog plötzlich vom Kurs ab, gleichsam gezogen von irgendeiner unsichtbaren Kraft, drehte seine Spitze zu dem großen Dampfer und fuhr, ohne dem Steuerrad noch zu gehorchen, fast senkrecht auf diesen zu. So kam es zum Zusammenstoß. Die „Hawk" bohrte sich mit ihrem Bug in eine Seitenwand der „Olympic". Der Anprall war so stark, daß die „Hawk" in die Bordwand der „Olympic" ein großes Leck riß.

Als man diesen seltsamen Vorgang vor dem Seegericht untersuchte, wurde der Kapitän des Giganten „Olympic" als der schuldige Teil bezeichnet, weil er – so lautete der Beschluß des Gerichtes – keinen Befehl gab, der in die Quere laufenden „Hawk" den Weg freizumachen.

Das Gericht erkannte hier folglich nichts Ungewöhnliches: eine Unachtsamkeit des Kapitäns, nicht mehr. Dagegen war eine vollkommen unvorhergesehene Erscheinung eingetreten – der Fall der gegenseitigen Anziehung von Schiffen auf dem Meere.

Solche Fälle traten wiederholt auf und vor allem bei paralleler Fahrt zweier Schiffe. Solange man keine sehr schweren Schiffe baute, wirkte diese Erscheinung nicht mit dieser Kraft, aber als „schwimmende Städte" begannen, das Wasser der Ozeane zu durchfurchen, machte sich die

Anziehung zwischen solch großen Schiffen und wesentlich kleineren Schiffen deutlich bemerkbar. Von ihr erzählen sich die Kommandeure der Kriegsschiffe bei den Manövern.

Unzählige Havarien kleinerer Schiffe, die in der Nähe von großen Passagier- und Kriegsschiffen vorbeifuhren, ereigneten sich sicherlich aus diesem Grunde.

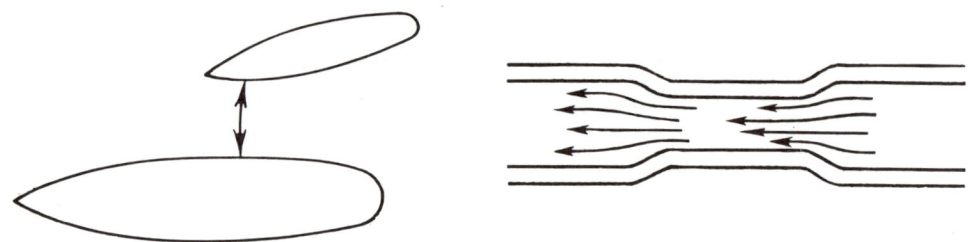

Bild 117 Die Lage der Schiffe „Olympic" und „Hawk" vor dem Zusammenstoß

Bild 118 An schmalen Stellen des Kanals fließt das Wasser schneller und drückt weniger auf die Wände als an breiten Stellen.

Wie erklärt sich diese Anziehung? Selbstverständlich kann keine Rede von einer Anziehung nach dem von *Newton* gefundenen Gesetz der Anziehungskraft zweier Massen aufeinander sein. Wir lasen schon im Kapitel 7, daß diese Anziehungskraft winzig klein ist. Die Ursache dieser Erscheinung ist zweifellos anderer Art und erklärt sich aus den Gesetzen der Flüssigkeitsströmung in Röhren und Kanälen. Man kann zeigen, daß eine Flüssigkeit, die durch einen sich verengenden und erweiternden Kanal fließt, an den schmalen Stellen des Kanals schneller fließt und auf die Kanalwände weniger drückt als an breiten Stellen, wo sie langsamer fließt und stärker auf die Wände drückt (sogenanntes „*Bernoulli*sches Prinzip").

Das gilt gleichermaßen auch für Gase. Diese Erscheinung bei *Gasen* trägt in der Wissenschaft die Bezeichnung *Clement-Desormes*-Effekt (nach dem Namen der Physiker, die ihn entdeckten) und wird häufig auch „aerodynamisches Paradoxon" genannt, obwohl sie für uns heute gar nicht paradox ist. Diese Erscheinung wurde, wie berichtet wird, unter folgenden Umständen zufällig entdeckt. In einer französischen Grube war ein Arbeiter beauftragt worden, mit einem Schild die Öffnung eines

230

Stollens zu verschließen, durch den dem Schacht Frischluft zugeführt wurde. Der Arbeiter kämpfte lange mit dem Strahl der in den Schacht gewaltsam einströmenden Luft, aber plötzlich schloß das Schild mit lautem Krach von selbst den Stollen mit solcher Kraft, daß es zusammen mit dem erschreckten Arbeiter in die Ventilatoröffnung gezogen worden wäre, wenn das Schild nicht groß genug gewesen wäre. Unter anderem

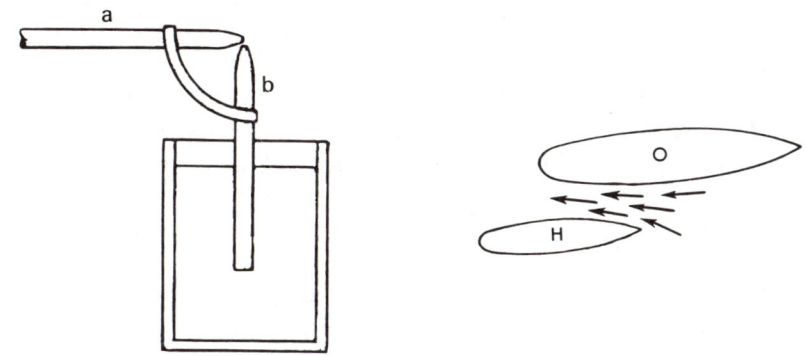

Prinzip des Zerstäubers

Bild 119

Bild 120

Wasserströmung zwischen zwei fahrenden Schiffen

erklärt sich aus dieser Besonderheit der Strömung der Gase die Wirkung des Zerstäubers. Wenn wir in das Röhrchen *a* blasen (Bild 119), das in eine Düse ausläuft, wird der Druck der Luft an der engen Austrittsöffnung vermindert. So hat die Luft über dem Rohr *b* einen geringeren Druck, und deshalb treibt der Druck der Atmosphäre die Flüssigkeit aus dem Glas in das Rohr nach oben. Hinter der Öffnung gelangt die Flüssigkeit in den Strahl der vorüberstreichenden Luft und wird in ihm zerstäubt.

Jetzt wollen wir untersuchen, worin die Ursache der Anziehung der Schiffe liegt. Wenn zwei Schiffe parallel zueinander fahren, so befindet sich zwischen ihren Bordwänden ein Wasserkanal. In einem gewöhnlichen Kanal sind die Ufer unbeweglich, aber das Wasser bewegt sich. Hier ist es umgekehrt. Das Wasser ist unbeweglich, aber die Wände bewegen sich. Die Wirkung der Kräfte ist dabei keinesfalls geringer. In den schmalen Stellen des beweglichen Kanals drückt das Wasser weniger

231

auf die Wände als in dem Raum rings um die Schiffe. Mit anderen Worten, die Bordwände der Schiffe, die einander zugewandt sind, erhalten seitens des Wassers einen geringeren Druck als die äußeren Seiten der Schiffe. Was muß infolgedessen geschehen? Die Schiffe müssen sich unter dem Druck des äußeren Wassers aufeinander zu bewegen, und es ist selbstverständlich, daß ein kleineres Schiff merklich verschoben wird, während ein größeres Schiff fast unbewegt bleibt. Daher zeigt sich die Anziehung mit besonderer Kraft, wenn ein großes Schiff schnell an einem kleinen vorüberfährt.

Die Anziehung von Schiffen wird folglich durch die saugende Wirkung strömenden Wassers hervorgerufen. Dadurch wird auch die Gefährlichkeit von Stromschnellen für Badende durch die saugende Wirkung der Wasserstrudel erklärlich. Man kann ausrechnen, daß die Strömung des Wassers in einem Fluß bei einer angenommenen Geschwindigkeit von 1 m/s den menschlichen Körper mit einer Kraft von etwa 300 N hineinzieht! Dieser Kraft zu widerstehen ist nicht leicht, besonders im Wasser, wo uns die Gewichtskraft unseres Körpers nicht hilft, die Standfestigkeit aufrecht zu erhalten. Schließlich erklärt sich auch die anziehende Wirkung eines schnell vorüberfahrenden Zuges aus dem *Bernoulli*schen Prinzip. Ein Zug mit einer Geschwindigkeit von 50 km/h zieht einen in der Nähe stehenden Menschen mit einer Kraft von ungefähr 80 N an.

Die Erscheinungen, die aus dem „*Bernoulli*schen Prinzip" hervorgehen, sind in den Kreisen der Laien wenig bekannt, obwohl sie sehr häufig auftreten. Es wird daher dienlich sein, ausführlicher darauf einzugehen.

DAS BERNOULLISCHE PRINZIP UND SEINE FOLGERUNGEN

Das Prinzip wurde erstmals im Jahre 1726 von *Daniel Bernoulli* ausgesprochen und besagt: In einem Strahl Wasser oder Luft ist der statische Druck groß, wenn die Geschwindigkeit klein ist, und der Druck ist klein, wenn die Geschwindigkeit groß ist. Es bestehen bestimmte Einschränkungen dieses Prinzips, aber wir werden hier nicht auf diese eingehen.

Bild 121 illustriert dieses Prinzip.

Durch das Rohr *AB* wird Luft geblasen. Wenn der Querschnitt des Rohres klein ist, wie bei *a*, ist die Geschwindigkeit der Luft groß. Dort aber, wo der Querschnitt groß ist, wie bei *b*, ist die Geschwindigkeit der

Luft klein. Dort, wo die Geschwindigkeit groß ist, muß der statische Druck klein sein. Aber wo die Geschwindigkeit klein ist, muß der statische Druck groß sein. Folglich wird durch niedrigen Luftdruck bei *a* die Flüssigkeit im Rohr *C* angehoben. Gleichzeitig zwingt der große statische Druck bei *b* die Flüssigkeit, in dem Rohr *D* zu sinken.

Auf Bild 122 ist ein Rohr *T* an einer Scheibe *DD* befestigt. Es wird Luft durch das Rohr *T* geblasen und weiter an einer freibeweglichen Scheibe

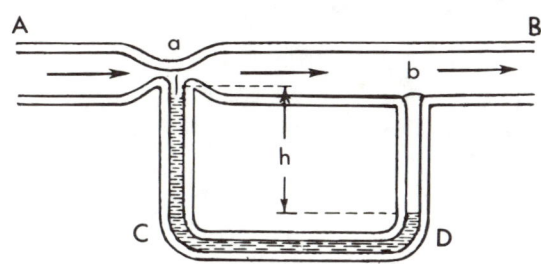

Bild 121 Illustration des *Bernoulli*schen Prinzips. Im dem schmalen Teil (*a*) des Rohres *AB* ist der Druck kleiner als in dem breiten Teil (*b*).

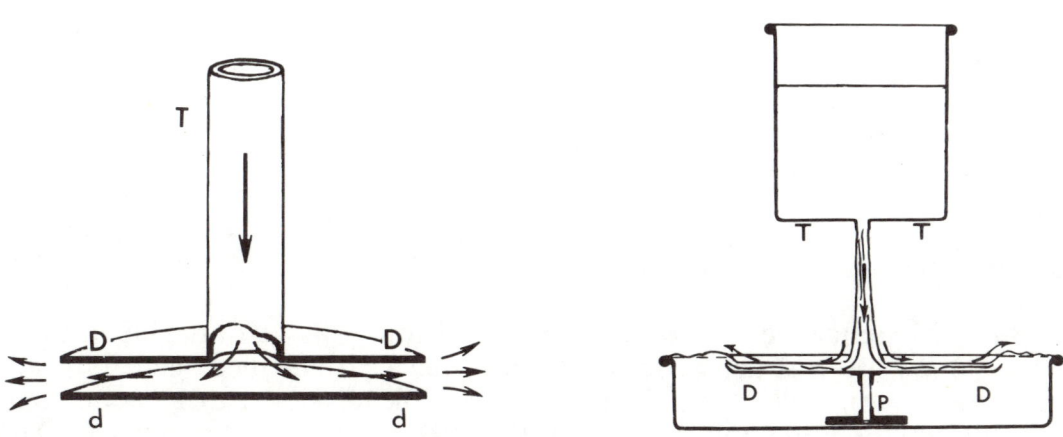

Versuch mit Scheiben

Bild 122

Bild 123 Die Scheibe *DD* steigt auf dem Stift *P* auf, wenn über sie der Wasserstrahl aus dem Behälter fließt.

233

dd vorbei[1]. Die Luft zwischen den zwei Scheiben hat eine große Geschwindigkeit. Aber diese Geschwindigkeit verringert sich schnell mit der Annäherung an die Scheibenränder, weil der Querschnitt des Luftstromes schnell anwächst und die Reibung die Luft hemmt. Der statische Druck der die Scheibe umgebenden Luft ist groß, weil deren Geschwindigkeit null ist. Der statische Druck der Luft zwischen den

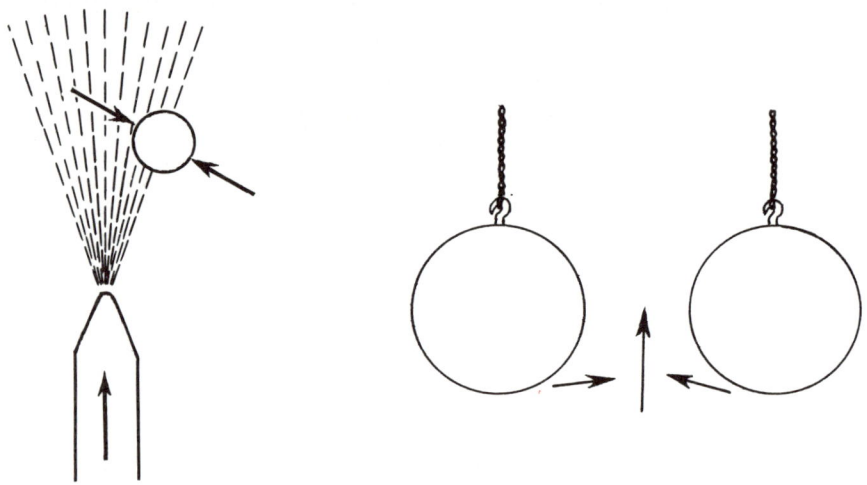

Bild 124 Ein Tischtennisball, der in einem Luftstrahl hängt.

Bild 125 Wenn zwischen die beiden leichten Kugeln geblasen wird, nähern sie sich bis zur Berührung.

Scheiben ist klein, weil die Geschwindigkeit groß ist. Als Ergebnis wird die Scheibe *dd* an die Scheibe *DD* um so stärker angepreßt, je stärker der Luftstrom *T* ist.

Bild 123 stellt eine Analogie zu Bild 122 mit Wasser dar. Das schnell bewegte Wasser auf der Scheibe *DD* befindet sich auf niedrigem Niveau und steigt von selbst zu dem höheren Spiegel des ruhig stehenden Wassers im Behälter auf, wenn der Rand der Scheibe gebogen ist. Das

---

[1] Dieser Versuch kann einfach durchgeführt werden, indem man eine Garnrolle und eine Papierscheibe verwendet. Damit die Scheibe nicht zur Seite rutscht, steckt man eine Stecknadel durch, die in das Loch der Garnrolle geführt wird.

ruhige Wasser unter der Scheibe hat einen höheren statischen Druck als das bewegte Wasser über der Scheibe. Folglich hebt sich die Scheibe. Der Stift *P* verhindert die seitliche Verschiebung der Scheibe.

Bild 124 zeigt einen Tischtennisball, der in einem Luftstrahl schwebt.

Ein Luftstrahl trifft auf die Kugel und läßt sie nicht fallen. Wenn die Kugel aus dem Strahl entweicht, treibt sie die umgebende Luft in den Strahl zurück, da der Druck der umgebenden Luft größer ist als im Luftstrahl.

Die in Verbindung mit Bild 125 beschriebene Erscheinung läßt sich demonstrieren, indem man Luft zwischen zwei leichten Gummikugeln hindurchbläst. Wenn zwischen ihnen Luft hindurchgeblasen wird, nähern sie sich und schlagen zusammen.

DER SINN DER SCHWIMMBLASE

Darüber, welche Rolle die Schwimmblase der Fische spielt, spricht und schreibt man gewöhnlich – scheinbar völlig der Wahrheit entsprechend – folgendes: Damit der Fisch aus der Tiefe an die Wasseroberfläche schwimmen kann, bläst er seine Schwimmblase auf. Dadurch vergrößert sich das Volumen seines Körpers, die Gewichtskraft des verdrängten Wassers wird größer als seine eigene Gewichtskraft. Nach dem Gesetz des Auftriebs gelangt der Fisch nach oben. Um mit dem Aufsteigen aufzuhören oder nach unten zurückzukehren, zieht er dagegen seine Schwimmblase zusammen. Das Volumen des Körpers und mit ihm auch die Gewichtskraft des verdrängten Wassers verringert sich, und der Fisch sinkt an den Grund.

Diese vereinfachte Vorstellung über den Sinn der Schwimmblase der Fische geht zurück auf die Wissenschaftler der Florentinischen Akademie (17. Jahrhundert) und wurde von Professor *Borelli* im Jahre 1685 ausgesprochen. Im Verlaufe von über 200 Jahren galt sie ohne Widerspruch und wurde in den Lehrbüchern dargelegt. Erst durch die Arbeiten neuerer Forscher wurde die völlige Unhaltbarkeit dieser Theorie bewiesen.

Die Schwimmblase steht zweifellos in engem Zusammenhang mit dem Schwimmen der Fische, weil sich Fische, bei denen für Versuche die Schwimmblase künstlich entfernt wurde, nur unter angestrengtem Arbeiten mit den Flossen im Gleichgewicht halten konnten. Bei Unterbrechung dieser Arbeit fielen sie auf den Grund.

Ein Schneiderfisch in chloroformiertem Zustand wird in einem geschlossenen Gefäß mit Wasser untergebracht. In diesem wird erhöhter Druck aufrechterhalten ähnlich dem, der in gewisser Tiefe in natürlichen Gewässern herrscht. Auf der Wasseroberfläche liegt der Fisch regungslos mit dem Bauch nach oben. Wurde er etwas tiefer eingetaucht, steigt er von neuem zur Oberfläche auf. Wird er näher zum Grund gebracht, fällt er auf den Boden. Nur im Zwischenraum zwischen beiden Lagen existiert eine Wasserschicht, in der sich der Fisch im Gleichgewicht befindet – er sinkt nicht und steigt auch nicht nach oben.

Bei vollkommener Ausbildung ist die Gasfüllung der Blase durch eine Gasdrüse und durch gasaufsaugende, dünnhäutige Stellen der Wand so geregelt, daß sich der Fisch innerhalb gewisser Grenzen sowohl in größerer als auch in geringerer Tiefe – also bei höherem oder niedrigerem auf ihm lastenden Wasserdruck – mit dem Wasser im Gleichgewicht halten kann. Er schwebt demzufolge völlig mühelos in dem ihn umgebenden Wasser.

WELLEN, WIRBEL UND STRÖMUNGSERSCHEINUNGEN

Viele alltägliche physikalische Erscheinungen kann man nicht mit Hilfe elementarer Gesetze aus der Physik erklären. Sogar solch eine häufig beobachtete Erscheinung wie das Wogen des Meeres an einem windigen Tag läßt sich nicht im Rahmen des Schulunterrichts in Physik erschöpfend erklären. Wodurch werden die Wellen hervorgerufen, die im ruhigen Wasser von der Spitze eines fahrenden Dampfers ausgehen? Warum flattert eine Fahne bei windigem Wetter?

Warum setzt sich der Sand an den Ufern des Meeres wellenförmig ab? Warum wältzt sich der Rauch in Wirbeln fort, der aus den Fabrikschornsteinen quillt?

Um diese und ähnliche andere Erscheinungen zu erklären, muß man die Besonderheiten der sogenannten *wirbelnden* Bewegung der Flüssigkeiten und Gase kennen.

Wir stellen uns eine Flüssigkeit vor, die in einem Rohr strömt. Wenn sich dabei alle Flüssigkeitsteilchen längs des Rohres auf parallelen Linien bewegen, haben wir den einfacheren Fall der Flüssigkeitsbewegung vor uns: die ruhige, schlichte oder glatte oder, wie die Physiker sagen, die „laminare" Strömung. Jedoch ist das keineswegs der häufigste Fall. Im Gegenteil, weitaus häufiger fließen die Flüssigkeiten in Rohren unruhig.

Von den Wänden des Rohres laufen Wirbel zu seiner Achse. Das ist die wirbelnde oder *turbulente* Strömung. So fließt zum Beispiel das Wasser in den Rohren des Wasserleitungsnetzes (wenn es nicht enge Rohre sind, in denen die Strömung laminar ist). Die wirbelnde Strömung tritt dann auf, wenn die Strömungsgeschwindigkeit einer gegebenen Flüssigkeit im

Bild 126

Rohr (mit gegebenem Durchmesser) eine bestimmte Größe übersteigt, die sogenannte *kritische* Geschwindigkeit[1].

Die Wirbel der im Rohr strömenden Flüssigkeit kann man für die

---

[1] Die kritische Geschwindigkeit für jede Flüssigkeit ist direkt proportional der Zähigkeit der Flüssigkeit und umgekehrt proportional ihrer Dichte und dem Durchmesser des Rohres, durch das die Flüssigkeit strömt.

Augen sichtbar machen, wenn man der durchsichtigen Flüssigkeit, die in einem Glasrohr fließt, Staub beigibt, zum Beispiel Lycopodium (Bärlappsamen). Dann unterscheiden sich klar die Wirbel, die sich von den Wänden des Rohres ablösen.

Diese Besonderheit der wirbelnden Strömung wird in der Technik bei der Konstruktion von Kühlschränken und Kälteanlagen ausgenutzt. Die

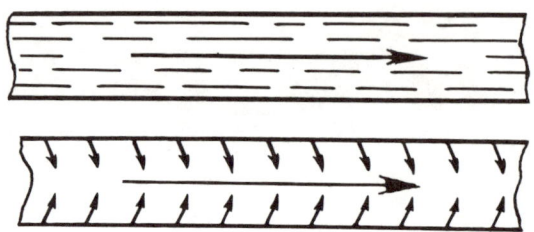

Bild 127 Ruhige („laminare") Flüssigkeitsströmung im Rohr. Wirbelnde („turbulente") Flüssigkeitsströmung im Rohr

Flüssigkeit, die turbulent in einem Rohr mit abgekühlten Wänden strömt, führt wesentlich schneller alle ihre Teilchen an die kühlen Wände, als bei einer Bewegung ohne Wirbel. Man muß wissen, daß die Flüssigkeiten an sich schlechte Wärmeleiter sind. Wenn eine Vermengung fehlt, werden sie sehr langsam kalt oder warm. Der lebhafte Wärme- und Stoffaustausch des Blutes mit den umspülten Geweben ist nur dadurch möglich, daß seine Strömung in den Blutgefäßen nicht laminar, sondern turbulent ist.

Das über Rohre Gesagte gilt ebenso bei offenen Kanälen und Flußbetten. In Kanälen und Flüssen fließt das Wasser turbulent. Bei genauer Messung der Strömungsgeschwindigkeit eines Flusses zeigt das Instrument ein pulsierendes Fließen an, besonders in Nähe des Grundes. Das Pulsieren deutet auf eine dauernde Änderung der Strömungsrichtung hin, das heißt auf Wirbel. Die Teilchen des Flußwassers bewegen sich nicht nur längs des Flußbettes, wie man sich gewöhnlich vorstellt, sondern auch von den Ufern zur Mitte. Daher ist auch der Gedanke falsch, daß das Wasser in der Tiefe des Flusses das ganze Jahr über ein und dieselbe Temperatur hat, nämlich + 4 °C. Infolge der Vermischung ist die Temperatur von fließendem Wasser dicht am Grunde eines Flusses (nicht eines Sees) die gleiche wie an der Oberfläche.

Die Wirbel, die sich am Grunde des Flusses bilden, reißen Sand mit sich und erzeugen „Sandwellen". Das gleiche kann man an sandigem Meeresstrand sehen, der von überlaufenden Wellen umspült wird (Bild 128). Wäre die Wasserströmung nahe am Grunde ruhig, dann hätte der Sand am Boden eine glatte Oberfläche.

Dicht an der Oberfläche wasserumspülter Körper bilden sich also Wirbel. Ihre Existenz zeigt uns zum Beispiel eine Leine, die, wenn sie in

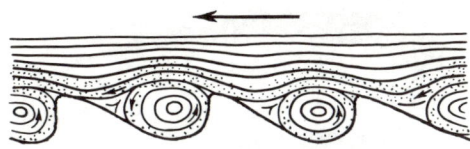 

Bild 128 Bildung von Sandwellen am Meeresstrand durch die Wellenwirkung

Bild 129 Wellenförmige Bewegung eines Seiles in fließendem Wasser, bedingt durch Wirbelbildung.

die Wasserströmung gehalten wird, sich schlangenförmig windet. Was geschieht hier? Das Seilstück, in dessen Nähe sich der Wirbel ausbildet, wird durch diesen mitgerissen. Aber im nächsten Moment wird das Stück schon von einem anderen Wirbel nach der entgegengesetzten Seite bewegt, und so entsteht die Schlangenbewegung (Bild 129).

Von den Flüssigkeiten gehen wir über zu den Gasen, vom Wasser zur Luft. Wer hat nicht gesehen, wie Luftwirbel Staub, Stroh oder ähnliches mit sich gerissen haben? Das ist der Beweis für die wirbelnde Strömung der Luft längs der Erdoberfläche. Aber wenn die Luft in Wirbeln an der Wasseroberfläche entlang streicht, so wird die ebene Oberfläche an diesen Stellen gestört. Die über diese Unebenheit strömende Luft erhöht an dieser Stelle die Strömungsgeschwindigkeit und durch den entstehenden Sog wird das Wasser noch mehr emporgehoben – es bilden sich Wogen. Auf die gleiche Weise entstehen die Sandwellen in der Wüste und an den Abhängen der Dünen.

Jetzt ist leicht zu verstehen, warum eine Fahne im Winde flattert. Mit ihr geschieht das gleiche wie mit der Leine im fließenden Wasser. Die starre Platte einer Wetterfahne behält bei Wind keine genaue Richtung bei, sondern bewegt sich wegen der entstehenden Wirbel ständig hin und her. Durch die Wirbelströmung entstehen auch die wälzenden Qualmwolken, die aus den Fabrikschornsteinen quellen. Die Feuerungsgase strömen aus dem Rohr in Form von langen Wirbelzöpfen. Diese entstehen dadurch, daß der am Schornsteinrand außen infolge der Luftströmung (Wind) entstehende Sog den Rauch nach außen über den Schornsteinrand herauszieht.

Strömungsvorgänge besitzen für die Luftfahrt eine große Bedeutung. Die Auftriebskräfte an den Tragflächen der Flugzeuge werden durch das

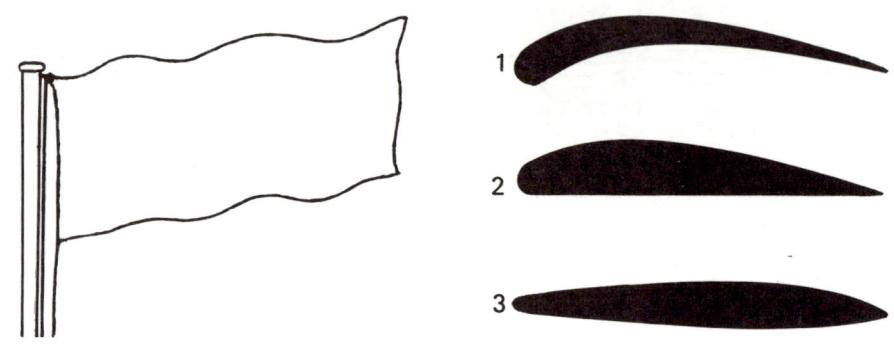

Bild 130   Im Winde flatternde Fahne

Bild 131   Flügelprofile für:
1 niedrige Fluggeschwindigkeit (Vogel, Flugmodell)
2 mittlere Fluggeschwindigkeit (Sportflugzeug)
3 hohe Fluggeschwindigkeit (Jagdflugzeug)

Profil dieser Tragflächen erzeugt. Beim Umströmen des Profils entsteht über demselben ein Unterdruck, dessen Wirkung durch entsprechende Vorgänge an der Unterseite des Tragflächenprofils noch verstärkt wird. Diese Druckkräfte tragen das Flugzeug.

Genau nach dem gleichen Prinzip schuf die Natur im Vogelflügel das Vorbild für die Tragfläche des Flugzeuges und von diesem Vorbild holten sich die Menschen auch ihre Erkenntnisse (Bild 131).

Ein Gewitter naht. Den ersten Windstößen folgt, fast ohne Übergang, der Sturm, der über Zäune, Bäume und Häuser dahinfegt. Heu, Staub und Papierfetzen werden emporgewirbelt und dann fliegt plötzlich mit Geklapper und Getöse das Ziegeldach des Nachbarhauses davon.

Wie konnte das geschehen?

Auch hier wirkten nur die einfachen Naturgesetze, die sich aus den Strömungsvorgängen ergeben. In der über den Dachfirst strömenden

Luft stellt sich ein gegenüber dem Luftdruck verminderter statischer Druck ein. Die unter dem Dach ruhende Luft beginnt hervorzuströmen und hebt die Dachziegel an. Vom Sturmwind erfaßt fliegen sie davon. Auch große Fensterscheiben werden bei Wind durch die gleiche Ursache von innen herausgedrückt (sie zerbrechen nicht durch den Überdruck von außen).

EINE REISE INS INNERE DER ERDE

Noch kein einziger Mensch gelangte tiefer in die Erde als 3,3 km, dagegen beträgt der Radius der Erdkugel etwa 6400 km. Bis zum Zentrum der Erde verbleibt noch ein sehr weiter Weg. Trotzdem schickte der erfinderische *Jules Verne* seine Helden tief ins Innere der Erde – den Sonderling Professor Lindenbrock und seinen Neffen Axel. In dem Roman „Reise ins Innere der Erde" beschrieb er die ungewöhnlichen Abenteuer dieser unterirdisch Reisenden. Zu den unvermuteten Ereignissen, die ihnen unter der Erde widerfuhren, zählte unter anderen auch die Vergrößerung der Luftdichte. Beim Aufsteigen nach oben wird die Luft sehr schnell dünner. Ihre Dichte vermindert sich in einer geometrischen Reihe, während die Höhe des Aufstiegs in arithmetischer Reihe wächst. Dagegen muß bei einer Bewegung nach unten, tiefer als der Meeresspiegel, die Luft unter dem Druck höher gelegener Schichten immer dichter werden. Natürlich konnte dies für die unterirdisch Reisenden nicht unbemerkt bleiben.

Das folgende Gespräch führte der gelehrte Onkel mit seinem Neffen in einer Tiefe von 12 Lieue (etwa 50 km) im Innern der Erde.

„Sieh nach: Was zeigt das Manometer?" fragte der Onkel.

„Sehr hohen Druck."

„Jetzt kannst du sehen, daß wir uns, wenn wir langsam tiefer gelangen, allmählich an die verdichtete Luft gewöhnen und nicht im geringsten darunter leiden."

„Wenn man die Ohrenschmerzen nicht zählt!"

„Das macht nichts."

„Gut", antwortete ich, um dem Onkel nicht zu widersprechen. „Es ist in verdichteter Luft sogar angenehm. Hast du gemerkt, wie laut in ihr die gesprochenen Wörter ertönen?"

„Natürlich. In dieser Atmosphäre könnte sogar ein Tauber hören."

„Aber die Luft wird immer dichter werden. Wird sie am Ende die Dichte des Wassers annehmen?"

241

„Natürlich: bei einem Druck von 770 Atmosphären (78 MPa)."
„Und noch tiefer?"
„Die Dichte vergrößert sich noch mehr."
„Wie werden wir dann hinunterfallen?"
„Als hätten wir die Taschen mit Steinen gefüllt."
„Ja, Onkel, du hast auf alles eine Antwort!"
Ich hörte auf, weiter auf dieses Gebiet von Vermutungen einzugehen, weil ich mir sonst wieder irgendeine Schwierigkeit ausgedacht hätte, die meinen Onkel erzürnt hätte. Es war jedoch offensichtlich, daß unter dem Druck von einigen tausend Atmosphären die Luft in den *festen* Zustand übergehen kann, und dann, vorausgesetzt, daß wir den Druck ertragen könnten, würde alles zum Stillstand kommen. Dann helfen uns auch keine Streitgespräche.

PHANTASIE UND MATHEMATIK

So berichtet der Romanschriftsteller. Dies wird aber nicht bewiesen. Überprüfen wir also die Fakten, von denen in diesem Ausschnitt gesprochen wird, auf ihre Richtigkeit hin. Dazu brauchen wir nicht ins Zentrum der Erde hinabzusteigen. Für einen kleinen Ausflug ins Gebiet der Physik ist es völlig ausreichend, sich mit Bleistift und Papier auszurüsten.

Zuerst versuchen wir festzustellen, in welche Tiefe man gelangen muß, damit der Druck der Atmosphäre um 1/1000 anwächst. Der normale atmosphärische Druck (1013 hPa $\approx$ 0,1 MPa) entspricht der Gewichtskraft einer 760 mm hohen Quecksilbersäule. Wenn wir nicht in Luft, sondern in Quecksilber untertauchen würden, müßten wir 760 mm : 1000 = 0,76 mm hinuntersinken, damit sich der Druck um 1/1000 vergrößert. In Luft aber müßten wir uns dazu wesentlich tiefer herablassen, und zwar um sovielmal, um wievielmal leichter die Luft als Quecksilber ist – um 10 500mal. Das heißt, damit sich der Druck um den tausendsten Teil des normalen Druckes steigert, müssen wir nicht nur 0,76 mm sinken wie im Quecksilber, sondern 0,76 · 10 500, das sind fast 8 m. Wenn wir uns um weitere 8 m herablassen, steigt der Druck wieder um 1/1000 seiner Größe an usf.[1] Auf welchem Niveau wir uns auch

---

[1] Die folgende 8-m-Schicht der Luft ist dichter als die vorhergehende. Deswegen wird die Druckzunahme nach ihrem absoluten Wert größer als in der vorhergehenden Schicht. Sie muß auch größer sein, weil nun der tausendste Teil eines größeren Wertes hinzukommt.

befinden – an der untersten „Grenze der Erde" (22 km), auf dem Gipfel des Mount Everest (9 km) oder unter dem Meeresspiegel – wir müssen um 8 m tiefer gehen, damit der Druck der Atmosphäre um den tausendsten Teil seiner Anfangsgröße anwächst. So erhält man die folgende Tabelle für den Anstieg des Luftdruckes mit der Tiefe:

An der Erdoberfläche ist der Druck 1013 hPa (760 mm Hg) = Normaldruck

in   8 m Tiefe ist der Druck 1,001 des Normaldruckes

in $2 \cdot 8$ m Tiefe ist der Druck $(1,001)^2$ des Normaldruckes

in $3 \cdot 8$ m Tiefe ist der Druck $(1,001)^3$ des Normaldruckes

in $4 \cdot 8$ m Tiefe ist der Druck $(1,001)^4$ des Normaldruckes.

In der Tiefe $n \cdot 8$ m ist der Druck der Atmosphäre $(1,001)^n$ mal so groß wie der Normaldruck. Solange der Druck nicht sehr groß ist, vergrößert sich in gleichem Maße auch die Dichte der Luft (*Mariotte*sches Gesetz).

Wir sehen, daß in dem gegebenen Falle, wie aus dem Roman ersichtlich ist, über ein Eindringen in die Erde von insgesamt 48 km gesprochen wird, aber daß die Verminderung der Schwerkraft und damit die Verringerung der Gewichtskraft der Luft nicht in der Rechnung berücksichtigt wurde.

Jetzt soll berechnet werden, wie groß zum Beispiel der Druck war, den die unterirdisch Reisenden von *Jules Verne* in 48 km (48 000 m) Tiefe aushalten mußten. In unserer Formel beträgt $n = 48\,000 : 8 = 6000$. Man muß also $(1,001)^{6000}$ ausrechnen. Da die Zahl 1,001 hierzu 6000mal mit sich selbst zu multiplizieren ist, ist das eine recht langweilige Beschäftigung und nimmt viel Zeit in Anspruch. Wir nehmen jedoch die Logarithmen zu Hilfe, über die *Laplace* sehr richtig sagte, daß sie das Leben der Rechner verdoppeln, indem sie den Arbeitsaufwand verkürzen.[1] Wenn wir logarithmieren, erhalten wir den Logarithmus der Unbekannten zu

$$6000 \cdot \lg 1,001 = 6000 \cdot 0,00043 = 2,58.$$

---

[1] Wer aus der Schule eine Abneigung gegenüber Logarithmentafeln mitbringt, wird seine unfreundliche Einstellung zu diesen möglicherweise ändern, wenn er sich mit der Beschreibung ihrer Eigenschaften vertraut macht, die der große französische Astronom gegeben hat. Hier eine Stelle aus „Beschreibungen des Weltsystems": „Die Erfindung der Logarithmen, die die Rechenarbeit von einigen Monaten auf einige Tage verkürzt, verlängert gleichsam das Leben der Astronomen und befreit sie von Fehlern und Erschöpfungen, die bei langen Berechnungen unvermeidlich sind."

Aus dem Logarithmus 2,58 erhalten wir die gesuchte Zahl, sie beträgt 381.

In 48 km Tiefe ist demnach der Luftdruck etwa 400mal so groß wie der Normaldruck. Wie Versuche erwiesen, wächst unter diesem Druck die Dichte der Luft auf das 315fache. Daher ist es zweifelhaft, daß unsere unterirdisch Reisenden nichts weiter empfanden als nur „Ohrenschmerzen"... In dem Roman von *Jules Verne* wird trotzdem darüber gesprochen, daß die Menschen noch größere unterirdische Tiefen erreichten, nämlich 120 und sogar 350 km. Der Luftdruck müßte dort ungeheure Werte erreichen. Der Mensch kann aber, ohne Schaden zu nehmen, nur einen Luftdruck von höchstens 0,3 bis 0,4 MPa aushalten.

Wenn wir nach der Formel ausrechnen würden, in welcher Tiefe die Luft die gleiche Dichte annimmt wie Wasser, d. h. 770mal dichter wird, erhielten wir als Ergebnis 53 km. Aber dieses Resultat ist falsch, weil bei hohen Drücken die Dichte der Gase nicht mehr dem Druck proportional ist. Das Gesetz von *Mariotte* stimmt nur für nicht übermäßig hohe Drücke, die das 100fache des Normaldruckes ($100\,p_n \approx 10$ MPa) nicht übersteigen. Diese Angaben über die Luftdichte wurden aus Versuchen gewonnen ($p_n = 1013$ hPa $\approx 0,1$ MPa):

Druck	Dichtezunahme	Druck	Dichtezunahme
$200\,p_n$	190fach	$1500\,p_n$	513fach
400	315	1800	540
600	387	2100	564

Wir sehen, daß die Steigerung der Dichte bedeutend hinter dem Anwachsen des Druckes zurückbleibt. Vergeblich hoffte der Wissenschaftler des *Jules Verne*, daß er eine Tiefe erreicht, wo Luft dichter als Wasser ist. Das war nicht zu erwarten, weil Luft die Dichte von Wasser erst bei etwa 300 MPa Druck erreicht, und weiter läßt sie sich kaum noch komprimieren. Davon, daß Luft in festem Zustand allein durch Druck, ohne starke Abkühlung (unter $-146\,°C$), übergeht, kann keine Rede sein.

Zur Richtigstellung sei jedoch darauf hingewiesen, daß der erwähnte Roman von *Jules Verne* schon lange erschienen war, bevor die hier angeführten Fakten bekannt wurden. Das entschuldigt den Verfasser, wenn es auch den Bericht nicht verbessert.

Wir benutzen noch einmal die früher abgeleitete Formel, um die größte Tiefe eines Schachtes auszurechnen, in der sich der Mensch aufhalten kann, ohne an seiner Gesundheit Schaden zu nehmen. Der größte Luftdruck, den unser Organismus noch aushalten kann, beträgt 0,3 MPa, d. h. das 3fache des Normalluftdrucks. Wenn wir die unbekannte Tiefe des Schachtes mit x bezeichnen, erhalten wir die Gleichung

$$(1{,}001)^{x/8} = 3,$$

aus der wir (durch Logarithmieren) x berechnen. Wir erhalten x = 8870 m. Der Mensch könnte sich, ohne Schaden zu nehmen, in fast 9 km Tiefe aufhalten. Wenn der Stille Ozean plötzlich austrocknen würde, könnten fast überall auf seinem Grunde Menschen leben.

IM TIEFEN SCHACHT

Wer arbeitete sich am weitesten zum Erdzentrum vor – nicht in der Phantasie des Romanschriftstellers, sondern in der Wirklichkeit? Natürlich die Bergleute. Wir wissen schon, daß der tiefste Schacht der Welt in Südafrika gegraben wurde. Er führt mehr als 3 km in die Tiefe. Hier ist nicht die Tiefe des Vordringens eines Bohrkopfes gemeint, der 11,6 km erreichte, sondern das Eindringen der Menschen selbst. So berichtet zum Beispiel ein französischer Schriftsteller über den Schacht einer Grube (ungefähr 2300 m tief), den er persönlich besuchte.

„400 km von Rio de Janeiro entfernt befinden sich Goldgruben. Nach 16 Stunden Fahrt mit der Eisenbahn durch felsiges Gelände gelangt ihr in ein tiefes Tal, das vom Dschungel umschlossen ist. Hier beutet eine englische Gesellschaft Goldadern in einer Tiefe aus, die früher ein Mensch niemals erreichte.

Die Ader verläuft schräg in die Tiefe. Die Grube folgt ihr in sechs Stufen. Vertikal verlaufen die Schächte, horizontal die Stollen. Außerordentlich charakteristisch für die dort herrschende Gesellschaftsordnung ist, daß der tiefste Schacht, der in die Rinde der Erdkugel getrieben wurde, auf der Suche nach Gold angelegt wurde.

Zieht einen Segeltuch-Arbeitsanzug und eine Lederjoppe über! Es ist sehr gefährlich. Ein kleines Steinchen, das in den Schacht fällt, kann euch verletzen. Euch wird einer der Schachtaufseher begleiten. Ihr geht in den ersten, gut beleuchteten Stollen. Euch erfaßt ein Schauer infolge der kühlen Luft von 4 °C. Das ist die Ventilation zur Abkühlung der Grube in der Tiefe.

Nachdem ihr in einem engen Korb im ersten Schacht 700 m tief eingefahren seid, gelangt ihr in den zweiten Stollen. Von hier aus steigt ihr in den zweiten Schacht hinein, die Luft wird wärmer. Ihr befindet euch schon unter dem Meeresspiegel.

Wenn ihr zum nächsten Schacht kommt, ist die Luft dort schon außerordentlich heiß. Schweißüberströmt und gebückt bewegt ihr euch unter dem niedrigen Gewölbe auf das Gebrüll der Bohrmaschinen zu. Im dichten Staub arbeiten entblößte Menschen. An ihren Körpern rinnt der Schweiß herab, ihre Hände reichen ununterbrochen die Wasserflasche weiter. Faßt keine Erzbruchstücke an, die gerade losgehauen wurden: Ihre Temperatur beträgt 57°C.

Und das ist das Ergebnis dieser grauenhaften, abscheulichen Arbeit: Ungefähr 10 Kilogramm Gold am Tage…"

Bei der Beschreibung der physischen Anstrengung am Grunde der Grube und der äußersten Ausbeutung der Arbeiter weist der französische Schriftsteller auf die hohe Temperatur hin, aber er erwähnt nicht den erhöhten Luftdruck. Wir rechnen aus, wie groß er in 2300 m Tiefe ist. Wenn die Temperatur die gleiche bliebe wie an der Erdoberfläche, so würde entsprechend der uns schon geläufigen Formel die Dichte der Luft

$$(1,001)^{2300/8} = 1,33\text{mal}$$

so groß sein.

Tatsächlich bleibt aber die Temperatur nicht unverändert, sondern erhöht sich. Daher wächst die Dichte der Luft nicht in diesem großen Maße, sondern weniger an. Letzten Endes unterscheidet sich die Luft am Boden des Schachts bezüglich der Dichte von der Luft an der Erdoberfläche kaum mehr, als die Luft eines schwülen Sommertages von der frostigen Luft im Winter. Jetzt ist verständlich, warum dieser Umstand nicht die Aufmerksamkeit der Besucher der Grube auf sich zog.

Dagegen hat eine große Bedeutung die erhebliche Luftfeuchtigkeit in diesen tiefen Erzschächten, die bei hoher Temperatur den Aufenthalt in ihnen unerträglich macht. In einer südafrikanischen Erzgrube (Johannesburg) von 2553 m Tiefe beträgt bei 50 °C die Feuchtigkeit 100 Prozent. Hier schafft man jetzt ein sogenanntes „künstliches Klima", wobei die Kühlwirkung der Anlage gleichbedeutend mit der von 2000 t Eis ist.

MIT DEM BALLON IN DIE STRATOSPHÄRE

In den vorhergehenden Kapiteln reisten wir in Gedanken zum Erdzentrum, wobei uns die Formel von der Abhängigkeit des Luftdruckes von der Tiefe half. Wir wollen jetzt nach oben steigen und unter Verwendung der gleichen Formel feststellen, wie sich der Luftdruck in großen Höhen ändert. Für diesen Fall erhält die Formel die Form

$$p = 0{,}999^{h/8} \, ,$$

wobei durch p der Druck als Vielfaches des Normaldruckes p_n und durch h die Höhe in Metern bezeichnet wird. 0,999 ersetzt hier die Zahl 1,001, weil beim Aufsteigen um 8 m nach oben der Druck nicht um 0,001 anwächst, sondern sich um 0,001 *vermindert*.

Zuerst lösen wir die Aufgabe: wie hoch muß man gelangen, damit sich der Druck *auf die Hälfte* vermindert?

Für den Ansatz ist in unserer Formel der Druck $p = 0{,}5 \, p_n$ zu setzen, und wir suchen die Höhe h. Wir erhalten die Gleichung

$$0{,}5 - 0{,}999^{h/8} \, ,$$

die zu lösen für die Leser keine Schwierigkeit bedeutet, die mit den Logarithmen umgehen können. Das Ergebnis $h = 5{,}6$ km stellt die Höhe dar, in der sich der Luftdruck auf die Hälfte vermindern muß.

Jetzt gehen wir noch höher auf der Spur kühner sowjetischer Luftfahrer, die Höhen von 19 und 22 km erreichten. Diese hohen Zonen der Atmosphäre befinden sich schon in der sogenannten „Stratosphäre". Ich glaube nicht, daß sich unter den Angehörigen der älteren Generation auch nur einer befindet, der nicht die Namen der sowjetischen Stratosphärenballons „CCCP" und „OAX-1" gehört hätte. Sie stellten in den Jahren 1933 und 1934 Höhenweltrekorde auf: der erste erreichte 19 km, der zweite 22 km.

Wir versuchen zu berechnen, welchen Druck die Luft in diesen Höhen hat.

Für die Höhe 19 km finden wir, daß der Luftdruck betragen muß

$$0{,}999^{19\,000/8} \, p_n = 0{,}093 \, p_n = 94 \text{ hPa} \, .$$

Für die Höhe 22 km

$$0{,}999^{22\,000/8} \, p_n = 0{,}064 \, p_n = 65 \text{ hPa} \, .$$

Werfen wir jedoch einen Blick in die Aufzeichnungen der Stratonauten, so stellen wir fest, daß in den genannten Höhen andere Drücke gemessen wurden: in 19 km Höhe 65 hPa, in 22 km Höhe 60 hPa. Warum wird die Rechnung nicht bestätigt? Worin besteht unser Fehler?

Das *Mariotte*sche Gesetz für Gase ist bei so kleinen Drücken voll anwendbar, aber dieses Mal unterlief uns ein anderes Versehen. Wir nahmen an, daß die Lufttemperatur in der ganzen 20-km-Schicht die gleiche ist, während sie mit der Höhe erheblich sinkt. Im Mittel nimmt man an, daß die Temperatur beim Aufstieg nach jedem Kilometer um 6,5 K sinkt. So geht das vor sich bis 11 km Höhe, wo die Temperatur $-56\,°C$ (217 K) beträgt. Weiter bleibt auf einer sehr großen Strecke die Temperatur unverändert. Wenn man diesem Umstand Beachtung schenkt (wobei die Mittel der elementaren Mathematik nicht ausreichen), erhält man Ergebnisse, die weitaus besser mit der Wirklichkeit übereinstimmen. Aus dem gleichen Grunde müssen auch die Ergebnisse unserer früheren Berechnungen über das Verhalten des Luftdrucks in der Tiefe der Wirklichkeit angenähert werden.

WANN IST DIE „OKTOBERBAHN" LÄNGER, IM SOMMER ODER IM WINTER?

Die Frage nach der Länge der „Oktoberbahn" (Moskau – Leningrad) hat einer so beantwortet:

„Sechshundertvierzig Kilometer im Schnitt; dazu noch etwa dreihundert Meter im Sommer."

Die Antwort ist gar nicht so abwegig, wie es auf den ersten Blick scheinen könnte. Wenn man als Länge einer Eisenbahnstrecke die Länge des lückenlosen Schienenstrangs ansieht, dann muß er im Sommer tatsächlich länger sein als im Winter. Wir sollten nicht vergessen, daß Schienen sich bei Erwärmung ausdehnen – um mehr als ein 100 000stel ihrer Länge je Kelvin.[1] Im Sommer kann die Lufttemperatur 30 bis 40 °C erreichen, Schienen nehmen dabei soviel Wärme auf, daß man sich an ihnen mitunter verbrennen kann; im Winter kühlen sie bis auf minus 25 °C und sogar noch stärker ab. Einigt man sich auf eine Differenz von 55 K zwischen der Sommer- und der Wintertemperatur, dann erhält man durch Multiplikation des Schienenweges von 640 km mit 0,00001 und mit 55 eine Zunahme von etwa 1/3 km. Die Antwort stimmt also.

Gemeint ist dabei natürlich nicht die Länge der Eisenbahnstrecke, sondern lediglich die Summe der Längen aller Schienen. Das ist nicht das gleiche, denn die Einzelschienen stoßen nicht lückenlos zusammen, sondern werden in einem gewissen Abstand voneinander verlegt, damit Platz für die Ausdehnung bei Erwärmung bleibt.[2] Unsere Berechnung

---

[1] Kelvin (K) ist Einheit der Temperaturdifferenz im Internationalen Einheitensystem; früher als Grad (grd) bezeichnet.

[2] Diese Lücke muß für eine 8-Meter-Schiene 6 mm bei 0 °C betragen. (In der DDR sind die Schienen in der Regel 15 oder 30 m lang und werden beim Verlegen zu größeren Längen zusammengeschweißt.) Erst bei einer Temperatur von 65 °C schließt sich eine solche Lücke vollständig. Bei der Verlegung von Straßenbahnschienen darf laut Bauvorschrift keine Lücke gelassen werden. Zu einer Verwerfung der Schienen führt das gewöhnlich nicht, denn die Temperaturschwankungen wirken sich infolge Einbettung

zeigt, daß die Summe der Längen aller Einzelschienen sich auf Kosten der Lückensumme vergrößert; bei der „Oktoberbahn" beträgt diese Zunahme eben tatsächlich 300 m.

UNGESTRAFTE UNTERSCHLAGUNG

Auf der Kabelstrecke Leningrad – Moskau werden jeden Winter mehrere hundert Meter des teuren Fernsprech- und Fernschreibdrahtes unterschlagen, und niemand regt sich darüber weiter auf, obwohl der Schuldige bestens bekannt ist. Auch ihr kennt ihn jetzt: Es ist der Frost. Das, was wir über die Stahlschienen gesagt haben, trifft voll auch auf Kupferdraht zu, mit dem Unterschied jedoch, daß Kupfer sich bei Erwärmung 1,5mal stärker ausdehnt als Stahl. Aber Stoßlücken gibt es bei Kabelverbindungen bekanntlich nicht, und darum ist die Kabellinie Leningrad – Moskau im Winter tatsächlich etwa 500 m etwa kürzer als im Sommer, was natürlich keinerlei Einfluß auf die Funktionstüchtigkeit der Fernsprech- und Fernschreibverbindung hat.

Die durch den Frost bewirkte Schrumpfung kann bei Brücken jedoch schwerwiegenden Schaden anrichten. Im Dezember 1927 z. B. teilten die Zeitungen folgendes mit:

„Die für Frankreich ungewöhnlichen Fröste, die mehrere Tage lang anhielten, waren die Ursache der starken Beschädigung einer Seine-Brücke in Paris. Das eiserne Brückengerüst ist durch den Frost zusammengeschrumpft und hat die Pflastersteine aus der Straßendecke herausgedrückt. Die Brücke ist vorübergehend für den Verkehr gesperrt."

WIE HOCH IST DER EIFFELTURM?

Wenn man uns jetzt fragt, wie hoch der Eiffelturm sei, werden wir wahrscheinlich, obwohl wir wissen, daß es sich um 300 m handelt, uns erst erkundigen:

„Meinen Sie im Sommer oder im Winter?"

Wir wissen ja bereits, daß ein Einsenstab von 300 m Länge sich um

---

der Schienen in den Untergrund weniger stark aus, und auch die durch diese Verlegungsart bedingte hohe Rahmensteifigkeit verhindert ein seitliches Ausbrechen der Schienen. An sehr heißen Tagen jedoch kann es hier zu seitlichen Verwerfungen kommen. Mitunter kommt diese Erscheinung auch bei der Eisenbahn vor. Es ist nämlich so, daß Züge die Schienen auf abschüssigen Strecken in Längsrichtung beanspruchen und verschieben (mitunter sogar zusammen mit den Schwellen), so daß die Stoßlücken verschwinden.

3 mm je Kelvin Erwärmung ausdehnt. An einem warmen Sommertag kann sich der Eiffelturm auf + 40 °C erwärmen, an einem kalten regnerischen Tag geht seine Temperatur auf + 10 °C und im Winter auf 0 °C und sogar auf − 10 °C zurück (große Fröste sind in Paris eine Seltenheit). Entscheiden wir uns für Temperaturschwankungen von 40 K, dann schwankt die Höhe des Eiffelturms um 3 mm × 40 = 120 mm oder 12 cm (um fast soviel, wie eine Zeile dieses Buches lang ist).

Direktmessungen haben ergeben, daß der Eiffelturm auf Temperaturschwankungen schneller reagiert als die Luft; Eisen ist ein besserer Wärmeleiter, folglich wärmt es sich schneller auf und kühlt auch schneller ab. Die Höhenveränderung des Eiffelturms wurde unter Verwendung von Draht aus besonderem Nickelstahl nachgewiesen, der bei Temperaturschwankungen seine Länge so gut wie konstant hält. Darum erhielt diese Legierung den Namen Invar (vom lateinischen „unveränderlich").

An einem heißen Sommertag ist der Eiffelturm also um ein Stück Eisen höher, das der Länge dieser Zeile entspricht und dennoch keinen einzigen Centime Mehraufwand gekostet hat.

VOM TEEGLAS ZUM WASSERSTANDSROHR

Bevor eine erfahrene Hausfrau die Teegläser füllt, stellt sie einen Löffel hinein, nach Möglichkeit einen silbernen. Dann platzen die Teegläser nicht. Warum eigentlich?

Gläser platzen infolge ungleichmäßiger Erwärmung. Das heiße Wasser wärmt das Glas von innen her auf, darum dehnt sich die Innenschicht des Glases sofort, die äußere Schicht jedoch erst später aus. Folglich wird die Außenschicht einem starken Druck von innen ausgesetzt, und das Glas platzt.

Glaubt jetzt nur nicht, daß dickwandige Gläser in dieser Hinsicht vorteilhafter seien. Ein dickes Glas braucht mehr Zeit, um sich gleichmäßig aufzuwärmen, als ein dünnes Glas und platzt darum viel schneller.

Beim Kauf von Teegläsern ist auch auf die Dicke des Bodens zu achten. Er muß genauso dünn wie die Wandungen sein, denn beim Eingießen des heißen Tees wärmt er sich ja zuerst auf. Bei einem dicken Boden platzt das Glas, auch wenn die Wandungen noch so dünn sind.

251

Auch Teegläser und Porzellantassen mit einer dicken ringförmigen Wulst an der Unterseite platzen sehr schnell.

Je dünner ein Gefäß ist, desto weniger Sorgen braucht man sich bei der Erwärmung zu machen. Die Chemiker benutzen sehr dünne Gefäße und bringen in ihnen das Wasser direkt über dem Bunsenbrenner zum Sieden, ohne ein Platzen zu befürchten.

Ideal wäre natürlich ein Geschirr, daß sich bei Erwärmung überhaupt nicht ausdehnen würde. Sehr wenig dehnt sich Quarz aus: Sein Ausdehnungskoeffizient beträgt lediglich 1/20 bis 1/15 im Vergleich zu dem des gewöhnlichen Glases. Ein dickes Gefäß aus durchsichtigem Quarz kann ganz beliebig erhitzt werden, es platzt nie. Man kann es sogar bis auf Rotglut bringen und dann in eisiges Wasser werfen – platzen wird es nicht. Außerdem ist Quarzgeschirr für den Laborbetrieb von Vorteil, weil es sehr schwer schmelzbar ist: Quarz wird erst bei 1700 °C weich.

Gläser platzen nicht nur bei rascher Erwärmung, sondern auch bei sprungartiger Abkühlung. Der Grund besteht in der ungleichmäßigen Schrumpfung: Die Außenschicht zieht sich bei Abkühlung schneller zusammen als die noch warme Innenschicht und bewirkt darum Preßspannungen. Darum sollte man Marmeladengläser gleich nach dem Abkochen nicht in den Frost hinausbringen, in kaltes Wasser stellen usw.

Kehren wir jedoch zu dem Silberlöffel im Teeglas zurück. Warum schützt er das Glas?

Ein sprunghafter Temperaturanstieg der Innenwandung eines Glases und damit ein Temperaturgefälle im Material treten nur dann auf, wenn sehr heißes Wasser schlagartig eingegossen wird; warmes Wasser ist dazu nicht fähig. Der Metallöffel nimmt sofort einen großen Teil der Wärme auf (er ist ein guter Wärmeleiter im Vergleich zum Glas), darum sinkt die Wassertemperatur drastisch. Das jetzt nur noch warme Wasser sorgt für eine behutsame Erwärmung des Glases, so daß ein weiteres Nachgießen von siedendem Wasser dem vorgewärmten Glas nichts mehr anhaben kann.

Der Leser wird jetzt selbst sagen können, warum silberne Löffel vorzuziehen sind. Silber ist ein sehr guter Wärmeleiter. An einem silbernen Löffel, der im heißen Tee steckt, kann man sich verbrennen! Das ist übrigens ein Merkmal, um zuverlässig zu bestimmen, woraus ein Löffel besteht – an einem Kupferlöffel würde man sich nicht verbrennen.

Alles, was wir hier gesagt haben, bezieht sich auch auf die Wasserstandsrohre in Dampf- und Heißwasserkesseln. Hinzu kommt noch der hohe Druck, der das Platzen begünstigt. Darum werden die Wasserstandsrohre mitunter aus zwei Schichten Glas hergestellt, wobei die innere Schicht einen geringeren Ausdehnungskoeffizienten aufweist.

DIE LEGENDE VOM STIEFEL IN DER SAUNA

„Wie kommt es, daß im Winter der Tag kurz und die Nacht lang ist, im Sommer aber umgekehrt? Der Tag ist im Winter darum kurz, weil er, ähnlich allen übrigen Gegenständen, den sichtbaren und den unsichtbaren, sich vor Kälte zusammenzieht, die Nacht aber vom Anzünden der Leuchter und der Laternen sich ausdehnt, denn erwärmt wird."

Über die kuriosen Überlegungen des „Reserve-Unteroffiziers des Donkosakenheeres" aus der Erzählung von *Tschechow* werdet ihr bestimmt nur lächeln. Dabei konstruieren Menschen, die solche „gelehrten" Überlegungen belächeln, mitunter selbst Theorien der gleichen Preislage. Wer hat noch nicht von dem Stiefel gehört, der einem in der Sauna nicht mehr paßt, weil „der Fuß infolge der Erwärmung sich ausgedehnt" habe? Dieses berühmte Beispiel ist heute fast klassisch, wird aber vollkommen irrig interpretiert.

Vor allem steigt die Temperatur des menschlichen Körpers in der Sauna so gut wie überhaupt nicht: Der Temperaturanstieg beträgt etwa 1 K und auf den oberen Pritschen dann vielleicht 2 K. Unser Körper reagiert auf Wärmebeanspruchung durch Schwitzen, was ja der Sinn der Sauna ist, um seine Temperatur nach Möglichkeit unverändert zu halten.

Aber auch bei Erwärmung um 1 bis 2 K ist die Zunahme des Körpervolumens derart unbedeutend, daß sie beim Anziehen der Stiefel nicht bemerkt werden würde. Der Ausdehnungskoeffizient der harten und weichen Teile des menschlichen Körpers beträgt nicht einmal einige Zehntausendstel. Folglich könnten der Fuß und die Wade höchstens um ein Hundertstel eines Zentimeters zunehmen. Stiefel aber, die mit einer Toleranz von 0,1 mm – Stärke eines Menschenhaars – genäht werden, sind kaum vorstellbar.

Doch der Fakt selbst läßt sich nicht bezweifeln: Beim Anziehen der Stiefel hat man nach der Sauna immer Schwierigkeiten. Der Grund besteht jedoch nicht in der wärmebedingten Ausdehnung, sondern in der erhöhten Blutzufuhr, im Aufquellen der Hautdecke, im Feuchtwerden der Haut und in ähnlichen Erscheinungen, die mit der Wärmeausdehnung nichts gemein haben.

WIE WUNDER VERANSTALTET WURDEN

Der altgriechische Mechaniker *Heron von Alexandria*, Erfinder der Fontäne, die seinen Namen trägt, hat uns die Beschreibung von zwei

Bild 132 So haben die altägyptischen Priester ihr „Wunder" zuwege gebracht: Die Tempeltüren öffnen sich nach Anzünden eines Feuers auf dem Opferaltar.

geistreichen Verfahren hinterlassen, die den ägyptischen Priestern dazu dienten, das Volk irrezuführen und es an Wunder glauben zu lassen.

Bild 132 zeigt einen hohlen Opferaltar mit einem darunter versteckten Mechanismus, der die Türen des Tempels betätigte. Nach Anzünden

Bild 133 Das Prinzip der selbsttätigen Tempeltüren aus Bild 132

eines Feuers auf dem Altar drückt die erwärmte Luft in seinem Inneren stärker auf das Wasser in dem darunterstehenden Gefäß; das Wasser fließt in einen Eimer ab, der sich, jetzt schwerer geworden, senkt und über Seile die beiden Türhälften öffnet (Bild 133). Die faszinierten Zuschauer, die ja von der versteckten Anlage nichts ahnen, glauben, ein Wunder vor sich zu haben: Sowie auf dem Altar das Opferfeuer

Bild 134 Ein anderes Scheinwunder des Altertums: Das Öl tropft nach Anzünden des Opferfeuers von selbst in die Flammen.

angezündet wird, öffnen sich die Pforten des Tempels, „die Gebete des Priesters erhörend", wie von selbst.

Das andere, von den Priestern organisierte Scheinwunder ist auf Bild 134 dargestellt. Lodert auf dem Opferaltar ein Feuer, dann drückt die sich ausdehnende Luft das Öl aus dem unteren Behälter in die Rohre im Innern der Priesterfiguren und das Öl tropft auf wundersame Weise von selbst auf das Opferfeuer. Die Ölzufuhr kann durch Entfernen des Behälterverschlusses (Beseitigung des Überdrucks) unterbrochen werden. Das machten die Veranstalter, wenn sie meinten, die Bittsteller wären mit Opfergaben zu knauserig.

EINE UHR OHNE AUFZUGSWERK

Den auf der Luftdruckänderung beruhenden Gratis-Antrieb einer Uhr haben wir bereits kennengelernt. Nun wollen wir eine selbstaufziehende Uhr vorstellen, die sich die Wärmeausdehnung zunutze macht.

Das Prinzip ist aus Bild 135 zu ersehen. Den Kern des Antriebes

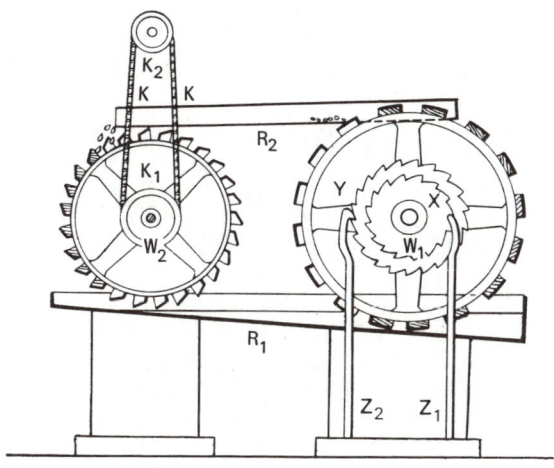

Bild 135

Eine Uhr, die sich selbst aufzieht.

bilden die Stäbe Z_1 und Z_2 aus einer speziellen Legierung mit hohem Ausdehnungskoeffizienten. Der Stab Z_1 drückt bei wärmebedingter Längenzunahme gegen die innere Verzahnung X und bewegt damit das rechte Rad (auf der Welle W_1) gegen den Uhrzeigersinn. Bei Temperaturrückgang zieht sich der Stab Z_1 zusammen, und sein gewinkeltes Endstück hat keinen Kontakt mehr zum Zahnrad. Aber gleichzeitig zieht sich infolge Temperaturabnahme auch der Stab Z_2 zusammen und greift nun in die Außenverzahnung Y ein, so daß das Rad auf W_1 ebenfalls gegen den Uhrzeigersinn angetrieben wird. Die Schöpflöffel dieses Rades bringen das Quecksilber aus der unteren Rinne R_1 in die obere Rinne R_2. Das Quecksilber treibt das Schaufelrad K_1 an, welches über die Kette KK das obere Rad K_2 für den Federaufzug der Uhr in Bewegung versetzt. Über die abschüssige Rinne R_1 gelangt das abgearbeitete Quecksilber wieder zum rechten Antriebsrad.

17–627

Die Uhr wird also langsam, aber beständig aufgezogen, solange sich die Stäbe Z_1 und Z_2 ausdehnen oder verkürzen, das heißt solange die Lufttemperatur Veränderungen unterliegt. Als Perpetuum mobile kann dieser Antrieb nicht bezeichnet werden, auch wenn er „beständig beweglich" ist: Er funktioniert nicht ohne Energiezufuhr, sondern nutzt

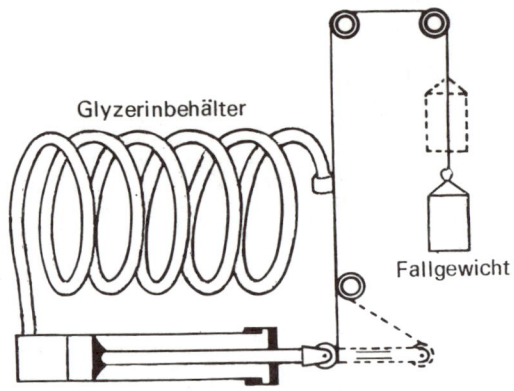

Glyzerinbehälter

Fallgewicht

Bild 136 Der Selbstaufzug einer Uhr unter Nutzung der Glyzerin-
ausdehnung

die von der Sonne an die Luft abgegebene Wärmeenergie, ist also ebenfalls ein Gratis-Antrieb.

Eine andere Ausführung einer Uhr mit Selbstaufzug sehen wir auf Bild 136. Der treibende Teil ist hier Glyzerin, das sich bei Erwärmung ausdehnt und dabei ein Gewicht nach oben bringt. Die Auf- und Abbewegung des Gewichts sorgt über ein entsprechendes Räderwerk für den Antrieb der Uhr. Glyzerin erstarrt erst bei $-30\,°C$ und siedet bei $+290\,°C$, darum ist eine solche Uhr für Außenaufstellung geeignet. Sie funktioniert zuverlässig bereits bei Temperaturschwankungen von $2\,°C$. Ein Exemplar dieser Ausführung wurde ein ganzes Jahr lang erprobt und hat die Note „zufriedenstellend" erhalten, wobei im Verlauf dieses Jahres kein einziger Eingriff erfolgte.

Ist es nun vorteilhaft, Antriebe nach diesem Prinzip in Großausführung zu bauen? Beim ersten Hinsehen meint man, ein solcher Gratis-Antrieb müßte sehr wirtschaftlich sein, Berechnungen jedoch weisen das Gegenteil nach. Für das Aufziehen einer gewöhnlichen Uhr mit 24 Stunden Laufzeit benötigt man an Energie nicht mehr als 1,4 J. In der

Sekunde entspricht das, rund gerechnet, dem 60 000sten Teil eines Joule; da aber ein Kilowatt 1000 J/s ausmacht, kommt die Leistung eines solchen Antriebes auf lediglich den 60 000 000sten Teil eines Kilowatt. Demnach belaufen sich die Aufwendungen je Kilowatt, wenn man den Wert der Ausdehnungsstäbe der ersten oder des Glyzerinmechanismus der zweiten Uhr mit nur 1 Pfennig ansetzt, auf

$$1 \text{ Pf} \times 60\,000\,000 = 600\,000 \text{ Mark.}$$

Über eine halbe Million Mark je Kilowatt ist wohl doch etwas zuviel für einen „Gratis-Antrieb".[1]

EINE LEHRREICHE ZIGARETTE

Auf einer Schachtel liegt eine Zigarette (Bild 137). Rauch entweicht aus beiden Enden. Aber der aus dem Mundstück kommende Rauch zieht nach unten, während der Rauch am glimmenden Ende nach oben steigt. Wie kommt das? Es ist doch ein und derselbe Rauch, zumindest entsteht er an nur einer Stelle – am glimmenden Ende.

Ja, es ist der gleiche Rauch, aber über dem glimmenden Ende der Zigarette steigt die erwärmte Luft nach oben und nimmt die Rauchpartikeln mit. Der Rauch jedoch, der die Zigarette und das Mundstück passiert, ist inzwischen abgekühlt und steigt nicht mehr auf; da aber die Rauchpartikeln an sich schwerer als Luft sind, sinkt der Rauch aus dem Mundstück nach unten.

EIS, DAS IN SIEDENDEM WASSER NICHT SCHMILZT

Füllt ein Reagenzglas mit Wasser, gebt ein Stückchen Eis hinein, damit es aber nicht hochsteigt (Eis ist leichter als Wasser), legt einen Metallgegenstand darauf; das Wasser muß jedoch ungehinderten Zugang zum Eis haben. Nun bringt das Reagenzglas so an einer offenen Flamme an, daß sie nur den oberen Teil des Reagenzglases beleckt (Bild 138). Bald wird das Wasser zu sieden anfangen und auch Dampf erzeugen, das Eis auf dem Boden des Reagenzglases jedoch wird nicht schmelzen!

Des Rätsels Lösung besteht darin, daß das Wasser auf dem Boden des

---

[1] Im Original hat der Autor die Rechnung mit der alten Leistungseinheit Pferdestärke angestellt und kommt auf 450 000 Rubel für 1 PS.

Reagenzglases gar nicht siedet, sondern kalt bleibt. Wir haben es hier nicht mit „Eis in siedendem Wasser", sondern mit „Eis unter siedendem Wasser" zu tun. Das sich infolge Erwärmung ausdehnende Wasser wird leichter und sinkt nicht auf den Boden herab, sondern bleibt im oberen Teil des Reagenzglases. Nur dort ist ein Warmwasserfluß und ein Vermischen der Wasserschichten zu beobachten, die unteren dichteren

Bild 137 Warum steigt der Rauch nur an einem Ende der Zigarette nach oben?

Bild 138 Das Wasser im oberen Teil des Reagenzglases siedet, während das Eis auf dem Boden unversehrt bleibt.

Schichten werden davon nicht betroffen. Die Wärme kann nur durch Wärmeleitung des Mediums nach unten gelangen, aber die Wärmeleitfähigkeit des Wassers ist äußerst gering.

AUF ODER UNTER DAS EIS?

Zum Erhitzen von Wasser bringen wir ein Gefäß über die Flamme, nicht aber neben sie. Das hat seinen guten Grund, den nämlich, daß die von der Flamme erhitzte Luft leichter wird und infolge Verdrängung nach oben unser Gefäß umspült. Diese Aufstellung ist folglich die günstigste, wenn man die Wärme einer Quelle am besten ausnutzen will.

Zur Abkühlung eines Körpers unter Zuhilfenahme von Eis verfahren viele genauso: Sie stellen den Milchkrug auf das Eis. Dies ist zweckwidrig, denn die am Eis abgekühlte Luft sinkt nach unten und wird von der wärmeren Umgebungsluft abgelöst. Nehmt hiermit einen praktischen

Rat entgegen: Der zur Abkühlung bestimmte Gegenstand ist unter das Eis zu bringen.

Die Begründung dürfte euch jetzt wohl klar sein. Die kalte Luft wird in diesem Fall den Gegenstand umspülen und nicht durch wärmere Luft verdrängt werden. Das Abkühlen einer Flüssigkeit wird zudem noch durch ihre Bewegung im Gefäß beschleunigt: Die abgekühlten Schichten sinken nach unten und verdrängen die wärmeren Flüssigkeitsschichten nach oben, die nun ebenfalls direkten Kontakt zum Kühlmittel (vereister Topfdeckel) bekommen. Reines Wasser hat zwar die höchste spezifische Dichte bei 4 °C (277 K) und nicht bei 0 °C, in der Praxis aber wird wohl niemand seine Getränke bis auf den Gefrierpunkt abkühlen wollen.

WARUM ZIEHT ES VON EINEM GESCHLOSSENEN FENSTER?

Wenn es von einem Fenster im Winter zieht, heißt das noch lange nicht, daß der Fensterrahmen undicht ist.

Die Luft in einem Zimmer befindet sich fast nie in Ruhe, es gibt hier kaum wahrnehmbare Strömungen infolge Erwärmung und Abkühlung der Luft. Die an der Zentralheizung oder am Ofen aufgewärmte Luft strömt nach oben, ihre Stelle nimmt die kalte Luft ein, die von der Tür oder vom Fenster kommt. So entsteht eine ständige Luftzirkulation.

Sie läßt sich mittels eines gasgefüllten Luftballons nachweisen, der durch einen Gegenstand beschwert wird, damit er nicht an der Decke kleben bleibt, sondern frei im Zimmer schwebt. Startet man den Luftballon am warmen Ofen, dann wird er zur Decke steigen, von dort zum Fenster getrieben werden, auf den Fußboden hinabsinken und wieder zum Ofen zurückkehren, um seine Rundreise von vorn zu beginnen.

Die Luftzirkulation ist es, die uns annehmen läßt, unser Fenster wäre undicht, auch wenn dies gar nicht zutrifft.

DER GEHEIMNISVOLLE PAPIERKREISEL

Faltet ein Stück Zigarettenpapier zweimal in der Hälfte und glättet es wieder. Nun wißt ihr, wo der Schwerpunkt des Papiers liegt. Jetzt ist es im Schwerpunkt auf eine Nadel abzusetzen. Das Papier bleibt im Gleichgewicht, beginnt aber beim kleinsten Luftzug zu rotieren.

Wenn ihr nun vorsichtig eure Hand nähert, wie es auf Bild 139 gezeigt ist, werdet ihr etwas Sonderbares feststellen: Das Papier beginnt zu rotieren, erst langsam, dann immer schneller. Zieht die Hand zurück, und das Papier kommt wieder zum Stehen.

Diese rätselhafte Drehung hat seinerzeit – in den 70er Jahren des vorigen Jahrhunderts – viele Menschen zu der Meinung verleitet, unser Körper würde übernatürliche Eigenschaften aufweisen. Die Freunde

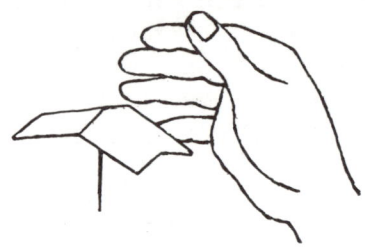

Bild 139

Warum dreht sich das Blatt Papier?

des Mystischen fanden in diesem Versuch die Bestätigung für ihre verschwommenen Lehren über eine dem menschlichen Körper entspringende rätselhafte Kraft. Dabei ist der Grund nur in dem Natürlichen zu suchen und recht einleuchtend: Die durch eure Hand erwärmte Luft steigt nach oben, drückt gegen das Papier und versetzt es in Drehung, weil beim Falten die Kanten leicht geneigt wurden. Aus dem gleichen Grund dreht sich auch die allen bekannte spiralförmige Papierschlange über einer Lampe.

Ein aufmerksamer Beobachter wird herausfinden, daß der Papierkreisel in einer bestimmten Richtung rotiert – vom Handgelenk, entlang des Handtellers zu den Fingern. Dies erklärt sich durch Temperaturunterschiede: Die Fingerspitzen sind immer kälter als der Handteller. Auch eine beschleunigte Drehbewegung bei Fieber kann festgestellt werden. Dieses lehrreiche Gerät, das einst große Verwirrung in die Geister brachte, war sogar Gegenstand einer kleinen physikalisch-physiologischen Studie und eines Berichts vor der Moskauer Medizinischen Gesellschaft im Jahre 1876 (*N. Netschajew*, Drehung leichter Körper mittels Handwärme).

WÄRMT EIN PELZ?

Was würdet ihr auf die Behauptung sagen, ein Pelz wärme nicht? Ihr würdet das als Witz auffassen. Macht also folgenden Versuch. Merkt euch die Anzeige eines Zimmerthermometers und wickelt dieses in euren „warmen Winterpelz" ein. Nach einigen Stunden werdet ihr feststellen, daß immer noch der gleiche Wert angezeigt wird. Ein anderer Versuch könnte bei euch sogar den Verdacht wecken, daß Pelze kühlen. Nehmt zwei Eisbeutel, den einen wickelt in euren Pelz ein, den anderen laßt frei im Zimmer stehen. Wenn das Eis an der Luft geschmolzen ist, wickelt den Pelz auf: Das Eis in ihm will vom Schmelzen anscheinend nichts wissen.

Was läßt sich hier einwenden? Gar nichts. Pelze wärmen wirklich nicht, wenn man unter „wärmen" die Zufuhr von Wärme versteht. Eine Lampe wärmt, ein Ofen wärmt, der menschliche Körper wärmt, denn alle diese Gegenstände sind Wärmequellen. Ein Pelz aber bringt keine Wärme auf, er hindert lediglich unsere Körperwärme am Entweichen. Darum wird ein jedes Warmblutwesen, das ja selbst Wärmequelle ist, sich im Pelz wärmer vorkommen als ohne. Das Zimmerthermometer produziert nun bekanntlich keine Wärme, darum nimmt seine Temperatur, auch wenn es in einen Pelz eingepackt ist, nicht zu. Das Eis im Pelz bleibt länger kalt, denn der Pelz ist ein schlechter Wärmeleiter und läßt also keine Wärme zu dem Eis durch.

Für den Boden ist Schnee der Pelz – wie alle Pulverstoffe gehört er zu den schlechten Wärmeleitern und hindert also die Wärme daran, den Boden zu verlassen. Unter einer Schneedecke ist der Boden mitunter um zehn Grad wärmer als an benachbarten Kahlstellen.

Auf die Frage, ob ein Pelz wärmt, ist also zu antworten, daß er uns lediglich hilft, uns selbst zu wärmen. Noch exakter wäre die Antwort, daß nicht der Pelz uns, sondern wir den Pelz wärmen.

WELCHE JAHRESZEIT HABEN WIR UNTER DEN FÜSSEN?

Herrscht auch in der Erde, in einer Tiefe von 3 m z. B., Sommer, wenn wir über der Erde unsere Sommerkleider tragen? Bestimmt seid ihr geneigt, diese Frage positiv zu beantworten. Aber überstürzt nichts.

Die Jahreszeiten auf der Erdoberfläche und im Boden stimmen keinesfalls überein, denn der Boden ist ein überaus schlechter Wärmeleiter. Die Rohre der Wasserleitung in Leningrad frieren in einer

Tiefe von 2 m auch bei stärksten Frösten nicht ein. Die Temperaturschwankungen an der Erdoberfläche breiten sich in die Tiefe des Bodens sehr langsam aus und erreichen dessen verschiedene Schichten mit einer großen Verspätung. Direktmessungen in Sluzk (Leningrader Gebiet) haben zum Beispiel ergeben, daß der wärmste Tag im Jahr mit einer Verspätung von 76 Tagen in der 3 m tief liegenden Bodenschicht ankommt, während der kälteste Tag sogar 108 Tage auf sich warten läßt. War zum Beispiel die größte Hitze am 25. Juli zu verzeichnen, dann macht sie sich in 3 m Tiefe am 9. Oktober bemerkbar! Der auf den 15. Januar fallende kälteste Tag zieht in dieser Tiefe erst im Mai ein! Für noch größere Tiefen gilt natürlich eine noch größere Verspätung.

Bei ihrer Fortpflanzung im Boden erleiden die Temperaturschwankungen nicht nur eine Verspätung, sondern auch eine Schwächung, in einer bestimmten Tiefe klingen sie vollständig ab. Das ganze Jahr über, Jahrhunderte lang, herrscht dort unverändert dieselbe Temperatur, und zwar die durchschnittliche Jahrestemperatur des betreffenden Ortes. In den Kellerräumen des Pariser Observatoriums, in einer Tiefe von 28 m, befindet sich ein Thermometer, das der berühmte *Lavoisier* (1743 bis 1794) dort angebracht hat, und innerhalb von anderthalb Jahrhunderten zeigt es beständig, ohne den geringsten Ausschlag, die Temperatur von $+11,7\,°C$ an.

In dem Boden, den wir mit Füßen treten, herrscht also niemals die Jahreszeit, die wir gerade erleben. Wenn wir Wintersport treiben, ist in 3 m Tiefe der Herbst noch nicht ausgeklungen, und zwar ein recht warmer Herbst; wenn wir nach den Badehosen für die Sommerferien greifen, macht sich dort schwacher Widerhall der Winterfröste bemerkbar.

Das muß man im Auge behalten, wenn man von den Lebensbedingungen der im Boden lebenden Tiere (zum Beispiel der Larven des Maikäfers) und der unterirdischen Teile der Pflanzen spricht. Uns darf zum Beispiel nicht verwundern, daß die Zellvermehrung in den Wurzeln unserer Bäume gerade auf die kalte Jahreshälfte fällt und daß die Tätigkeit des sogenannten Kambiums (des für das Dickenwachstum verantwortlichen Bildungsgewebes zwischen Holz und Rinde) dort für fast die gesamte warme Jahreszeit zum Erliegen kommt – ganz im Gegenteil zum Verhalten der überirdischen Pflanzenteile.

EIN KOCHTOPF AUS PAPIER

Das Abkochen von Eiern in einer Papiertüte, wie es auf Bild 140 dargestellt ist, werdet ihr wahrscheinlich nicht für möglich halten. Das Papier müßte doch sofort verbrennen! Ein Versuch wird euch aber das Gegenteil beweisen (benötigt wird dazu festes Pergamentpapier). Der

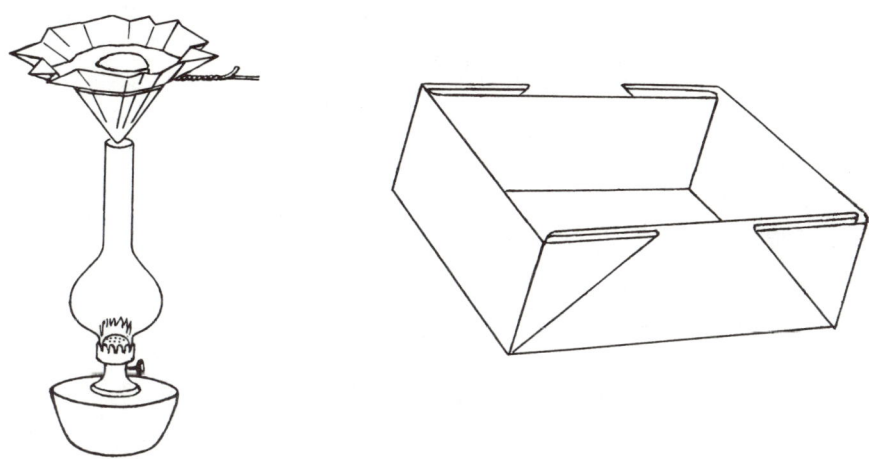

Bild 140 So kann man Eier in einer Papiertüte kochen.

Bild 141 Eine Faltschachtel ersetzt beim Camping den Wasserkessel.

Grund besteht darin, daß Wasser in einem offenen Behälter nur auf Siedetemperatur von 100 °C kommt und außerdem, da es über eine hohe Wärmekapazität verfügt, dem Papier die überschüssige Wärme entzieht, so daß der Flammpunkt des Papiers nicht erreicht wird. (Bequemer ist die Benutzung einer kleinen Faltschachtel entsprechend Bild 141). Das Papier brennt nicht, auch wenn die Flamme direkt an ihm leckt.

Zu den Erscheinungen der gleichen Art zählt auch der ungewollte Versuch, den zerstreute Leute anstellen, indem sie einen Samowar ohne Wasser anheizen: Der Samowar fällt auseinander, im besten Fall wird er undicht. Das leuchtet ein: Lötmetall ist relativ leichtschmelzbar, und nur die Wärmeableitung durch das Wasser verhindert einen folgenschweren Temperaturanstieg. Auch gelötete Kochtöpfe dürfen ohne Wasser nicht

265

auf das Feuer gesetzt werden. In den alten Maschinengewehren der Bauart Maxim sorgte Kühlwasser für die Haltbarkeit der Waffe.

Ihr könnt auch eine Bleiplombe in einer festen Faltschachtel zum Schmelzen bringen. Zu achten ist nur darauf, daß genau die Stelle der Schachtel von der Flamme berührt wird, an der das Blei anliegt. Das Metall – bekanntlich ein guter Wärmeleiter – entzieht dem Papier seine

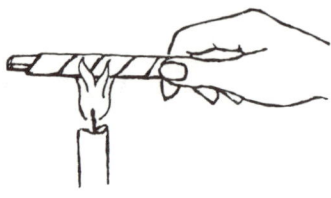

Bild 142

„Nichtbrennbares" Papier

Wärme und kommt bei 335 °C (für Blei)[1] zum Schmelzen, das Papier aber entzündet sich bei dieser Temperatur noch nicht.

Gut gelingt auch folgender Versuch (Bild 142). Ein dicker Nagel oder ein eiserner (noch besser ein kupferner) Stab ist fest mit einem Papierstreifen schraubenförmig zu umwickeln. Die Flamme wird am Papier lecken, wird es verrußen, aber nicht entzünden, solange der Stab nicht glühend geworden ist. Auch hierfür ist die hohe Wärmeleitfähigkeit des Metalls verantwortlich; bei Verwendung eines Glasstabs würde der Versuch nicht gelingen.

WARUM IST EIS GLATT?

Auf einem gebohnerten Fußboden rutscht man schneller aus als auf einem ungebohnerten. Dies müßte, so denkt man, auch für Eis zutreffen, das heißt spiegelglattes Eis müßte glatter als unebenes, rauhes Eis sein.

Wenn ihr jedoch schon einmal einen beladenen Schlitten über eine unebene, höckerige Eisfläche gezogen habt, dann werdet ihr wissen, daß der Schlitten auf ihr viel leichter gleitet als auf einer spiegelglatten Fläche. Rauhes Eis ist glatter als glattes Eis! Dies erklärt sich daraus, daß

---

[1] Die normalen Papiersorten werden bei solch einer Temperatur verkohlt. Deshalb empfiehlt sich, den Versuch mit Zinn (Schmelzpunkt bei 232 °C) oder einem leichtschmelzbaren Lötmetall durchzuführen.

die Gleitfähigkeit auf Eis vorwiegend nicht von dessen Ebenheit, sondern von etwas ganz anderem abhängt, davon nämlich, daß der Schmelzpunkt des Eises bei Zunahme des Druckes sinkt.

Gehen wir dem Wirkprinzip des Schlittens oder der Schlittschuhe auf den Grund. Die Schlittschuhe haben eine sehr kleine Auflagefläche von nur einigen Quadratmillimetern. Auf diese Fläche verteilt sich (konzentriert sich, wäre treffender gesagt) die gesamte Gewichtskraft unseres Körpers. Eingedenk des bereits über den Druck Dargelegten, werdet ihr zustimmen, daß ein Schlittschuhläufer das Eis mit einer sehr großen Kraft pro Flächeneinheit belastet. Bei hoher Druckbeanspruchung sinkt der Schmelzpunkt des Eises. Hat zum Beispiel das Eis eine Temperatur von $-5\,°C$ und bewirkt der Druck der Schlittschuhe eine Schmelzpunktverschiebung nach unten um mehr als 5 K, dann liegt die Temperatur des Eises über dem Gefrierpunkt (Schmelzpunkt) und das Eis schmilzt.[1] Jetzt befindet sich zwischen den Gleitflächen des Schlittschuhs und dem Eis eine dünne Wasserschicht, die für Schmierung sorgt, und der Schlittschuhläufer gleitet über das Eis. Von allen festen Stoffen verfügt nur das Eis über diese Eigenschaft; ein sowjetischer Physiker hat es als den „einzigen schlüpfrigen Feststoff der Natur" bezeichnet. Alle anderen festen Stoffe sind, obwohl sie glatt sein können, nicht schlüpfrig.

Nun wissen wir auch, warum der Schlitten auf unebenem Eis besser gleitet. Dieses Eis bietet durch seine Erhebungen eine geringere Auflagefläche, so daß die Druckbeanspruchung zunimmt und die Herabsetzung des Schmelzpunkts intensiver erfolgt. (Dies gilt für breite Kufen, die auf den Erhebungen aufliegen. Schmale Kufen, zum Beispiel von Schlittschuhen, liegen nicht auf, sondern zerschneiden die Erhebungen, haben also einen höheren Widerstand zu überwinden.)

Das beschriebene Verhalten des Eises bestimmt auch viele andere Erscheinungen in unserem Alltag. So backen Eisstückchen zusammen

---

[1] Theoretisch kann nachgewiesen werden, daß zur Senkung des Gefrierpunkts von Eis um 1 K der recht bedeutende Druck von 13 MPa erforderlich ist. Legt man die bekannte Gleitfläche der Schlittschuhe oder der Schlittenkufen zugrunde, dann kommt man bei gegebenem Körpergewicht auf viel geringere Werte. Dies beweist, daß nicht die gesamte Kufenfläche aufliegt, sondern nur ein geringer Teil von ihr.
(Die theoretische Berechnung geht davon aus, daß sowohl das Eis als auch das Wasser beim Schmelzen dem gleichen Druck ausgesetzt sind. Der Verfasser beschreibt jedoch Beispiele, in denen das Schmelzwasser unter atmosphärischem Druck steht. In diesem Fall genügt zur Herabsetzung des Schmelzpunktes ein geringerer Druck.)

(schmelzen und gefrieren wieder an der Nahtstelle), wenn man sie zusammenpreßt. Schneebälle werden unter Nutzung der gleichen Eigenschaft geformt. Auch beim Rollen von Schneekugeln, um einen Schneemann herzustellen, bringen wir dieses Verhalten des Eises unbewußt zur Wirkung: Die Schneekörner im Auflagepunkt schmelzen unter dem Druck der Kugel und vereisen dann wieder. Nun wird uns auch klar, warum bei starkem Frost Schneebälle und Schneemänner nicht „backen" wollen. Die Eigentemperatur des Schnees liegt unter dem druckgesenkten Schmelzpunkt. Für die Eisschicht auf den Bürgersteigen zeichnet ebenfalls das Schmelzverhalten des Eises verantwortlich: Die Passanten pressen mit ihren Füßen den Schnee zusammen, so daß er schmilzt und dann zur Eisfläche erstarrt.

DIE AUFGABE VON DEN EISZAPFEN

Habt ihr euch eigentlich schon mal die Frage vorgelegt, wie die Eiszapfen an den Vorsprüngen der Häuser entstehen? Was für Wetter ist zur Bildung von Eiszapfen erforderlich: Tauwetter oder Frost? Tauwetter wohl kaum, denn bei Plustemperaturen gefriert Wasser bekanntlich nicht zu Eis. Frost aber auch nicht, denn bei Frost ist kein Wasser zu finden, aus dem Eiszapfen entstehen könnten.

Ihr seht, die Frage läßt sich leichter stellen als beantworten. Zur Bildung von Eiszapfen müssen gleichzeitig verschiedene Temperatur-werte gegeben sein: Plustemperaturen für die Wasserbereitstellung und Minustemperaturen für das Gefrieren dieses Wassers.

So ist es auch in Wirklichkeit: Der Schnee auf dem geneigten Dach schmilzt, weil die Sonnenstrahlen ihn bis auf eine Temperatur über $0\,°C$ aufheizen, die herabrinnenden Wassertropfen gefrieren am Dachrand wieder, weil hier Minuswerte vorliegen. (Natürlich kann der Schnee auf dem Dach auch schmelzen, wenn der Raum unmittelbar darunter geheizt wird. Doch diesen Fall untersuchen wir jetzt nicht.)

An einem sonnigen Wintertag mit Frost von nur -2 bis $-1\,°C$ spenden die schräg auf den horizontalen Boden auftreffenden Son-nenstrahlen nicht genügend Wärme, damit der Schnee zum Schmelzen kommt. Auf die geneigten Dächer jedoch, die der Sonne zugewandt sind, treffen die Strahlen nicht schräg wie auf die Erde, sondern steiler, fast senkrecht auf. Bekanntlich ist die Ausleuchtung und Aufheizung einer Fläche durch Strahlen um so intensiver, je größer der Auftreffwinkel ist.

268

Darum wird das abschüssige Dach stärker erwärmt, und der Schnee schmilzt hier. Das Schmelzwasser rinnt nach unten und bildet hängende Tropfen am Dachrand. Unter dem Dach aber herrscht Frost und die Tropfen, die sich zudem infolge Verdunstung abkühlen, gefrieren wieder. Über den gefrorenen Tropfen schiebt sich der nächste Tropfen, erstarrt ebenfalls und so weiter, bis sich der uns bekannte Eiszapfen bildet. Er sieht genauso aus wie die Stalaktiten (Tropfsteingebilde) in Kalkhöhlen. Das über die Eiszapfenbildung Gesagte bezieht sich nur auf Vorsprünge an ungeheizten Gebäuden oder natürlichen Gebilden.

Die Abhängigkeit der Wärmeintensität der Sonnenstrahlen vom Auftreffwinkel hat auch ganz gewaltige globale Erscheinungen zur Folge: zum Beispiel die verschiedenen Klimazonen und Jahreszeiten.[1] Die Sonne hat von uns im Winter sowie im Sommer fast den gleichen Abstand; sie ist von den Polen und vom Äquator gleichweit entfernt (die Entfernungsdifferenzen sind derart geringfügig, daß sie nicht ins Gewicht fallen). Doch in Äquatornähe treffen die Sonnenstrahlen steiler auf die Erdoberfläche auf als an den Polen. Auch ist im Sommer der Auftreffwinkel größer als im Winter. Weiterhin kann man feststellen, daß die Sonnenstrahlen zur Tagesmitte steiler als am Morgen oder Abend einfallen. Daraus, und nicht durch die unterschiedliche Entfernung bis zur Sonne, wie manchmal angenommen wird, erklären sich die Temperaturunterschiede im Laufe des Jahres bzw. des Tages sowie zwischen den Polen und der Äquatorzone.

WARUM IST ES BEI WIND KÄLTER?

Alle wissen sicherlich, daß Frost bei ruhigem Wetter viel leichter zu ertragen ist als bei Wind. Aber nicht alle haben eine klare Vorstellung von der Ursache dieser Erscheinung. Größere Kälte bei Wind spüren nur die Lebewesen. Die Quecksilbersäule eines trockenen Thermometers sinkt ganz und gar nicht tiefer, wenn es vom Wind angeblasen wird. Die Empfindung schneidender Kälte bei stürmischem Frostwetter erklärt sich unter anderem dadurch, daß dem Gesicht (und allgemein dem

---

[1] Dies ist aber nicht der alleinige Grund. Die andere wichtige Ursache besteht in der unterschiedlichen Tageslänge, das heißt jenes Zeitabschnitts, innerhalb dessen die Sonne die Erde aufwärmt. Beide Ursachen resultieren jedoch aus nur einer astronomischen Gegebenheit – aus der Neigung der Erdachse zur Umlaufebene der Erde um die Sonne.

gesamten Körper) dabei viel mehr Wärme entzogen wird als bei ruhigem Wetter, bei dem die vom Körper erwärmte Luft nicht so schnell durch neue Portionen kalter Luft ersetzt wird. Ist der Wind stärker, dann hat im Verlaufe jeder Minute eine größere Menge Luft Gelegenheit, mit der Haut in Berührung zu kommen. Folglich wird dann unserem Körper pro Minute mehr Wärme entzogen. Diese eine Ursache genügt schon, um ein Kältegefühl hervorzurufen.

Aber es gibt noch eine Ursache. Unsere Haut verdunstet immer Feuchtigkeit, auch in kalter Luft. Zur Verdunstung ist Wärme erforderlich. Sie wird unserem Körper und der Luftschicht, die am Körper liegt, entzogen. Wenn sich die Luft in Ruhe befindet, geht die Verdunstung langsam vor sich, weil die an der Haut anliegende Luftschicht schnell mit Dampf gesättigt ist. (Ist die Luft mit Feuchtigkeit gesättigt, so geht keine Verdunstung vor sich.) Wenn die Luft aber bewegt wird und immer neue Mengen Luft an die Haut heranströmen, dann wird die Verdunstung die ganze Zeit sehr stark gefördert. Dazu wird aber eine große Wärmemenge benötigt, die unserem Körper entzogen wird.

Wie groß ist nun die abkühlende Wirkung des Windes? Sie hängt von der Windgeschwindigkeit, von der Luftfeuchtigkeit und von der Lufttemperatur ab. Im allgemeinen ist die Wirkung viel bedeutender, als man gewöhnlich glaubt. Wir wollen ein Beispiel anführen, um eine Vorstellung davon zu geben, wie groß die Wirkung im allgemeinen ist. Die Luft soll eine Temperatur von $+4\,°C$ haben, und es soll windstill sein. Die Haut unseres Körpers hat unter diesen Bedingungen eine Temperatur von $+31\,°C$. Wenn ein leichtes Lüftchen weht, bei dem sich Fahnen kaum bewegen und das Laub der Bäume sich nicht regt (eine Geschwindigkeit von 2 m/s), dann kühlt sich die Haut bis auf $+27\,°C$ ab. Bei einem Wind, der die Fahnen zum Flattern bringt (eine Geschwindigkeit von 6 m/s), kühlt sich die Haut auf $+22\,°C$ ab. Ihre Temperatur fällt um 9 K! (Diese Angaben wurden dem Buch „Grundlagen der Physik der Atmosphäre in bezug auf die Medizin" von *N. N. Kalitin* entnommen.)

So können wir also darüber, wie wir den Frost empfinden werden, nicht allein nach der Temperatur entscheiden, sondern müssen unsere Aufmerksamkeit auch auf die Windgeschwindigkeit richten. Der gleiche Frost wird in Leningrad im Durchschnitt schlimmer empfunden als in Moskau, weil die mittlere Windgeschwindigkeit an den Ufern der Ostsee

5 bis 6 m/s beträgt, aber in Moskau nur 4,5 m/s. Noch leichter erträgt man die Fröste in der Gegend des Baikalsees, wo die mittlere Windgeschwindigkeit nur 1,3 m/s beträgt. Die ostsibirischen Fröste empfindet man bei weitem nicht so heftig, wie wir, die wir an die verhältnismäßig starken Winde in Europa gewöhnt sind, annehmen. Ostsibirien zeichnet sich durch eine beinahe vollkommene Windstille aus, besonders im Winter.

DER HEISSE HAUCH DER WÜSTE

„Das bedeutet, daß der Wind auch an einem glühend heißen Tag eine Abkühlung bringen muß", wird der Leser möglicherweise sagen, wenn er den vorhergehenden Artikel durchgelesen hat. „Warum sprechen dann die Reisenden in einem solchen Fall vom heißen Hauch der Wüste?"

Der Widerspruch wird dadurch schnell geklärt, daß im Wüstenklima die Luft häufig wärmer als unser Körper zu sein pflegt. So ist es nicht verwunderlich, daß es den Leuten dort bei Wind nicht kälter, sondern heißer wird. Die Wärme wird dort nicht mehr vom Körper an die Luft abgegeben, sondern das Gegenteil tritt ein. Die Luft erwärmt den menschlichen Körper. Je mehr Luft pro Minute mit dem Körper in Berührung kommen kann, um so stärker empfindet man die Hitze. Natürlich wird die Verdunstung auch hier durch den Wind gefördert, aber die erste Ursache überwiegt. Deshalb tragen die Bewohner der Wüste, zum Beispiel die Turkmenen, weite Mäntel und Pelzmützen, um die Wärmezufuhr einzuschränken.

HÄLT EIN SCHLEIER WARM?

Die Frauen behaupten, daß ein Schleier warm hält, daß sie ohne ihn am Gesicht frieren. Im Hinblick auf das feine Gewebe der Schleier, nicht selten noch mit sehr weiten Maschen, sind die Männer nicht sehr geneigt, dieser Behauptung Glauben zu schenken. Sie glauben eher, daß die wärmende Wirkung eines Schleiers mehr auf der Einbildung beruht.

Wenn wir uns jedoch an das vorher Gesagte erinnern, dann bringen wir dieser Behauptung mehr Vertrauen entgegen. Wie groß die Maschen eines Schleiers auch sind, so wird doch die Luft etwas langsamer durch dieses Gewebe hindurchströmen. Jene Luftschicht, die unmittelbar am Gesicht anliegt und sich erwärmt hat, bildet dann eine warme Luftmaske.

271

Diese Luftschicht wird durch den Schleier zurückgehalten und wird vom Wind nicht so schnell weggeblasen, wie das ohne Schleier der Fall wäre.

DIE KÜHLENDEN KRÜGE

Wenn ihr solche Krüge noch nicht gesehen haben solltet, dann habt ihr wahrscheinlich von ihnen gehört oder gelesen. In diesen Krügen aus ungebranntem Ton kühlt sich das eingefüllte Wasser bis unter die Temperatur der Umgebung ab. Die Krüge sind unter den südlichen Völkern weit verbreitet und tragen verschiedene Bezeichnungen. In Spanien heißen sie „Alcarraza", in Ägypten „Goullah" usw.

Das Geheimnis der abkühlenden Wirkung dieser Krüge ist einfach. Die Flüssigkeit sickert durch die Tonwände hindurch nach außen und verdunstet dort langsam. Dabei entzieht sie dem Gefäß und der in ihm befindlichen Flüssigkeit Wärme.

Aber man soll nicht glauben, daß sich die Flüssigkeit in solchen Gefäßen so stark abkühlt, wie es zuweilen in Reisebeschreibungen aus südlichen Ländern zu lesen ist. Die Abkühlung kann nicht groß sein. Sie hängt von vielen Umständen ab. Je heißer die Luft ist, um so schneller und reichlicher verdunstet die Flüssigkeit. Folglich kühlt sich das Wasser im Inneren des Kruges um so mehr ab. Die Abkühlung hängt auch von dem Feuchtigkeitsgehalt der Luft in der Umgebung des Kruges ab. Ist die Luft schon sehr feucht, so geht die Verdunstung langsam vor sich, und das Wasser kühlt sich wenig ab. In trockener Luft dagegen findet eine heftige Verdunstung statt, die eine merkliche Abkühlung hervorruft. Auch der Wind fördert die Verdunstung und begünstigt damit die Abkühlung. Das wissen alle schon von dem Kältegefühl her, das man in feuchter Kleidung an einem warmen, aber windigen Tag zu spüren bekommt. Die Temperaturerniedrigung in den kühlenden Krügen überschreitet 5 K nicht. An einem heißen Tag im Süden, an dem das Thermometer mitunter $+33\,°C$ anzeigt, hat das Wasser in einem kühlenden Krug die Temperatur eines warmen Bades von $28\,°C$. Trotzdem empfindet man die Temperatur des Wassers als angenehm kühl.

Wir können versuchen, den Grad der Abkühlung des Wassers in den „Alcarrazen" auszurechnen. Nehmen wir an, wir haben einen Krug, der fünf Liter Wasser faßt. Davon soll ein zehntel Liter verdunstet sein. Zur

Verdunstung von einem Liter Wasser (1 kg) sind bei der Temperatur eines heißen Tages (33 °C) ungefähr 2430 kJ erforderlich. In unserem Falle ist 0,1 kg verdunstet. Folglich wurden dafür 243 kJ benötigt. Wenn diese gesamte Wärmemenge nur dem Wasser entzogen würde, das sich in dem Gefäß befindet, würde die Temperatur dieses Wassers um $243/(4,18 \cdot 5)$ K, d. h. um rund 12 K fallen. Aber der größte Teil der Wärmemenge, die für die Verdunstung gebraucht wird, kommt von den Wänden des Gefäßes selbst und von der Luft, die das Gefäß umgibt. Andererseits geht gleichzeitig mit der Abkühlung des Wassers im Krug auch eine Erwärmung desselben durch die warme Luft, die am Krug anliegt, über die Gefäßwand vor sich. Deshalb erreicht die Abkühlung kaum die Hälfte des errechneten Wertes.

Es läßt sich schwer sagen, wo der Krug sich in einem bestimmten Falle mehr abkühlt, in der Sonne oder im Schatten. In der Sonne wird die Verdunstung beschleunigt, aber gleichzeitig wird auch die Wärmezufuhr vergrößert. Am besten ist es, die kühlenden Krüge im Schatten bei leichtem Wind aufzubewahren.

EIN „EISSCHRANK" OHNE EIS

Die Konstruktion eines einfachen Kühlschrankes zum Frischhalten von Nahrungsmitteln, gewissermaßen eines „Eisschrankes" ohne Eis, beruht auf Abkühlung durch Verdunsten. Der Aufbau eines solchen Kühlschrankes ist sehr einfach: Er ist ein Kasten aus Holz (besser aus verzinktem Stahlblech) mit Fächern, in die man die abzukühlenden Lebensmittel legt. Oben auf dem Kasten wird ein flaches Gefäß mit sauberem kaltem Wasser aufgestellt. In das Gefäß wird der Rand eines Stückes Leinwand eingetaucht, das entlang der Rückwand des Kastens nach unten hängt und in einem Gefäß endet, das unter dem untersten Fach aufgestellt ist. Die Leinwand saugt sich voll Wasser, das sich wie bei einem Docht die ganze Zeit durch die Leinwand bewegt, dabei langsam verdunstet und damit alle Fächer des „Eisschrankes" kühlt.

Man muß einen solchen „Eisschrank" an einem kühlen Ort der Wohnung aufstellen und jeden Abend das erwärmte Wasser gegen kaltes auswechseln, damit es in der Lage ist, über Nacht gut zu kühlen.

273

WELCHE TEMPERATUR KÖNNEN WIR VERTRAGEN?

Der Mensch ist in Beziehung auf die Temperatur widerstandsfähiger, als man gewöhnlich annimmt. Er kann in den südlichen Ländern Temperaturen ertragen, die merklich höher liegen als die, die wir in der gemäßigten Zone der Erde kaum als tragbar erachten. Im Sommer beobachtet man in Mittelaustralien nicht selten eine Temperatur von 46 °C im Schatten. Man stellte dort sogar Temperaturen um 55 °C im Schatten fest. Bei der Fahrt durch das Rote Meer in den Persischen Golf erreicht die Temperatur in den Schiffsräumen 55 °C und mehr, obwohl die Ventilatoren pausenlos arbeiten.

Die höchsten Temperaturen, die man auf der Erde in der Natur beobachtet hat, überschreiten 57 °C nicht. Diese Temperatur wurde im sogenannten „Tal des Todes" in Kalifornien festgestellt. In Mittelasien, dem heißesten Teil der Sowjetunion, sind die Temperaturen im allgemeinen nicht höher als 50 °C.

Die hier angegebenen Temperaturen wurden im Schatten gemessen. Ich möchte nebenbei erklären, warum die Meteorologen vor allem die Temperatur im Schatten und nicht die in der Sonne interessiert. Der Grund liegt darin, daß nur ein Thermometer, das im Schatten aufgestellt worden ist, die Temperatur *der Luft* anzeigt. Ein Thermometer, das in der Sonne aufgestellt worden ist, kann sich durch deren Strahlen bedeutend stärker erwärmen als die Luft der Umgebung. Die Anzeige des Thermometers ist dann niemals für den Wärmezustand der Luft charakteristisch. Deshalb hat es auch keinen Sinn, wenn man von heißem Wetter spricht und sich dabei auf die Anzeige eines Thermometers bezieht, das in der Sonne hängt.

Man hat zur Bestimmung der höchsten Temperatur, die der menschliche Organismus aushalten kann, Versuche durchgeführt. Es zeigte sich, daß unser Organismus bei sehr langsamer Steigerung der Temperatur in trockener Luft nicht nur die Temperatur des kochenden Wassers (100 °C $\hat{=}$ 373 K) aushalten kann, sondern manchmal sogar Temperaturen bis 160 °C, wie es zwei englische Physiker zeigten, die in einem tüchtig geheizten Ofen einer Bäckerei versuchsweise ganze Stunden verbrachten. „Man kann in der Luft des Raumes Eier kochen und Beefsteaks braten, in der Menschen ohne Schaden für sich bleiben können", bemerkt *Tyndall* zu diesem Versuch.

Womit kann man diese Widerstandsfähigkeit erklären? Unser Organismus nimmt faktisch nicht diese Temperatur an, sondern behält eine Temperatur, die nahe dem Normalwert liegt. Er bekämpft die Erwärmung mit dem Mittel einer stärkeren Schweißabsonderung. Die Verdunstung des Schweißes verbraucht aus der Luftschicht, die unmittelbar an der Haut anliegt, eine bedeutende Wärmemenge, und damit wird die Temperatur der Haut in genügendem Maße gesenkt. Die einzigen unerläßlichen Bedingungen dabei sind, daß der Körper nicht mit der Wärmequelle in Berührung steht und daß die Luft trocken ist.

Wer schon einmal in Mittelasien war, der hat ohne Zweifel bemerkt, wie man dort verhältnismäßig leicht eine Temperatur von 37 °C und mehr aushält. In Leningrad erträgt man eine Temperatur von 24 °C viel schlechter. Natürlich liegt der Grund dafür in Leningrad in der Luftfeuchtigkeit und in Mittelasien, wo der Regen eine äußerst seltene Erscheinung ist[1], in der Trockenheit der Luft.

THERMOMETER ODER BAROMETER?

Bekannt ist der Witz über den naiven Mann, der aus dem folgenden ungewöhnlichen Grund kein Bad nehmen wollte:

„Ich habe ein Barometer in die Wanne gehängt, und es hat Sturm angezeigt. Da ist das Baden gefährlich!"

Glaubt ja nicht, daß ein Thermometer immer leicht von einem Barometer zu unterscheiden ist. Es gibt Thermometer, oder richtiger Thermoskope, die ebensogut als Barometer bezeichnet werden könnten und umgekehrt. Als Beispiel dafür kann ein sehr altes Thermoskop dienen, das *Heron von Alexandria* erfunden hat (Bild 143). Wenn die Sonnenstrahlen die Kugel erwärmen, dehnt sich die Luft im oberen Teil der Kugel aus, drückt auf das Wasser und drängt es durch das gebogene Rohr hinaus. Das Wasser beginnt aus dem Ende des Rohres in die Schale zu tropfen, von wo aus es in den darunterbefindlichen Behälter abfließt. Bei kaltem Wetter dagegen zieht sich die Luft in der Kugel zusammen, und das Wasser aus dem Behälter darunter wird von dem äußeren Luftdruck durch das gerade Rohr in die Kugel hineingedrückt.

Doch dieses Gerät ist auch für Änderungen des Luftdruckes empfindlich. Wenn der äußere Luftdruck nachläßt, hat die Luft im

---

[1] Es ist interessant, daß mein Taschenhygrometer im Monat Juni dort zweimal *eine Luftfeuchtigkeit von Null* anzeigte (am 13. und am 16. Juni 1930).

18*

Inneren der Kugel den vorherigen höheren Druck noch behalten, dehnt sich aus und drückt einen Teil des Wassers durch das Rohr in die Schale. Bei einer Erhöhung des äußeren Druckes wird ein Teil des Wassers im Behälter infolge des größeren Druckes von außen in die Kugel hineingedrückt. Jede Änderung der Temperatur um 1 K wird eine dementsprechende Veränderung des Rauminhaltes der Luft innerhalb

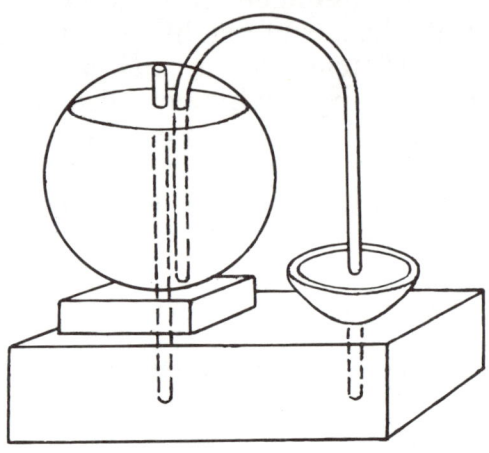

Thermoskop von *Heron*

Bild 143

der Kugel hervorrufen. Ähnlich wie bei einer Barometersäule (Quecksilber) eine Druckveränderung durch eine Höhenänderung angezeigt wird, zeigte eine Thermoskopsäule (Quecksilber) einen Höhenunterschied von 760/273 mm/K, also ungefähr 2,5 mm/K, an. In Moskau erreichen die Barometerausschläge 20 mm und mehr. Das entspricht beim *Heron*schen Thermoskop (Quecksilber) 8 K, d. h., eine solche Abnahme des atmosphärischen Druckes kann leicht für eine Temperaturerhöhung von 8 K gehalten werden.

Ihr seht, daß das altertümliche Thermoskop in nicht geringerem Maße auch ein Baroskop darstellt. Eine Zeitlang wurden bei uns Wasserbarometer verkauft, die gleichzeitig auch Thermometer waren. Davon wußten jedoch nicht nur die Käufer, sondern wahrscheinlich auch die Hersteller des Gerätes nichts.

WOZU DIENT DER LAMPENZYLINDER?

Nur wenige wissen etwas davon, welch langen Weg der Lampenzylinder gegangen ist, bis er seine gegenwärtige Form erreicht hat. Jahrtausende benutzten die Menschen das Licht der Flamme, ohne sich des Glaszylinders zu bedienen. Ein Genie wie *Leonardo da Vinci* (1452 bis 1514) war nötig, um diese bedeutsame Vervollkommnung der Lampe einzuführen. Aber *Leonardo* umgab die Flamme nicht mit einer Glasröhre, sondern mit einem Rohr aus Metall. Es vergingen noch drei Jahrhunderte, bis man auf die Idee kam, das Metallrohr mit einem durchsichtigen Glaszylinder zu vertauschen. Wie ihr seht, ist der Lampenzylinder eine Erfindung, die in vielen hundert Jahren vervollkommnet wurde.

Worin liegt nun seine Bedeutung?

Ihr werdet kaum alle auf eine solch natürliche Frage die richtige Antwort bereit haben. Die Flamme vor dem Wind zu schützen, ist nur eine zweitrangige Rolle des Zylinders. Seine hauptsächliche Wirkung besteht in der Vergrößerung der Helligkeit der Flamme, in der Beschleunigung des Verbrennungsprozesses. Die Rolle des Zylinders ist die gleiche wie die eines Ofenrohres oder die eines Fabrikschornsteines. Er vergrößert den Zustrom der Luft zur Flamme, verstärkt den Zug.

Ihr möchtet wissen, wie das zustande kommt? Die Luftsäule, die sich im Inneren des Zylinders befindet, wird durch die Flamme viel schneller erwärmt als die Luft, die sich in der Umgebung der Lampe befindet. Die erwärmte und dadurch spezifisch leichter gewordene Luft wird nach dem *Archimed*ischen Gesetz von der spezifisch schwereren kalten Luft, die unten durch die Öffnungen am Brenner eintritt, nach oben hinausgedrängt. Auf diese Weise entsteht ein ständiger Luftstrom von unten nach oben, ein Strom, der pausenlos die Verbrennungsprodukte wegführt und frische Luft zuführt. Je höher der Glaszylinder ist, um so größer ist der Unterschied zwischen den Gewichtskräften der erwärmten und der kalten Luftsäule und um so energischer erfolgt der Zustrom frischer Luft. Folglich wird die Verbrennung beschleunigt. Es ist dieselbe Erscheinung, wie sie auch in hohen Fabrikschornsteinen auftritt. Deshalb baut man diese Schornsteine so hoch.

Interessant ist, daß schon *Leonardo* sich diese Erscheinung klar vorgestellt hat. In seinen Manuskripten können wir folgende Notiz finden: „Wo sich ein Feuer befindet, dort zeigt sich rings um dieses ein Luftstrom, der das Feuer unterhält und verstärkt."

WARUM LÖSCHT SICH EINE FLAMME NICHT SELBST AUS?

Wenn man sich mit den Problemen des Verbrennungsprozesses beschäftigt, dann kommt einem unwillkürlich die Frage: Wieso löscht sich eine Flamme nicht selbst aus? Als Verbrennungsprodukte entstehen doch z. B. Kohlendioxid und Wasserdampf, also u n b r e n n b a r e Stoffe, die zur Unterhaltung der Verbrennung ungeeignet sind. Folglich muß die Flamme vom ersten Moment der Verbrennung an von unbrennbaren Stoffen umgeben sein, die den Zustrom der Luft stören. Ohne Luft kann die Verbrennung nicht weitergehen, und die Flamme muß verlöschen.

Warum geschieht das nicht? Warum geht die Verbrennung ohne Unterbrechung weiter vor sich, solange Vorrat an Brennstoff vorhanden ist? Nur deshalb, weil sich die Gase bei Erwärmung ausdehnen und infolgedessen spezifisch *leichter werden.* Nur dank der Tatsache, daß die erhitzten Verbrennungsprodukte nicht an dem Ort bleiben, an dem sie sich bilden, nämlich in unmittelbarer Nachbarschaft der Flamme, und daß sie von der frischen Luft so schnell wie möglich nach oben verdrängt werden können. Wenn das *Archimed*ische Prinzip sich nicht auch auf die Gase erstrecken würde (oder wenn es keine Schwerkraft gäbe), würde sich jede Flamme nach kurzem Brennen selbst ausgelöscht haben.

Ebenso leicht kann man sich davon überzeugen, daß die Verbrennungsprodukte einer Flamme auf diese selbst erstickend wirken. Ihr macht euch das häufig zunutze, um die Flamme einer Lampe auszulöschen, ohne es selbst zu ahnen. Wie löscht ihr eine Petroleumlampe aus? Ihr blast von oben in sie hinein, das heißt, ihr treibt ihre unbrennbaren Verbrennungsprodukte nach unten zur Flamme. Diese verlöscht, da der freie Zutritt der Luft versperrt ist.

DAS FEHLENDE KAPITEL IN EINEM ROMAN VON JULES VERNE

Jules Verne hat uns ausführlich erzählt, wie die drei Wagehälse, die sich auf der rasenden Fahrt zum Mond befanden, im Inneren des Geschosses die Zeit verbrachten. Doch erzählt er nicht davon, wie Michel unter diesen ungewöhnlichen Umständen seine Pflicht als Koch erfüllte. Wahrscheinlich nahm der Romanschriftsteller an, daß die Zubereitung des Essens im fliegenden Geschoß nichts darstellen würde, was einer Beschreibung wert sei. Wenn das stimmen sollte, dann hat er sich geirrt. Tatsächlich ist es so, daß alle Gegenstände im Inneren des fliegenden Geschosses *schwerelos* werden. *Jules Verne* hat diesen Umstand außer acht gelassen. Aber ihr werdet dem zustimmen, daß das Kochen in einer schwerelosen Küche ein Stoff ist, der ganz und gar der Feder eines Romanschriftstellers wert ist, und es ist nur zu bedauern, daß der talentierte Verfasser der „Reise zum Mond" diesem Thema keine Beachtung schenkte. Soweit ich das kann, will ich versuchen, das fehlende Kapitel des Romanes zu ergänzen, um dem Leser einigermaßen eine Vorstellung davon zu vermitteln, wie effektvoll dieses Kapitel aus der Feder von *Jules Verne* selbst hätte fließen können.

Beim Lesen dieses Abschnittes darf der Leser niemals außer acht lassen, daß im Inneren des Geschosses, wie ich schon ausführte, *keine Schwerkraft* vorhanden ist. Alle Gegenstände darin sind *schwerelos*.

DAS FRÜHSTÜCK IN DER SCHWERELOSEN KÜCHE

„Meine Freunde, wir haben doch noch nicht gefrühstückt", erklärte Michel seinen Gefährten auf der interplanetaren Reise. „Daraus, daß wir in der Kanonenkugel unsere Gewichtskraft eingebüßt haben, folgt ganz und gar nicht, daß wir auch den Appetit verloren haben. Ich fühle mich verpflichtet, Euch ein schwereloses Frühstück zu bereiten, das zweifellos aus den leichtesten Speisen bestehen wird, die jemals in der Welt zubereitet wurden."

Und ohne die Antwort der Freunde abzuwarten, begann der Franzose mit der Vorbereitung einer Mahlzeit.

„Unsere Korbflasche mit Wasser scheint leer zu sein", brummte Michel vor sich hin, als er mit dem Öffnen der großen Flasche beschäftigt war. „Du wirst mich nicht hinters Licht führen. Ich weiß ja, warum du so leicht bist... So, der Korken ist heraus. Nun werde ich den schwerelosen Inhalt in den Topf gießen!"

Aber wie sehr er auch die Korbflasche kippte, es floß kein Wasser heraus.

„Bemühe dich nicht, lieber Michel", kam ihm Nicol zu Hilfe. „Du wirst verstehen, daß in unserem Geschoß, wo es keine Schwerkraft gibt, das Wasser nicht ausfließen kann. Du mußt es aus der Flasche herausschütteln, als wenn es dicker Sirup wäre."

Michel dachte nicht lange nach und schlug mit der Handfläche auf den Boden des umgekippten Gefäßes. Es gab eine neue Überraschung für ihn: Im selben Augenblick blähte sich am Flaschenhals eine Wasserkugel von der Größe einer Faust auf.

„Was ist bloß mit unserem Wasser los?" wunderte sich Michel. „Ich gestehe ein, das ist hier wirklich eine neue Überraschung! Erklärt ihr mir, meine klugen Freunde, was hier passiert ist?"

„Das ist ein Tropfen, lieber Michel, ein einfacher Wassertropfen. In einer Welt ohne Schwerkraft können die Tropfen beliebig groß sein... Denke daran, daß die Flüssigkeiten doch nur unter dem Einfluß der Schwerkraft die Form der Gefäße annehmen, in Form eines Strahles fließen usw. Da hier keine Schwerkraft vorhanden ist, unterliegt die Flüssigkeit allein ihren inneren Molekularkräften und muß die Form einer Kugel annehmen, wie das Öl in dem Versuch von *Plateau*."

„Was geht mich dieser *Plateau* mit seinem Versuch an! Ich will Wasser für eine Fleischbrühe kochen, und ich schwöre, daß mich dabei keine Molekularkräfte aufhalten werden!" fügte der Franzose heftig hinzu.

Er begann grimmig, das Wasser über dem in der Luft schwebenden Topf herauszuschütteln, aber augenblicklich war alles gegen ihn verschworen. Die großen Wassertropfen, die den Topf erreicht hatten, verteilten sich schnell auf dessen Oberfläche. Das war noch nicht alles. Von den Innenflächen wanderte das Wasser auf die äußeren, zerfloß auf ihnen, und bald war der Topf von einer dünnen Wasserschicht eingehüllt. Da gab es keine Möglichkeit, das Wasser in diesem Zustand zu kochen.

„Das ist ein interessanter Versuch, der zeigt, wie groß die Adhäsionskräfte sind", sagte Nicol gelassen zu dem wütenden Michel. „Du darfst dich nicht aufregen. Hier handelt es sich doch um die übliche Benetzung fester Körper durch Flüssigkeiten. Im gegebenen Fall stört nur die Schwerkraft diese Erscheinung nicht, sich in voller Stärke auszuwirken."

„Die Benetzung und alles andere ist mir egal", entgegnete Michel. „Ich möchte aber das Wasser im Inneren des Topfes haben und nicht um ihn herum. Was ist das für eine Neuigkeit! Nicht ein Koch in der Welt wird damit einverstanden sein, unter solchen Bedingungen eine Fleischbrühe zuzubereiten!"

„Du kannst die Benetzung leicht verhindern, wenn sie dich so stört", stellte Mr. Barbikan beruhigend fest. „Denke daran, daß das Wasser die Körper nicht benetzt, wenn sie mit einer dünnen Fettschicht bedeckt sind. Schmiere deinen Topf außen mit Fett ein, und du wirst das Wasser in dessen Innerem zurückhalten."

„Bravo! Das nenne ich wahrhaftige Klugheit", freute sich Michel, indem er diesen Rat zur Ausführung brachte. Danach setzte er das Wasser zum Erwärmen auf die Flamme eines Gaskochers.

Wahrlich alles hatte sich gegen Michel zusammengetan. Auch der Gaskocher wurde eigensinnig. Nachdem er eine halbe Minute lang mit schwacher Flamme gebrannt hatte, verlosch er aus unerklärlichen Gründen.

Michel machte sich am Brenner zu schaffen, gab sich geduldig mit der Flamme ab, aber die Bemühungen führten zu keinem Ergebnis. Die Flamme lehnte es ab, dauerhaft zu brennen.

„Barbikan! Nicol! Gibt es denn wirklich kein Mittel, diese bockige Flamme so zum Brennen zu bringen, wie es sich nach den Gesetzen eurer Physik und nach den Vorschriften der Gasgesellschaften gehört?" rief der mutlos gewordene Franzose den Freunden zu.

„Bei dieser Sache ist doch nichts Ungewöhnliches und nichts Überraschendes", crklärte Nicol. „Diese Flamme brennt gerade so, wie es sich in Übereinstimmung mit den physikalischen Gesetzen gehört. Und die Gasgesellschaften, glaube ich, wären alle ruiniert, wenn es keine Schwerkraft gäbe. Bei der Verbrennung bilden sich Kohlendioxyd und Wasserdampf, mit einem Wort, unbrennbare Gase. Gewöhnlich bleiben diese Verbrennungsprodukte nicht neben der Flamme. Als warme und folglich leichtere Gase werden sie von der zuströmenden frischen Luft verdrängt. Aber hier haben wir keine Schwere, weshalb die Verbrennungsprodukte am Ort ihrer Entstehung verbleiben, die Flamme mit einer Schicht unbrennbarer Gase umhüllen und der frischen Luft den Zutritt versperren. Aus diesem Grunde brennt die Flamme hier so schwach und verlischt so schnell. Auch die Wirkung einiger Feuerlöscher beruht ja darauf, daß die Flamme von unbrennbaren Gasen umgeben wird."

„Nach deinen Worten bedeutet das", fiel der Franzose ins Wort, „daß man keine Feuerwehr brauchen würde, wenn es auf der Erde keine Schwerkraft gäbe. Das Feuer würde sich selbst auslöschen und würde im eigenen Atem ersticken?"

„Das ist vollkommen richtig. Aber wir wollen weiter kommen, und es wird Zeit, daß du den Brenner noch einmal entzündest und die Flamme dabei anbläst. Ich glaube, es wird uns gelingen, einen künstlichen Zug zu erzeugen und die Flamme wie auf der Erde zum Brennen zu bringen."

So wurde es auch gemacht. Michel entzündete den Brenner wieder und begann mit dem Kochen. Nicht ohne Schadenfreude verfolgte er dabei, wie Nicol und Barbikan abwechselnd die Flamme anbliesen und anfächelten, damit ihr laufend frische Luft zugeführt wurde. Im Grunde seiner Seele hielt der Franzose seine Freunde und ihre Wissenschaft für die Urheber „dieses ganzen Durcheinanders".

„In einer Art erfüllt ihr die Pflicht eines Fabrikschornsteines, der den Zug aufrechterhält", schwatzte Michel. „Ihr tut mir sehr leid, meine gelehrten Freunde, aber wenn wir ein warmes Frühstück haben wollen, müssen wir uns den Gesetzen eurer Physik unterordnen."

Aber es verging eine Viertelstunde, eine halbe, eine ganze Stunde, und das Wasser in dem Topf dachte überhaupt nicht daran zu kochen.

„Du mußt dich mit Geduld wappnen. Weißt du, warum sich gewöhnliches Wasser, das eine Gewichtskraft ausübt, schnell erwärmt? Nur deshalb, weil in ihm eine Durchmischung der Schichten vor sich geht. Die erwärmten unteren Schichten, die leichter sind, werden von den kälteren von oben herab verdrängt. Dadurch nimmt die gesamte Flüssigkeit schnell eine hohe Temperatur an. Ist es dir irgendwann einmal begegnet, daß Wasser von oben anstatt von unten erwärmt wird? Dann tritt keine Durchmischung der Schichten ein, weil die oberen erwärmten Schichten an derselben Stelle bleiben. Die Wärmeleitung im Wasser ist aber sehr gering. Die oberen Schichten kann man sogar zum Kochen bringen, während zur gleichen Zeit in den unteren Schichten Eisstückchen nicht zerschmelzen. Aber in unserer schwerelosen Umgebung ist es gleich, von wo aus man das Wasser erwärmt. Man kann in dem Topf keinen Wasserkreislauf erzeugen, und das Wasser muß sich deshalb sehr langsam erwärmen. Wenn du die Erwärmung beschleunigen willst, mußt du das Wasser die ganze Zeit umrühren."

Nicol teilte Michel rechtzeitig mit, daß er das Wasser nicht bis auf 100 °C bringen dürfe, daß er sich mit einer etwas niedrigeren Temperatur begnügen solle. Bei 100 °C werde sich viel Dampf bilden, der hier keinen Auftrieb im Wasser habe und sich mit dem Wasser zu einem homogenen Schaum vermischen werde.

Eine peinliche Überraschung erlebte man mit den Erbsen. Als Michel das Säckchen aufgebunden hatte und es leicht schüttelte, wurden die Erbsen in die Luft verstreut und begannen, unaufhörlich in der Kabine umherzuwandern, an die Wände zu stoßen und von ihnen zurückzuprallen. Diese schwebenden Erbsen verursachten beinahe ein großes Unglück. Nicol atmete versehentlich eine von ihnen ein und wurde von einem so heftigen Husten befallen, daß er beinahe erstickte. Um sich vor dieser Gefahr zu schützen und die Luft zu reinigen, begannen unsere Freunde, mit dem Netz, das Michel vorsorglich „zur Sammlung einer Kollektion Mondschmetterlinge" mitgenommen hatte, eifrig die fliegenden Erbsen einzufangen. Es war nicht leicht, unter diesen Umständen etwas zu kochen. Michel hatte recht, als er behauptete, daß der geschickteste Koch die Sache hier aufgeben würde. Auch beim Braten des Beefsteaks hatte man nicht selten seine liebe Not. Man mußte das Fleisch die ganze Zeit mit der Gabel festhalten. Manchmal ließen die elastischen Fettdämpfe, die sich unter dem Beefsteak bildeten, dieses aus der Kasserolle herausspringen, und das ungebratene Fleisch flog nach „oben", soweit man dieses Wort dort gebrauchen kann, wo es weder „oben" noch „unten" gab.

Ein sonderbares Bild gab in dieser Welt ohne Schwerkraft auch die Mahlzeit selbst ab. Die Freunde hingen in ganz verschiedenen, recht malerischen Stellungen in der Luft und stießen alle Augenblicke mit den Köpfen aneinander. Das Sitzen gelang natürlich keinem. Solche Gegenstände wie Stühle, Sofas und Bänke waren in der Welt, in der es keine Schwerkraft gab, völlig nutzlos. Im Grunde genommen wäre auch ein Tisch hier wirklich nicht nötig gewesen, wenn nicht Michel den ausdrücklichen Wunsch gehabt hätte, unbedingt „am Tisch" zu frühstücken.

Schwierig war es, die Fleischbrühe zu kochen, aber noch schwieriger schien es zu sein, sie zu trinken. Es begann damit, daß es einfach nicht gelingen wollte, die schwerelose Fleischbrühe in die Tassen zu gießen. Michel büßte für diesen Versuch beinahe mit dem Verlust der Arbeit eines ganzen Morgens. Da er vergessen hatte, daß die Fleischbrühe schwerelos war, klopfte er ärgerlich auf den Boden des umgekippten Topfes, um die bockige Fleischbrühe aus ihm herauszubringen. Als Ergebnis kam ein riesengroßer, kugelförmiger Tropfen aus dem Topf heraus. Michel mußte die Kunst eines Jongleurs aufbringen, um die gekochte Fleischbrühe wieder einzufangen und in dem Topf Ordnung zu schaffen.

Der Versuch, sich mit Löffeln zu behelfen, blieb ohne Erfolg. Die Fleischbrühe benetzte den ganzen Löffel bis zu den Fingern hin und hing wie ein dichter Schleier an ihm. Man schmierte die Löffel mit Fett ein, um die Benetzung zu verhindern, aber davon wurde die Sache nicht besser. Die Fleischbrühe verwandelte sich auf dem Löffel in eine kleine Kugel, und es gab keine Möglichkeit, diese schwerelosen Pillen in den Mund zu befördern.

Zu guter Letzt fand Nicol für dieses Problem eine Lösung. Er formte aus Wachspapier ein Röhrchen, und mit dessen Hilfe trank man die Fleischbrühe, indem man sie mit dem Mund ansaugte. Auf diese Weise mußten unsere Freunde während der ganzen Reise das Wasser, den Wein und überhaupt jedwede Flüssigkeit trinken.[1]

WARUM LÖSCHT WASSER DAS FEUER AUS?

Auf eine so einfache Frage kann man nicht immer richtig antworten, und wir wollen hoffen, daß uns der Leser nicht böse ist, wenn wir kurz erklären, worin eigentlich diese Wirkung des Wassers auf das Feuer besteht.

Erstens verwandelt sich das Wasser in Dampf, wenn es mit dem brennenden Gegenstand in Berührung kommt, und entzieht dabei dem brennenden Körper viel Wärme. Um siedendes Wasser plötzlich in Dampf zu verwandeln, braucht man etwa fünfmal so viel Wärme wie für die Erwärmung derselben Menge kalten Wassers bis auf 100 °C.

Zweitens nehmen die sich bildenden Dämpfe einen fast zweitausendmal so großen Raum ein wie das Wasser, aus dem sie sich entwickelten. Die Dämpfe umschließen den heißen Körper und verdrängen die Luft. Aber ohne Luft ist eine Verbrennung unmöglich.

Um die feuerlöschende Wirkung des Wassers zu vergrößern, mischt man ihm manchmal Schießpulver bei! Das mag seltsam erscheinen, ist jedoch vollkommen vernünftig. Das Schießpulver verbrennt schnell und

---

[1] Viele Leser wandten sich in Briefen an mich, in denen sie daran zweifeln, daß man in einem Raum ohne Schwerkraft so trinken kann. Sie bringen ihren Zweifel in folgender Form zum Ausdruck: Die Luft in dem fliegenden Geschoß ist doch schwerelos, folglich gibt es keinen Druck, und man kann ohne vorhandenen Druck nicht trinken, indem man die Flüssigkeit in sich einsaugt. – Seltsamerweise fand sich dieser Einwand auch in den Beurteilungen einiger Kritiker. Dagegen muß angeführt werden, daß die Schwerelosigkeit der Luft unter den gegebenen Bedingungen niemals mit einem Fehlen des Druckes verbunden ist. Die Luft hat in dem abgeschlossenen Raum der Rakete ganz und gar nicht deshalb einen Druck, weil sie eine Masse aufweist, sondern weil sie sich wie jeder gasförmige Körper unbegrenzt ausdehnen will. Im offenen Raum auf der Erdoberfläche spielt die Schwerkraft die Rolle der Wand, die die Ausdehnung der Luft verhindert. Und dieser gewohnte Zusammenhang führte auch meine Kritiker zu diesem Irrtum. – J. I. P.

bildet eine große Menge unbrennbarer Gase, die die brennenden Gegenstände einhüllen und die Verbrennung erschweren.

WIE LÖSCHT MAN FEUER MIT HILFE VON FEUER?

Ihr habt wahrscheinlich davon gehört, daß es das beste und manchmal auch das einzige Mittel im Kampf gegen Wald- und Steppenbrände ist,

Bild 144

Löschen eines Steppenbrandes durch Feuer

den Wald oder die Steppe von der entgegengesetzten Seite her zum Brennen zu bringen. Die entstehenden Flammen gehen dem wütenden Flammenmeer entgegen, vernichten das brennbare Material und entziehen damit dem Feuer die Nahrung. Wenn die beiden Feuerwände dann aufeinandertreffen, verlöschen sie augenblicklich, als ob sie einander verschlingen würden.

Eine Beschreibung davon, wie man diese Art des Feuerlöschens beim Brand amerikanischer Steppen anwandte, haben bestimmt viele in dem Roman „Die Prärie" von *Cooper* gelesen. Kann man den dramatischen Augenblick vergessen, in dem der alte Trapper eine Gruppe Reisender, die in der Steppe vom Feuer überrascht worden war, vor dem Feuertode errettete? Hier ist diese Stelle aus dem Roman „Die Prärie".

– Der Alte nahm plötzlich eine entschlossene Haltung an.

„Es wird Zeit zu handeln", sagte er.

„Daran denkt Ihr viel zu spät, bedauernswerter Alter!" rief einer der

Reisenden. „Das Feuer ist jetzt ungefähr eine viertel Meile von uns entfernt, und der Wind trägt es mit einer furchtbaren Geschwindigkeit zu uns her!"

„Da sieh mal einer an! Das Feuer! Ich fürchte mich nicht weiter vor ihm. Nun laßt es gut sein, ihr jungen Leute. Reißt dieses vertrocknete Gras mit den Händen aus und legt die Erde frei!"

In sehr kurzer Zeit war ein Platz von ungefähr 20 Fuß im Durchmesser leergeräumt. Der Trapper führte die Frauen an den einen Rand dieses kleinen Platzes und sagte ihnen, daß sie ihre Kleider, die leicht in Brand geraten könnten, mit Decken einhüllen sollten. Nachdem er diese Vorkehrungen getroffen hatte, ging der Alte zum gegenüberliegenden Rand zurück, wo das Feuer die Reisenden mit einer hohen, gefährlichen Wand umgab. Er häufte dürres Gras auf die Pfanne seiner Flinte und drückte ab. Das leicht brennbare Material loderte sofort hell auf. Dann warf der Alte das lodernde Grasbündel in ein hohes Gestrüpp, ging in die Mitte des Kreises zurück und begann, geduldig auf das Ergebnis seiner Handlung zu warten.

Das zerstörende Element stürzte sich gefräßig auf die neue Nahrung, und augenblicklich begannen die Flammen, auf das Gras überzugreifen.

„Nun", sagte der Alte, „jetzt seht ihr, wie ein Feuer das andere niederschlägt."

„Aber ist das wirklich nicht gefährlich?" rief derselbe Reisende jetzt. „Habt Ihr nicht den Feind näher zu uns herangeholt, anstatt ihn weiter zu entfernen?"

Das Feuer vergrößerte sich zusehends und begann, sich nach drei Seiten hin auszudehnen, während es in der vierten Richtung infolge von Nahrungsmangel nicht weiter vorwärtskam. Während sich das Feuer ausbreitete und immer stärker loderte, fraß es vor sich den ganzen Platz kahl. Der zurückbleibende schwarze, rauchende Boden war noch viel kahler, als wenn das Gras auf dieser Stelle mit einer Sense abgehauen worden wäre. Die Lage der Eingekreisten wäre noch riskanter geworden, wenn sich nicht der vor ihnen geräumte Platz in dem Maße vergrößert hätte, wie sich das Feuer ihm von den anderen Seiten näherte. Nach einigen Minuten begann das Feuer in allen Richtungen zurückzuweichen und ließ die Menschen in einer Rauchwolke eingehüllt zurück. Aber die Menschen waren in voller Sicherheit vor der Feuersbrunst, die sich weiter wütend vorwärtsfraß.

Die Zuschauer blickten mit Verwunderung auf dieses einfache Mittel, das der Trapper angewendet hatte, mit der, wie man sagt, die Höflinge Ferdinands die Methode von *Kolumbus,* ein Ei auf die Spitze zu stellen, betrachtet haben mögen.–

Die Art des Löschens von Steppen- und Waldbränden ist aber nicht so einfach, wie es auf den ersten Blick scheinen mag. Um ein entgegenlaufendes Feuer zum Löschen eines Brandes auszunutzen, muß der Mensch große Erfahrung besitzen, sonst kann die Katastrophe sogar noch vergrößert werden.

Ihr werdet verstehen, wie groß die Erfahrung sein muß, wenn ihr euch selbst die Frage vorlegt: Warum lief das Feuer, das der Trapper angezündet hatte, dem Brandherd entgegen und nicht in die entgegengesetzte Richtung? Der Wind kam ja aus der Richtung des Brandes und trieb die Flammen auf die Reisenden zu! Es scheint so, als hätte sich das von dem Trapper angefachte Feuer nicht dem Flammenmeer entgegen ausbreiten müssen, sondern nach der anderen Seite in die Steppe hinein. Wenn es so gekommen wäre, wären die Reisenden sicherlich von einem Feuerring umgeben worden und unvermeidlich darin umgekommen.

Worin lag das Geheimnis des Trappers?

Es lag in der Kenntnis eines einfachen physikalischen Gesetzes. Wenn auch der Wind in der Richtung von der brennenden Steppe zu den Reisenden hin wehte, so mußte nahe vor dem Feuer eine umgekehrte, den Flammen entgegengerichtete Luftströmung bestehen. In der Tat wird ja die über dem Flammenmeer erwärmte Luft spezifisch leichter und deshalb von der von allen Seiten herbeiströmenden frischen Luft aus der Steppe, die noch nicht mit den Flammen in Berührung gekommen ist, nach oben gedrängt. In der Nähe der Randgebiete des Feuers wird daher ein Luftzug erzeugt, der den Flammen entgegenläuft. Das entgegenlaufende Feuer muß in dem Augenblick entzündet werden, in dem sich der Brand so weit genähert hat, daß sich der Luftzug bemerkbar macht. Deshalb also hatte der Trapper keine Eile, vorzeitig damit zu beginnen, sondern wartete ruhig auf den richtigen Augenblick. Man braucht das Gras nur ein wenig zu früh anzuzünden, wenn der Gegenzug noch nicht bemerkbar geworden ist, und schon würde sich das Feuer in die umgekehrte Richtung ausbreiten und die Lage der Menschen hoffnungslos gestalten. Aber auch eine Verzögerung kann nicht weniger verhängnisvoll sein. Das Feuer würde viel zu nahe kommen, bevor eine genügend große Fläche kahlgebrannt ist.

KANN MAN WASSER MIT HILFE VON SIEDENDEM
WASSER ZUM SIEDEN BRINGEN?

Nehmt ein kleines Gefäß (ein Konservenglas oder eine kleine Flasche), füllt Wasser hinein und stellt es so in einen auf dem Feuer stehenden Topf mit Wasser, daß das kleine Gefäß nicht den Boden des Topfes berührt. Ihr werdet dieses Gefäß am besten an einer Drahtschleife aufhängen müssen. Wenn das Wasser in dem Topf zu sieden beginnt, müßte folglich, so scheint es, auch das Wasser in dem kleinen Gefäß zu sieden beginnen. Ihr könnt aber warten, so lange ihr Lust habt, ihr werdet es nicht dazu bringen. Das Wasser in dem kleinen Gefäß wird heiß, sehr heiß sogar, aber sieden wird es nicht. Das siedende Wasser erweist sich als nicht heiß genug, um Wasser zum Sieden zu bringen.

Um Wasser zum Sieden zu bringen, genügt es also nicht, es nur bis auf $100\,°C$ zu erwärmen. Man muß dem Wasser außerdem eine bedeutende Wärmemenge übermitteln, um es in einen anderen Aggregatzustand, nämlich in den dampfförmigen Zustand, zu überführen.

Reines Wasser siedet beim normalen Luftdruck der Atmosphäre bei $100\,°C$ (373 K). Unter gewöhnlichen Bedingungen steigt seine Temperatur nicht über diesen Punkt hinaus, so viel wir es auch erwärmen. Sobald nun eine Gleichheit der Temperatur in Gefäß und Topf eintritt, wird kein weiterer Übergang der Wärme vom Wasser des Topfes auf das kleine Gefäß mehr stattfinden. Wenn wir das Wasser in dem kleinen Gefäß auf diese Weise erwärmen, können wir ihm deshalb niemals jenen Wärmeüberschuß zuführen, den wir für die Umwandlung des Wassers in Dampf benötigen. (Jedes Gramm Wasser, das auf $100\,°C$ erwärmt wurde, braucht noch 2256 J, um in den Dampfzustand überzugehen.) So wird das Wasser im kleinen Gefäß zwar erwärmt, aber es kommt nicht zum Sieden.

Dieses Prinzip wird im Milchkochtopf angewandt. Es verhindert, daß die Milch „anbrennt".

Es kann die Frage auftreten: Wodurch unterscheidet sich denn das Wasser in dem kleinen Gefäß vom Wasser im Topf? Im kleinen Gefäß ist doch das gleiche Wasser, das nur durch eine gläserne Scheidewand von der anderen Wassermenge getrennt ist. Warum geht mit ihm nicht dasselbe wie mit der anderen Wassermenge vor sich? Weil die Trennwand das Wasser in dem kleinen Gefäß hindert, an jener Strömung teilzunehmen, die das gesamte Wasser im Topf durchmischt. Jedes Wasserteilchen im

Topf kann unmittelbar den heißen Boden berühren, das Wasser im kleinen Gefäß aber kommt über die Gefäßwand nur mit siedendem Wasser in Berührung.[1]

So kann man also Wasser niemals mit reinem siedendem Wasser zum Sieden bringen. Aber man braucht nur eine Handvoll Salz in den Topf hineinzuwerfen, und schon ändert sich die Erscheinung. Salzwasser siedet nicht bei 100 °C, sondern erst bei einer etwas höheren Temperatur, und folglich kann nun das reine Wasser in dem Glasgefäß zum Sieden gebracht werden.

KANN MAN WASSER MIT SCHNEE ZUM SIEDEN BRINGEN?

„Wenn schon reines siedendes Wasser für diesen Zweck unbrauchbar ist, wozu soll man dann noch vom Schnee sprechen!" wird manch ein Leser antworten. Habt es mit der Antwort nicht so eilig, sondern führt lieber folgenden Versuch mit einem feuerfesten Glasgefäß durch.

Füllt es bis zur Hälfte mit Wasser und taucht es in siedendes Salzwasser. Wenn das Wasser in dem Glasgefäß zu sieden beginnt, nehmt ihr das Gefäß aus dem Topf heraus und verschließt es schnell mit einem vorher angefertigten Stopfen. Nun kippt ihr das Glasgefäß um und wartet, bis das Sieden in ihm aufgehört hat. Nachdem ihr diesen Augenblick abgewartet habt, übergießt ihr das Gefäß mit siedendem Wasser, und das Wasser darin beginnt nicht zu sieden. Aber legt ihr auf den Boden des Gefäßes ein wenig Schnee oder übergießt es sogar einfach mit kaltem Wasser, wie es in Bild 145 gezeigt ist, so werdet ihr sehen, daß das Wasser zu sieden beginnt... Der Schnee bringt das fertig, wozu das kochende Wasser nicht in der Lage war!

Das wird dadurch noch rätselhafter, daß, wie man durch Anfassen feststellen kann, das Gefäß nicht besonders heiß ist. Zur selben Zeit könnt ihr mit eigenen Augen sehen, wie das Wasser darin siedet!

Die Lösung ergibt sich aus der Tatsache, daß der Schnee die Wände des Gefäßes abkühlte. Infolgedessen verdichtete sich der Dampf im Inneren zu Wassertröpfchen. Aber da die Luft vorher zu einem großen Teil durch das Sieden aus dem Glasbehälter verdrängt worden war, ist das Wasser in ihm jetzt einem viel geringeren Druck unterworfen. Es ist

---

[1] Wasser siedet nur an den Stellen, die eine größere Temperatur als 373 K haben, also am Topfboden oder an einem Tauchsieder (Anm. der deutschen Redaktion).

bekannt, daß eine Flüssigkeit bei Verringerung des Druckes über ihrer Oberfläche bei einer Temperatur siedet, die niedriger als sonst ist. Wir haben folglich in unserem Glasgefäß wohl siedendes Wasser, aber eben abgekühltes siedendes Wasser.

Wenn die Wände des Glasgefäßes sehr dünn sind, dann kann die plötzliche Verdichtung bzw. Kondensation des Dampfes im Inneren eine

Bild 145 Das Sieden des Wassers in einem Kolben, der mit kaltem Wasser übergossen wird.

Bild 146 Das unerwartete Ergebnis bei der Abkühlung des Blechkanisters

Art von Explosion hervorrufen. Der äußere Luftdruck, der nicht mehr auf einen gleichen Gegendruck aus dem Inneren des Gefäßes heraus trifft, zerdrückt dieses einfach. (Ihr seht unter anderem, daß das Wort „Explosion" hier unpassend ist, man spricht daher von „Implosion"). Es ist deshalb besser, eine runde Flasche (einen Kolben mit gewölbtem Boden) zu nehmen, da diese dem Luftdruck einen größeren Widerstand entgegensetzt.

Viel ungefährlicher verläuft der gleiche Versuch mit einem Blechkanister für Petroleum, Öl usw. Nachdem man das Wasser in ihm zum Sieden gebracht hat, verschraubt man den Verschluß fest und übergießt das Gefäß mit kaltem Wasser. Im selben Augenblick wird der Blechkanister durch den äußeren Luftdruck, dem nur ein geringer Gegendruck aus dem Inneren des Gefäßes entgegenwirkt, zusammengedrückt, da sich ja der Dampf im Gefäß bei der Abkühlung in Wasser verwandelt. Der Blechkanister wird von dem äußeren Luftdruck zerdrückt, als hätte man mit einem schweren Hammer daraufgeschlagen (Bild 146).

DIE „BAROMETERSUPPE"

In dem Buch „Reisen ins Ausland" erzählt der amerikanische humoristische Schriftsteller *Mark Twain* über ein Erlebnis auf seiner Alpenreise, ein Erlebnis, das selbstverständlich erfunden ist.

– Die Unannehmlichkeiten hörten für uns auf. Daher konnten sich die Menschen ausruhen, und für mich ergab sich endlich eine Möglichkeit, meine Aufmerksamkeit der wissenschaftlichen Seite der Expedition zuzuwenden. Vor allem wollte ich mit Hilfe eines Barometers die Höhe des Ortes bestimmen, an dem wir uns befanden, aber zu meinem Bedauern kam ich zu keinem Ergebnis. Aus meiner wissenschaftlichen Lektüre wußte ich noch, daß entweder das Thermometer oder das Barometer „gekocht" werden muß, um eine Anzeige zu erhaltcn. Welches von beiden es war, wußte ich nicht genau, und deshalb beschloß ich, beide im Wasser zu kochen.

Und trotzdem erhielt ich kein Ergebnis. Als ich beide Instrumente betrachtete, sah ich, daß sie völlig zerstört waren. Das Barometer hatte nur noch einen kupfernen Zeiger, und in der Glaskugel des Thermometers schaukelte ein kleines Kügelchen Quecksilber hin und her...

Ich suchte ein anderes Barometer hervor. Es war vollständig neu und sehr schön. Eine halbe Stunde lang kochte ich es in dem Topf mit Bohnensuppe, die der Koch auf dem Feuer stehen hatte. Das Ergebnis war wieder anders als erwartet. Das Instrument stellte seine Funktion völlig ein, aber die Suppe bekam einen so kräftigen Beigeschmack nach Barometer, daß der Hauptkoch, ein sehr kluger Mensch, ihre Bezeichnung auf der Speisekarte umänderte. Das neue Gericht fand allgemeinen Beifall, so daß ich anordnete, jeden Tag „Barometersuppe" zu kochen. Natürlich war das Barometer ganz und gar unbrauchbar, aber ich war nicht sonderlich traurig darüber. Da es mir nicht half, die Höhe des Geländes zu bestimmen, brauchte ich es ja sowieso nicht.–

Lassen wir den Spaß beiseite und bemühen wir uns, auf die Frage zu antworten: Was muß tatsächlich „gekocht" werden, das Thermometer oder das Barometer?

291

Das Thermometer natürlich, und zwar aus folgenden Gründen:

Aus dem vorangegangenen Versuch haben wir gesehen, daß bei geringem Druck über dem Wasser auch dessen Siedepunkt niedriger liegt. Da sich nun der atmosphärische Druck mit zunehmender Höhe verringert, muß damit auch der Siedepunkt des Wassers bei einer tieferen Temperatur liegen als sonst. Man hat auch wirklich die folgenden Siedetemperaturen des reinen Wassers bei verschiedenen atmosphärischen Drücken festgestellt:

Siedetemperatur in		Barometerdruck in
°C	K	hPa
101	374	1050
100	373	1013
98	371	943
96	369	877
94	367	815
92	365	756
90	363	701
88	361	649
86	359	600

In Bern (Schweiz), wo der mittlere atmosphärische Druck 950 hPa beträgt, siedet das Wasser in offenen Gefäßen schon bei etwa 98,5 °C, und auf dem Gipfel des Mont Blanc, wo das Barometer 565 hPa anzeigt, hat das siedende Wasser nur eine Temperatur von 84,5 °C. Mit jedem Kilometer, den man höher steigt, sinkt der Siedepunkt des Wassers um rund 3 K. Das bedeutet, wenn wir die Temperatur messen, bei der das Wasser siedet (mit den Worten *Twain*s, wenn wir „ein Thermometer kochen"), können wir aus einer *Tabelle* die Höhe des Ortes bestimmen. Dazu ist es unbedingt erforderlich, daß man eine vorher aufgestellte Tabelle zur Verfügung hat, was *Mark Twain* allerdings scheinbar einfach vergessen hatte.

Die zu diesem Zweck erforderlichen Apparate, die Siedethermometer, sind für den Transport genauso günstig wie die Metallbarometer geeignet und ergeben viel genauere Anzeigen.

Selbstverständlich kann auch ein Barometer zum Bestimmen der Höhe eines Ortes dienen; denn es zeigt ja ohne jedes „Kochen" den atmosphärischen Druck direkt an. Je höher wir steigen, um so geringer wird der Druck, aber auch hier braucht man entweder Tabellen, die angeben, wie sich der Luftdruck mit zunehmender Höhe über dem

Meerespiegel verringert, oder die Kenntnis der entsprechenden Formel.[1] All das schien im Kopf des Humoristen ein bißchen durcheinandergeraten zu sein und veranlaßte ihn, eine „Barometersuppe" zu kochen.

IST SIEDENDES WASSER IMMER HEISS?

Die brave Ordonnanz Ben-Suf aus dem Roman „Hektor Servadacs Weltraumreise" von *Jules Verne* war fest davon überzeugt, daß siedendes Wasser stets und überall gleich heiß ist. Sicherlich hätte er sein ganzes Leben lang so gedacht, wenn es dem Schicksal nicht eingefallen wäre, ihn zusammen mit seinem Kommandeur Servadac auf einen Kometen zu verschlagen. Dieser wundersame Himmelskörper, der mit der Erde zusammenstieß, schnitt gerade jenes Stück von unserem Planeten ab, auf dem sich die beiden Helden befanden, und nahm sie mit sich fort auf seine elliptische Bahn. Und so überzeugte sich der Offiziersbursche zum erstenmal auf eigenartige Weise, daß siedendes Wasser ganz und gar nicht überall gleich heiß ist. Er machte diese Entdeckung völlig unerwartet, als er das Frühstück zubereitete.

Ben-Suf goß Wasser in den Topf, stellte ihn auf den Herd und wartete darauf, daß das Wasser zu sieden beginne, um die Eier hineinzulegen, die sich so leicht anfühlten, als ob sie ausgeblasen wären.

Nach weniger als zwei Minuten begann das Wasser bereits zu sieden.

„Hol's der Teufel! Wie das Feuer jetzt brennt", rief Ben-Suf.

„Nicht das Feuer brennt besser", antwortete Servadac nach kurzem Überlegen, „sondern das Wasser beginnt eher zu sieden."

Er nahm ein Thermometer mit einer Celsiusskale von der Wand und steckte es in das siedende Wasser.

Das Thermometer zeigte nur 66 °C an.

„Nanu!" rief der Offizier. „Das Wasser siedet bei 66 °C anstatt bei 100 °C!"

---

[1] Der Druck p in einer bestimmten Höhe h läßt sich berechnen mit der Formel:

$$p = p_0 \cdot \exp\left(-\frac{\rho}{p_0} \cdot g \cdot h \right),$$

$p_0 = 1013$ hPa (Druck in der Höhe $h_0 = 0$)

$\rho = 1{,}293$ kg/m^3 (Dichte der Luft in der Höhe $h_0 = 0$)

$g = 9{,}81$ m/s^2 (Fallbeschleunigung in der Höhe $h_0 = 0$)

$\exp(a) = e^a = 2{,}718\,28^a$

„Nun, Kapitän?..."

„Nun, Ben-Suf, gebe ich dir den guten Rat, die Eier eine Viertelstunde im siedenden Wasser liegenzulassen."

„Da werden sie aber hart werden."

„Nein, lieber Freund, sie werden kaum gekocht sein."

Die Ursache für diese Erscheinung lag offensichtlich in der Verringerung der Höhe der atmosphärischen Hülle. Die Luftsäule über der Oberfläche des Bodens hatte sich verringert, und deshalb siedete das Wasser, das einem geringeren Druck ausgesetzt war, bei 66 °C anstatt bei 100 °C. Genau die gleiche Erscheinung würdet ihr an einem Platz auf einem Berg haben, der in 11 000 m Höhe liegen würde. Und wenn der Kapitän ein Barometer gehabt hätte, dann hätte es ihm diese Verringerung des Luftdruckes angezeigt.

Die Beobachtungen unserer Helden werden wir keinem Zweifel unterwerfen. Sie versichern, daß das Wasser bei 66 °C gesiedet hat, und wir wollen das als Tatsache hinnehmen. Aber es muß sehr bezweifelt werden, daß sich unsere Helden in dieser dünnen Atmosphäre, in der sie sich befanden, wohlfühlen konnten.

Der Verfasser des Romans bemerkt sehr richtig, daß man die gleichen Erscheinungen in einer Höhe von 11 000 m beobachten könnte. Dort muß das Wasser, wie die Rechnung[1] es zeigt, tatsächlich bei 66 °C sieden. Aber der Druck der Atmosphäre muß dabei 253 hPa betragen, etwa ein Viertel des normalen Druckes. In Luft, die bis zu diesem Grade verdünnt ist, kann man fast nicht atmen! Es handelt sich doch um die Höhen, in denen man sich in der Stratosphäre schon aufgehalten hat! Wir wissen, daß Piloten, die eine solche Höhe ohne Maske erreicht haben, durch den Sauerstoffmangel die Besinnung verloren, während aber Servadac und sein Bursche sich ganz erträglich fühlten. Gut, daß Servadac kein Barometer in die Finger kam, um festzustellen, welcher schwindelnden Höhe der Luftdruck auf ihrem Kometen gleichkam.

Wenn unsere Helden nicht auf den nur in der Phantasie existierenden Kometen geraten wären, sondern zum Beispiel auf den Mars, wo der atmosphärische Druck 80 bis 93 hPa nicht übersteigt, hätten sie heißes siedendes Wasser trinken können. Es wäre nur 45 °C heiß gewesen!

---

[1] Wenn der Siedepunkt des Wassers mit jedem Kilometer Höhe um 3 K fällt, wie wir im vorhergehenden Abschnitt gesagt haben, dann muß man tatsächlich zur Herabsetzung der Siedetemperatur auf 66 °C um 34 K/(3 K/km) ≈ 11 km höher steigen.

Im Gegensatz dazu kann man auf dem Boden eines tiefen Schachtes, auf dem der Luftdruck bedeutend größer ist als an der Erdoberfläche, sehr heißes siedendes Wasser erhalten. In einem Schacht von 300 m Tiefe siedet das Wasser bei 101°C, in einer Tiefe von 600 m bei 102°C.

Unter bedeutend erhöhtem Druck siedet das Wasser auch in dem Kessel einer Dampfmaschine. Beispielsweise siedet das Wasser unter 1,4 MPa Druck bei 200°C! Dagegen kann man Wasser unter dem Rezipienten einer Luftpumpe bei gewöhnlicher Zimmertemperatur heftig sieden lassen, und man stellt als Siedetemperatur nur 20°C (293 K) fest.

HEISSES EIS

Bis jetzt war von kaltem, siedendem Wasser die Rede. Es gibt noch eine merkwürdige Sache, das heiße Eis. Wir glauben gewöhnlich, daß Wasser im festen Zustand (Eis) bei Temperaturen über 0°C nicht existieren kann. Die Untersuchungen des amerikanischen Physikers *Bridgman* haben gezeigt, daß das nicht richtig ist. Unter sehr hohem Druck geht das Wasser auch bei wesentlich über 0°C liegenden Temperaturen in den festen Aggregatzustand über und bleibt bei diesen Temperaturen auch fest. Allgemein hat *Bridgman* gezeigt, daß nicht nur eine Sorte, sondern einige Sorten Eis existieren können. Jenes Eis, das er „Eis Nr. VI" nennt, wird unter dem ungeheuren Druck von 2000 MPa erzeugt und bleibt bis zu einer Temperatur von +76°C fest. Wir würden uns daran die Finger verbrennen, wenn wir es berühren könnten. Aber eine Berührung des Eises ist unmöglich. Das Eis Nr. VI bildet sich unter dem Druck einer mächtigen Presse in einem dickwandigen Gefäß aus bestem Stahl. Man kann es weder sehen, noch in die Hand nehmen, und von den Eigenschaften des „heißen Eises" erfährt man nur durch indirekte Beobachtung etwas.

Es ist interessant, daß das „heiße Eis" dichter als das gewöhnliche, ja sogar dichter als das Wasser ist. Seine Dichte ist 1,05 g/cm^3. Es müßte im Wasser untergehen, während das gewöhnliche Eis darin schwimmt.

KÄLTE AUS KOHLE

Aus Kohle nicht Wärme, sondern im Gegenteil Kälte zu erzeugen, ist nicht etwa unmöglich. Das wird täglich in den Betrieben zur Herstellung von sogenanntem „Trockeneis" in die Tat umgesetzt. Die Kohle wird hier in Kesseln verbrannt, und die sich bildenden Gase werden gesäubert, wobei das darin enthaltene Kohlendioxid durch eine alkalische Lösung aufgefangen wird. Das in Weiterverarbeitung ausgesonderte reine Kohlendioxid wird durch die nachfolgende Abkühlung und Verdichtung unter einem Druck von etwa 7 MPa in den flüssigen Aggregatzustand überführt. Das ist jenes flüssige Kohlendioxid, das in dickwandigen Stahlflaschen in die Betriebe, die kohlensäurehaltige Getränke erzeugen, gebracht und für den industriellen Bedarf benötigt wird. Es ist kalt genug, um den Erdboden beim Ausströmen aus dem Behälter gefrieren zu lassen, wie man es beim Bau der Moskauer Untergrundbahn gemacht hat. Für viele andere Zwecke muß das Kohlendioxid in der festen Form vorliegen, in der man es *Trockeneis* nennt.

Trockeneis, das heißt festes Kohlendioxid, wird durch schnelles Verdampfen des flüssigen unter vermindertem Druck aus diesem gewonnen. Stücke von Trockeneis erinnern ihrem Äußeren nach mehr an gepreßten Schnee als an Eis und unterscheiden sich überhaupt in vielem vom festen Wasser. Trockeneis ist schwerer als gewöhnliches Eis und sinkt im Wasser nach unten. Trotz der außerordentlich niedrigen Temperatur ($-78\,°C$) empfindet man seine Kälte mit den Fingern nicht, wenn man ein Stück vorsichtig in die Hand nimmt. Das sich bei der Berührung mit unserem warmen Körper bildende Gas schützt unsere Haut vor der Kältewirkung. Nur wenn wir einen Block Trockeneis zusammenpressen, riskieren wir es, die Finger zu erfrieren.

Die Bezeichnung „Trockeneis" unterstreicht außerordentlich gut die physikalische Besonderheit dieses Eises. Es ist tatsächlich niemals feucht und feuchtet nichts um sich herum an. Unter dem Einfluß von Wärme geht es unmittelbar in den Gaszustand über und meidet den flüssigen Aggregatzustand. Unter Atmosphärendruck (0,1 MPa) kann Kohlendioxid im flüssigen Zustand nicht existieren. Diese Besonderheit des Trockeneises macht es zusammen mit seiner niedrigen Temperatur zu einem vorteilhaften Kühlmittel für technische Bedürfnisse. Die Lebensmittel, die man mit Hilfe von Trockeneis aufbewahrt, bleiben nicht nur trocken, sondern werden auch noch dadurch vor dem Verderben geschützt, daß das sich bildende Kohlendioxidgas einen Stoff darstellt, der die Entwicklung von Mikroorganismen hemmt. Deshalb sind auf den Produkten weder Schimmel noch Bakterien zu finden. Insekten und Nagetiere können in einer solchen Atmosphäre ebenfalls nicht leben. Schließlich stellt Kohlendioxid auch ein sicheres feuerverhütendes Mittel dar. Einige Stückchen Trockeneis, die man in brennendes Benzin wirft, löschen das Feuer aus. Alles das garantiert dem Trockeneis eine sehr weit verbreitete Anwendung in der Industrie und im Haushalt.

EIN „UNERSÄTTLICHES VÖGELCHEN"

Unter den Spielsachen für Kinder gibt es etwas, das aus China zu uns gekommen ist und das Erstaunen aller hervorruft, die es in Tätigkeit sehen. Man nennt dieses Spielzeug das „unersättliche Vögelchen" oder das „Vögelchen von Chottabytsch". Stellt man es vor eine Tasse mit Wasser, so taucht das Vögelchen den Schnabel in die Tasse, und, nachdem es „getrunken" hat, richtet es sich auf. Wenn es einige Zeit gestanden hat, beginnt es, sich langsam nach vorn zu neigen, erreicht mit dem Schnabel das Wasser, „trinkt" und richtet sich wieder auf. Dieses Spielzeug scheint ein typischer Vertreter eines kostenlos arbeitenden Motors zu sein. Sein Bewegungsmechanismus ist sehr geistreich. Schaut euch Bild 148 an.

Der „Körper" des Vögelchens besteht aus einem Glasröhrchen, das oben durch eine Kugel luftdicht abgeschlossen wird, die wie ein Kopf mit Schnabel geformt ist. Unten steckt das Röhrchen mit dem offenen Ende in einem größeren Behälter, der auch luftdicht abgeschlossen ist. Dieser Behälter ist so mit Flüssigkeit gefüllt, daß der Flüssigkeitsspiegel etwas höher als das offene Ende des Rohres liegt.

Um das Vögelchen zum Leben zu erwecken, muß man dessen Kopf mit Wasser anfeuchten. Einige Zeit lang wird das Vögelchen danach noch die senkrechte Lage beibehalten; denn der große untere Behälter mit der Flüssigkeit ist schwerer als der Kopf. Wir wollen nun verfolgen, was weiter geschehen wird. Wir werden bemerken, daß die Flüssigkeit in dem Röhrchen nach oben zu steigen beginnt (Bild 148). Wenn sie den oberen Rand des Röhrchens erreicht hat, ist der obere Teil schwerer als der untere, und das Vögelchen neigt sich mit dem Schnabel nach vorn über die Tasse.

Wenn das Vögelchen die horizontale Lage erreicht haben wird, liegt das offene Ende des Röhrchens höher als der Flüssigkeitsspiegel in dem unteren Behälter. Die Flüssigkeit aus dem Röhrchen fließt in den Behälter zurück. Nun wird der Rumpf schwerer als der Kopf, und das Vögelchen stellt sich wieder senkrecht auf. Jetzt haben wir die mechanische Seite der Frage verstanden. Die Bewegung der Flüssigkeit verändert die Verteilung der Gewichtskraft bezüglich der Achse, d. h. sie verschiebt den Schwerpunkt. Aber wodurch wird die Flüssigkeit veranlaßt, nach oben zu steigen?

Die Flüssigkeit im Inneren des Vögelchens ist Äther, der schon bei Zimmertemperatur schnell verdunstet, und der Sättigungsdruck des Ätherdampfes ändert sich mit Veränderung der Temperatur sehr stark.

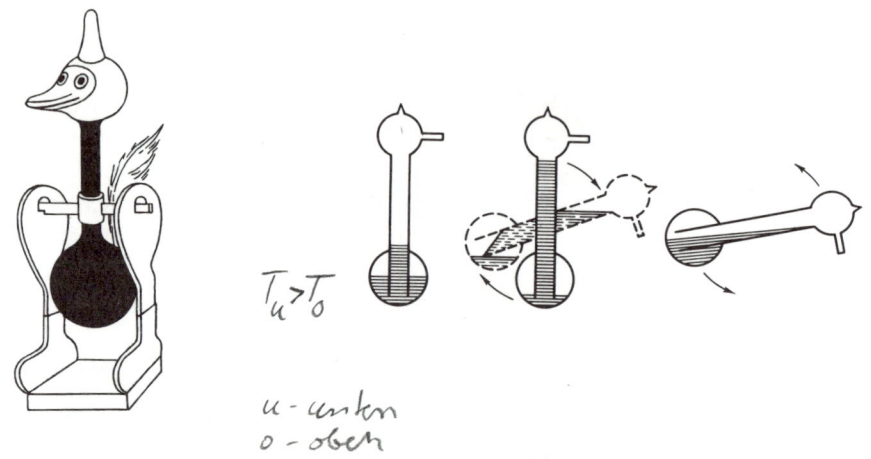

Ein unersättliches Vögelchen

Bild 147

Bild 148 Das „Geheimnis" der Konstruktion des unersättlichen Vögelchens

Wenn das Vögelchen senkrecht steht, kann man zwei Räume mit Ätherdampf einzeln betrachten: das Röhrchen mit dem Köpfchen und das als Rumpf wirkende Gefäß.

Der Kopf des Vögelchens besitzt eine bemerkenswerte Eigenschaft. Wenn man den Kopf mit Wasser anfeuchtet, hat er eine Temperatur, die ein wenig unter der Temperatur der Umgebung liegt. Das läßt sich leicht erreichen, wenn man die Oberfläche des Köpfchens aus porösem Material herstellt, das die Feuchtigkeit gut aufsaugt und intensiv verdunstet. Erinnert euch an unsere früheren Überlegungen (S. 272f.). Eine intensive Verdunstung ist von einer Erniedrigung der Temperatur des Vogelköpfchens in bezug auf die Temperatur des Röhrchens und des unteren Behälters begleitet. Das ruft seinerseits in der oberen Kugel eine Verringerung des Sättigungsdruckes des Dampfes hervor, und die

298

Flüssigkeit wird von dem jetzt größeren Dampfdruck im unteren Gefäß des Spielzeuges durch das Röhrchen nach oben gedrückt. Der Schwerpunkt wird verlagert, und das Vögelchen nimmt dadurch eine horizontale Lage ein. In dieser Lage laufen unabhängig voneinander zwei Prozesse ab. Erstens taucht das Vögelchen seinen Schnabel in das Wasser und feuchtet damit selbst wieder den Watteüberzug seines Köpfchens an. Zweitens geht eine Vermischung des gesättigten Dampfes aus dem unteren und dem oberen Teil vor sich, der Druck gleicht sich aus (auf Kosten der Luft der Umgebung vollzieht sich eine kleine Temperaturerhöhung des Dampfes), und die Flüssigkeit aus dem Röhrchen fließt unter der Wirkung der eigenen Gewichtskraft in das untere Gefäß zurück. Das Vögelchen wird erneut senkrecht aufgerichtet.

Das Spielzeug wird so lange ununterbrochen arbeiten, wie der Watteüberzug an seinem Köpfchen angefeuchtet werden wird, unter der Bedingung, daß die Feuchtigkeit der Luft in der Umgebung nicht zu groß ist. Dadurch wird eine normale Verdunstung gesichert und damit auch eine entsprechende Temperaturerniedrigung des Köpfchens. Auf diese Weise dient die Wärme der Luft aus der Umgebung, die ununterbrochen an das Spielzeug herankommt, als Quelle für die Bewegung des Wundervogels. Vor uns haben wir ein markantes Beispiel eines kostenlos arbeitenden Motors, aber niemals ein Perpetuum mobile.

DER „LIEBENDE STEIN"

Diesen poetischen Namen haben die Chinesen dem natürlichen Magneten gegeben. Der „liebende Stein" (tschu-schi), so sagen die Chinesen, zieht das Eisen an, wie eine liebevolle Mutter ihre Kinder zu sich heranzieht. Es ist bemerkenswert, daß wir bei den Franzosen, einem Volk, das am entgegengesetzten Ende der „Alten Welt" lebt, für den Magneten ähnliche Bezeichnungen antreffen. Das französische Wort „aimant" bedeutet sowohl „Magnet" als auch „Liebender".

Die Kraft dieser *Liebe* ist bei den natürlichen *Magneten* unbedeutend, und deshalb klingt die griechische Bezeichnung für den Magneten, „Herkulesstein", sehr naiv. Wenn die Bewohner des alten Griechenland durch die mäßige Anziehungskraft eines natürlichen Magneten so in Erstaunen versetzt wurden, was würden sie dann wohl sagen, wenn sie in einem modernen metallurgischen Betrieb einen Magneten sehen würden, der Blöcke von einigen Tonnen Masse hochhebt! Das ist selbstverständlich kein natürlicher Magnet, sondern ein Elektromagnet, das heißt eine Spule, deren elektromagnetisches Feld durch einen Eisenkern verstärkt ist. Aber in beiden Fällen wirkt eine Kraft ein und derselben Art, der Magnetismus.

Man darf nicht glauben, daß ein Magnet nur auf Eisen und Stahl wirkt. Es gibt eine Reihe anderer Stoffe, bei denen die Wirkung eines starken Magneten auch spürbar ist, wenn auch nicht in einem solchen Maße wie bei Stahl. Die Metalle Nickel, Cobalt, Mangan, Platin und Aluminium werden durch einen Magneten in geringem Maße angezogen. Noch bemerkenswerter sind die Eigenschaften der sogenannten diamagnetischen Stoffe, zum Beispiel Zink, Blei, Schwefel und Bismut. Diese Stoffe werden von einem starken Magneten abgestoßen! Flüssigkeiten und Gase erleiden ebenfalls durch einen Magneten eine Anziehung oder eine Abstoßung, natürlich in sehr geringem Maße. Der Magnet muß sehr kräftig sein, um seinen Einfluß auf diese Stoffe zu zeigen. Reiner Sauerstoff zum Beispiel wird von einem Magneten angezogen. Wenn man eine Seifenblase mit Sauerstoff füllt und sie zwischen die Pole eines kräftigen Elektromagneten bringt, so wird die Seifenblase merklich von einem Pol zum anderen hin ausgedehnt, von den unsichtbaren magnetischen Kräften in die Länge gezogen. Eine Kerzenflamme zwischen den Polen eines kräftigen Magneten verändert

Bild 149

ihre übliche Form und zeigt gegenüber den magnetischen Kräften deutlich eine Empfindlichkeit.

EINE AUFGABE ZUM KOMPASS

Gewöhnlich glauben wir, daß die Kompaßnadel immer mit dem einen Ende nach Norden und mit dem anderen nach Süden zeigt. Uns erscheint deshalb die folgende Frage völlig unsinnig:

Wo zeigt die Magnetnadel auf der Erde *mit beiden Enden* nach Norden und wo nach Süden?

Ihr seid bereit zu bestätigen, daß es solche Stellen auf unserem Planeten nicht gibt und auch nicht geben kann. Aber trotzdem existieren sie.

Denkt daran, daß die magnetischen Pole der Erde nicht mit ihren geographischen Polen zusammenfallen, und ihr werdet sicherlich selbst darauf kommen, von welchen Orten unseres Planeten in unserer Aufgabe die Rede ist. Wohin wird die Kompaßnadel zeigen, wenn sie sich am geographischen Südpol befindet? Das eine Ende der Nadel wird in Richtung des nächstliegenden, des *magnetischen* Südpoles weisen, das andere in die entgegengesetzte Richtung. Aber in welche Richtung wir auch vom geographischen Südpol aus gehen würden, wir werden uns immer nach dem geographischen Norden bewegen. Eine andere Richtung gibt es vom geographischen Südpol aus nicht, rings um ihn herum ist überall Norden. Das bedeutet, daß eine dort aufgestellte Magnetnadel mit beiden Enden nach dem geographischen Norden zeigen wird.

Desgleichen muß die Kompaßnadel auch mit beiden Enden nach Süden weisen, wenn man sie an den geographischen Nordpol bringt.

DIE MAGNETISCHEN KRAFTLINIEN

Eine interessante Erscheinung stellt Bild 150 dar. Auf dem Arm, der auf beiden Polen eines Elektromagneten liegt, stehen Bündel großer Nägel wie störrisches Haar aufrecht. Der Arm selbst nimmt die magnetische Kraft gar nicht wahr. Die unsichtbaren Kraftlinien gehen durch ihn hindurch, ohne irgendwie ihre Anwesenheit zu verraten. Aber die Stahlnägel fügen sich gehorsam der Einwirkung dieser Kräfte, stellen sich in einer bestimmten Ordnung auf und zeigen uns die Richtung der magnetischen Kräfte.

Der Mensch besitzt kein Sinnesorgan, auf das ein magnetisches Feld wirken könnte. Deshalb können wir die Existenz der magnetischen Kräfte, die einen Magneten umgeben, nur mutmaßen.[1]

---

[1] Es ist interessant, sich einmal vorzustellen, was wir erleben würden, wenn wir für den Magnetismus ein unmittelbares Gefühl besäßen. Einem Wissenschaftler gelang es, Krebsen eine Art magnetisches Gefühl sozusagen einzuimpfen. Er beobachtete, daß junge Krebse sich kleine Steinchen ins Ohr steckten. Diese Steinchen wirkten durch ihr Gewicht auf ein empfindliches Härchen, das ein Bestandteil des Gleich-

Trotzdem ist es nicht schwierig, mit indirekten Methoden ein Bild der Verteilung dieser Kräfte zu erzeugen. Am besten läßt sich das mit Hilfe feiner Stahlfeilspäne bewerkstelligen. Streut die Feilspäne in einer dünnen, ebenen Schicht auf ein Stück glatten Karton oder auf eine Glasplatte. Führt unter den Karton oder unter die Platte einen gewöhnlichen Magneten und schüttelt die Späne durch leichte Stöße. Die

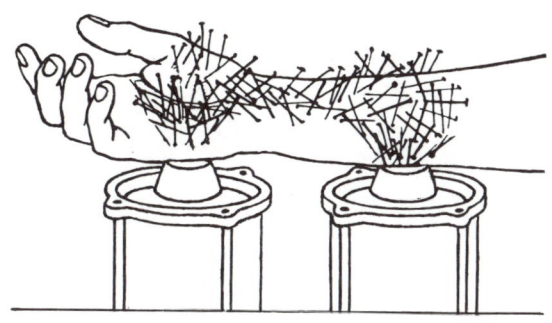

Bild 150   Die magnetischen Kräfte gehen durch den Arm hindurch.

magnetischen Kräfte durchdringen den Karton und das Glas ungehindert. Folglich werden die Feilspäne durch die Wirkung des Magneten magnetisiert. Wenn wir sie schütteln, werden sie für einen Augenblick von der Platte losgelöst und können sich unter der Einwirkung der magnetischen Kräfte leicht bewegen.

So nehmen sie die Lage ein, die in dem betreffenden Punkt eine Magnetnadel annehmen würde, das heißt längs der magnetischen „Kraftlinien". Als Ergebnis dessen legen sich die Stahlfeilspäne in Reihen und zeigen anschaulich die Verteilung der unsichtbaren magnetischen Kraftlinien.

Wollen wir nun unsere Platte mit Feilspänen über einen Magneten legen und sie rütteln! Wir werden eine Figur erhalten, wie sie in Bild 151 dargestellt ist. Die magnetischen Kräfte ergeben ein kompliziertes System

gewichtsorganes des Krebses ist. Ähnliche Steinchen, Gehörsteinchen genannt, befinden sich auch im Ohr des Menschen in der Nähe des inneren Gehörorganes. Da diese Steinchen in senkrechter Richtung wirken, zeigen sie die Richtung der Schwerkraft an. Der Wissenschaftler legte den Krebsen Stahlfeilspäne hinein, ohne daß sie es bemerkten. Brachte man einen Magneten in die Nähe des Krebses, so legte sich dieser in die Ebene, die senkrecht zur Resultierenden aus der magnetischen Kraft und der Schwerkraft stand.

gekrümmter Linien. Ihr seht, wie sie von den Polen des Magneten aus strahlenförmig auseinanderlaufen, wie sich die Feilspäne untereinander vereinigen und da kurze, dort lange Bögen zwischen den beiden Polen bilden. Durch die Späne wird für die Augen sichtbar, was der Physiker sich in Gedanken vorstellt und was in unsichtbarer Form um jeden Magneten herum zugegen ist. Je näher wir den Polen sind, um so dichter

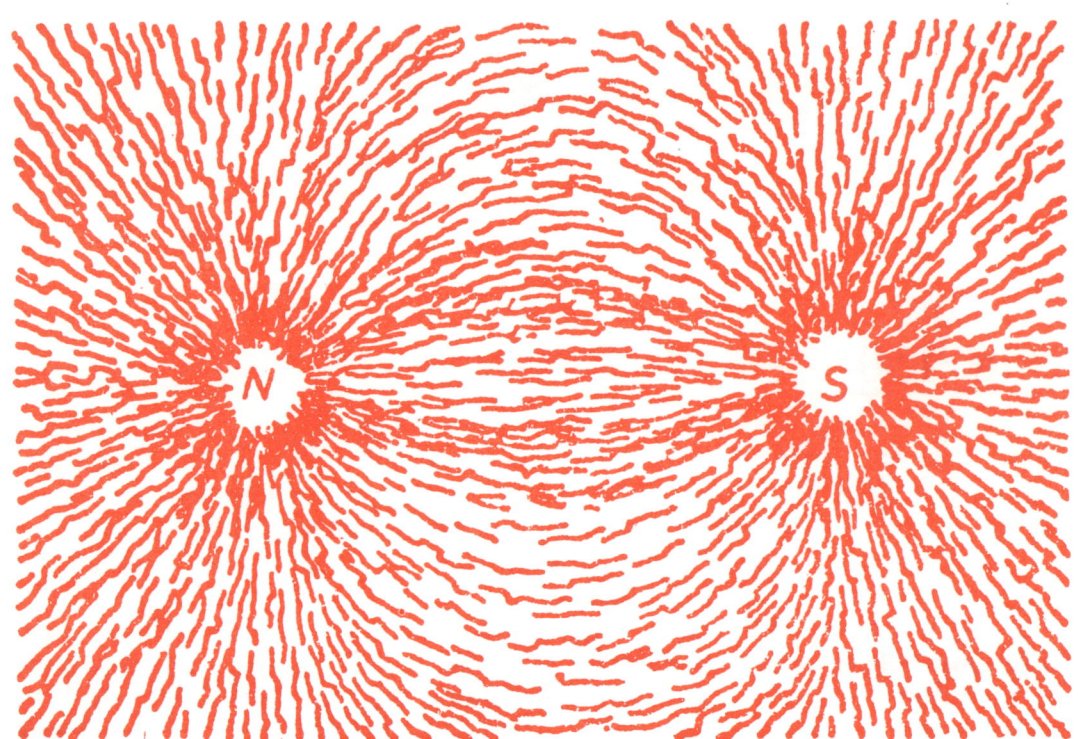

Bild 151 Die Lage der Eisenfeilspäne auf einem Karton, der die Magnetpole bedeckt.

und deutlicher werden die Linien der Feilspäne. Dagegen werden mit größer werdender Entfernung von den Polen die Zwischenräume zwischen den Stahlfeilspänen immer weiter, und die Linien verlieren ihre Deutlichkeit.

WIE WIRD STAHL MAGNETISIERT?

Um auf diese Frage antworten zu können, die Leser oft stellen, muß man zunächst klären, wodurch sich ein Magnet von einem unmagnetischen Stück Stahl unterscheidet. Jeden Kristallwürfel, der sich innerhalb eines Stahlstückes befindet, ganz gleich, ob das Stahlstück magnetisch oder

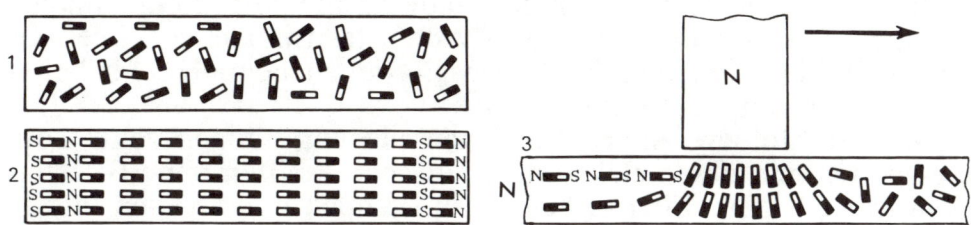

Bild 152 *1* Lage der Elementarmagnete in einem unmagnetischen Stahlstück, *2* dasselbe in magnetisiertem Stahl; *3* Wirkung eines Magnetpoles auf die Elementarmagnete beim Magnetisieren eines Stahlstückes

unmagnetisch ist, können wir uns als einen ganz kleinen Magneten vorstellen. Im unmagnetisierten Stahl liegen diese Elementarmagnete ungeordnet, so daß die Wirkung des einen stets durch die entgegengesetzte Wirkung eines umgekehrt liegenden aufgehoben wird (Bild 152,1). Dagegen liegen in einem Magneten alle Elementarmagnete geordnet mit den gleichnamigen Polen in ein und derselben Richtung, wie es in Bild 152,2 gezeigt ist.

Was geht nun in einem Stahlstück vor sich, wenn es mit einem Magneten bestrichen wird? Durch seine Anziehungskraft richtet der Magnet die Elementarmagnete des Stahlstückes mit den gleichnamigen Polen in ein und dieselbe Richtung. Bild 152,3 zeigt anschaulich, wie das vor sich geht. Die Elementarmagnete werden zuerst mit ihrem Südpol zum Nordpol hin ausgerichtet, und dann, wenn sich der Magnet weiter entfernt, legen sie sich längs in die Richtung seiner Bewegung, mit den Südpolen zu ihm hin.

Daraus ist leicht zu ersehen, wie man einen Magneten bei der Magnetisierung eines Stahlstückes bewegen muß. Man muß einen Pol des Magneten an das Ende des Stahlstückes anlegen und längs des Stahlstückes entlangführen, wobei man ihn fest andrückt. Das ist eine der einfachsten und ältesten Methoden der Magnetisierung, die jedoch nur zur Erzeugung schwacher Magnete brauchbar ist. Starke Magnete kann man herstellen, wenn man sich die Eigenschaften des elektrischen Stromes zunutze macht.

RIESENGROSSE ELEKTROMAGNETE

In metallurgischen Betrieben kann man Kräne mit Elektromagneten sehen, die außerordentlich große Lasten transportieren. Die Kräne leisten in Stahlwerken und ähnlichen Betrieben beim Hochheben und beim Transport unschätzbare Dienste.

Massive Stahlblöcke oder Maschinenteile von einigen zehn Tonnen Masse werden mit diesen elektromagnetischen Kräften ohne Befestigung bequem transportiert. Ebenso befördern sie auch ohne Kisten und ohne jede Verpackung Stahlbleche, Stahldrähte, Stahlnägel, Stahlschrott und andere Materialien, deren Transport auf andere Weise viel Mühe erfordern würde.

Allein in einem metallurgischen Betrieb ersetzen vier elektromagnetische Kräne, von denen jeder zehn Eisenbahnschienen auf einmal transportieren kann, die Handarbeit von 200 Arbeitern. Man braucht sich nicht um die Befestigung dieser Lasten am Kran zu kümmern. Solange Strom durch die Wicklungen des Elektromagneten fließt, fällt nicht ein einziges Stückchen von ihm ab.

Aber wenn aus irgendeinem Grunde der Strom in den Wicklungen unterbrochen wird, ist ein Aussetzen des Magneten unvermeidlich. Deshalb ist es aus Sicherheitsgründen verboten, sich unter schwebenden Lasten aufzuhalten.

Der Durchmesser der Elektromagneten erreicht 1,5 m. Jeder Magnet kann bis zu 20 t (einen Güterwagen) heben. Ein solcher Magnet transportiert innerhalb von 24 Stunden mehr als 600 t Last. Es gibt Elektromagneten, die in der Lage sind, mit einem Male bis zu 75 t, das heißt eine ganze Lokomotive, hochzuheben!

Im Hinblick auf eine solche Leistung der Elektromagneten kann möglicherweise bei manchem Leser folgender Gedanke auftauchen: Wie bequem wäre es, glühende Stahlblöcke mit Hilfe von Magneten zu transportieren! Leider ist das nur bis zu einer bestimmten Temperatur möglich, da nämlich glühender Stahl seine stark ausgeprägten magnetischen Eigenschaften verliert. Ein bis auf 800 °C erhitzter Magnet büßt seine magnetischen Eigenschaften ein.

Die moderne Technik der Metallbearbeitung wendet die Elektromagneten weitgehend zum Festhalten und Fortbewegen von Werkstücken aus Stahl, Eisen oder Roheisen an. Hunderte von verschiedenen Einsätzen, Fassungen, Tischen und anderen Vorrichtungen wurden konstruiert, die das Spannen auf Maschinen bedeutend erleichtern und beschleunigen.

TRICKS MIT MAGNETEN

Die Kraft von Elektromagneten wird manchmal von Taschenspielern ausgenutzt. Man kann sich leicht vorstellen, was für effektvolle Tricks sie mit Hilfe dieser unsichtbaren Kraft zeigen. Im Buch von *Dary* „Die Elektrizität und ihre Anwendung" wird die folgende Erzählung eines französischen Taschenspielers über eine Vorstellung, die von ihm in Algerien gegeben wurde, angeführt. Bei den unwissenden Zuschauern erweckte das Kunststück den Eindruck einer tatsächlichen Zauberei.

Der Zauberkünstler erzählt: Auf der Bühne befindet sich eine kleine beschlagene Kiste mit einem Griff am Deckel. Ich rufe aus den Zuschauern einen recht kräftigen Mann zu mir. Als Antwort auf meine Aufforderung kommt ein Araber mittleren Wuchses, aber kräftiger Gestalt heraus, der ein richtiger Herkules ist. Er kommt in sehr mutiger und überheblicher Art an und stellt sich, ein wenig spöttisch lächelnd, neben mich.

„Sind Sie sehr kräftig?" frage ich ihn, während ich ihn von Kopf bis Fuß mustere.

„Ja", antwortet er geringschätzig.

„Sind Sie überzeugt, daß Sie immer kräftig bleiben?"

„Davon bin ich fest überzeugt."

„Sie irren sich. Ich kann Ihnen im Handumdrehen die Kraft wegnehmen, und Sie werden schwach wie ein kleines Kind."

Der Araber lächelt verächtlich und zeigt damit, daß er meinen Worten keinen Glauben schenkt.

„Kommen Sie hierher!" sage ich, „und heben Sie die Kiste hoch!"

Der Araber beugt sich nieder, hebt die Kiste hoch und fragt überheblich: „Mehr nicht?"

„Warten Sie ein wenig", antworte ich.

Danach nehme ich eine ernste Haltung an, vollführe eine gebieterische Handbewegung und spreche im feierlichen Ton:

„Sie sind jetzt schwächer als ein Kind. Versuchen Sie noch einmal, die Kiste hochzuheben!"

Der Kraftmensch, der durch meine Zauberformel nicht im geringsten eingeschüchtert ist, faßt erneut nach der Kiste. Aber diesmal setzt die Kiste einen Widerstand entgegen und bleibt ungeachtet der verzweifelten Kraftanstrengung des Arabers unbeweglich stehen, als sei sie am Boden fest verankert. Der Araber strengt sich an, die Kiste mit einer Kraft hochzuheben, die zum Heben einer riesigen Last ausgereicht hätte, aber alles vergebens. Ermattet, keuchend und vor Schande vergehend, gibt er es schließlich auf. Jetzt beginnt er, an die Kraft der Zauberei zu glauben.

Das Geheimnis der Zauberei war einfach. Der Stahlboden der Kiste stand auf einer Unterlage, die einen Pol eines kräftigen Elektromagneten darstellte. So lange kein Strom floß, war die Kiste leicht hochzuheben. Aber man brauchte nur Strom durch die Wicklung des Elektromagneten fließen zu lassen, um zu erreichen, daß die Kiste selbst durch die Kraftanstrengung von zwei bis drei Menschen nicht losgerissen werden konnte.

DER MAGNET IN DER LANDWIRTSCHAFT

Noch interessanter ist jene nützliche Anwendung, die der Magnet in der Landwirtschaft findet, indem er dem Bauern hilft, die Samenkörner der Kulturpflanzen von Unkrautsamen zu reinigen. Die Unkräuter haben haarige Samenkörner, die an den an ihnen vorübergehenden Tieren hängenbleiben und sich dadurch von der Mutterpflanze aus weit verbreiten. Diese Eigenschaft der Unkräuter, die sie im Laufe von Millionen Jahren im Kampf um die Existenz entwickelt haben, benutzt die Technik in der Landwirtschaft dazu, um die rauhen Samenkörner der Unkrautpflanzen mit Hilfe eines Magneten von den glatten Samenkörnern solcher nützlichen Pflanzen wie Flachs, Klee und Luzerne zu trennen. Wenn man den verunreinigten Samen der Kulturpflanzen mit Eisenpulver bestreut, dann haften die kleinen Eisenteilchen fest an den Unkrautsamen, aber sie bleiben nicht an den glatten Samenkörnern der Nutzpflanzen hängen. Gelangt nun das Samengemisch in das Feld eines genügend starken Elektromagneten, so wird der Samen der Kulturpflanzen automatisch von dem Unkrautsamen getrennt. Der Magnet zieht aus dem Gemisch alle jene Samenkörner heraus, die mit dem Eisenstaub behaftet sind.

EIN MAGNETISCHER FLUGAPPARAT

In der französischen Literatur gibt es ein interessantes Werk: „Die Geschichte der Mondstaaten und Sonnenreiche" von *Cyrano de Bergerac*. In diesem Buch wird unter anderem ein interessanter Flugapparat beschrieben, dessen Wirkungsweise auf der magnetischen Anziehung beruht und mit dessen Hilfe einer der Helden der Erzählung zum Mond geflogen ist. Ich führe diese Stelle des Buches wörtlich an:

„Ich hatte angeordnet, ein leichtes Fahrzeug aus Stahl anzufertigen. Nachdem ich eingestiegen war und mir es auf dem Sitz bequem gemacht hatte, warf ich eine magnetische Kugel hoch über mich. Das Fahrzeug aus Stahl wurde sofort nach oben gezogen. Jedesmal, wenn ich an der Stelle angekommen war, wohin mich die Kugel gezogen hatte, warf ich diese erneut hoch. Sogar dann, wenn ich die Kugel einfach mit den Händen emporhob, wurde das Fahrzeug hochgezogen, da es sich der Kugel nähern wollte. Nachdem ich das Hochwerfen der Kugel häufig wiederholt hatte, und das Fahrzeug immer wieder hochgehoben worden war, kam ich an dem Ort an, von wo aus mein Fall auf den Mond begann. Und da ich in diesem Augenblick die magnetische Kugel fest in den Händen hielt, haftete das Fahrzeug an mir und ließ mich nicht im Stich. Um nicht beim Aufprall zerschmettert zu werden, warf ich meine Kugel derartig von mir weg, daß der Fall des Fahrzeuges durch deren Anziehungskraft verzögert wurde. Als ich nur noch ungefähr 500 bis 600 m von der Mondoberfläche entfernt war, begann ich, die Kugel unter einem rechten Winkel zur Fallrichtung von mir zu werfen, bis das Fahrzeug ganz nahe am Boden war. Dann sprang ich aus dem Fahrzeug und landete sanft auf dem Sand."

Natürlich bezweifelte niemand, weder der Verfasser des Romans noch die Leser seines Buches, die völlige Unbrauchbarkeit des beschriebenen Flugapparates. Aber ich glaube nicht, daß viele richtig sagen können, worin letzten Endes der Grund für die Undurchführbarkeit dieses Projektes liegt. Vielleicht liegt er darin, daß man einen Magneten nicht fortwerfen kann, wenn man sich in einem stählernen Fahrzeug befindet, vielleicht darin, daß das Fahrzeug nicht vom Magneten angezogen wird?

Nein, denn den Magneten kann man fortwerfen, und er würde das Fahrzeug anziehen, wenn er kräftig genug ist. Aber trotzdem würde sich der Flugapparat nicht im geringsten nach oben bewegen. Habt ihr schon einmal einen schweren Gegenstand von einem Boot aus ans Ufer geworfen? Ihr habt zweifellos bemerkt, daß sich der Kahn selbst dabei vom Ufer wegbewegt. Eure Muskeln, die dem geworfenen Gegenstand einen Stoß in die eine Richtung gegeben haben, stoßen euren Körper (und mit ihm auch das Boot) gleichzeitig in die entgegengesetzte Richtung. Hierin äußert sich das Gesetz von der Gleichheit der wirkenden und entgegenwirkenden Kräfte. Beim Wegwerfen des Magneten geht genau dasselbe vor sich. Der Insasse, der die magnetische Kugel nach oben wirft (mit großer Kraftanstrengung, weil die Kugel von dem Fahrzeug angezogen wird), stößt unweigerlich das ganze Fahrzeug nach unten. Wenn sich nun danach Kugel und Fahrzeug durch die gegenseitige Anziehung wieder nähern, kehren sie nur an den ursprünglichen Platz zurück. Folglich ist es klar, daß man das Fahrzeug durch das Fortwerfen der magnetischen Kugel nur zu Schwingungen um irgendeine Mittellage anregen könnte, selbst wenn das Fahrzeug gar nichts wiegen würde. Man kann auf diese Art und Weise das Fahrzeug nicht in eine fortschreitende Bewegung versetzen.

Zur Zeit *Cyrano*s (in der Mitte des 17. Jahrhunderts) war das Gesetz von Wirkung und Gegenwirkung noch nicht bekannt. Deshalb ist es anzuzweifeln, ob der französische Satiriker die Haltlosigkeit seines scherzhaften Projektes richtig deuten konnte.

DIE AUFRECHT STEHENDE KETTE

Ein interessanter Vorfall trug sich einmal bei der Arbeit mit einem elektromagnetischen Kran zu. Einer der Arbeiter bemerkte, daß eine schwere Eisenkugel mit einer kurzen Kette von dem Elektromagneten angezogen wurde. Die Kette war am Boden befestigt und ließ es nicht zu, daß die Kugel den Magneten direkt berühren konnte. Zwischen der Kugel und dem Magneten blieb ein Zwischenraum von einer Handbreite. Es ergab sich ein ungewöhnliches Bild: eine senkrecht nach oben stehende Kette! Die Kraft des Magneten war so groß, daß die Kette ihre senkrechte Lage sogar dann noch beibehielt, wenn sich ein Arbeiter daranhängte.[1]

---

[1] Das weist auf die große Kraft des Elektromagneten hin, weil die anziehende Wirkung der Magneten mit Vergrößerung des Abstandes zwischen dem Pol und dem angezogenen Körper beträchtlich abgeschwächt wird. Ein hufeisenförmiger Magnet, der bei unmittelbarer Berührung eine Last von 100 g festhält, verringert seine anziehende Kraft um die Hälfte, wenn zwischen ihn und die Last ein Blatt Papier gebracht

Bei dieser Gelegenheit will ich etwas über den Sarg *Mohammed*s sagen. Die rechtgläubigen Moslems glauben, daß der Sarg mit den sterblichen Überresten des „Propheten" in der Luft ruht und ohne jede Unterstützung im Grabgewölbe zwischen Boden und Decke hängt.

Ist das möglich?

„Man erzählt", schreibt *Euler* in seinen „Briefen an eine deutsche Prinzessin über verschiedene Gegenstände aus der Physik und Philosophie", daß der Sarg *Mohammed*s durch die Kraft irgendeines Magneten gehalten wird. Das ist ohne weiteres möglich, weil es künstlich erzeugte Magneten gibt, die bis zu 100 Pfund (etwa 47 kg) hochheben."[1]

Eine solche Erklärung ist nicht stichhaltig. Wenn nach der gezeigten Art (das heißt unter Ausnutzung *der Anziehungskraft eines Magneten*) ein solches Gleichgewicht für einen Augenblick erreicht worden wäre, dann hätte der kleinste Anstoß, der leiseste Hauch der Luft schon genügt, um es zu stören. Und dann wäre der Sarg entweder auf den Fußboden gefallen oder zur Decke des Gewölbes hochgezogen worden. Den Sarg in Ruhe zu halten, das ist unmöglich, wie man einen Kegel nicht auf seine Spitze stellen kann, auch wenn das theoretisch denkbar ist.

Man könnte jedoch einen Schwebezustand, wie beim „Sarg des *Mohammed*" beschrieben, auch mit Hilfe von Magneten tatsächlich verwirklichen, aber nicht durch die Anwendung ihrer gegenseitigen *Anziehung*, sondern mit der gegenseitigen *Abstoßung*. (Daß Magneten einander nicht nur anziehen können, sondern daß sie einander auch abstoßen, das vergessen sogar oft Leute, die noch kurz zuvor Physik studiert haben.) Wie bekannt ist, stoßen gleichnamige Pole der Magneten einander ab. Zwei magnetisierte Stahlblöcke, die so gelegt werden, daß ihre gleichnamigen Pole übereinanderliegen, stoßen einander ab. Wählt man die Masse des oberen Blockes in entsprechender Weise passend, kann man es leicht erreichen, daß er über dem unteren schwebt und sich ohne eine Berührung mit diesem im stabilen Gleichgewicht hält. Man muß nur durch Vorrichtungen aus unmagnetischem Material, zum Beispiel aus Glas, die Möglichkeit einer Drehung des oberen Magneten in der horizontalen Ebene verhindern. Da könnte auch der legendäre Sarg *Mohammed*s in der Luft schweben.

---

wird. Deshalb sind die Polflächen eines Magneten gewöhnlich nicht mit Farbe bedeckt, obwohl sie diese doch vor dem Verrosten schützen würde.

[1] Geschrieben 1762, als die Elektromagneten noch nicht bekannt waren.

Schließlich kann man eine Erscheinung dieser Art auch durch die Kraft der magnetischen Anziehung verwirklichen, wenn man dadurch erreichen will, daß sich der Körper bewegt. Auf diesem Gedanken ist das bemerkenswerte Projekt einer elektromagnetischen Eisenbahn *ohne Reibung* (Bild 153) aufgebaut, das von dem sowjetischen Physiker Prof. *B. P. Weinberg* vorgeschlagen wurde. Das Projekt ist so lehrreich, daß es

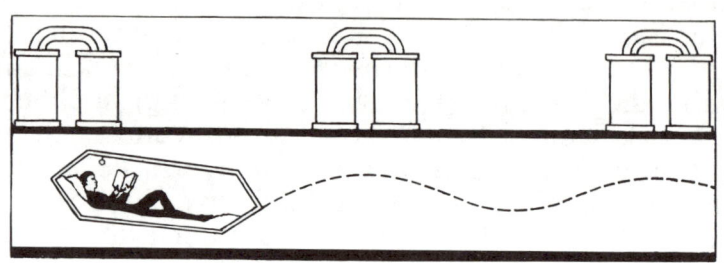

Bild 153

Ein Wagen, der sich ohne Reibung bewegt.

jedem, der sich für Physik interessiert, dienlich ist, sich mit ihm zu beschäftigen.

ELEKTROMAGNETISCHER TRANSPORT

Bei der Eisenbahn, deren Bau Prof. *B. P. Weinberg* vorschlug, werden die Wagen *vollkommen gewichtskraftfrei*. Ihre Gewichtskraft wird durch die elektromagnetische Anziehung aufgehoben. Ihr werdet euch deshalb nicht wundern, wenn ihr feststellt, daß die dem Projekt entsprechenden Wagen nicht auf Schienen laufen, nicht auf dem Wasser schwimmen und auch nicht auf der Luft gleiten. Sie fliegen ohne jede Unterstützung, berühren nichts dabei und hängen an den unsichtbaren „Fäden" der mächtigen magnetischen Kräfte. Sie erleiden nicht die geringste Reibung, behalten folglich ihre Bewegungsenergie, wenn sie einmal in Bewegung gebracht worden sind, und sind nicht auf die Arbeit einer Lokomotive angewiesen.

Das wird auf die folgende Art verwirklicht. Die Wagen bewegen sich innerhalb eines Kupferrohres, aus dem die Luft herausgepumpt worden ist, damit ihr Widerstand die Bewegung der Wagen nicht hemmt. Die Reibung am Boden wird dadurch verhindert, daß die Wagen sich bewegen, ohne daß sie die Wandung des Rohres berühren, da sie durch die Kraft von Elektromagneten im Vakuum gehalten werden. Zu diesem Zweck sind längs des ganzen Weges über dem Rohr in bestimmten Entfernungen voneinander sehr starke Elektromagneten aufgestellt. Sie ziehen die stählernen Wagen an, die sich innerhalb des Rohres bewegen, und verhindern, daß diese herabfallen. Die Kraft der Magneten ist so berechnet, daß die Wagen, die in dem Rohr vorbeisausen, die ganze Zeit zwischen der „Decke" und dem „Boden" des Rohres bleiben, ohne diese oder jenen zu streifen. Der Elektromagnet zieht den unter ihm vorbeifliegenden Wagen nach oben, aber der Wagen muß deshalb nicht an die Decke stoßen, da ihn ja die Schwerkraft nach unten zieht. Sobald er fast den Boden berührt, hebt ihn die Anziehungskraft der folgenden Elektromagneten hoch... So wird der Wagen die ganze Zeit durch Elektromagneten aufgefangen und fliegt auf einer Wellenlinie ohne Reibung und ohne Stoß wie ein Planet im Weltraum durch das Vakuum.

Wie sehen die Wagen selbst aus? Das sind zigarrenförmige Zylinder von 90 cm Höhe und ungefähr 2,5 m Länge. Natürlich sind die Wagen luftdicht abgeschlossen, denn sie bewegen sich ja im luftleeren Raum, und ähnlich wie bei einem Unterseeboot sind sie mit Apparaten zur automatischen Reinigung der Luft ausgerüstet.

Die Art, wie man die Wagen auf die Reise schickt, ist auch ganz anders als die Methoden, die man bis jetzt angewendet hat. Man kann sie vielleicht nur mit dem Schuß einer Kanone vergleichen. Und diese Wagen werden wirklich buchstäblich „abgeschossen" wie eine Kanonenkugel, nur handelt es sich hier um eine elektromagnetische „Kanone". Die Konstruktion der Abgangsstation gründet sich auf die Eigenschaft eines spulenförmig gewickelten Drahtes („Solenoid"), bei Stromfluß einen Eisenkern in sich hineinzuziehen. Das Hineinziehen geht mit solcher Gewalt vor sich, daß der Kern bei genügender Länge der Spule und genügender Stromstärke eine sehr große Geschwindigkeit erreichen kann. Bei der neuen magnetischen Eisenbahn wird diese Kraft auch die Wagen in Bewegung versetzen. Da innerhalb des Tunnels keine Reibung vorhanden ist, verringert sich die Geschwindigkeit der Wagen nicht, und sie eilen durch ihre Energie dahin, so lange sie nicht durch die Spule des Bestimmungsbahnhofes angehalten werden.

Hier sind noch einige Einzelheiten, die der Begründer des Projektes dargelegt hat:

Die Versuche, die ich von 1911 bis 1913 im physikalischen Laboratorium des Tomsker Technologischen Instituts anstellte, wurden mit einem Kupferrohr (32 cm Durchmesser) durchgeführt, über dem sich Elektromagneten befanden. Unter diesen stand auf einer Unterlage das Wägelchen, ein Stück Eisenrohr, das vorn und hinten Räder hatte und mit einer „Nase" versehen war, mit der es beim Anhalten in ein kleines Brett stieß, das von einem Sandsack gestützt wurde. Dieses Wägelchen wog 10 kg. Man konnte dem kleinen Wagen eine Geschwindigkeit von ungefähr 6 km/h geben, über die man wegen der Beschränktheit der Ausmaße des Raumes und des ringförmigen Rohres (der Durchmesser des Ringes war 6,5 m) nicht hinausgehen konnte. Aber in dem von mir ausgearbeiteten Projekt, bei dem die Spule auf der Abgangsstation eine Länge von 3,2 km hat, läßt sich die Geschwindigkeit leicht auf 800 bis 1000 km/h steigern. Da keine Luft im Rohr vorhanden ist und die Reibung an Boden oder Decke vermieden wird, braucht man keine Energie zur Aufrechterhaltung der Geschwindigkeit zu verausgaben. Die zulässige Kapazität einer Bahn mit zwei Rohren beträgt pro Tag in einer Richtung 15 000 Passagiere oder 10 000 t Fracht.

Das Vorhaben blieb nur ein Projekt.[1]

Zu den sehr interessanten Darlegungen über den „Magnetischen Transport" wäre noch zu erwähnen, daß nicht durch alle Elektromagneten ständig Gleichstrom zu fließen braucht, sondern nur dort, wo sich der Körper (Wagen) gerade befindet. Das ist ein ökonomischer Gedanke gegenüber der elektrischen Oberleitungsbahn. Heute werden diese Gedanken weiterentwickelt in den Beschleunigungsmaschinen der atomphysikalischen Forschung (Teilchenbeschleuniger) angewandt.

DER KAMPF DER MARSBEWOHNER MIT DEN ERDBEWOHNERN

Der Römer *Plinius*, ein Naturforscher des Altertums, übermittelt uns eine zu seiner Zeit verbreitete Erzählung über einen magnetischen Felsen irgendwo in Indien am Ufer des Meeres. Dieser Felsen zog alle stählernen Gegenstände mit ungewöhnlicher Kraft zu sich heran. Wehe dem Seemann, der es wagte, sich mit seinem Schiff diesem Felsen zu nähern. Der Felsen würde alle Nägel und Schrauben aus dem Schiff herausziehen, und das Schiff würde in einzelne Bretter zerfallen.

---

[1] Das Projekt des „Magnetischen Transports" wurde in jüngster Zeit durch die Entwicklung des Linearmotors verwirklicht. Die erste Magnetkissenbahn wurde 1984 in Birmingham in Betrieb genommen.

Später ging diese Sage in die Märchen aus 1001 Nacht ein.

Natürlich ist das nicht mehr als eine Legende. Wir wissen heute, daß magnetische Berge, das heißt Berge, die reich an Magneteisenstein sind, wirklich existieren. Wir brauchen nur an den bekannten Magnetberg zu erinnern, wo jetzt die Hochöfen von Magnitogorsk emporragen. Aber die Kraftwirkung solcher Berge ist außerordentlich gering, fast nicht der Rede wert. Solche Berge und Felsen jedoch, von denen *Plinius* geschrieben hat, gab es niemals auf der Erde.

Wenn auch in der Gegenwart Schiffe ohne Eisen- und Stahlteile gebaut werden, so macht man das nicht aus Furcht vor magnetischen Felsen, sondern zum besseren Studium des Erdmagnetismus.

An den Arbeiten gemäß dem Programm des Internationalen Geophysikalischen Jahres von 1957 bis 1958 nahm von der Sowjetunion ein solches Schiff (der Schoner „Sarja") teil, das nicht der Wirkung magnetischer Kräfte unterworfen war. Alle Stahlteile des Schiffskörpers, des Motors und des Ankers waren durch Kupfer, Bronze, Aluminium und andere Nichteisenmetalle ersetzt worden.

Der Romanschriftsteller *Kurd Laßwitz* machte sich den Gedanken von *Plinius* zunutze, um sich eine gebieterische Kriegswaffe auszudenken, zu der die ankommenden Marsbewohner im Kampf mit den Armeen der Erde in seinem Roman „Auf zwei Planeten" greifen. Indem die Marsbewohner eine solche magnetische (besser elektromagnetische) Waffe aufstellen, lassen sie sich gar nicht in einen Kampf mit den Erdbewohnern ein, sondern entwaffnen diese noch vor Beginn der Schlacht.

Lest selbst, wie der Romanschriftsteller diese Episode der Schlacht zwischen Marsmenschen und Erdbewohnern schildert (gekürzt).[1]

„Unter brausendem Hurraruf sprengten die glänzenden Reitermassen heran... Und als ob die Kühnheit des Entschlusses den übermächtigen Feind (die Marsbewohner – J. I. P.) bezwänge, so kam jetzt neue Bewegung in seine Schiffe. Sie erhoben sich, als wollten sie den Weg freigeben. Gleichzeitig aber senkte es sich von oben herab wie eine dunkle, langgestreckte Masse, die eben erst auf dem Feld erschien. Wie ein breites, schwebendes Band, von den Luftschiffen begleitet, dehnte sich diese Masse jetzt in den kurzen Sekunden aus, welche die heranstürmende Kavallerie zur Annäherung brauchte. Und nun kam die erste Reihe

---

[1] Aus *K. Laßwitz*: Auf zwei Planeten.– Berlin: Verl. Neues Leben, 1984

315

der Reiter in den Bereich ihrer Wirkung, und gleich darauf zog die seltsame Maschine über das ganze Regiment hinweg.

Die Wirkung war so ungeheuerlich, daß... ein Schrei des Entsetzens vom weiten Feld her herüberhallte. Kein einziges Pferd mehr stand aufrecht, Roß und Reiter wälzten sich in einem weiten, wirren Knäuel, eine Wolke von Lanzen, Säbeln, Karabinern erfüllte die Luft, flog donnernd gegen die Maschine in die Höhe und blieb dort haften. Die Maschine glitt eine Strecke weiter und ließ dann ihre eiserne Ernte herabstürzen, wo die Waffen von den Nihilitströmen der Luftschiffe vernichtet wurden. Noch zweimal kehrte die Maschine zurück und mähte gleichsam das Waffenfeld ab... Jene Maschine war die neue, gewaltige Erfindung der Martier (Marsbewohner), eine Entwaffnungsmaschine von unwiderstehlicher Kraft für jedes eiserne Gerät – ein magnetisches Feld von kolossaler Stärke und weiter Ausdehnung. Mit Hilfe dieses in der Luft schwebenden Magneten entrissen die Martier ihrem Gegner die Waffen, ohne sie in anderer Weise zu beschädigen.

Während die Kavallerie aus ihrer Verwirrung sich aufzuraffen versuchte, war der Luftmagnet schon weitergezogen und hatte sich der Infanterie genähert. Vergeblich umklammerten die Soldaten mit beiden Händen ihre Gewehre, eine unwiderstehliche Gewalt zerrte sie in die Höhe, und mancher, der nicht nachgeben wollte, wurde ein Stück in die Luft geschleudert, um dann schwer zu Boden zu stürzen. In wenigen Minuten war das 1. Garderegiment entwaffnet. Die Maschine flog weiter, um die auf dem Marsch befindlichen Regimenter einzuholen und dasselbe Manöver an ihnen vorzunehmen... Auch die Geschütze der Artillerie wurden fortgerissen."

EINE UHR UND DER MAGNETISMUS

Beim Lesen des vorhergehenden Auszuges entsteht natürlich die Frage, ob es möglich ist, sich vor der Wirkung magnetischer Kräfte zu schützen, sich vor ihnen hinter irgendeinem für sie undurchdringlichen Hindernis zu verbergen.

Das liegt vollkommen im Bereich der Möglichkeit. Die fantastische Erfindung der Marsbewohner hätte unschädlich gemacht werden können, wenn rechtzeitig die erforderlichen Maßnahmen ergriffen worden wären.

Wie seltsam es auch erscheinen mag, der Stoff, der für die magnetischen Kräfte undurchdringlich ist, ist genau das gleiche Eisen, das sich so leicht magnetisieren läßt! *Im Inneren* eines Ringes aus Eisen wird die Kompaßnadel von einem Magneten, der sich außerhalb des Ringes befindet, nicht abgelenkt.

Mit einer Hülle aus Eisen kann man den stählernen Mechanismus

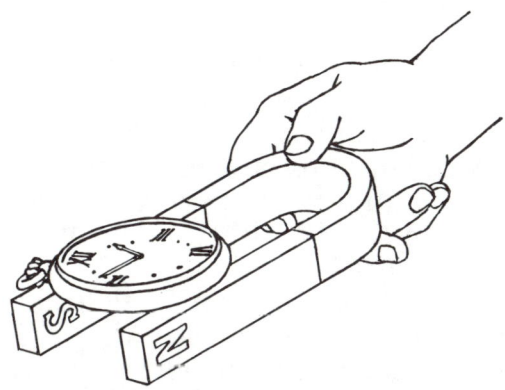

Bild 154 Was verhindert die Magnetisierung des stählernen Mechanismus der Uhr?

einer Taschenuhr vor der Wirkung magnetischer Kräfte schützen. Wenn ihr eine Uhr auf die Pole eines kräftigen hufeisenförmigen Magneten legen würdet, dann würden alle Stahlteile des Mechanismus und außerdem die dünne haarfeine Feder der Unruh[1] magnetisiert werden, und die Uhr würde von da an nicht mehr genau gehen. Wenn ihr den Magneten wieder entfernt, werdet ihr die Uhr nicht wieder in den ursprünglichen Zustand zurückversetzen. Die Stahlteile des Mechanismus werden magnetisiert bleiben, und die Uhr muß einer Generalreparatur unterzogen werden, bei der viele Teile des Mechanismus durch neue ersetzt werden müssen. Laßt es euch deshalb nicht einfallen, einen solchen Versuch mit einer Uhr durchzuführen. Es würde euch sehr teuer zu stehen kommen.

Dagegen könnt ihr diesen Versuch mit einer Uhr, deren Mechanismus durch eiserne oder stählerne Deckel dicht umschlossen ist, ohne Beden-

---

[1] Nur wenn diese Haarfeder nicht aus einer besonderen Legierung, nämlich Invar, hergestellt wurde. Diese Metallegierung läßt sich nicht magnetisieren, obgleich zu ihren Bestandteilen auch Eisen und Nickel zählen.

ken durchführen. Die magnetischen Kräfte dringen nicht durch Eisen oder Stahl hindurch. Bringt ihr eine solche Uhr an die Spulen einer kräftigen Dynamomaschine, so leidet die Genauigkeit im Gang nicht im geringsten Maße darunter. Der Elektrotechniker darf während der Arbeit nur solch eine Stahluhr tragen.

EIN MAGNETISCHES PERPETUUM MOBILE

In der Geschichte der Versuche, ein Perpetuum mobile zu erfinden, spielte der Magnet eine nicht unbedeutende Rolle. Die hoffnungsvollen „Erfinder" wollten den Magneten auf verschiedene Art und Weise benutzen, um einen Mechanismus zu konstruieren, der sich auf ewig von selbst bewegen sollte. Ich führe hier eines von den Projekten mit solch einem „Mechanismus" an (im 17. Jh. von dem Engländer *John Wilkins*, Bischof von Chester, beschrieben).

„Ein starker Magnet *A* liegt auf einer Säule (Bild 155). An diese sind zwei geneigte Rinnen *EF* und *EG* angelehnt. Sie liegen untereinander. Die obere Rinne *EF* hat im oberen Teil eine kleine Öffnung *E*, die untere Rinne *EG* ist gebogen. Wenn man auf die obere Rinne, so überlegte der Erfinder, eine kleine Eisenkugel *C* legt, dann rollt das Kügelchen durch die Anziehungskraft des Magneten *A* nach oben. Kommt die Kugel aber an die Öffnung, fällt sie auf die untere Rinne *EG* herunter, rollt auf dieser nach unten, durchläuft die Krümmung *D* dieser Rinne und fällt auf die obere Rinne *EF*. Hier wird sie vom Magneten angezogen und rollt wieder nach oben, fällt erneut durch die Öffnung hindurch, rollt wieder nach unten und befindet sich abermals auf der oberen Rinne, um die Bewegung von vorn zu beginnen. Auf diese Weise würde die Kugel unaufhaltsam hinauf- und herunterrollen und das Perpetuum mobile wäre verwirklicht."

Worin liegt die Widersinnigkeit dieser Erfindung?

Sie läßt sich leicht zeigen. Warum glaubte der Erfinder, daß die Kugel, wenn sie auf der Rinne *EG* bis zu deren unterem Ende gerollt ist, noch die Geschwindigkeit besitzen wird, die genügt, um durch die Krümmung *D* nach oben gebracht zu werden? Das wäre der Fall, wenn die kleine Kugel allein unter dem Einfluß der Schwerkraft rollen würde. Dann würde sie sich beschleunigt bewegen. Aber unsere Kugel befindet sich unter dem Einfluß zweier Kräfte, der Anziehungskraft der Erde und des Magneten. Die Kraft des Magneten ist nach der Voraussetzung so bedeutend, daß sie die kleine Kugel von dem Punkt *C* nach *E* hochziehen kann. Deshalb wird sich die Kugel auf der Rinne *EG* nicht beschleunigt, sondern verzögert bewegen. Und wenn sie auch das untere Ende erreichen sollte, dann hat sie auf alle Fälle nicht die Geschwindigkeit erlangt, die zum Durchlaufen der Krümmung *D* erforderlich ist.

Das beschriebene Projekt ist späterhin viele Male von neuem in allen möglichen Spielarten aufgetaucht. Ein ähnliches Projekt wurde sogar,

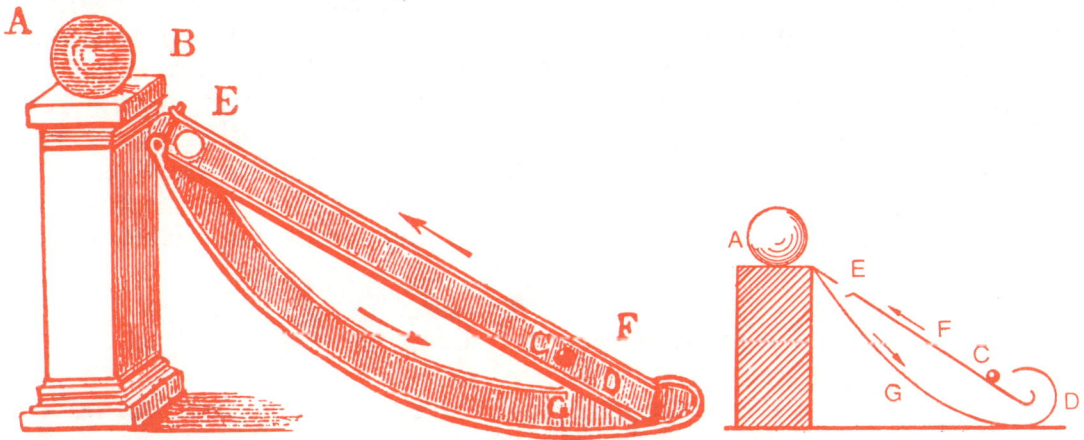

Bild 155   Ein scheinbares Perpetuum mobile

wenn es auch seltsam klingen mag, 1878 in Deutschland patentiert, das heißt fast 40 Jahre nach der Verkündung des Energieerhaltungssatzes! Der Erfinder maskierte den unsinnigen Grundgedanken seines „magnetischen Perpetuum mobile" so, daß er die technische Kommission, die die Patente verlieh, irreführte. Und obgleich den Gesetzen nach auf Erfindungen, deren Grundgedanken den Naturgesetzen widersprechen, kein Patent verliehen werden darf, war die Erfindung zunächst einmal formal als Patent anerkannt. Wahrscheinlich war der glückliche Besitzer dieses seiner Art nach einmaligen Patentes bald von seinem Werk enttäuscht; denn schon nach zwei Jahren zahlte er keine Gebühren mehr ein, und das kuriose Patent verlor die Gesetzeskraft. Die „Erfindung" wurde Allgemeinbesitz. Aber niemand brauchte sie.

EIN PROBLEM AUS DEM MUSEUM

In der Praxis der Museumsarbeit entsteht nicht selten die Notwendigkeit, alte Schriften zu lesen. Bei dem vorsichtigsten Versuch, ein Blatt der Handschrift von dem benachbarten zu trennen, besteht dann die Gefahr, daß sie zerreißen und unbrauchbar werden.

Wie kann man diese Blätter trennen?

An der Akademie der Wissenschaften der UdSSR gibt es ein Laboratorium für die Restauration von Dokumenten, das auch derartige Aufgaben lösen muß. Im eben genannten Falle bewältigt das Laboratorium die Aufgabe, indem es die Hilfe der Elektrizität in Anspruch nimmt. Die Schrift wird elektrisch geladen. Ihre benachbarten Teile, die gleichnamige Ladung erhalten, stoßen einander ab und werden ohne Beschädigung sorgfältig geteilt. Ein so abgetrenntes Blatt ist schon verhältnismäßig leicht mit geschickten Händen zu behandeln und auf festes Papier aufzukleben.

FAST EIN PERPETUUM MOBILE

Für den Mathematiker bedeutet der Ausdruck „fast" nichts Verlockendes. Die Bewegung kann vielleicht ewig andauern, vielleicht auch nicht. „Fast" bedeutet in Wirklichkeit soviel wie „nicht". Aber im praktischen Leben ist das anders. Viele wären wahrscheinlich vollkommen zufrieden, wenn sie nicht ein Perpetuum mobile, aber einen fast ewig laufenden Motor zu ihrer Verfügung hätten, der beispielsweise vielleicht tausend Jahre laufen würde. Das Leben eines Menschen ist kurz, und ein Jahrtausend ist für uns dasselbe wie eine Ewigkeit. Menschen mit Sinn für die Praxis wären sich sicherlich einig, daß damit das Problem des Perpetuum mobile gelöst ist und daß man sich darüber nicht mehr den Kopf zerbrechen sollte.

Diese Menschen kann man mit der Mitteilung erfreuen, daß ein tausendjähriger Motor bereits erfunden ist. Jeder kann bei einem bestimmten Aufwand an Mitteln eine Nachahmung eines solchen Perpetuum mobile für sich haben. Ein Patent auf diese Erfindung wird niemandem verliehen, und sie stellt kein Geheimnis dar. Die Konstruktion des Apparates, der von Prof. *Strutt*[1] 1903 erdacht wurde und

---

[1] *John William Strutt* (*Lord Rayleigh*), 1842 bis 1919, Nobelpreis 1904

gewöhnlich „Radiumuhr" genannt wird, ist sehr einfach (Bild 156). Im Inneren eines Glasgefäßes, aus dem die Luft evakuiert wurde, ist an dem Quarzfaden *B* (der die Elektrizität nicht leitet) ein kleines Glasröhrchen *A* aufgehängt, das einige tausendstel Gramm eines *Radiumsalzes* enthält. An dem Ende des Röhrchens sind wie in einem Elektroskop zwei Goldblättchen befestigt. Das Radium sendet bekanntlich drei verschiedene Arten von Strahlung aus: α-, β- und γ-Strahlen. Im gegebenen Fall spielen die leicht das Glas durchdringenden β-Strahlen, die aus einem

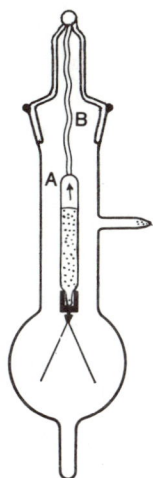

Bild 156 Eine Radiumuhr, deren Werk fast ewig läuft (1600 Jahre).

Strom negativ geladener Teilchen (Elektronen) bestehen, die hauptsächliche Rolle. Die vom Radium nach allen Seiten ausstrahlenden Teilchen führen eine *negative* Ladung mit sich, und daher wird das Röhrchen selbst mit dem Radium nach und nach *positiv* aufgeladen. Diese positive Ladung geht auf die Goldblättchen über und bewirkt, daß diese sich auseinanderspreizen. Nachdem die Blättchen sich gespreizt haben, berühren sie die Wandung des Gefäßes und verlieren ihre Ladung (an den entsprechenden Stellen der Wandung sind Foliestreifen angeklebt, durch die die Elektrizität abfließt) und kommen wieder zusammen. Bald hat sich neue Ladung angesammelt, die Blättchen gehen wieder auseinander, geben abermals die Ladung an die Wandung ab und schließen sich wieder, um von neuem elektrisch geladen zu werden. Alle zwei bis drei

321

Minuten vollzieht sich mit der Regelmäßigkeit eines Uhrpendels eine Schwingung der Goldblättchen, weshalb man auch die Bezeichnung „Radiumuhr" einführte. So währt das ganze Jahre, Jahrzehnte, Jahrhunderte, solange das Radium seine Strahlung aussendet. Der Leser bemerkt natürlich, daß er keinen „ewigen" Motor, sondern nur einen sehr lange arbeitenden Motor vor sich hat.

Wie lange sendet das Radium seine Strahlen aus?

Es ist festgestellt worden, daß von einer bestimmten Menge Radium nach fast 1600 Jahren die Hälfte durch „Ausstrahlung" radioaktiv zerfallen ist. Deshalb werden die Radiumuhren nicht weniger als 1000 Jahre unaufhaltsam arbeiten und allmählich durch die Abnahme der elektrischen Ladung nur die Frequenz ihrer Schwingungen verringern. Hätte man in der Epoche der Gründung des Russischen Reiches eine solche Radiumuhr gebaut, so würde sie noch in unserer Zeit laufen!

Kann man diesen unentgeltlich arbeitenden Motor für irgendeinen praktischen Zweck nutzbar machen? Leider nicht. Die Leistung dieses Motors, das heißt die Menge der Arbeit, die von ihm in einer Sekunde verrichtet wird, ist so klein, daß damit kein Mechanismus betrieben werden kann. Um irgendein merkliches Resultat zu erhalten, muß man über einen sehr großen Vorrat an Radium verfügen können. Wenn wir bedenken, daß Radium ein äußerst seltenes und nur mit hohem Kostenaufwand zu gewinnendes Element ist, dann werden wir alle der Meinung sein, daß ein unentgeltlich arbeitender Motor dieser Art viel zu kostspielig ist.

Riesige Energievorräte schlummern im Innern des Atoms, im sogenannten Atomkern. Ihre nutzbringende Anwendung kann unerschöpfliche Energievorräte erschließen. Dieses Problem wird in der gegenwärtigen Zeit gelöst.

WIE VIELE JAHRE EXISTIERT DIE ERDE?

Das Studium der Gesetze des Zerfalls radioaktiver Elemente gab den Forschern eine zuverlässige Methode zur Bestimmung des Alters der Erde in die Hände.

Was ist ein radioaktiver Zerfall? Das ist die „spontane" (das heißt nicht durch äußere Einwirkungen hervorgerufene) Umwandlung einer Sorte Atome in eine andere. Es ist bemerkenswert, daß man auf diese Umwandlung nicht durch äußere Einflüsse einwirken kann. Die Erhöhung oder Erniedrigung der Temperatur, des Druckes und anderer Größen zeigt auf die Geschwindigkeit des Prozesses nicht den geringsten Einfluß.[1] Die Elemente Uranium, Thorium und Actinium, die in einigen Mineralien enthalten sind, stellen die Anfangsglieder der Reihen radioaktiver Elemente dar. Jede Reihe ist eine Folge ineinander übergehender und ebenfalls radioaktiver Elemente. Als Endprodukt dieser Umwandlung erhält man in allen drei Fällen Blei, das sich bei jeder Reihe von seinem gewöhnlichen „Atomgewicht" (relative Atommasse) ein wenig unterscheidet. Das Atom des gewöhnlichen Bleis ist etwa 207mal so schwer wie das Wasserstoffatom. Das Atom des Bleis, das die Uraniumreihe beschließt, ist 206mal so schwer, das der Thoriumreihe 208mal, das der Actiniumreihe 207mal so schwer. Es scheint daher völlig im Bereich der Möglichkeit zu liegen, eine Sorte von der anderen zu unterscheiden.

Die angeführten Umwandlungen werden von der durch die zerfallenden Atome hervorgerufenen Aussendung der sogenannten α-Strahlen begleitet. Das ist ein Strom geladener Stoffteilchen (Heliumionen). Da diese Teilchen im Augenblick des Freiwerdens keine riesige Geschwindigkeit besitzen, verlieren sie ihre positive Ladung und verbleiben als gewöhnliches Helium in dem Mineral. Damit wird auch die Anwesenheit von Helium in allen radioaktiven Mineralien erklärt. Aber die Schätzung des Alters der Mineralien nach dem Heliumgehalt kann ein sehr ungenaues Ergebnis bringen; denn Helium hat ja die Eigenschaft, sich wie jedes leichte Gas zu verflüchtigen. Es wird wohl so sein, daß die Schätzung des Alters nach der Menge des Bleis, das sich inzwischen im Mineral angesammelt hat, ein genaueres Ergebnis liefern kann. Anfang der vierziger Jahre unseres Jahrhunderts ist der englische Geologe *Holmes*, der von der mengenmäßigen Abschätzung der Bleiisotope verschiedener Fundstätten ausging, zu dem Schluß gekommen, daß das Alter der Erde 3,5 Milliarden Jahre beträgt.

Tatsächlich bestimmte *Holmes* nicht das Alter der Erde, sondern das Alter der Erdrinde, indem er sich dabei auf die veralteten Vermutungen stützte, daß sich die Erde aus glühenden Gaswolken gebildet hat, die der Sonne entstammen.

Von 1951 bis 1952 analysierte das Akademiemitglied *A. P. Winogradow* sorgfältig alle Angaben und kam zu dem Schluß, daß es unmöglich ist, das Alter der Erdrinde nur auf Grund einiger Angaben über das Blei

---

[1] Dazu wäre eine Temperatur von einigen zehn Milliarden Kelvin notwendig.

zu bestimmen. Man kann nur behaupten, daß sie nicht älter als 5 Milliarden Jahre ist. Zur selben Zeit konnte man Mineralien entdecken, deren Alter zu 3 Milliarden Jahre bestimmt wurde. Indem man sich auf die Angaben über die Zerfallsgeschwindigkeit und auf die Menge zweier Uraniumisotope (mit den relativen Atommassen 235 und 238) berief, schätzte man das Alter der Erde auf 5 bis 7 Milliarden Jahre.

Bild 157

Ausgehend von diesen und anderen Angaben, kann man das Alter der Erde auf 6 Milliarden Jahre schätzen. Die Richtigkeit dieser Schätzung wird dadurch gesichert, daß man das gleiche Ergebnis mit völlig verschiedenen Methoden erhalten hat.

6 Milliarden Jahre, das ist nicht nur im Vergleich zum Leben eines einzelnen Menschen, sondern auch im Vergleich mit der ganzen Geschichte der Menschheit eine unvergleichbare Zahl.

DIE VÖGEL AUF DEN LEITUNGEN

Alle wissen, wie gefährlich für den Menschen das Berühren der elektrischen Oberleitung der Straßenbahn oder einer Hochspannungsleitung ist, wenn diese unter Spannung stehen. Eine solche Berührung ist nicht nur für den Menschen, sondern auch für das Großvieh tödlich. Es sind viele Fälle bekannt, in denen Menschen oder Tiere von der Elektrizität getötet wurden, weil sie eine herabhängende, Spannung führende Leitung berührten.

Womit läßt es sich erklären, daß sich die Vögel völlig ungefährdet auf die Leitungen setzen können?

Um die Ursache dieses Widerspruchs zu verstehen, wenden wir unsere Aufmerksamkeit folgenden Tatsachen zu: Der Körper des auf der Leitung sitzenden Vogels stellt gewissermaßen einen Zweig eines Stromkreises dar, dessen Widerstand im Vergleich mit dem anderen Zweig (dem kurzen Stück Draht zwischen den Beinen des Vogels) sehr groß ist. Deshalb ist die Stromstärke in diesem Zweig (im Körper des Vogels) unbedeutend klein und unschädlich. Wenn der auf dem Draht sitzende Vogel aber mit einem Körperteil den Mast berührt, so wird er vom Strom getötet, der durch seinen Körper in die Erde abfließt.

Die Vögel haben die Angewohnheit, sich auf die Traversen der Hochspannungsleitungen zu setzen und den Schnabel an den stromführenden Drähten zu putzen.

Da nun die Traversen nicht gegen die Erde isoliert sind, endet die Berührung des geerdeten Vogels mit dem stromführenden Draht unweigerlich mit seinem Tod.[1]

BEIM LICHTSCHEIN EINES BLITZES

Konntet ihr schon einmal während eines Gewitters das Bild einer belebten Straße in einer Stadt beim kurzen Schein eines Blitzes beobachten? Stellt euch für eine Minute vor, daß euch ein Gewitter auf der Straße einer alten Stadt überrascht. Ihr werdet beim Aufleuchten eines Blitzes bestimmt eine eigentümliche Erscheinung beobachten. Die Straße, die erst voller Bewegung ist, scheint in diesem Augenblick wie versteinert. Die Pferde bleiben in angespannten Lagen stehen. Die Wagen stehen auch unbeweglich, und jede Speiche eines Rades ist deutlich zu sehen...

Der Grund für die scheinbare Unbeweglichkeit liegt in der winzigen Dauer eines Blitzes. Der Blitz und auch jeder elektrische Funke dauern

---

[1] Die todbringenden Prozesse in den Zellen des lebenden Organismus sind allein durch den Strom bedingt, der durch den Organismus fließt. Da der Organismus einen bestimmten elektrischen Widerstand besitzt, wird der fließende Strom durch die Spannung zwischen Draht und Erde nach dem *Ohm*schen Gesetz bestimmt.

nur sehr kurze Zeit. Die Zeit ist so klein, daß man sie mit den üblichen Mitteln nicht mehr messen kann. (Für heutige elektronische Meßmittel kein Problem.) Mit Hilfe indirekter Methoden konnte man jedoch feststellen, daß der Blitz ungefähr 0,001 bis 0,02 s dauert.[1] Es gibt wenig Dinge, die sich in einem so kurzen Zeitraum in einer für das Auge bemerkbaren Weise bewegen können. Deshalb verwundert es nicht, daß die mit den verschiedensten Bewegungen angefüllte Straße beim Schein eines Blitzes völlig unbewegt erscheint. Denn wir bemerken auf ihr nur das, was weniger als 0,001 s dauert! Jede Speiche in den Rädern eines schnell fahrenden Wagens kann sich nur um den winzigen Teil eines Millimeters weiterbewegen. Für das Auge kommt das einer völligen Ruhe gleich. Der Eindruck wird noch dadurch verstärkt, daß das beobachtete Bild im Auge einen bedeutend größeren Zeitraum als die Dauer des Blitzes anhält.

---

[1] Blitze zwischen den Wolken dauern länger, bis zu 1,5 s.

Kapitel

Es kann keiner über seinen
Schatten springen.
Volksweisheit

EINGEFANGENE SCHATTEN

Über ihren Schatten springen konnten unsere Ahnen genausowenig wie wir. Schatten einzufangen aber, hatten sie bereits gelernt. Ich meine die Silhouetten – die Schattenrisse.

Heute haben wir die Fotografie und können also jederzeit ein Bild von uns herstellen. Im 18. Jahrhundert jedoch waren die Menschen nicht in dieser glücklichen Lage. Porträts mußten bei Malern in Auftrag gegeben werden und kosteten ein Vermögen. Darum eben waren die Silhouetten damals so beliebt. Sie stellten für unsere Vorfahren etwa das dar, was für uns heute die Fotografien sind. Silhouetten sind eingefangene und festgehaltene Schatten. Man stellte sie auf mechanischem Wege her, und in dieser Hinsicht waren sie gewissermaßen das Gegenstück des heutigen Lichteinfangens. Wir fangen das Licht ein, unsere Vorfahren fingen aber für den gleichen Zweck den Schatten ein.

Wie wurden früher Schattenrißbilder hergestellt? Der Schattenumriß wurde nachgezeichnet, dann machte man die ganze Fläche mit Tusche schwarz, schnitt den Schattenriß aus und klebte ihn auf weißes Papier. Bei Bedarf verkleinerte man ihn unter Verwendung eines Pantographen.

Es ist nicht zu glauben, wie treffend die Schattenrisse die Eigenheiten des Originals wiedergaben. Dies machten sich viele Maler zunutze, die nun ganze Szenen, Landschaften usw. in dieser Technik darstellten.

Kurios ist die Herkunft des Worts „Silhouette": es kommt vom Familiennamen des französischen Finanzministers in der Mitte des 18. Jahrhunderts, *Etienne de Silhouette*, der seine verschwenderischen Zeitgenossen zur rationalen Sparsamkeit aufrief und den französischen Adel übermäßiger Ausgaben für Bilder und Porträts beschuldigte. Die Preisgünstigkeit der Schattenbilder war für Witzbolde der Anlaß, sie als Porträts „á la Silhouette" zu bezeichnen.

DAS KÜKEN IM EI

Ihr könnt die Eigenschaften von Schatten nutzen, um euch einen Spaß mit euren Freunden zu erlauben. Aus Pergamentpapier ist zu diesem

Bild 158   *Goethe* mit *Fritz von Stein*. Schattenriß. Weimar 1781/82.

Zweck ein Schirm herzustellen. Es genügt bereits ein Pergamentfenster in einer Pappe. Dahinter bringt ihr zwei Lampen an. Die Zuschauer sitzen auf der anderen Seite.

Nun zündet ihr die eine Lampe mit einer Ei-Attrappe davor an, dann werden die Zuschauer natürlich ein Ei auf dem Schirm erblicken. Jetzt eröffnet ihr ihnen, daß ihr über einen Durchleuchtungsapparat verfügt, der das Küken im Ei deutlich macht. Daraufhin zündet ihr die zweite Lampe mit dem Umriß eines Kükens davor an. Der Schattenriß des Eies wird heller werden und in der Mitte ein Küken enthalten (Bild 160).

Der Grund dürfte klar sein. Die Lampe mit dem Küken hellt den ursprünglichen Schattenriß auf und fügt gleichzeitig den Schatten des Kükens hinzu.

Bild 159

Schattenspiele

KARIKATUREN DURCH FOTOGRAFIE

Eine Fotokamera kann man auch ohne Linse (Objektiv) herstellen. Das ist die allgemein bekannte Camera obscura oder Lochkamera, die zwar recht lichtschwach ist, aber doch ganz passable Aufnahmen ermöglicht. Eine Abart davon ist die sogenannte „Schlitzkamera" (nicht verwechseln mit der modernen Schlitzverschlußkamera!), in der das Loch durch zwei senkrecht zueinander stehende Schlitze gebildet wird. Liegen die beiden Schlitzplatten unmittelbar hintereinander, dann entsteht ein Bild wie bei der Lochkamera. Werden sie jedoch in einem gewissen Abstand voneinander aufgestellt (man macht sie absichtlich verschiebbar), dann sind kurios verzerrte Bilder das Ergebnis (Bilder 161 und 162).

Wir wollen die Sache näher untersuchen. Zunächst sehen wir uns an, was passiert, wenn der waagerechte Schlitz vor dem senkrechten liegt (Bild 163). Die Lichtstrahlen von den Senkrechtlinien der Figur *D* (ein Kreuz) werden den Schlitz *C* wie ein Loch durchlaufen; der hintere

Bild 160

Das Vorgaukeln eines Röntgenbildes

Schlitz *B* wird natürlich keine Hemmung dieser Strahlen bewirken. Die Senkrechtlinien werden also auf der Mattscheibe *A* (dem Filmmaterial) in einem Maßstab erscheinen, der dem Abstand *AC* entspricht.

Anders verhalten sich jedoch die Strahlen der Waagerechtlinien bei gleicher Schlitzanordnung. Den ersten (waagerechten) Schlitz werden sie ungehindert durchlaufen, also ohne Seitenumkehr, erst der Schlitz *B* wird für sie ein Loch darstellen und darum den Strahlengang verändern. Auf der Mattscheibe erscheinen sie im Maßstab, der dem Abstand *AB* entspricht. Die Senkrechtstrahlen machen also bei dieser Schlitzanordnung eine Seitenumkehr und damit eine Maßstabsveränderung nur am vorderen Schlitz durch, während die Waagerechtstrahlen nur vom hinteren Schlitz beeinflußt werden. Da aber der vordere Schlitz von der

Mattscheibe weiter entfernt ist als der hintere, müssen die Senkrechtabmessungen des Lichtbildes größer sein als die Waagerechtabmessungen, die Aufnahme wird also in der Höhe gestreckt.

Bei umgekehrter Anordnung der Schlitze oder, was gleichbedeutend ist, bei Verkanten der Kamera um 90 Grad werden demnach waagerecht gestreckte Bilder entstehen.

Bild 161 Eine Karikatur-Fotografie, mittels einer Schlitzkamera hergestellt (waagerechte Streckung).

Bild 162 Senkrecht gestreckte Karikatur-Fotografie

Bei schräger Anordnung der Schlitze werden sich natürlich Verzerrungen anderer Art einstellen.

Diese Kamera ist nicht nur zur Herstellung von Karikaturen zu gebrauchen. Man kann sie auch für recht seriöse praktische Zwecke verwenden, zum Beispiel für die Herstellung architektonischer Verzierun-

331

gen, von Mustern für Teppiche, Tapeten usw., die auf bestimmte Weise gestreckt oder gestaucht werden sollen.

DIE AUFGABE VOM SONNENAUFGANG

Punkt 5 Uhr beobachtet ihr den Sonnenaufgang. Bekannt ist jedoch, daß Licht sich nicht verzögerungsfrei ausbreitet: Es ist eine bestimmte Zeit

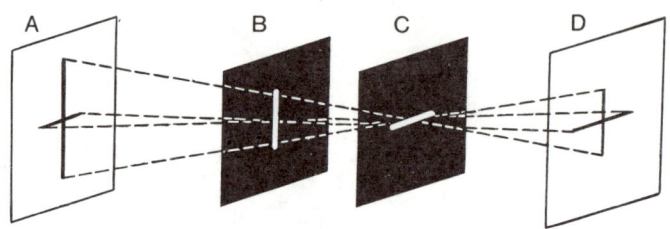

Bild 163   Die Verzerrung des Strahlengangs in der Schlitzkamera

erforderlich, damit das Licht von der Quelle bis zu den Augen des Beobachters gelangt. Wann würdet ihr den Sonnenaufgang zu sehen bekommen, wenn das Licht sich verzögerungsfrei ausbreiten würde?

Das Licht durchläuft die Entfernung von der Sonne bis zur Erde innerhalb von 8 Minuten. Also müßten wir bei verzögerungsfreier Lichtausbreitung die Sonne 8 Minuten früher erblicken, d. h. um 4.52 Uhr.

Nun werdet ihr überrascht sein zu erfahren, daß dies mitnichten stimmt. Denn die Sonne „geht auf", weil unsere Erdkugel den jeweiligen Punkt ihrer Oberfläche dem bereits beleuchteten Raum zuwendet. Darum würdet ihr den Sonnenaufgang auch bei verzögerungsfreier Lichtausbreitung zum gleichen Zeitpunkt erblicken, d. h. um 5 Uhr.[1]

---

[1] Zieht man jedoch die sogenannte „atmosphärische Refraktion" in Betracht, dann ergibt sich ein ganz unerwartetes Ergebnis. Die Refraktion krümmt den Weg der Lichtstrahlen in der Luft und macht eine Registrierung des Sonnenaufgangs bereits vor dem geometrischen Stattfinden dieses Ereignisses möglich. Bei verzögerungsfreier Lichtausbreitung kann es jedoch keine Refraktion geben, denn die Lichtbrechung ist durch die unterschiedliche Lichtgeschwindigkeit in verschiedenen Medien bedingt. Bei Refraktionslosigkeit würde man den Sonnenaufgang also etwas später als bei tatsächlich verzögerter Lichtausbreitung sehen; diese Differenz hängt von der geographischen Breite des Beobachtungspunkts, von der Lufttemperatur und von anderen Bedingungen ab und kann zwischen 2 Minuten und mehreren Tagen (in Polarbreiten) schwanken. Es ergibt sich ein frappierendes Paradoxon: Bei verzögerungsfreier Lichtausbreitung würden wir den Sonnenaufgang später als bei der wirklich zutreffenden verzögerten Lichtausbreitung beobachten.

DURCH WÄNDE HINDURCHSEHEN

In den neunziger Jahren des vorigen Jahrhunderts wurde ein faszinierendes Gerät unter dem Handelsnamen „Röntgenapparat" verkauft. Ich kann mich noch gut erinnern, wie fassungslos ich war, als ich, damals noch Schüler, zum erstenmal in diesen Apparat schaute: Man konnte wirklich durch undurchsichtige Gegenstände hindurchsehen! Der Apparat bezwang nicht nur dickes Packpapier, sondern auch die Schneide eines Messers, mit der echte Röntgenstrahlen bekanntlich nicht fertigwerden. Das simple Geheimnis dieser Konstruktion wird euch gleich klar, wenn ihr einen Blick auf Bild 164 werft. Vier einfache Spiegel, unter einem Winkel von jeweils 45° aufgestellt, lenken die Strahlen mehrmals ab, gewissermaßen als Straßenumleitung.

Ähnliche Geräte werden auch im Militärwesen benutzt, um aus einem Unterstand gefahrlos das Gelände zu überschauen, man bezeichnet sie als Periskop (Bild 165). Je länger der Lichtweg im Periskop ist, um so geringer wird der Blickwinkel. Zur Vergrößerung des Blickwinkels benutzt man ein System aus optischen Gläsern, die jedoch einen Teil des Lichts verschlucken. Damit sind der Höhe des Periskops Grenzen gesetzt. 20 m etwa stellen die noch vertretbare Höhe dar, was den Blickwinkel und die Sehschärfe anbetrifft.

In U-Booten werden ebenfalls Periskope benutzt, um die Situation über Wasser bei Tauchfahrt zu beobachten. Das Prinzip ist hier das gleiche, auch wenn Marineperiskope viel komplizierter aufgebaut sind als Periskope der Landtruppen: Zwei Spiegel (oder Prismen) und entsprechende Linsen sorgen für den richtigen Strahlengang.

DER SPRECHENDE KOPF IN DER PAPPSCHACHTEL

Dieses „Wunder" war und ist eine beliebte Schaubudenattraktion. Die unkundigen Besucher geraten bei seinem Anblick richtig aus dem

Häuschen: Auf einem Tisch steht ein Teller, und auf dem Teller liegt ein lebender Menschenkopf, der die Augen rollt, ißt und spricht! Unter dem Tisch ist kein Körper zu sehen. Bis ganz an den Tisch wird man zwar nicht vorgelassen, aber dennoch hat man keine Zweifel, daß sich zwischen den Tischbeinen unter der Holzplatte nichts befindet.

Solltet ihr einmal bei nächster Gelegenheit mit diesem Anblick erfreut

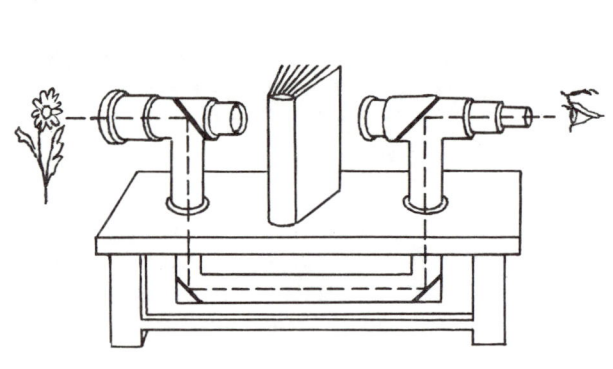

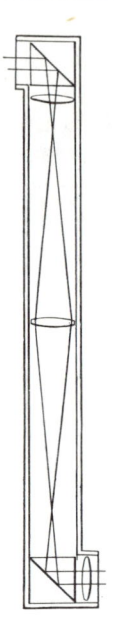

Bild 164
Ein vermeintlicher Röntgenapparat

Bild 165
Der Strahlengang in einem Periskop

werden, dann werft ihr einfach ein Stück zerknülltes Papier unter den Tisch. Das Papier wird bestimmt an einem Spiegel zurückprallen. Auch wenn der Schwung beim Werfen nicht ausreicht, um den Spiegel zu treffen, werdet ihr euch von seinem Vorhandensein überzeugen, denn der Papierknäuel wird plötzlich zweimal da sein.

Voraussetzung für das Gelingen des Wundertricks ist nämlich, daß sich im Spiegel nichts spiegelt, was einen Verdacht auslösen könnte. Darum muß der Raum fast leer sein, die Wände müssen alle die gleiche Farbe haben, der Fußboden darf keine Muster aufweisen, und das Publikum ist in gehörigem Abstand zu halten.

Natürlich arrangieren die Veranstalter das Wunder sehr effektvoll. Zunächst wird gezeigt, daß sich sowohl auf der Tischplatte als auch unter ihr nichts befindet. Dann wird mit viel Pomp eine Pappschachtel auf die Bühne gebracht (es kann natürlich auch ein goldbeschlagener Koffer aus Saffianleder sein!), in der der große Zauberer den „lebenden Kopf ohne Körper" angeblich aufbewahrt (in Wirklichkeit ist die Pappschachtel leer). Nachdem die Schachtel auf den Tisch gestellt und geöffnet worden ist, erblickt das entsetzte Publikum einen sprechenden Menschenkopf. Der Leser wird sicher bereits erraten haben, daß sich in der Tischplatte ein Klappdeckel befindet, den der unter dem Tisch hinter einem Spiegel hockende wahre Inhaber des Kopfes zurückschlägt, solange der Pappkarton ihn verdeckt, um dann mit rollenden Augen dem Publikum Angst einzuflößen. Es sind auch andere Ausgestaltungsvarianten möglich. Bei etwas Phantasie kann sich der Leser eine genügende Zahl davon selbst ausdenken.

VON VORN ODER VON HINTEN?

In jedem Haushalt finden sich etliche Dinge, mit denen viele von uns nicht richtig umzugehen verstehen. Daß man Getränke zum Kühlen auf das Eis stellt, obwohl sie unter das Eis gehören, haben wir bereits gesagt. Aber auch einen gewöhnlichen Spiegel wissen viele nicht zu handhaben. Manche Frauen bringen die Lampe, um sich im Spiegel besser erkennen zu können, hinter ihrem Kopf an. Damit beleuchten sie aber nicht ihr Gesicht im Spiegel, wie sie meinen, sondern nur den im Spiegel nicht sichtbaren Hinterkopf. Unsere Leserin wird die Lampe zweifellos auf ihr Gesicht scheinen lassen.

KANN MAN EINEN SPIEGEL SEHEN?

Hier ein weiterer Beweis für die ungenügende Kenntnis unseres ganz gewöhnlichen Spiegels. Auf die vorangestellte Frage antworten die meisten falsch, obwohl sie täglich in den Spiegel schauen.

Es irren sich jene, die meinen, einen Spiegel könne man sehen. Ein guter sauberer Spiegel ist unsichtbar. Man kann den Rahmen des Spiegels sehen, seinen Rand, die Gegenstände, die sich in ihm spiegeln, aber den Spiegel selbst, vorausgesetzt, daß er nicht verschmutzt ist, sieht man nicht. Jede reflektierende Oberfläche ist zum Unterschied von einer zerstreuenden Fläche als solche unsichtbar. (Streng genommen, sind alle materiellen Flächen reflektierend. Ist eine Fläche rauh, dann wird das Licht ungeordnet in alle Richtungen reflektiert, und wir sprechen von diffuser Reflexion, von zerstreuender oder matter Oberfläche. Ist jedoch eine Fläche glatt, so daß die einfallenden Strahlen nach Richtungen geordnet reflektiert werden, dann sprechen wir von regelmäßiger Reflexion, von polierter oder spiegelnder Oberfläche.)

Alle Tricks, Zauberkunststücke und Illusionen unter Verwendung von Spiegeln – wie das eben beschriebene Vortäuschen eines rumpflosen Kopfes – beruhen ausschließlich darauf, daß der Spiegel selbst unsichtbar ist, während die von ihm reflektierten Gegenstände sichtbar sind.

WEN SEHEN WIR BEI EINEM BLICK IN DEN SPIEGEL?

„Natürlich doch uns selbst", werden viele antworten, „unser Spiegelbild ist doch eine genaue Kopie von uns selbst, exakt bis in alle Einzelheiten".

Vielleicht prüfen wir das nach? Ihr habt ein Muttermal an der rechten Wange, euer Doppelgänger jedoch trägt es links. Ihr kämmt euer Haar nach rechts, der Mann im Spiegel kämmt es nach links. Eure rechte Augenbraue ist zum Unterschied von der linken buschig und gewölbt, die rechte Augenbraue eures Doppelgängers hat aber nichts dergleichen an sich. Außerdem muß er beim Einpacken seiner Sachen alle Taschen verwechselt haben, die Uhr steckt links, obwohl ihr euren Zeitmesser immer in die rechte Tasche placiert. Auch die Uhr selbst ähnelt höchst verdächtig einer plumpen Fälschung. Die Ziffern sind so angeordnet, wie man das sonst nirgends zu sehen bekommt – an der Stelle der Zwölf steht eine höchst seltsam geschriebene Acht (IIX), und auch in den anderen Zahlen findet man sich nicht zurecht. Zudem haben die Zeiger offenbar die Marschrichtung verwechselt.

Und schließlich haftet eurem Doppelgänger im Spiegel eine Eigenheit an, von der ihr wahrscheinlich frei seid. Er ist Linkshänder. Er schreibt, näht und ißt mit der linken Hand, und auch zum Gruß streckt er euch die linke Hand entgegen, was bei materiellen Linkshändern nicht üblich ist.

Ob der Mann schreibkundig ist, läßt sich schwer sagen. Zumindest schreibt er da was zusammen, was man nur mit Mühe entziffern kann.

Und diese komische Gestalt erhebt Anspruch, eurer stolzen Per-

336

sönlichkeit absolut gleich zu sein! Das Bild fällt nicht sehr günstig für euch aus.

Aber Spaß beiseite. Wenn ihr, in den Spiegel blickend, meint, euch selbst zu sehen, dann irrt ihr euch ganz gewaltig. Das Gesicht, der Körper und die Kleidung eines jeden Menschen sind keinesfalls symmetrisch, auch wenn uns das im Alltag nicht sonderlich auffällt. Im Spiegel

Bild 166

Die Uhr eures Doppelgängers im Spiegel

wechseln alle sonst nicht hervorstechenden Merkmale der rechten Hälfte auf die linke Seite über, und umgekehrt, so daß die uns im Spiegel anblickende Erscheinung mitunter ganz anders wirkt, als unsere Mitmenschen sie gewohnt sind.

DAS ZEICHNEN VOR DEM SPIEGEL

Noch deutlicher äußern sich die Abweichungen des Spiegelbildes vom Original in folgendem Versuch.

Setzt euch vor einen Tischspiegel, legt ein Blatt Papier vor euch hin und versucht, irgendeine Figur zu zeichnen, zum Beispiel ein Rechteck mit Diagonalen. Dabei müßt ihr aber nicht auf eure eigene Hand, sondern auf die eures Gegenübers schauen.

337

Ihr werdet feststellen, daß euer Vorhaben so gut wie undurchführbar ist. Im Verlaufe der vielen Jahre haben sich unsere visuellen Wahrnehmungen und motorischen Abläufe aufeinander eingespielt. Der Spiegel verletzt diesen Zusammenhang, denn er bietet unseren Augen die Bewegung der Hand in verzerrter Form dar. Die erstarrten Gewohnheiten werden gegen jede eurer Bewegungen protestieren: Ihr wollt einen Strich nach rechts ziehen, eure Hand aber bewegt sich nach links usw. Noch schwieriger ist es, auf diese Weise eine kompliziertere Figur zu zeichnen oder gar zu schreiben. Die Schriftzeichen, die auf der Rückseite eines Bogens entstehen, dem man ein Blatt Kohlepapier untergelegt hat, sind ebenfalls spiegelbildlich. Bei normaler Betrachtung werdet ihr kein Wort lesen können, denn die Buchstaben sind ganz ungewohnt nach links geneigt und auch die Abfolge der Buchstabenelemente widerspricht dem gewohnten Eindruck. Hier hilft nur ein Spiegel. Er liefert ein Spiegelbild dessen, was selbst ein Spiegelbild ist.

UMSICHTIGE EILE

Wir wissen, daß das Licht in einem homogenen Medium sich geradlinig ausbreitet, d. h. auf schnellstem Wege. Das Licht wählt den schnellsten Weg aber auch dann, wenn es von einem Punkt zum anderen nicht auf kürzestem Weg eilt, sondern nach Reflexion in einem Spiegel.

Wir wollen den Weg nachverfolgen. Punkt A auf Bild 167 sei die Lichtquelle, die Linie MN stellt den Spiegel dar, und die gebrochene Linie ABC steht für den Weg des Lichts von der Quelle bis zum Auge C. Die Gerade KB ist die Lotrechte auf MN.

Nach den Gesetzen der Optik ist der Reflexionswinkel 2 gleich dem Einfallswinkel 1. Wenn man das weiß, kann man leicht beweisen, daß von allen möglichen Wegen von A nach C unter Anlaufen von MN der Weg ABC der schnellste ist. Zu diesem Zweck vergleichen wir den Strahlenweg ABC mit irgendeinem anderen, zum Beispiel mit ADC (Bild 168). Aus Punkt A errichten wir die Senkrechte AE auf MN und ziehen sie weiter bis zum Schnittpunkt mit der Verlängerung von BC in Punkt F. Wir verbinden auch die Punkte F und D. Zunächst überzeugen wir uns von der Kongruenz der Dreiecke ABE und EBF. Es sind rechtwinklige Dreiecke mit der gemeinsamen Kathete EB; außerdem sind die Winkel EFB und EAB untereinander gleich, denn sie entsprechen den Winkeln 2 und 1. Folglich ist $AE = EF$. Daraus ergibt sich die

Kongruenz der rechtwinkligen Dreiecke *AED* und *EDF*, denn ihre beiden Katheten sind gleich, und folglich auch die Gleichheit der Hypotenusen *AD* und *DF*.

Also können wir den Weg *ABC* durch den gleichgroßen Weg *CBF* ersetzen (denn *AB = BF*), und den Weg *ADC* durch *CDF*. Wenn wir die beiden möglichen Wege *CBF* und *CDF* miteinander vergleichen, dann

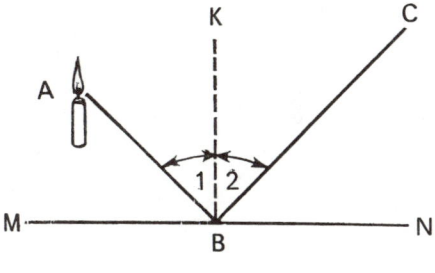
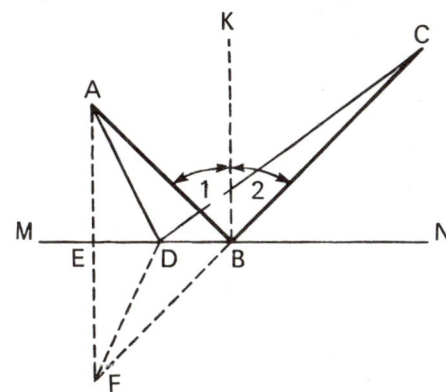

Bild 167   Der Reflexionswinkel *2* ist gleich dem Einfallswinkel *1*.

Bild 168   Das Licht wählt bei der Reflexion den kürzesten Weg.

werden wir feststellen, daß die Gerade *CBF* kürzer ist als die gebrochene Linie *CDF*. Folglich ist der Weg *ABC* kürzer als der Weg *ADC*, was zu beweisen war!

Wo sich der Punkt *D* auch befindet, der Weg *ABC* wird immer kürzer als der Weg *ADC* sein, vorausgesetzt, daß der Reflexionswinkel gleich dem Einfallswinkel ist. Also sucht sich das Licht immer den kürzesten und damit den schnellsten Weg unter allen möglichen Wegen von der Quelle über den Spiegel zum Auge aus. Auf diesen Umstand wies bereits *Heron von Alexandria* hin, der bedeutende griechische Mechaniker und Mathematiker des Altertums.

339

LANDEANFLUG EINER KRÄHE

Die Fähigkeit, den kürzesten Weg in Fällen zu bestimmen, die dem eben beschriebenen ähneln, kann praktisch recht nützlich sein. Hier ein Beispiel dieser Art.

Bild 169 Die Aufgabe von der Krähe. Es ist der kürzeste Weg bis zum Zaun unter Anflug des verstreuten Korns zu finden.

Bild 170 Die Lösung der Aufgabe von der Krähe

Auf einem Baum sitzt eine Krähe. Auf der Erde unter dem Baum sind Getreidekörner zerstreut. Die Krähe gleitet herab, ergreift ein Korn und flattert auf den Zaun (Bild 169). Preisfrage: Welchen Punkt auf dem Boden hat die Krähe anzufliegen, damit der Gesamtweg minimal ausfällt?

Die Aufgabenstellung entspricht haargenau der in dem zuvor untersuchten Fall. Darum muß auch die Antwort die gleiche sein: Die Krähe hat bei ihrem Landeanflug dem kürzesten Lichtweg zu folgen, so daß der Winkel *1* dem Winkel *2* gleich ist (Bild 170).

NEUES UND ALTES ÜBER DAS KALEIDOSKOP

Dieses Spielzeug ist allen gut bekannt: Bunte Glassplitter bewegen sich im Raum zwischen zwei oder drei flachen Spiegeln und bilden die unterschiedlichsten Figuren, die bei der geringsten Drehung des Kaleidoskops wechseln. Die Zahl der möglichen Figuren geht ins Unendliche. Was meint ihr, wieviel Zeit nötig sein wird, um alle farbigen Gebilde durchzumustern, die in einem Kaleidoskop mit 20 Glassplittern entstehen, wenn pro Minute zehn Drehungen erfolgen?

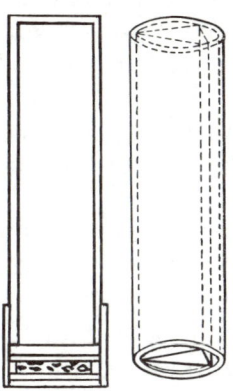

Bild 171

Das Kaleidoskop

Die Ozeane werden austrocknen und die Gebirge werden zerbröckeln, bevor alle Kombinationen in diesem, sich sehr bescheiden ausnehmenden Wunderspielzeug durchprobiert sind. Denn dazu sind 500 000 Millionen Jahre erforderlich – 500 Millionen Jahrtausende!

Die unendlich vielfältigen, ständig wechselnden Muster des Kaleidoskops lassen alle Dekorateure und Grafiker vor Neid erblassen – zu solchen Leistungen sind die Phantasie und das Arbeitsvermögen des Menschen nicht fähig. Bei dem heutigen Publikum jedoch stößt das Kaleidoskop nicht mehr auf den begeisterten, überschwenglichen Zuspruch, der ihm vor einhundert Jahren, gleich nach seinem Aufkommen, zuteil wurde. Das Kaleidoskop besang man damals in Prosa und in Versen.

Es wurde 1816 in England erfunden und schon nach ein bis anderthalb Jahren in Rußland gehandelt. Die Käufer rasten vor Begeisterung. Der Fabeldichter *A. Ismailow* pries das Kaleidoskop in der Zeitschrift „Der Wohlgesinnte" (Juli 1818) mit einem Gedicht, in dem die diversen Muster des Kaleidoskops Sternen und Gestirnen aus Saphiren, Rubinen, Topasen, Smaragden, Diamanten, Amethysten, Schaumperlen und Perlmutt gleichgesetzt wurden. Nach einer Passage, in der das gleiche in Prosa mitgeteilt und zugleich eingeschätzt wird, daß keine Worte die Zauberpracht des Kaleidoskops wiederzugeben imstande sind, schreibt er folgendes:

„Es wird behauptet, das Kaleidoskop sei bereits im 17. Jahrhundert bekannt gewesen. Nun ist es vor kurzem in England erneuert und vervollkommnet worden, von wo es sich vor zwei Monaten nach Frankreich aufmachte. Einer der dortigen Krösusse hat ein Kaleidoskop zum Preis von 20 000 Franken in Auftrag gegeben. Statt bunter Glassplitter und Glasperlen ließ er echte Perlen und Edelsteine hineinlegen."

Danach erzählt der Fabelschreiber eine nette Anekdote über das Kaleidoskop und beschließt seinen Aufsatz mit einer melancholischen Feststellung:

„Der für seine vorzüglichen optischen Instrumente bekannte kaiserliche Physiker und Mechaniker *Rospini* fertigt und verkauft Kaleidoskope zu 20 Rubel. Es werden sich zweifellos viel mehr Interessenten dafür finden als für die physikalischen und chemischen Vorträge, aus denen – zum Bedauern und zur Verwunderung – der wohlgesinnte Herr *Rospini* keinerlei Einnahmen für sich verbuchen konnte."

Lange Zeit war das Kaleidoskop nur ein amüsantes Spielzeug, und erst in unseren Tagen wird es zur Gestaltung von Mustern benutzt. Man hat sogar ein Gerät entwickelt, um die Kaleidoskop-Muster zu fotografieren und auf diese Weise das Ausdenken von Ornamenten zu industrialisieren.

SPIEGELPALAIS UND TRUGBILDSCHLÖSSER

Wie würden wir uns eigentlich an der Stelle eines Glassplitters im Kaleidoskop vorkommen? Diese wunderbare Möglichkeit hatten im Jahre 1900 die Besucher der Pariser Weltausstellung, die das „Spiegelpalais" – eine Art Kaleidoskop, nur unbeweglich – aufsuchen konnten. Den Kern des Ganzen bildete ein sechseckiger Saal mit Wänden aus hochpräzisen polierten Spiegeln. In den Ecken des Saals stand architektonisches Schmuckwerk in Form von Säulen und Gesims, das mit den Stuckverzierungen der Decke verschmolz. Ein einziger Besucher eines solchen Saals erblickte sich in einer unvorstellbaren Ansammlung von

Bild 172 Dreifache Spiegelung der Saalwände ergibt 36 umliegende Scheinsäle.

Bild 173 Aufbau des sechswandigen Spiegelsaals mit drehbaren Eckpfeilern

Bild 174 Die Ausführung des drehbaren Eckpfeilers im „Trugbildschloß"

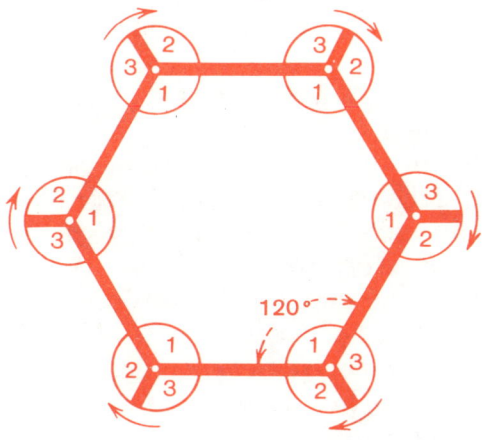

ihm ähnelnder Menschen in einer unendlichen Flucht aus Zimmern und Säulen; sie umgaben ihn von allen Seiten und zogen sich in die Ferne, so weit das Auge reicht.

Die auf Bild 172 waagerecht schraffierten Säle entstehen durch einmalige Spiegelung; zu den senkrecht schraffierten Sälen (12 Stück insgesamt) führt die zweimalige Spiegelung. Als Folge der dreimaligen Spiegelung kommen weitere 18 Säle hinzu (schräge Striche); die Zahl der Säle steigt mit jeder nächsten Spiegelung und hängt von der Oberflächengüte und von der exakt parallelen Aufstellung der Spiegel ab, die die gegenüberliegenden Wände des Prismensaals bilden. Praktisch konnten noch Säle aus der 12fachen Spiegelung erkannt werden, d. h., der sichtbare Horizont umfaßte 468 Säle.

Noch beeindruckender waren die optischen Effekte im „Trugbildschloß" der Pariser Ausstellung. Hier kam zu den zahlreichen Spiegelungen noch ein blitzartiger Wechsel des Gesamtbildes hinzu. In diesem Saal konnten sich die Zuschauer wirklich wie im Innern eines Kaleidoskops fühlen.

Für die Landschaftsveränderung sorgten drehbare Eckpfeiler mit Spiegelsegmenten als Wandansatz. Es waren, wie Bild 173 zeigt, jeweils drei Stellungen möglich, wobei die entstehenden Saalecken entsprechend auf gleiche Weise ausgestaltet waren. Alle Ecken *1* zum Beispiel stellten Details aus dem Urwald dar, die Ecken *2* enthielten die Elemente eines arabischen Saals, und die Ecken *3* täuschten einen indischen Tempel vor. Durch gleichzeitiges Drehen der Eckpfeiler verwandelte sich der Urwald in einen Tempel oder in einen Prachtsaal. Das ganze Geheimnis dieser „Zauberei" bestand in der Beherrschung der Reflexion von Lichtstrahlen.

WARUM UND WIE WIRD DAS LICHT GEBROCHEN?

Das der Lichtstrahl bei Übergang von einem Medium in ein anderes gebrochen wird, mutet viele als sonderbare Laune der Natur an. Es ist unverständlich, warum das Licht in dem neuen Medium nicht seine ursprüngliche Richtung beibehält, sondern einen neuen Weg wählt. Dabei verhält sich das Licht genauso wie eine Marschkolonne, die von einem trittfesten Gelände auf weichen, beschwerlichen Boden hinüberwechselt. Der Vergleich stammt von *John Herschel*, einem bekannten Astronom und Physiker des vorigen Jahrhunderts:

„Nehmen wir an, daß die Marschkolonne die Grenze zwischen dem trittfesten und dem weichen Boden schräg anläuft, so daß die Soldaten nicht alle gleichzeitig diese Grenze erreichen, sondern einer nach dem anderen. Dann wird jeder Soldat nach Betreten des beschwerlichen Bodens nicht mehr so schnell laufen können wie vorher. Er wird nicht mehr die Seitenrichtung gegenüber der übrigen Formation halten können, die sich noch auf trittfestem Boden befindet, und wird also zurückbleiben. Da diese Erschwernis allen Soldaten zuteil wird, muß jener Teil der Marschordnung, der die Trennungsgrenze bereits hinter sich gebracht hat, gegenüber dem anderen Teil der Marschkolonne zurückbleiben und, vorausgesetzt, daß die Marschordnung nicht durcheinandergerät, sondern auch weiterhin eine geschlossene, im Gleichschritt laufende Formation bleibt, einen stumpfen Winkel zu ihm ab dem Punkt des Passierens der Trennungslinie bilden. Da jedoch die Notwendigkeit, Gleichschritt zu halten, ohne den Nebenmann zu behindern, einen jeden Soldaten zwingen wird, geradeaus weiterzulaufen, im rechten Winkel zur Front der Marschordnung, wird auch der Weg, den er beim Überqueren der Grenze zurücklegen wird, erstens senkrecht zur neuen Front verlaufen und zweitens sich zu dem Weg, der bei ungehinderter Fortbewegung zurückgelegt worden wäre, so verhalten wie die neue Geschwindigkeit zur ursprünglichen."

Bei sich zu Hause könnt ihr diese anschauliche Analogie der Lichtbrechung auf einem Tisch nachvollziehen. Deckt den Tisch zur Hälfte mit einem Tischtuch zu (Bild 175) und laßt auf ihm durch Anheben der Tischplatte ein starres Räderpaar hinunterrollen (einen Radsatz von einer Spielzeuglokomotive oder aus einem Stabilbaukasten). Bei rechtwinkligem Anlaufen der Tischdeckenkante wird die Bewegungsrichtung nicht gebrochen. Hier habt ihr eine anschauliche Illustration des Lichtverhaltens: Ein senkrecht zur Trennungslinie von verschiedenen Medien verlaufender Strahl wird nicht gebrochen. Bei schrägem Anlaufen der Deckenkante wird der Weg gebrochen. Es ist unschwer zu bemerken, daß bei Überqueren der Trennungslinie von dem Teil des Tisches, wo die Geschwindigkeit größer ist (unbedeckter Teil), auf den Teil, wo die Geschwindigkeit kleiner ist (bedeckter Teil), die Richtung des Weges (der „Strahl") sich der „Lotrechten der Fallbewegung" nähert. Bei umgekehrter Bewegungsrichtung ist ein Entfernen von dieser Lotrechten zu beobachten.

Daraus kann man übrigens den wichtigen Umstand ableiten, der das Wesen der untersuchten Erscheinung kennzeichnet, und zwar, daß die

Lichtbrechung durch die Unterschiedlichkeit der Lichtgeschwindigkeit in den beiden Medien bedingt ist. Je größer die Geschwindigkeitsdifferenz ist, desto größer ist auch die Brechung; die sogenannte „Brechzahl" als Maß für die Brechung von Lichtstrahlen ist nichts anderes als das Verhältnis der Lichtgeschwindigkeiten. Wenn ihr lest, daß die Brechzahl bei Übergang der Strahlen aus der Luft ins Wasser 4/3 beträgt, dann

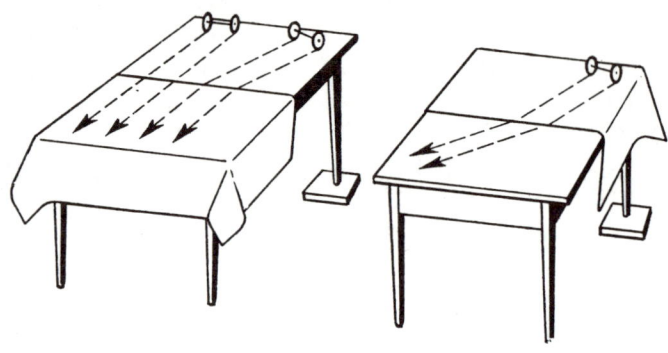

Bild 175   Nachbildung des Strahlengangs bei der Lichtbrechung

erfahrt ihr damit zugleich, daß das Licht in der Luft sich um etwa 1/3 schneller fortpflanzt als in Wasser.

Und in diesem Zusammenhang wird auch eine andere lehrreiche Besonderheit der Lichtausbreitung deutlich. Wenn der Lichtstrahl bei der Reflexion den kürzesten Weg wählt, so entscheidet er sich bei der Brechung für den schnellsten Weg: Keine andere Richtung bringt den Lichtstrahl so schnell an den „Bestimmungsort" wie dieser gebrochene Weg.

WANN WIRD EIN LANGER WEG SCHNELLER ZURÜCKGELEGT ALS EIN KURZER?

Kann denn ein gebrochener Weg schneller zum Ziel führen als ein gerader? Ja, wenn die Bewegungsgeschwindigkeit auf den verschiedenen Wegstrecken unterschiedlich ist. Einen solchen Fall haben wir bereits kennengelernt. Die Einwohner eines Ortes zwischen zwei Eisenbahnstationen fahren zuerst mit dem Pferdewagen zur näher gelegenen Station, um von dort mit dem Zug zu der entfernter gelegenen zu gelangen. Sie wählen dabei den weiteren Weg, weil er schneller ist.

Hier noch ein Beispiel. Ein Reiter im Punkt A soll eine Meldung zum Punkt C befördern (Bild 176). Dabei hat er einen Sandstreifen und eine Wiese zu überwinden, die von der Geraden EF getrennt werden. Im Sand kommt sein Pferd nur halb so schnell vorwärts wie über die Wiese. Welchen Weg hat der berittene Melder zu wählen, wenn er in der kürzesten Zeit ans Ziel kommen will?

Der kürzeste Weg ist sicher die Gerade AC. Aber das langsame, mühselige Fortkommen im Sand wird den Melder bestimmt auf den Gedanken bringen, den Sandstreifen auf einem kürzeren Weg zu überqueren; zwar verlängert sich dabei der Weg über die Wiese, da aber sein Pferd hier doppelt so schnell ist, wird insgesamt Zeit eingespart. Der Weg des Reiters muß sich also an der Scheide der beiden Bodenstreifen brechen, und zwar so, daß der Weg über die Wiese mit der Senkrechten zur Trennungslinie einen größeren Winkel bildet als der Weg durch den Sand.

Wer in der Geometrie bewandert ist und im einzelnen den Pythagorassatz kennt, der kann nachprüfen, daß der kürzeste Weg AC tatsächlich nicht der schnellste ist und daß bei den in unserer Aufgabe gegebenen Breiten der Bodenstreifen und Entfernungen das Ziel schneller erreicht werden kann, wenn man sich zum Beispiel an die gebrochene Linie AEC hält (Bild 177).

Gegeben sind in Bild 176: Breite des Sandstreifens 2 km, Breite des Wiesenstreifens 3 km, Entfernung BC 7 km. Die Gesamtstrecke AC beträgt dann laut Pythagorassatz $\sqrt{(5 \text{ km})^2 + (7 \text{ km})^2} = \sqrt{74 \text{ km}^2}$ $= 8{,}6$ km. Die Teilstrecke AN – durch den Sand – beträgt also, wie leicht zu ersehen ist, 2/5 der Gesamtstrecke, d. h. 3,44 km. Da die Geschwindigkeit durch den Sand nur die Hälfte der über die Wiese ausmacht, entsprechen die 3,44 km Sandweg, an der Zeit gemessen, einer Strecke von 6,88 km Wiesenweg. Und folglich kann der gemischte Weg auf der Geraden AC von 8,6 km einem Wiesenweg von 12,04 km zeitlich gleichgesetzt werden (8,6 km − 3,44 km + 6,88 km = 12,04 km).

Nun wollen wir auch den gebrochenen Weg AEC in „Wiesenkilometer" umrechnen. Der Teil AE von 2 km entspricht 4 km Wiesenweg. Der Teil $EC = \sqrt{(3 \text{ km})^2 + (7 \text{ km})^2} = \sqrt{58 \text{ km}^2} = 7{,}62$ km. Insgesamt also ist AEC gleich 4 km + 7,62 km = 11,62 km.

Der kurze gerade Weg entspricht demnach, nach der Zeit umgerechnet, einem Wiesenweg von 12,04 km, während der lange gebrochene Weg lediglich 11,62 km gleichkommt, d. h. einen Gewinn von 0,42 km erbringt.

Wir haben aber noch nicht den schnellsten Weg ermittelt. Dieser, so sagt uns das die Theorie, trifft dann zu, wenn der Sinus des Winkels b sich zum Sinus des Winkels a genauso verhält wie die Geschwindigkeit

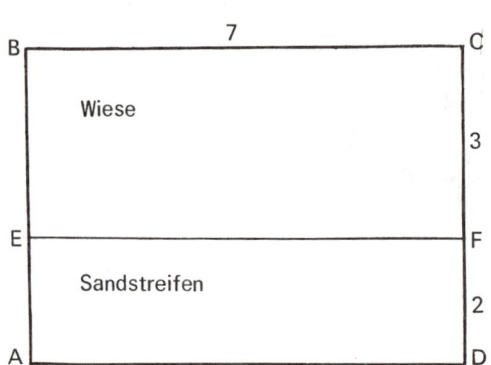
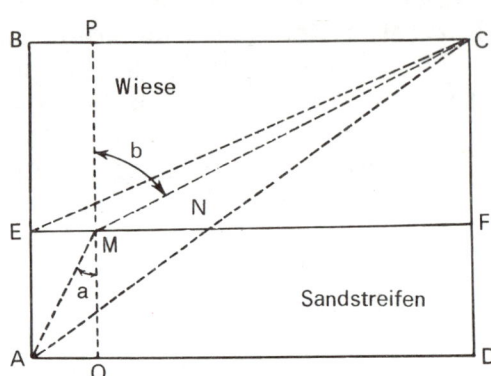

Bild 176 Die Aufgabe vom reitenden Melder. Es ist der schnellste Weg von A nach C zu finden.

Bild 177 Die Lösung der Aufgabe in Bild 176. Der schnellste Weg lautet AMC.

auf der Wiese zur Geschwindigkeit im Sand, d. h. wie 2 : 1. Die Richtung ist also so zu wählen, daß sin b das Doppelte von sin a beträgt. Zu diesem Zweck muß der Punkt der Grenzüberquerung M einen Kilometer von E entfernt sein.

In der Tat, wir erhalten

$$\sin b = \frac{6 \text{ km}}{\sqrt{3^2 + 6^2} \text{ km}}, \quad \sin a = \frac{1 \text{ km}}{\sqrt{1^2 + 2^2} \text{ km}}$$

und das Verhältnis $\dfrac{\sin b}{\sin a} = \dfrac{6 \text{ km} \cdot \sqrt{5} \text{ km}}{\sqrt{45} \text{ km} \cdot 1 \text{ km}} = 2$, also eben das gegebene Geschwindigkeitsverhältnis.

Wie lang wird dann aber der in „Wiesenkilometern" ausgedrückte

Gesamtweg werden? Die Berechnung ergibt: $AM = \sqrt{2^2 + 1^2}$ km = 2,236 km Sandweg oder 4,47 km Wiesenweg; $MC = \sqrt{3^2 + 6^2}$ km = 6,71 km. Der Gesamtweg ergibt sich demnach als 4,47 km + 6,71 km = 11,18 km oder um 860 m kürzer als der geradlinige Weg, von entsprechend 12,04 Wiesenkilometern.

Wir sehen, welche Vorteile bei gegebenen Bedingungen eine Brechung

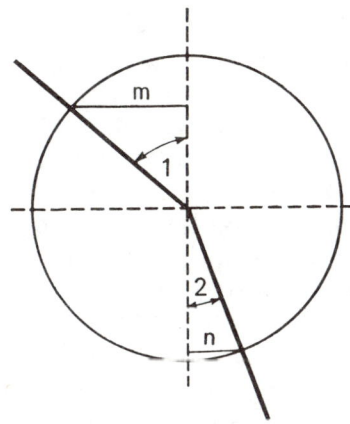

Bild 178 Zur Erklärung des Sinus. Das Verhältnis von *m* zum Radius ist der Sinus des Winkels *1*; das Verhältnis von *n* zum Radius ist der Sinus des Winkels *2*.

des Weges mit sich bringt. Der Lichtstrahl wählt eben diesen schnellsten Weg, weil das Gesetz der Lichtbrechung exakt der mathematischen Forderung genügt: Der Sinus des Brechungswinkels verhält sich zum Sinus des Einfallswinkels wie die Lichtgeschwindigkeit im neuen Medium zur Lichtgeschwindigkeit im verlassenen Medium; andererseits ist dieses Verhältnis gleich der Brechzahl für das genannte Medienpaar.

Faßt man die Besonderheiten der Reflexion und der Brechung in einer Regel zusammen, dann kann man sagen, daß ein Lichtstrahl in allen Fällen dem schnellsten Weg folgt, sich also an die Regel hält, die von den Physikern als das „Prinzip der schnellsten Ankunft" oder das *Fermat*sche Prinzip (nach dem französischen Physiker *Pierre de Fermat*) bezeichnet wird.

Wenn ein Medium inhomogen ist und seine Brechungsfähigkeit sich allmählich ändert, wie zum Beispiel bei unserer Atmosphäre, dann wird auch in diesem Fall das schnellste Eintreffen gewährleistet. Dies erklärt jene geringfügige Krümmung der Lichtstrahlen von Himmelskörpern in der Atmosphäre, die in der Sprache der Astronomen „atmosphärische Refraktion" heißt. In der Atmosphäre, die sich allmählich nach unten zu verdichtet, wird der Lichtstrahl so gekrümmt, daß die Wölbung nach oben zeigt. Der Lichtstrahl bleibt also länger in den oberen Schichten, die ihn weniger hemmen, und verbringt weniger Zeit in den „langsamen" unteren Schichten, erreicht also sein Ziel insgesamt schneller als auf einem streng geradlinigen Weg.

Das *Fermat*sche Prinzip gilt nicht allein für Lichterscheinungen, ihm unterliegt in vollem Maße auch die Ausbreitung des Schalls und generell aller Wellenbewegungen, wie die Natur dieser Wellen auch sei.

Diese Eigenschaft der Wellenbewegungen wurde sehr bildhaft von *Erwin Schrödinger*, einem der bedeutendsten Physiker unseres Jahrhunderts, in seinem Vortrag bei der Entgegennahme des Nobelpreises 1933 erklärt. Er ging von dem uns bereits bekannten Beispiel der Marschkolonne aus, die jedoch einen Geländeabschnitt mit allmählich sich verändernder Bodendichte zu überwinden hat.

Wir wollen annehmen, sagte er, daß die Soldaten, um die Seitenrichtung zu halten, sich alle an einer langen Stange festhalten. Es wird befohlen, so schnell wie möglich zu laufen. Wenn die Bodenbeschaffenheit sich allmählich verändert, dann wird zuerst der rechte, nehmen wir an, und erst später der linke Flügel der Marschformation schneller laufen, die Schwenkung stellt sich also von selbst ein. Der zurückgelegte Weg wird dabei nicht geradlinig, sondern gekrümmt ausfallen. Es leuchtet ein, daß dieser Weg im Sinne des Eintreffzeitpunkts bei gegebenen Bodenverhältnissen der kürzeste Weg sein wird, denn jeder Soldat ist ja bemüht, so schnell wie möglich zu laufen.

DIE WASSERLINSE

Ihr werdet euch zweifellos erinnern, auf welche Weise die Helden der „Geheimnisvollen Insel" von *Jules Verne* Feuer erzeugt haben. Sie benutzten zu diesem Zweck zwei gewölbte Uhrgläser, die sie mit Lehm zusammenklebten und mit Wasser füllten, um ein Brennglas zu erhalten.

Nun erhebt sich bestimmt die Frage, wozu denn das Wasser gut sein sollte und ob die Wölbung der Gläser allein nicht ausgereicht hätte. Nein, sie hätte nicht ausgereicht. Denn ein Uhrglas wird durch zwei parallel verlaufende (konzentrische) Oberflächen begrenzt. Aus der Physik jedoch ist bekannt, daß Strahlen bei Durchlaufen eines Mediums mit parallelen Flächen ihre Bewegungsrichtung so gut wie nicht ändern: Die Brechzahl beim Betreten des Mediums ist gleich dem Kehrwert der Brechzahl beim Verlassen des Mediums, es tritt also ein Ausgleich ein. Und dies ist auch dann der Fall, wenn mehrere solche Gläser hin-

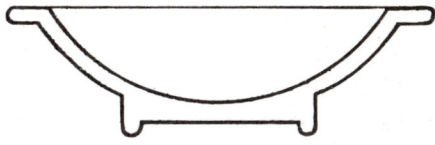

Bild 179   Schale zur Herstellung einer Eislinse

tereinander angeordnet werden. Will man die Strahlen in einem Punkt konzentrieren, dann muß man den Hohlraum zwischen den Gläsern mit einem durchsichtigen Stoff ausfüllen, der etwa die gleiche Brechzahl gegenüber Luft wie Glas hat, damit die Begrenzungsflächen der Konstruktion nicht mehr parallel sind.

Eine gewöhnliche kugelförmige Wasserkaraffe funktioniert genauso wie eine Wasserlinse, d. h. wie ein Brennglas. Das wußten bereits die Menschen des Altertums. Sie wußten auch, daß das Wasser selbst dabei kalt bleibt. Es kam vor, daß eine auf dem Fensterbrett stehende Wasserkaraffe Gardinen zum Brennen oder Holzgegenstände zum Kohlen brachte. Die riesigen Glaskugeln mit gefärbtem Wasser, die nach früherem Brauch in den Schaufenstern von Apotheken aufgestellt wurden, waren recht oft die Ursache schlimmer Verwüstungen, denn sie konzentrierten die Sonnenstrahlen auf leicht entzündliche Stoffe, die ebenfalls im Schaufenster lagen.

Mit einer kleinen wassergefüllten Kugelflasche kann man recht mühelos das Wasser in einer kleinen Schale, einem Uhrglas etwa, zum Sieden bringen. Wenn die Flasche 15 cm im Durchmesser hat, dann kann im Brennpunkt (der dabei recht nahe an der Flasche liegt) eine Temperatur von etwa 120 °C entstehen. Für das Anzünden einer Zigarette ist eine wassergefüllte Kugelflasche genauso geeignet wie eine Wasserlinse. Auch ein Wassertropfen auf dem Blatt einer Pflanze stellt eine Wasserlinse mit sehr kleiner Brennweite dar und kann Löcher in das

Blatt brennen. Aus diesem Grund sollte man seinen Garten nie bei Sonne sprengen.

Die Brennwirkung von Wasserlinsen ist jedoch viel geringer als die von Glaslinsen. Dies erklärt sich erstens durch die geringere Brechzahl des Wassers und zweitens durch die intensivere Absorption der Infrarotstrahlen, denen bei der Erwärmung von Körpern eine große Bedeutung zukommt.

Schon den alten Griechen war die Brennwirkung von Glaslinsen bekannt, obwohl Brillengläser und Fernrohre erst mehr als ein Jahrtausend später erfunden wurden. Die Wasserlinse wird von *Aristophanes* in seiner Komödie „Wolken" erwähnt. Er teilt dort den Trick mit, die von einem Notar aufgezeichnete Verpflichtung (auf einer Wachstafel) mittels eines Brennglases zunichte zu machen.

FEUER AUS EIS?

Als Material für die bikonvexe (zweiseitig nach außen gewölbte) Linse und damit für das Erzeugen von Feuer kann auch Eis dienen, wenn es ausreichend durchsichtig ist. Das Eis wird dabei die Sonnenstrahlen brechen, ohne sich selbst zu erwärmen und ohne zu schmelzen. Die Brechzahl des Eises ist nur um weniges geringer als die von Wasser, so daß auch eine Eislinse für diesen Zweck brauchbar ist. Eine solche Handhabung wurde von *Jules Verne* in „Die Abenteuer des Kapitän Hatteras" beschrieben. Doch nicht er war der Erfinder des Brennglases aus Eis. Die ersten erfolgreichen Versuche wurden 1763 in England mit einer recht großen Eislinse vorgenommen.

Natürlich kann man die Linse aus einem Stück Kompakteis durch mechanische Bearbeitung herstellen, wie das *Jules Verne* schilderte, eleganter jedoch und witterungsunabhängig ist ein anderes Verfahren. Man füllt eine Schale der erstrebten Linseform mit Wasser und stellt sie in das Gefrierfach des Kühlschranks. Zum Herausnehmen der fertigen Eislinse muß man dann die Schale leicht anwärmen.

Bei der Ausführung eines solchen Versuchs ist zu beachten, daß er nur an einem klaren sonnigen Tag und unter freiem Himmel gelingt, nicht aber hinter der Fensterscheibe, denn das Fensterglas schluckt einen großen Teil der Infrarotstrahlen.

SONNENSTRAHLEN ALS RETTER

Hier ein weiterer aufschlußreicher Versuch, der leicht auszuführen, aber nur der Winterszeit vorbehalten ist. Legt auf den von der Sonne beschienenen Schnee zwei gleichgroße Stoffreste, einen hellen und einen dunklen. Nach zwei Stunden werdet ihr feststellen, daß der schwarze Stoff in den Schnee eingesunken ist, während das helle Exemplar weiterhin auf der Oberfläche liegt. Die Erklärung ist trivial: Unter dem schwarzen Stoff schmilzt der Schnee intensiver, denn der größte Teil der auftreffenden Sonnenstrahlen wird vom Stoff absorbiert, während der weiße Stoff die Strahlen stärker reflektiert und darum keine Aufwärmung des unter ihm liegenden Schnees bewirkt.

Dieser lehrreiche Versuch ist zum erstenmal von dem bekannten Kämpfer für die Unabhängigkeit der Vereinigten Staaten *Benjamin Franklin* ausgeführt worden, der heute weniger als bedeutender Staatsmann und Mitverfasser der Unabhängigkeitserklärung denn als Physiker und Erfinder des Blitzableiters bekannt ist. Seinen Versuch beschrieb er folgendermaßen: „Ich holte mir bei einem Schneider mehrere quadratische Stoffreste verschiedener Farben. Unter ihnen waren: schwarz, dunkelblau, hellblau, grün, purpur, rot, weiß und diverse andere Farben und Schattierungen. An einem hellen sonnigen Morgen legte ich alle diese Stoffe in den Schnee. Nach einigen Stunden war das schwarze Stück, das sich am stärksten aufgewärmt hatte, derart tief eingesunken, daß die Sonnenstrahlen es nicht mehr erreichten; das dunkelblaue Stück war fast genauso tief wie das schwarze eingesunken; das hellblaue viel weniger; die anderen Farben versanken um so weniger, je heller sie waren. Das weiße Stück aber blieb an der Oberfläche, d. h., es war überhaupt nicht eingesunken."

Danach schlußfolgert er: „Was würde eine Theorie taugen, wenn wir keinen Nutzen aus ihr ziehen könnten? Können wir aus diesem Versuch etwa nicht ableiten, daß schwarze Kleidung bei warmem, sonnigem Klima weniger brauchbar als weiße Kleidung ist, denn sie erwärmt unseren Körper in der Sonne stärker, und es bildet sich, wenn wir dabei noch Bewegungen ausführen, die uns schon an und für sich aufwärmen, überschüssige Wärme? Müßten nicht Sommerhüte von Männern und Frauen weiß sein, um jene Hitze zu beseitigen, die bei einigen zu Hitzschlag führt?... Können denn, weiterhin, geschwärzte Wände im Laufe des Tages nicht soviel Sonnenwärme aufnehmen, um nachts bis zu

353

einem gewissen Grade warm zu bleiben und Früchte vor dem Frost zu bewahren? Kann vielleicht ein aufmerksamer Beobachter nicht auch auf andere Details größerer oder geringerer Wichtigkeit stoßen?"

Wie diese Schlußfolgerungen und Nutzanwendungen sein können, zeigt das Beispiel der deutschen Südpolexpedition auf dem Forschungsschiff „Gauß" im Jahre 1903. Das Schiff war im Packeis eingefroren, und alle gewohnten Befreiungsverfahren blieben ergebnislos. Sprengstoffe und Sägen, die man zur Hand genommen hatte, räumten lediglich einige hundert Kubikmeter Eis fort und setzten das Schiff nicht frei. Daraufhin rief man die Sonnenstrahlen um Hilfe an. Aus schwarzer Asche und Kohle wurde auf dem Eis ein Streifen von 2 km Länge und mehreren zehn Metern Breite angelegt; er führte vom Schiff bis zur nächsten großen Spalte im Packeis. Es vergingen klare lange Tage des Polarsommers, und die Sonnenstrahlen vollbrachten das, was Dynamit und Säge nicht vermocht hatten. Das Eis schmolz an, zerbrach entlang des Schüttstreifens, und das Schiff kam frei.

ALTES UND NEUES ÜBER DIE FATA MORGANA

Das physikalische Wesen dieser Trugbilderscheinung ist allgemein bekannt. Der glühendheiße Sand der Wüste erzeugt Spiegeleigenschaften, weil die angrenzende warme Luftschicht eine geringere Dichte aufweist als die darüber liegenden Schichten. Ein geneigter Lichtstrahl von einem recht weit entfernten Gegenstand macht nach Erreichen dieser Luftschicht eine Krümmung seines Weges dergestalt durch, daß er sich in seinem Lauf wieder von der Erdoberfläche entfernt und dann vom Beobachter wahrgenommen wird, als wäre er von einem Spiegel unter einem sehr großen Einfallswinkel reflektiert worden. Darum scheint es dem Beobachter, daß sich vor ihm in der Wüste eine Wasserfläche ausbreitet, in der sich die Küstengegenstände spiegeln (Bild 180).

Exakter wäre es übrigens zu sagen, daß die in Bodennähe erwärmte Luftschicht die Lichtstrahlen nicht wie ein Spiegel, sondern wie die Wasseroberfläche, aus der Tiefe des Wassers gesehen, reflektiert. Denn es handelt sich hier nicht um die einfache Spiegelung, sondern um eine Erscheinung, die man in der Physik als „Totalreflexion" bezeichnet. Dazu ist es notwendig, daß der Lichtstrahl die Luftschichten sehr flach anläuft – viel flacher, als es auf dem vereinfachten Bild 180 gezeigt ist. Dieser nur sehr wenig geneigte Lichtweg ist die Voraussetzung für das

Überschreiten des „Schwellwert-Einfallswinkels" und damit für die Totalreflexion.

Am Rande sei ein Umstand dieser Theorie erwähnt, der Einwände hervorrufen könnte. Das geschilderte Phänomen verlangt nach einer solchen Anordnung der Luftschichten, bei der die dichteren Schichten über den weniger dichten liegen. Wir wissen aber, daß eine dichtere

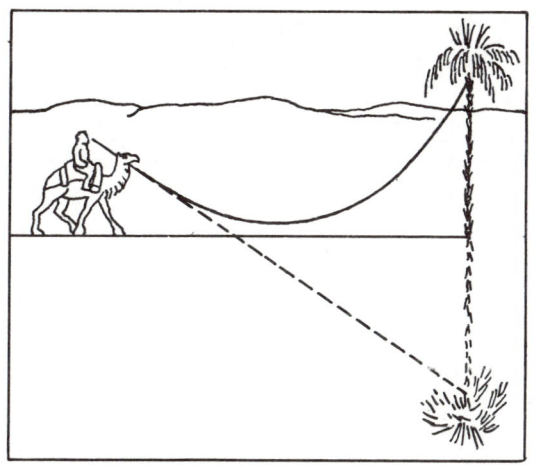

Bild 180 Die Fata Morgana in der Wüste. Zur Verdeutlichung ist der Lichtstrahl mit zu großer Neigung dargestellt worden.

Schicht immer bestrebt ist, nach unten zu sinken und die weniger dichte von dort zu verdrängen.

Des Rätsels Lösung besteht darin, daß die erforderliche Anordnung der Luftschichten nicht bei stiller, sondern bei bewegter Luft erreicht wird. Die durch den heißen Wüstensand aufgeheizte Luft ruht keinesfalls über dem Boden, sondern strömt ständig nach oben und wird sofort von der nächsten Portion Heißluft abgelöst. Es handelt sich also im Grunde nicht um eine Schicht, sondern um eine Luftströmung, da sie aber immer den gleichen Platz einnimmt, tritt sie den Lichtstrahlen gegenüber als Luftschicht in Erscheinung.

Die Art der Fata Morgana, die wir eben behandelt haben, ist seit dem Altertum bekannt. In der modernen Meteorologie bezeichnet man sie als „untere" Fata Morgana (im Unterschied zu der „oberen", die durch Spiegelung der Lichtstrahlen an Schichten verdünnter Luft in den oberen

Bereichen der Atmosphäre hervorgerufen wird). Die untere Fata Morgana bleibt nicht auf die Wüsten im Süden beschränkt, sondern ist auch in unseren Landstrichen anzutreffen. Gut bekannt ist sie allen, die im Sommer über stark aufgeheizte Landstraßen mit Asphaltdecke fahren, welche infolge ihrer Schwarzfärbung viel Wärme aufnimmt. Die matte Oberfläche der Straße erscheint dann aus der Ferne wie mit einer

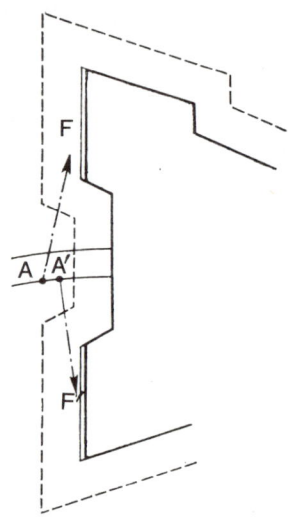

Bild 181 Grundriß des Forts, an dem die seitliche Fata Morgana beobachtet wurde. Die Mauer F wirkt als Spiegel früher als die Mauer F′, da sie von dem sich nähernden Beobachter weiter entfernt ist und folglich den erforderlich großen Einfallswinkel früher anbietet.

Wasserschicht überzogen und spiegelt sogar einzelne Gegenstände. Eine weitere Art der Fata Morgana ist die seitliche, deren Existenz meistens nicht einmal vermutet wird. Dabei handelt es sich um Reflexion an einer senkrechten Mauer. Dieser Fall wurde von einem französischen Autor beschrieben. Er näherte sich dem Fort einer Festung und bemerkte, daß die ebene Betonmauer plötzlich wie ein Spiegel zu glitzern begann und dabei die umgebende Landschaft, den Boden und den Himmel widerspiegelte. Nach mehreren Schritten machte er diese Beobachtung auch an einer anderen Fortmauer. Es war ein heißer Tag, und die Wände hatten viel Wärme aufgenommen. Bild 181 zeigt die Anordnung der Festungs-

356

mauer (*F* und *F'*) und den Standort des Beobachters (*A* und *A'*). Es stellte sich heraus, daß die Erscheinung jedesmal eintrat, wenn die Mauer genügend erwärmt war. Dem Verfasser gelang es sogar, dieses Phänomen zu fotografieren.

Man sollte an heißen Sommertagen mehr acht auf Mauern und Wände geben, die sich aufheizen und zum Entstehen einer seitlichen Fata Morgana führen können.

DER „GRÜNE STRAHL"

„Haben Sie jemals die Sonne beobachtet, die am Meer hinter dem Horizont versinkt? Zweifellos haben Sie das. Haben Sie auch auf die Sonne bis zu dem Augenblick geachtet, da der obere Rand der Sonnenscheibe an der Horizontlinie anliegt, um dann zu verschwinden? Wahrscheinlich auch. Haben Sie aber die Erscheinung bemerkt, die sich in dem Augenblick einstellt, da der strahlenspendende Himmelskörper seinen letzten Strahl uns zuwirft, wenn der Himmel dabei wolkenfrei und vollkommen durchsichtig ist? Wohl kaum. Verpassen Sie also nicht die Gelegenheit, diese Beobachtung zu machen: In Ihr Auge wird nicht ein roter, sondern ein grüner Strahl treffen, von ganz wunderlich grüner Farbe, die kein Maler auf seiner Palette herstellen kann und die von der Natur selbst weder in den vielfältigen Farbschattierungen der Pflanzenwelt noch in der Färbung des allerdurchsichtigsten Meeres produziert wird."

Das ungefähr war der Wortlaut einer Notiz in einer englischen Zeitung, die bei der Heldin des Romans „Der grüne Strahl" von *Jules Verne* höchste Begeisterung und den Wunsch geweckt hat, Reisen durch die Welt nur zu dem Zweck zu unternehmen, den grünen Strahl mit eigenen Augen zu sehen. Sie bekam ihn nicht zu sehen, dafür aber hat sie eine Masse anderer Erlebnisse gehabt. Doch dies soll nicht besagen, daß es das beschriebene Naturphänomen nicht gibt.

Um der Erscheinung auf den Grund zu gehen, wollen wir mit einem Glasprisma experimentieren. Haltet ein Prisma vor das Auge – die große Fläche muß nach unten weisen und in der Waagerechten liegen – und schaut auf einen an die Wand gehefteten Papierbogen. Ihr werdet feststellen, daß der Bogen erstens oberhalb seiner wahren Höhe erscheint und zweitens an der Oberkante eine violett-bläuliche und an der Unterkante eine gelb-rötliche Färbung angenommen hat. Die Höhenverschiebung hängt von der Lichtbrechung ab, für die Randfärbung ist die Dispersion des Glases verantwortlich, d. h. die Eigenschaft des Glases, Strahlen unterschiedlicher Farbe auf unterschiedliche Weise zu brechen. Violette und blaue Lichtstrahlen werden am stärksten gebrochen, darum sehen wir sie an der Oberkante. Rote Lichtstrahlen unterliegen der Brechung am wenigsten, darum ist der untere Rand des Papiers rot eingefärbt.

Für das bessere Verstehen der weiteren Darlegungen wollen wir auf die Herkunft dieser Farbränder näher eingehen. Ein Prisma zerlegt weißes Licht in alle Farben des Spektrums und liefert also in unserem Fall eine Unmenge von farbigen Darstellungen des weißen Blattes, die sich zum Teil überlappen (das hängt von der Größe des Papierbogens ab), die aber unbedingt in der Reihenfolge bleiben, die von der jeweiligen Brechzahl festgelegt wird. Bei gleichzeitigem Wahrnehmen dieser überlappten farbigen Darstellungen registriert das Auge weiße Farbe (Addition der Spektralfarben), jedoch ragen oben und unten nichtüberlappte Bereiche als farbiger Rand heraus. Der berühmte *Goethe* meinte, nachdem er diesen Versuch ausgeführt und dessen Sinn nicht verstanden hatte, die Irrtümlichkeit der *Newton*schen Farbenlehre nachgewiesen zu haben, und verfaßte daraufhin seine eigene „Farbenlehre", die fast durchgehend auf irrigen Vorstellungen beruht. Unser Leser, wollen wir hoffen, wird den Fehlinterpretationen des großen Dichters nicht folgen und also nicht erwarten, daß ein Prisma allen Gegenständen eine andere Färbung verleiht.

Die Erdatmosphäre ist für unsere Augen gewissermaßen ein riesiges Luftprisma, dessen Grundfläche nach unten gerichtet ist. Die Sonnenscheibe, die wir durch dieses Prisma betrachten, ist an der Oberkante blau und grün, an der Unterkante gelb-rötlich gefärbt. Solange die Sonne am Himmel steht, hindert uns ihr grelles Licht, diese viel schwächeren Farben zu erkennen. Bei Aufgang und Untergang der Sonne aber, wenn ihr größter Teil hinter dem Horizont liegt, können wir den oberen blauen Rand sehen. Ausgesprochen blau ist er nur an der äußersten Kante, mehr zur Mitte hin ist er infolge der Vermischung von blau und grün nur noch hellblau. Wenn die Luft in der Nähe des Horizonts vollkommen rein und durchsichtig ist, sehen wir den blauen Rand – den „blauen Strahl". Meistens jedoch werden die blauen Strahlen von der Atmosphäre zerstreut, und wir bekommen nur den grünen Rand – den „grünen Strahl" – gezeigt. Für gewöhnlich jedoch vernichtet die trübe Atmosphäre

358

sowohl die blauen als auch die grünen Spektralfarben, so daß wir die blutrote Sonnenkugel als Sinnbild des malerischen Sonnenuntergangs werten.

Der Astronom *G. Tichow* von der Pulkowo-Sternwarte hat dem „grünen Strahl" eine spezielle Studie gewidmet, in der er einige Anhaltspunkte für das Sichtbarwerden dieser Erscheinung mitteilt. „Wenn die Sonne beim Untergang rotgefärbt ist und mit bloßem Auge betrachtet werden kann, dann läßt sich mit Sicherheit sagen, daß es den grünen Strahl nicht geben wird." Der Grund ist klar: Die Rotfärbung spricht von starker Streuung der blauen und grünen Komponenten durch die Atmosphäre, also kann der entsprechend gefärbte Rand der Sonne nicht zu sehen sein. „Wenn hingegen", fährt der Astronom in seinen Hinweisen fort, „die Sonne ihre gewöhnliche weiß-gelbliche Färbung nur wenig verändert hat und als sehr grelle Scheibe untergeht (wenn also die atmosphärische Absorption gering ist – J. P.), dann kann der grüne Strahl mit großer Wahrscheinlichkeit erwartet werden. Hierbei kommt es aber darauf an, daß der Horizont durch eine scharfe Linie ohne alle Unebenheiten gebildet wird, durch einen nahe gelegenen Wald, Bauwerke usw. Diese Bedingungen werden am besten auf dem Meer erfüllt, darum bekommen die Seeleute den grünen Strahl öfter zu sehen."

Wir müssen also, wollen wir den „grünen Strahl" bewundern, die Sonne im Augenblick ihres Aufgehens oder Untergehens an einem sehr reinen Himmel beobachten. In den südlichen Ländern ist der Himmel am Horizont durchsichtiger als bei uns. Darum wird der „grüne Strahl" dort öfter beobachtet. Aber auch in unseren Gegenden kann man ihn sehen, wenn man darauf aus ist und Geduld zeigt. Sogar mit dem Fernrohr wurde diese malerische Erscheinung eingefangen. Hier der Bericht von zwei Astronomen aus dem Elsaß:

„In der allerletzten Minute vor dem Sonnenuntergang, wenn also noch ein Stück der Sonne deutlich zu sehen ist, ist ihre Scheibe, die eine wellenartig bewegte, aber klar umrissene Grenze aufweist, von einem grünen Kranz umgeben. Solange die Sonne noch nicht völlig versunken ist, kann man diesen Kranz mit bloßem Auge nicht sehen. Sichtbar wird er erst zum Zeitpunkt des völligen Verschwindens der Sonne hinter dem Horizont. Benutzt man jedoch ein Fernrohr mit ausreichend starker Vergrößerung (etwa 100fach), dann kann man alle Erscheinungen im Detail verfolgen. Der grüne Rand wird spätestens 10 Minuten vor Sonnenuntergang sichtbar. Er begrenzt den oberen Teil der Sonnenscheibe, während am unteren Teil ein roter Rand zu beobachten ist. Die Breite des Randes, zunächst sehr gering (nur einige Bogensekunden), nimmt in dem Maße zu, wie die Sonne untergeht. Mitunter erreicht sie bis zu einer halben Bogenminute. Über dem grünen Kranz sind des öfteren ebenfalls grüne Erhebungen zu beobachten, die bei allmählichem Verschwinden der Sonne gewissermaßen entlang ihrer Kante bis zum höchsten Punkt emporrutschen, manchmal lösen sie sich vom Kranz und leuchten mehrere Sekunden für sich allein, dann erlöschen sie."

Die Erscheinung dauert für gewöhnlich ein bis zwei Sekunden. Bei außerordentlich günstigen Bedingungen jedoch kann sie viel länger dauern. In einem festgehaltenen Fall wurde der „grüne Strahl" mehr als 5 Minuten lang beobachtet! Die Sonne ging hinter einem fernen Berg unter, und der kräftig ausschreitende Beobachter sah den grünen Rand der Sonnenscheibe, als ob dieser den Berghang hinabrutschte.

Sehr lehrreich sind Beobachtungen des „grünen Strahls" bei Sonnenaufgang, denn sie widerlegen die oft geäußerte Vermutung, der „grüne Strahl" sei nur optische Täuschung des vom Beobachten der grellen untergehenden Sonne übermüdeten Auges.

Die Sonne ist nicht der einzige Himmelskörper, der einen „grünen Strahl" aussendet. Die gleiche Erscheinung wurde auch beim Untergang der Venus beobachtet.

DAS FÜNFFACHE BILD

Eine der Kuriositäten in der Kunst des Fotografierens sind Bilder, auf denen der Fotografierte in f ü n f verschiedenen Stellungen dargestellt ist. Auf Bild 182, das nach einer entsprechenden Aufnahme angefertigt wurde, kann man diese fünf Stellungen sehen. Solche Fotografien haben den Vorzug, daß sie eine fast vollständige Vorstellung von den charakteristischen Besonderheiten des Originals geben. Es ist bekannt, wie sehr sich die Fotografen darum bemühen, dem Gesicht der zu fotografierenden Person die vorteilhafteste Stellung zu geben. Hier erhält man das Gesicht gleichzeitig in mehreren Ansichten, von denen man die charakterische auswählen kann.

Wie erhält man eine solche Fotografie? Einfach mit Hilfe von Spiegeln (Bild 183)! Die zu fotografierende Person setzt sich mit dem Rücken zum Apparat A und mit dem Gesicht zu zwei vertikal angeordneten ebenen Spiegeln CC, die im Winkel von $360° : 5$, das sind $72°$, zueinander stehen.

Dieses Spiegelpaar muß vier Abbildungen ergeben, die in bezug auf den Apparat verschiedenartig liegen. Die vier Abbildungen und dazu das natürliche Objekt werden fotografiert, wobei die Spiegel selbst (sie haben keine Rahmen) auf dem Bild nicht zu sehen sind. Damit sich der Fotoapparat nicht widerspiegelt, verdeckt man ihn durch zwei Schirme *BB* mit einem kleinen Spalt für das Objektiv.

Bild 182   Die fünffache Fotografie ein und derselben Person

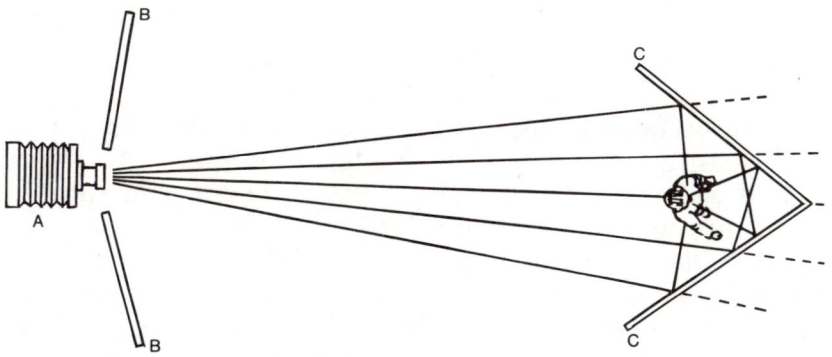

Bild 183 Wie man fünf Bilder erzielt. Die Person, die fotografiert werden soll, befindet sich zwischen den Spiegeln *CC*.

Die Anzahl der Abbildungen hängt von dem Winkel zwischen den Spiegeln ab: Je kleiner er ist, desto größer ist die Anzahl der erhaltenen Abbildungen. Bei einem Winkel von $360° : 4 = 90°$ würden wir vier Bilder erhalten, bei $360° : 6 = 60°$ sechs, bei $360° : 8 = 45°$ acht (das Original schon jeweils mitgezählt) usw.

Aber bei einer großen Anzahl von Spiegeln sind die Abbildungen matt und schwach; deshalb beschränkt man sich auf fünf Bilder.

SONNENKRAFTMASCHINEN UND SONNENHEIZKÖRPER

Sehr verlockend ist der Gedanke, die Energie der Sonnenstrahlen zur Heizung von Dampfkesseln auszunutzen. Dazu wollen wir eine einfache Rechnung aufstellen. Die Energiemenge, die je Minute von der Sonne aus senkrecht auf jeden Quadratzentimeter der Oberfläche unserer Erdatmosphäre einfällt, hat man genau errechnet. Die Menge dieser Energie ist konstant. Deshalb wird sie auch „Sonnenkonstante" oder „*Solarkonstante*" genannt. Die Größe der Solarkonstante beträgt etwa $8 \ J/(cm^2 \cdot min)$ (heute meistens angegebener Wert: $1,37 \ kW/m^2$). Diese Wärmemenge, die regelmäßig von der Sonne ausgestrahlt wird, erreicht die Oberfläche der Erde nur zum Teil. Ungefähr ein Viertel wird von der Atmosphäre absorbiert. Man rechnet, daß $1 \ cm^2$ der Erdoberfläche, der senkrecht von den Sonnenstrahlen getroffen wird, in jeder Minute ungefähr 5,9 J erhält. Überträgt man das auf einen Quadratmeter, so kommen 59 000 J oder 59 kJ je Minute zusammen, d. h. je Sekunde ungefähr 1 kJ. Demnach könnten die Sonnenstrahlen, die auf eine Fläche von $1 \ m^2$ senkrecht einfallen, bei vollständiger Umwandlung ihrer Wärmeenergie in mechanische Arbeit rund $1000 \ N \cdot m$ in jeder Sekunde verrichten, das entspricht einer Leistung von 1 kW.

Diese Leistung könnte die Strahlungsenergie der Sonne unter den günstigsten Bedingungen bei senkrechtem Einfall und 100prozentiger Umwandlung vollbringen. Aber bis heute blieben die durchgeführten Versuche zur direkten Ausnutzung der Sonne als Energiequelle weit von diesen idealen Bedingungen entfernt. Ihr Wirkungsgrad überstieg im Durchschnitt 5 bis 6% nicht. Von den gebauten Anlagen ergab der Sonnenmotor von Prof. *T. Abbot* den besten Wirkungsgrad mit 15%.

Leichter als für die Erzeugung mechanischer Energie läßt sich die Strahlungsenergie der Sonne für die *Beheizung* ausnutzen. In der UdSSR schenkt man dieser Frage große Aufmerksamkeit. Es gibt in Samarkand

362

ein besonderes Allunions-Sonneninstitut, das eine ausgedehnte Forschungsarbeit betreibt. In Taschkent ist ein Badehaus mit Sonnenheizung ausgestattet. Es hat eine Kapazität von 70 Bädern je Tag. Ebenfalls in Taschkent ist eine Sonnenanlage auf dem Dach eines Hauses angebracht. Dort stehen 20 Kessel, die Warmwasser für die Heizanlage liefern. Nach Meinung der Techniker kann die Sonne die Kessel sieben bis acht Monate im Jahr beheizen. In den restlichen vier bis fünf Monaten kann das Wasser in den Kesseln nur an einigen Tagen erwärmt werden. Der mittlere Wirkungsgrad dieser Anlage ist relativ groß. Er beträgt 47% (maximal erreicht er 61%).

Ausgezeichnete Ergebnisse brachten die Versuche, *Schwefel* durch die Sonne zu schmelzen (Schmelztemperatur 120 °C). Ebenfalls von Bedeutung sind die Entsalzungsanlagen zur Erzeugung salzfreien Wassers an den Küsten des Kaspischen Meeres und des Aral-Sees, die mit Hilfe der Sonnenenergie arbeiten, desgleichen Sonnen-Wasserpumpen als Ersatz für die Ziehbrunnen mit Göpelantrieb, die Sonnen-Trockenanlagen für Obst und Fische. Damit ist die Anwendung der eingefangenen Sonnenenergie, die eine bedeutende Rolle in der Volkswirtschaft Mittelasiens, des Kaukasus, der Krim, des unteren Wolgagebietes und der südlichen Ukraine spielt, jedoch noch nicht erschöpft.

DER TRAUM VON DER TARNKAPPE

Aus dem grauen Altertum wurde uns eine Legende überliefert von einem Hut, der jeden unsichtbar macht, der ihn aufsetzt. *Puschkin*, der in „Ruslan und Ludmila" diese Legende neu belebt, gab diese Beschreibung der Zaubereigenschaften der Tarnkappe:

> Denn plötzlich kam dem schönen Kind
> Ein Wunsch, wie schon die Mädchen sind,
> Des Zaubrers Turban aufzusetzen.
> Rings war es still, im Umkreis war
> Kein Mensch mit Blicken unbescheiden...
> Und eine Maid von siebzehn Jahr
> Wird eben jede Mütze kleiden!
> Die Lust am Putz verliert sich nicht!
> Sie setzt sie auf mit tausend Finten:
> Bald keck aufs Ohr, bald ins Gesicht,
> Und dreht sie auch von vorn nach hinten.
> Doch wie? O Wunder alter Zeit!

363

Ludmila ist im Glas verschwunden;
Sie dreht – und steht aufs neu bereit
Im Spiegel, wie zuvor die Stunden;
Dreht wieder um – ist wieder fort;
Setzt ab – steht da! „Das will ich loben!
Gut, Zauberer! an diesem Ort
Droht mir kein Pochen mehr noch Toben;
Vorbei, vorbei ist die Gefahr!"[1]

Die Eigenschaft, sich unsichtbar zu machen, war der einzige Schutz der Gefangenen Ludmila. Unter dem zuverlässigen Schleier der Unsichtbarkeit entschlüpfte sie den durchringenden Blicken ihrer Wächter. Die Anwesenheit der unsichtbaren Gefangenen konnten diese nur auf Grund sichtbarer Wirkungen vermuten:

Ringsum fand man zu allen Stunden
Der Fürstin flüchtige Spuren schnell:
Bald waren Früchte goldenhell
Vom bebenden Gezweig verschwunden,
Bald wurden Tropfen aus dem Quell
Auf dem zertretenen Gras gefunden:
Dann wußte man es in der Runde,
Das nun die Fürstin aß und trank. –
Doch wenn das nächtige Dunkel wich,
Wusch stets am Wasserfall sie sich
In der erfrischend kühlen Quelle;
Dies Morgenspiel an jener Stelle
Sah einst der schlimme Zwerg sogar:
Hoch spritzte auf das Bachgefälle,
Ludmila doch blieb unsichtbar.[2]

Längst schon sind viele verlockende Träume des Altertums verwirklicht. Nicht wenig hat sich die Wissenschaft von den Zaubereien aus dem Märchen zu eigen gemacht. Berge werden durchbohrt, Wellen eingefangen, man fliegt in Flugzeugen wie auf Teppichen... Kann man nicht auch eine „Tarnkappe", das heißt ein Mittel finden, um sich selbst völlig unsichtbar zu machen? Darüber wollen wir uns jetzt unterhalten.

---

[1] Entnommen aus „*Alexander Puschkin*, Ausgewählte Werke", Band 2. Aufbau-Verlag Berlin 1949, Seite 254.
[2] Ebenda, Seite 272/273.

DER UNSICHTBARE MENSCH

In dem Roman „Der Unsichtbare" versucht der englische Schriftsteller *Wells*, seine Leser davon zu überzeugen, daß die Möglichkeit, sich unsichtbar zu machen, wirklich vorhanden sei. Sein Held (der Autor des Romans stellt ihn uns als den „genialsten Physiker, den die Welt je gesehen hat", vor) entdeckte eine Methode, den menschlichen Körper unsichtbar zu machen. Einem ihm bekannten Arzt legte er die Grundlagen seiner Entdeckung wie folgt dar:

„Die Sichtbarkeit hängt von der Wirkung des sichtbaren Körpers auf das Licht ab. Sie wissen, daß die Körper entweder das Licht absorbieren, reflektieren oder brechen. Wenn ein Körper das Licht weder absorbiert noch reflektiert oder bricht, kann er selbst nicht sichtbar sein. Sie sehen zum Beispiel einen undurchsichtigen roten Kasten deshalb, weil die Farbe (Oberfläche) einen bestimmten Teil des Lichtes absorbiert und die übrigen Strahlen reflektiert (zurückwirft).

Wenn ein Kasten kein Licht absorbieren und alles Licht reflektieren würde, dann würde er als weißglänzender silbernschimmernder Kasten erscheinen.

Ein brillantener Kasten würde wenig Licht absorbieren, seine ganze Oberfläche würde auch wenig Licht reflektieren. Nur von den Stellen an den Rändern würde das Licht reflektiert und gebrochen werden und würde uns ein blinkendes Bild funkelnder Widerspiegelungen geben — eine Art Lichtskelett. Ein Glaskasten würde weniger funkeln und würde nicht so deutlich zu sehen sein wie der aus Brillanten, weil das Licht durch ihn weniger reflektiert und weniger gebrochen würde.

Wenn man ein Stück gewöhnliches durchsichtiges Glas in Wasser legt oder noch besser, wenn man es in eine optisch dichtere Flüssigkeit als Wasser legt, dann wird es fast völlig verschwinden, weil das Licht, das durch die Flüssigkeit auf das Glas fällt, nur schwach gebrochen und reflektiert wird. Das Glas wird dadurch beinahe so unsichtbar, wie ein Kohlendioxid- oder Wasserstoffstrom in Luft aus demselben Grunde unichtbar ist."

„Ja", sagte Kemp (der Arzt), „das ist alles sehr einfach und in unserer Zeit jedem Schüler bekannt."

„Aber da ist noch eine Tatsache, die auch jedem Schüler bekannt ist. Wenn man ein Stück Glas zerkleinert und in ein Pulver verwandelt, so wird es in der Luft viel deutlicher bemerkbar. Es wird ein undurchsichtiges weißes Pulver. Aber wenn man das weiße Glaspulver in Wasser legt, scheint es zu verschwinden. Das zerkleinerte Glas und das Wasser haben annähernd die gleiche Brechzahl, so daß das Licht, das von dem einen Stoff in den anderen übergeht, sehr wenig gebrochen und reflektiert wird.

Legen Sie ein Stück in irgendeine Flüssigkeit mit annähernd der gleichen Brechzahl, so wird es unsichtbar. Jeder durchsichtige Körper wird u n s i c h t b a r, wenn man ihn in einen durchsichtigen Stoff bringt, der die gleiche Brechzahl wie er selbst hat. Man braucht nur ein wenig nachzudenken, um sich davon zu überzeugen, daß man Glas auch in Luft unsichtbar machen kann. Man muß es nur so einrichten, daß seine Brechzahl der Brechzahl der Luft gleichkommt, weil dann das Licht, das vom Glas in die Luft übergeht, weder reflektiert noch gebrochen werden wird."

„Ja, ja", sagte Kemp, „aber der Mensch ist doch nicht dasselbe wie Glas."

„Nein, er ist durchsichtiger."

„Dummes Zeug!"

„Und das sagt ein Naturforscher! Haben Sie wirklich nach 10 Jahren die Physik völlig vergessen? Das Papier besteht zum Beispiel aus durchsichtigen kleinen Fasern. Es ist aus demselben Grunde weiß und undurchsichtig wie das Glaspulver. Fetten Sie weißes Papier an, füllen Sie die Zwischenräume zwischen den kleinen Fasern so mit Fett aus, daß nur an der Oberfläche Brechung und Reflexion eintreten, so wird das Papier durchsichtig wie Glas. Und nicht nur das Papier, sondern auch die Fasern der Leinwand, der Wolle, die Holzfasern, unsere Knochen, Muskeln, Haare, Nägel und Nerven! Mit einem Wort, alle Bestandteile des Menschen außer dem roten Farbstoff in dessen Blut und den schwarzen Pigmenten der Haare – alles besteht aus durchsichtigen farblosen Geweben. Es macht uns also nur sehr wenig sichtbar!"

Diese Erwägungen werden dadurch bestätigt, daß die nicht durch Haare bedeckten Albinos, deren Gewebe keine Pigmente enthalten, fast durchsichtig sind. Ein Zoologe, der im Sommer des Jahres 1934 in Djetskoje Sjelo ein Exemplar eines weißen Froschalbinos fand, beschreibt ihn wie folgt: „Die dünnen Haut- und Muskelgewebe sind durchsichtig, die Eingeweide und das Skelett sind zu sehen... Sehr gut kann man bei dem Froschalbino durch das Bauchfell hindurch die Bewegungen des Herzens und der Därme sehen."

Der Held des Romans von *Wells* erfand eine Methode, alle Gewebe des menschlichen Organismus und sogar seine Pigmente durchsichtig zu machen. Er wandte seine Entdeckung am eigenen Körper mit Erfolg an. Der Erfinder wurde vollkommen unsichtbar. Über das weitere Schicksal des unsichtbaren Menschen wollen wir nun etwas erfahren.

DIE MACHT DES UNSICHTBAREN

Der Autor des Romans „Der Unsichtbare" zeigt mit außergewöhnlichem Scharfsinn, daß der Mann, der sich durchsichtig und unsichtbar gemacht hat, eine fast unbegrenzte Macht erlangt. Er kann unbemerkt an jeden beliebigen Ort gelangen und ungestraft beliebige Gegenstände entwenden. Dank seiner Unsichtbarkeit unerreichbar, kämpft er gegen eine ganze Menge bewaffneter Menschen erfolgreich. Indem der Unsichtbare allen sichtbaren Menschen mit einer schweren Strafe droht, unterwirft er die Bevölkerung einer ganzen Stadt. Er, der unerreichbar und unverwundbar ist, hat gleichzeitig die unumschränkte Möglichkeit, allen übrigen Menschen zu schaden. Diese so außergewöhnliche Stellung unter den gewöhnlichen Menschen gibt dem Helden des englischen Romans die Möglichkeit, sich an die eingeschüchterte Bevölkerung seiner Stadt mit Befehlen zu wenden, die beispielsweise folgenden Inhalt haben:

„Die Stadt steht von jetzt ab nicht mehr unter der Macht der Königin! Sagt das euren Obersten, der Polizei und allen anderen. Sie steht unter meiner Macht! Der heutige Tag ist der erste Tag des ersten Jahres einer neuen Ära, der Ära des Unsichtbaren! Ich bin der erste Unsichtbare. Zu Beginn wird meine Regierung gnädig sein. Am ersten Tag wird nur eine Hinrichtung stattfinden, um ein Beispiel zu geben, die Hinrichrung des Menschen, dessen Name Kemp ist. Noch heute wird ihn der Tod erreichen. Möge er sich einschließen, möge er sich verstecken, möge er sich mit Wachen umgeben, möge er sich in einen Panzer einhüllen – der Tod, der unsichtbare Tod, kommt zu ihm! Möge er Vorsichtsmaßregeln treffen – das macht Eindruck auf mein Volk. Der Tod kommt zu ihm! Hilf ihm nicht, mein Volk, damit dich nicht der Tod ereilen möge."

Und in der ersten Zeit triumphiert der Unsichtbare. Nur mit größter Mühe gelingt es schließlich der eingeschüchterten Bevölkerung, mit dem unsichtbaren Feind fertig zu werden, der davon geträumt hatte, daß sie ihn zu ihrem Herrscher machen würde.

DURCHSICHTIGE STOFFE

Sind die physikalischen Überlegungen richtig, die diesem phantastischen Roman zugrunde liegen? Unbedingt. Jeder durchsichtige Gegenstand wird schon dann im durchscheinenden Licht unsichtbar, wenn der Unterschied der Brechzahlen kleiner als 0,05 ist. Einige Jahre später, nachdem der englische Romanschriftsteller seinen Roman „Der Unsichtbare" geschrieben hatte, verwirklichte der deutsche Anatom Professor *W. Spalteholz* diese Idee in der Praxis, aber nicht für lebende Organismen, sondern nur für tote Präparate. Man kann diese durchsichtigen Präparate von Körperteilen und sogar von ganzen Tieren heute in vielen Museen betrachten.

Die Methode der Herstellung durchsichtiger Präparate, die von Professor *Spalteholz* im Jahre 1911 ausgearbeitet wurde, besteht kurz gesagt darin, daß nach einer bestimmten Bearbeitung das Präparat mit Salizylsäuremethylester (das ist eine farblose Flüssigkeit, die eine starke Lichtbrechung hervorruft) getränkt wird. Nachdem man das Präparat, beispielsweise von einer Ratte, von einem Fisch oder von verschiedenen Teilen des menschlichen Körpers, nach dieser Methode vorbereitet hat, taucht man es in ein Gefäß, das mit der gleichen Flüssigkeit gefüllt ist.

Dabei will man natürlich keine völlige Durchsichtigkeit der Präparate erreichen, denn dann würden sie vollkommen unsichtbar sein und wären für den Wissenschaftler nutzlos. Sofern man jedoch diesen Wunsch hätte, wäre durchaus die Möglichkeit vorhanden, auch das zu erreichen.

Natürlich ist es von hier aus noch weit bis zur Verwirklichung der *Wells*schen Utopie vom l e b e n d i g e n Menschen, der so durchsichtig ist, daß er vollkommen unsichtbar erscheint. Es ist deshalb weit, weil man erstens noch eine Methode finden müßte, die Gewebe des l e b e n d e n Organismus mit einer lichtdurchlässigen Flüssigkeit zu tränken, ohne seine Funktionen zu stören. Zweitens waren die Präparate von Prof. *Spalteholz* nur durchsichtig, aber nicht unsichtbar. Die Gewebe dieser Präparate können nur dann unsichtbar sein, wenn sie in einem Gefäß von einer Flüssigkeit mit einer bestimmten Brechzahl umgeben sind. In der Luft wären sie nur dann unsichtbar, wenn ihre Brechzahl gleich der Brechzahl von Luft wäre. Und wie das zu erreichen ist, wissen wir noch nicht.

Aber nehmen wir einmal an, daß es mit der Zeit gelänge, dies und anderes zu erreichen und so den Traum des englischen Romanschriftstellers in die Tat umzusetzen.

In dem Roman hat der Autor alles mit einer solchen Sorgfältigkeit vorhergesehen und überlegt, daß man sich unwillkürlich von der Überzeugungskraft der beschriebenen Ereignisse beeinflussen läßt. Es scheint, als ob der unsichtbare Mensch tatsächlich der allermächtigste von allen sein müsse...

Aber in Wirklichkeit ist das gar nicht so. Es gibt einen kleinen Umstand, den der scharfsinnige Autor des Romans außer acht gelassen hat. Das ist die folgende Frage:

KANN EIN UNSICHTBARER SEHEN?

Wenn *Wells* sich diese Frage gestellt hätte, bevor er den Roman schrieb, dann wäre die wunderschöne Geschichte von der „Tarnkappe" nie geschrieben worden...

Tatsächlich wird mit diesem Punkt die ganze Illusion von der Macht des unsichtbaren Menschen zerstört. Der Unsichtbare muß b l i n d sein!

Wodurch war der Held des Romans unsichtbar? Dadurch, daß alle Teile seines Körpers – damit selbstverständlich auch die Augen – durchsichtig wurden. Und dabei war ihre Brechzahl gleich der Brechzahl der Luft.

Wir wollen uns daran erinnern, welche Rolle die Augen spielen. Ihre Linsen, die glasartige Flüssigkeit und die anderen Teile brechen die Lichtstrahlen so, daß auf der Netzhaut ein Bild der äußeren Gegenstände entsteht. Wenn aber die Brechkraft des Auges und die der Luft gleich sind, so entfällt die einzige Ursache, die eine Brechung hervorruft. Gehen Lichtstrahlen von einem Stoff in einen anderen mit der gleichen optischen Dichte über, dann verändern sie ihre Richtung nicht. Deshalb können sie sich auch nicht in einem Punkt sammeln. Die Lichtstrahlen werden völlig ungebrochen durch die Augen des unsichtbaren Menschen hindurchgehen. Es wird folglich auf der Netzhaut kein Bild entstehen.

Somit kann der unsichtbare Mensch n i c h t s s e h e n. Sein ganzer Vorteil ist für ihn nutzlos. Der furchtgebietende Anwärter auf die Macht würde tastend umherwandern und um Almosen bitten, die niemand geben könnte, da der Bittsteller ja unsichtbar ist. An Stelle des

369

mächtigsten Menschen hätten wir einen ohnmächtigen Krüppel vor uns, der zu einem erbärmlichen Dasein verdammt wäre...[1]

Somit ist es völlig nutzlos, auf der Suche nach der „Tarnkappe" den Weg zu gehen, den *Wells* aufgezeigt hat. Dieser Weg kann nicht einmal bei einem vollen Erfolg der Forschungen zum Ziel führen.

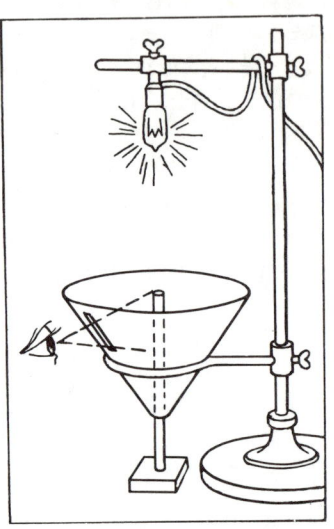

Der unsichtbare Glasstab

Bild 184

DER VERSCHWUNDENE GLASSTAB

Völlige Unsichtbarkeit eines vollkommen durchsichtigen Gegenstandes können wir erreichen, wenn wir ihn mit Wänden umgeben, die das Licht ganz gleichmäßig reflektieren. Das Auge, das durch eine kleine seitliche Öffnung hineinschaut, erhält dann von allen Punkten genauso viel Licht, als wenn der Gegenstand überhaupt nicht vorhanden wäre. Nicht die

---

[1] Es ist möglich, das der Romanschriftsteller diesen bedeutsamen Fehlschluß ganz bewußt zuließ. Es ist bekannt, zu welchen literarischen Mitteln *Wells* in seinen phantastischen Werken gewöhnlich griff. Für die Leser verdeckte er einen grundlegenden Fehler seiner phantastischen Konstruktion durch einen Überfluß an realistischen Einzelheiten. Im Vorwort zur amerikanischen Ausgabe seiner phantastischen Romane schreibt er direkt: „Sobald man einen magischen Trick vorführt, muß man alles Übrige als glaubwürdig und alltäglich vorbringen."

geringsten Lichtflecken oder Schatten zeigen seine Anwesenheit.

Folgendermaßen kann ein solcher Versuch durchgeführt werden. Ein Trichter mit einem halben Meter Durchmesser aus weißem Karton wird so aufgestellt, wie es Bild 184 zeigt. In einiger Entfernung darüber befindet sich eine elektrische Glühlampe von 25 Watt. Von unten wird ein Glasstab möglichst genau senkrecht in den Trichter hineingesteckt. Die geringste Neigung aus der senkrechten Lage hat zur Folge, daß der Stab in Richtung der Achse schwarz und an den Rändern hell erscheint oder umgekehrt, in Richtung der Achse hell und an den Rändern schwarz. Beide Erscheinungen gehen bei leichter Veränderung der Lage des Stabes ineinander über. Durch Probieren kann man eine völlig gleichmäßige Beleuchtung des Stabes erreichen – und dann v e r s c h w i n d e t er für das Auge, das durch eine enge (allenfalls 1 cm weite) seitliche Öffnung blickt.

Bei einer solchen Versuchseinrichtung wird ein Körper aus Glas völlig unsichtbar, ungeachtet dessen, daß seine brechende Eigenschaft sich stark von der brechenden Eigenschaft der Luft unterscheidet. Eine andere Methode, mit deren Hilfe man zum Beispiel ein Stück geschliffenes Glas unsichtbar machen kann, besteht darin, es in einen Kasten zu legen, der innen mit Leuchtfarbe bestrichen ist.

DIE SCHUTZFÄRBUNG

Es gibt noch einen anderen Weg zur Lösung des Problems der „Tarnkappe". Er besteht in der Färbung der Gegenstände mit einer entsprechenden Farbe, die diese für das Auge schwer sichtbar macht. Verschiedene Tiere besitzen eine „Schutzfärbung", durch die sie sich der Aufmerksamkeit ihrer Feinde entziehen.

Das, was der Soldat eine „Tarnfarbe" nennt, nennen die Zoologen seit *Darwin*s Zeiten Schutzfärbung. Für diese Art der Verteidigung kann man in der Tierwelt einige tausend Beispiele anführen. Wir begegnen ihnen buchstäblich auf Schritt und Tritt. Die Tiere, die in der Wüste leben, besitzen zum großen Teil die charakteristische gelbliche „Farbe der Wüste". Ihr findet diese Farbe sowohl beim Löwen als auch beim Vogel, bei der Eidechse, bei der Spinne, beim Wurm, mit einem Wort, bei allen Vertretern der Wüstenfauna. Im Gegensatz dazu zeigen die Tiere, die die Schneeflächen des Nordens bevölkern, sei es der gefährliche Eisbär oder der harmlose Eistaucher, eine weiße Färbung. Dadurch sind sie auf dem Schnee kaum erkennbar. Falter und Raupen, die auf der Rinde

371

der Bäume leben, haben eine dementsprechende Färbung, die mit auffallender Genauigkeit der Färbung der Baumrinde entspricht („Nonne" u. a.).

Jeder Insektensammler weiß, wie schwierig manche dieser Tiere wegen ihrer „Schutzfärbung" zu finden sind. Versucht einmal, einen grünen Grashüpfer zu erkennen, der zu euren Füßen auf einer Wiese zirpt.

Das gilt auch für die Wasserbewohner. Die Meerestiere, die inmitten der braunen Algen leben, besitzen alle eine „schützende" braune Farbe, die sie schwer sichtbar macht. In der Zone der roten Wasserpflanzen überwiegt Rot als „Schutzfarbe". Die silbern glänzende Farbe dient auch als „Schutz". Sie schützt die Fische sowohl vor den Raubvögeln, die sie aus der Luft beobachten, als auch vor den Raubfischen, die sie bedrohen. Die Wasseroberfläche wirkt nicht nur bei der Beobachtung von oben wie ein Spiegel, sondern unter einem geeigneten Winkel auch von unten („Totalreflexion"). Mit dieser spiegelnden Fläche verschmelzen die silbrig glänzenden Fischschuppen.

Die Medusen und andere durchsichtige Wasserbewohner – Würmer, Krustentiere, Weichtiere, Salpen – haben völlige Farblosigkeit und Durchsichtigkeit als „Schutzfarbe", wodurch sie in dem sie umgebenden farblosen und durchsichtigen Wasser kaum sichtbar sind.

Die „Kniffe der Natur" übertreffen in dieser Beziehung den menschlichen Erfindergeist weit. Viele Tiere besitzen die Eigenschaft, die Tönung ihrer „Schutzfarbe" entsprechend den Veränderungen der Umgebung zu variieren. Das silberweiße Hermelin, das auf Schnee nicht zu bemerken ist, würde alle Vorteile der Schutzfärbung verlieren, wenn es nicht mit der Schneeschmelze die Farbe seines Fells verändern würde. Und tatsächlich erhält das weiße Tierchen jedes Frühjahr ein neues Fell von rotbrauner Farbe, das der Farbe des vom Schnee entblößten Bodens entspricht. Mit Eintritt des Winters wird das Fell langsam wieder grau, und das Tier kleidet sich schließlich in ein schneeweißes winterliches Gewand.

DIE SCHUTZFARBE

Die Menschen übernahmen von der erfinderischen Natur die nützliche Kunst, den eigenen Körper unbemerkbar zu machen, indem er mit der Umgebung verschmilzt. Die farbenfreudige, glänzende Bekleidung früherer Zeiten, die den Bildern von Schlachten das Malerische verlieh, gehört für immer der Vergangenheit an. Sie wurde durch die schutzfarbene Uniform verdrängt. Die stahlgraue Färbung der heutigen

Kriegsschiffe ist auch eine Schutzfarbe, durch die sich Schiffe nur wenig vom Hintergrund des Meeres abheben.

Hierher gehört auch der sogenannte „Tarnanstrich": die kriegsmäßige Tarnung einzelner Gegenstände – Befestigungen, Geschütze, Panzer, Schiffe –, der künstliche Nebel und ähnliche Maßnahmen zur Irreführung des Gegners. Man tarnt Lager mit Hilfe besonderer Netze, in deren Maschen Grasbüschel eingeflochten sind. Die Soldaten tragen Mäntel mit Büscheln aus Fasern, die wie das Gras gefärbt sind u. a. m.

Im großen Maße wird die Schutzfarbe auch als Tarnung bei den heutigen Luftstreitkräften angewendet. Ein Flugzeug, das auf seiner Oberfläche z. B. braun oder dunkelgrün angestrichen ist (entsprechend der Farbe der Erdoberfläche), wird bei der Beobachtung von einem Flugzeug aus von oben schwer von der Erdoberfläche zu unterscheiden sein.

Zur Tarnung des Flugzeuges bei der Beobachtung von der Erde aus streicht man die untere Fläche des Flugzeuges mit Farben, die dem Himmel als Hintergrund entsprechen: hellblau, rosa und weiß. Diese Farben werden auf dem Flugzeug in Form kleiner Flecke angeordnet. In einer Höhe von 750 m vermischen sich diese Farben zu einem einzigen unauffälligen Farbton. Bei einer Flughöhe von 3000 m sind Flugzeuge, die eine solche Tarnung besitzen, von der Erde aus nicht mehr zu erkennen. Bombenflugzeuge, die für Nachteinsätze bestimmt sind, werden schwarz angestrichen.

Eine andere Schutzfarbe ist eine spiegelnde Oberfläche, die den Vordergrund reflektiert. Ein Gegenstand mit einer solchen Oberfläche nimmt das Aussehen und die Farbe der Umgebung an. Ihn aus größerer Entfernung zu entdecken ist fast unmöglich. Die Deutschen wendeten dieses Prinzip während des ersten Weltkrieges bei den Zeppelinen an. Viele Zeppeline besaßen eine glänzende Aluminiumoberfläche, die den Himmel und die Wolken reflektierte. Es ist sehr schwierig, einen solchen Zeppelin beim Flug zu bemerken, wenn sein Motorengeräusch nicht zu hören ist.

DAS MENSCHLICHE AUGE UNTER WASSER

Stellt euch vor, ihr hättet die Möglichkeit, so lange unter Wasser zu bleiben, wie ihr wolltet, und ihr könntet dabei die Augen offen halten. Könntet ihr dort sehen?

Es scheint so. Da das Wasser durchsichtig ist, dürfte uns nichts daran hindern, im Wasser genauso gut zu sehen wie in der Luft.

Erinnert euch aber an die Blindheit des „unsichtbaren Menschen", der deshalb nicht imstande war zu sehen, weil die Brechzahlen seines Auges und der Luft gleich waren. Unter Wasser befinden wir uns annähernd in derselben Lage wie „der Unsichtbare" in der Luft. Wir wollen uns einigen Zahlen zuwenden, dann wird die Sache klarer. Die Brechzahl[1] von Wasser ist 1,34. Und hier sind die Brechzahlen[1] der durchsichtigen Stoffe des menschlichen Auges:

Hornhaut und Glaskörper 1,34
Augenlinse 1,43
wäßrige Flüssigkeit 1,34

Ihr seht, daß die Brechzahl der Augenlinse nur um 0,09 größer als die des Wassers ist. Bei den übrigen Teilen unseres Auges aber stimmt die Brechzahl mit der des Wassers überein. Deshalb liegt der Brennpunkt der Strahlen im Auge des Menschen unter Wasser weit hinter der Netzhaut. Folglich muß die Abbildung auf der Netzhaut selbst verschwommen sein, und man kann nur mit Mühe irgend etwas erkennen. Nur sehr kurzsichtige Menschen sehen unter Wasser mehr oder weniger normal.

Wenn ihr euch anschaulich vorstellen wollt, wie sich uns die Dinge unter Wasser zeigen müssen, so setzt eine Brille mit stark zerstreuenden (bikonkaven) Gläsern auf. Dann wird der Brennpunkt der Strahlen, die im Auge gebrochen werden, weit hinter die Netzhaut verlegt, und die Umgebung vor euch erscheint in unklarer, nebelhafter Form.

Kann sich der Mensch unter Wasser nicht wieder zum richtigen Sehen verhelfen, indem er stark brechende Linsen benutzt?

Gewöhnliches Glas, wie man es für Brillen verwendet, ist hier wenig geeignet. Die Brechzahl[1] des einfachen Glases ist 1,5, das heißt, nur sehr wenig größer als die des Wassers (1,34). Solche Brillengläser werden unter Wasser sehr schwach brechen. Man braucht besondere Glassorten, die sich durch besonders starkes Brechungsvermögen auszeichnen (sogenanntes „schweres Flintglas" mit einer Brechzahl von fast 2). Mit solchen Brillengläsern könnten wir unter Wasser mehr oder weniger deutlich sehen.

---

[1] Bezogen auf Luft (Anm. der deutschen Redaktion).

Jetzt ist es klar, warum die Augenlinse bei den Fischen besonders stark gekrümmt ist. Sie ist kugelförmig, und ihre Brechzahl ist recht groß. Wenn das nicht so wäre, dann wären die Augen für die Fische fast nutzlos.

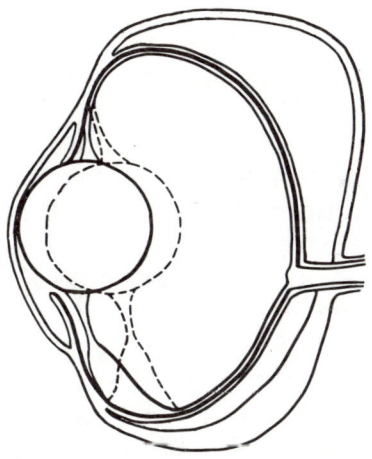

Bild 185 Schnitt durch das Auge eines Fisches. Die Linse hat Kugelgestalt und verändert ihre Form bei Akkomodation nicht. An Stelle der Veränderung der Form ändert sich die Lage der Linse im Auge (gestrichelte Lage).

WIE SEHEN DIE TAUCHER?

Wahrscheinlich werden viele fragen: Wie können Taucher, die in ihren Taucheranzügen arbeiten, irgend etwas unter Wasser sehen, wenn das Auge die Lichtstrahlen im Wasser fast nicht bricht? Die Taucherhelme sind doch mit einer ebenen, und nicht mit einer gewölbten Glasplatte versehen. Hätten dann beispielsweise die Passagiere der „Nautilus" von *Jules Verne* ihre Blicke durch das Fenster ihrer Unterwasserkabine hindurch an der Landschaft der Unterwasserwelt weiden können?

Vor uns steht eine neue Frage, auf die man übrigens leicht antworten kann: Wenn wir uns ohne Taucheranzug unter Wasser befinden, liegt das Wasser unmittelbar an unseren Augen an. Im Taucherhelm jedoch (oder in der Kabine der „Nautilus") ist das Auge durch eine Luft- und eine Glasschicht vom Wasser getrennt. Das ändert die ganze Sache wesentlich. Die Lichtstrahlen, die aus dem Wasser kommen, gehen erst noch durch das Glas und die Luft, bevor sie ins Auge dringen. Beim Übergang von der Luft ins Auge werden die Lichtstrahlen gebrochen, und das Auge wirkt unter diesen Bedingungen genauso wie über Wasser. Das beste Beispiel dafür ist, daß wir die Fische in einem Aquarium sehr gut sehen können.

GLASLINSEN UNTER WASSER

Habt ihr schon einmal versucht, folgendes einfache Experiment auszuführen? Taucht eine Sammellinse (konvexe Linse, Vergrößerungsglas) in Wasser und beobachtet durch sie hindurch eingetauchte Gegenstände. Ihr werdet eine große Überraschung erleben: Das Vergrößerungsglas vergrößert im Wasser *fast nicht*. Taucht eine Zerstreuungslinse (konkave Linse, Verkleinerungsglas) in Wasser, und es wird sich zeigen, daß sie dort in bedeutendem Maße ihre Eigenschaft, die Gegenstände zu verkleinern, verliert. Wenn ihr den Versuch nicht mit Wasser, sondern mit einer Flüssigkeit durchführt, die eine größere Brechzahl als das Glas besitzt, z. B. Schwefelkohlenstoff, dann wird die Sammellinse die Gegenstände v e r k l e i n e r n, und die Zerstreuungslinse wird sie v e r g r ö ß e r n.

Erinnert euch nur an das Brechungsgesetz der Optik, und diese „Wunder" werden euch nicht länger in Erstaunen versetzen. Die Sammellinse vergrößert in der Luft deshalb stärker, weil das Licht an der Grenzfläche Luft/Glas stärker gebrochen wird als an der Grenzfläche Wasser/Glas. Wenn ihr also eine Glaslinse in das Wasser bringt, dann werden die Lichtstrahlen beim Übergang von Wasser in Glas nur wenig abgelenkt. Deshalb vergrößert ein Vergrößerungsglas unter Wasser viel weniger als an der Luft, und eine Zerstreuungslinse verkleinert weniger.

Schwefelkohlenstoff bricht zum Beispiel die Lichtstrahlen stärker als Glas, und deshalb verkleinert ein „Vergrößerungsglas" (besser: eine Sammellinse) in dieser Flüssigkeit, und eine „Verkleinerungslinse" (Zerstreuungslinse) vergrößert. So wirken im Wasser Hohllinsen (besser Luftlinsen[1]) folgendermaßen: eine konkave vergrößert und eine konvexe verkleinert (Bild 186).

---

[1] Bikonvexe Luftlinsen könnt ihr euch durch Zusammenkleben gleicher Uhrgläser herstellen (Anm. der deutschen Redaktion).

BADELUSTIGE OHNE ERFAHRUNG

Manche Menschen setzen sich mitunter großer Gefahr aus, weil sie eine wichtige Folgerung aus dem Gesetz der Lichtbrechung vergessen haben. Sie wissen nicht mehr, daß die Brechung alle vom Wasser bedeckten Gegenstände gleichsam gegenüber ihrer wahren Lage höher hebt. Der

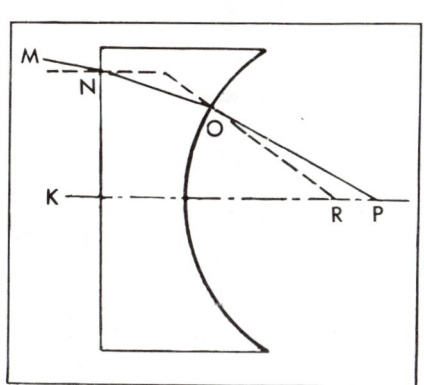

Bild 186 Eine luftgefüllte plankonkave Linse, die mit Wasser umgeben ist, sammelt die Lichtstrahlen. Der Strahl *MN* wird gebrochen und verläuft entlang des Weges *MNOP*. Dabei e n t f e r n t er sich im Innern der Linse vom Einfallslot und n ä h e r t sich ihm außerhalb der Linse wieder (das heißt, daß er auf *OR* zu gebrochen wird). Deshalb wirkt die Linse wie eine Sammellinse.

Bild 187 Das Bild eines Löffels, der in ein Glas mit Wasser getaucht ist.

Grund eines Teiches, eines Flüßchens und eines jeden Wasserbehälters erscheint dem Auge fast um ein Drittel der wahren Tiefe a n g e h o b e n. Die Badenden verlassen sich auf diese vorgetäuschte Tiefe und kommen dadurch nicht selten in eine gefährliche Lage. Das müssen besonders Kinder und auch Menschen von kleinem Wuchs beachten, für die ein Fehler bei der Abschätzung der Tiefe verhängnisvoll werden kann.

Der Grund dafür ist die Brechung der Lichtstrahlen. Dasselbe Gesetz der Optik, das den zur Hälfte im Wasser befindlichen Löffel geknickt erscheinen läßt (Bild 187), ruft auch die Erscheinung des angehobenen Grundes hervor.

Setzt einen Freund so an den Tisch, daß er den Boden einer vor ihm stehenden Schale nicht sehen kann. Auf den Boden legt ihr eine Münze,

Bild 188   Versuch mit einer Münze in einer Schale

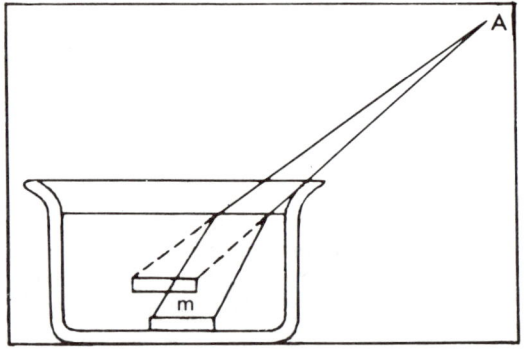

Bild 189   Weshalb die Münze gehoben erscheint?

die durch die Wand der Schale verborgen bleibt. Nun fordert ihr den Freund auf, den Kopf nicht zu bewegen, und füllt Wasser in die Schale. Es passiert etwas Unerwartetes: Die Münze wird für euren Gast sichtbar! Entfernt das Wasser mit einem Stechheber aus der Schale, und der Boden mit der Münze senkt sich scheinbar wieder (Bild 188).

Bild 189 erklärt, wie das vor sich geht. Die Lichtstrahlen werden beim

Übergang von Wasser in Luft gebrochen und gelangen in das Auge des Beobachters (Punkt *A*), wie es im Bild gezeigt ist. Das Auge sieht die Münze in der Verlängerung dieser Linien. Je schräger die Strahlen

Bild 190 So erscheint einem Beobachter, der sich unter dem Wasserspiegel befindet, eine über den Fluß führende Eisenbahnbrücke (nach einer Fotografie von Prof. *Wood*).

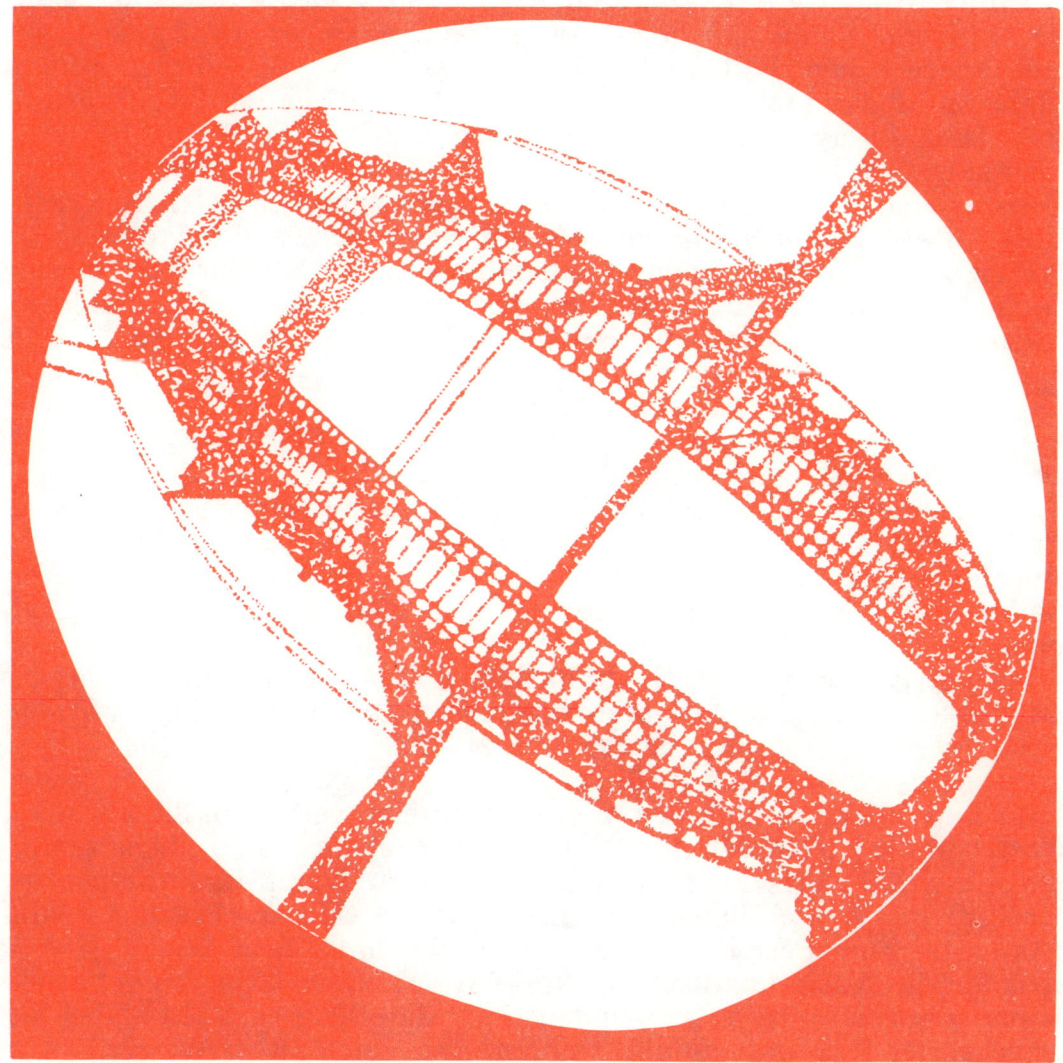

verlaufen, um so höher wird die Münze scheinbar gehoben. Deshalb erscheint es uns auch zum Beispiel bei der Betrachtung des ebenen Grundes eines Teiches von einem Boot aus so, als sei er direkt unter uns viel tiefer als rings um uns herum.

Wenn wir im Gegensatz dazu vom Grunde des Teiches aus auf eine über ihn hinwegführende Brücke schauen könnten, so würde sie uns nach außen gewölbt erscheinen (wie es im Bild 190 gezeigt ist; über die Aufnahmetechnik bei dieser Fotografie wird später etwas gesagt). In dem angegebenen Fall gehen die Lichtstrahlen von einem optisch dünneren Medium (aus der Luft) in ein optisch dichteres (in das Wasser) über. Deshalb ergibt sich auch der entgegengesetzte Effekt wie bei dem Übergang der Lichtstrahlen von Wasser in Luft. Deshalb muß den Fischen auch eine Reihe von Menschen, die zum Beispiel neben dem Aquarium stehen, nicht als gerade Reihe erscheinen, sondern als Bogen, der mit seiner Wölbung zu den Fischen hin gerichtet ist. Darüber, wie die Fische sehen oder richtiger, wie sie sehen würden, wenn sie menschliche Augen besäßen, werden wir uns bald ausführlicher unterhalten.

DIE UNSICHTBARE STECKNADEL

Drückt eine Stecknadel in eine flache Korkscheibe und legt diese mit der Nadel nach unten auf die Oberfläche des Wassers in einer Schüssel! Wie ihr auch den Kopf haltet, es gelingt euch nicht, die Stecknadel zu sehen, obwohl die Korkscheibe nicht einmal übermäßig breit sein muß, und die Nadel so lang ist, daß der Korken sie nicht ganz verdecken kann (Bild 191).

Warum gelangen die Lichtstrahlen nicht von der Stecknadel bis in euer Auge? Weil sie das erfahren, was man in der Physik *Totalreflexion* nennt.

Erinnern wir uns, was zu dieser Erscheinung gehört.

Im Bild 192 kann man den Weg der Strahlen verfolgen, die aus dem Wasser in die Luft übertreten (allgemein aus einem optisch dichteren in ein optisch dünneres Medium) und umgekehrt. Wenn die Strahlen aus der Luft ins Wasser hinein verlaufen, werden sie zum Einfallslot hin gebrochen. Zum Beispiel tritt der Strahl, der unter dem Winkel β von oben auf die Wasseroberfläche trifft, ins Wasser unter dem Winkel α ein, wobei α kleiner als β ist. (Bild 192 I, die Pfeile müssen dabei in umgekehrter Richtung verfolgt werden, also von Luft in Wasser.)

Aber was geschieht, wenn der Einfallsstrahl annähernd parallel zur Oberfläche, also fast unter einem rechten Winkel zum Einfallslot, auf das Wasser auftritt? Er tritt in das Wasser unter einem Winkel ein, der kleiner als ein rechter ist, und zwar genau unter einem Winkel von 48,5°. Der Winkel α kann nie größer als 48,5° sein, das ist für Wasser der *Grenzwinkel*. Man muß sich diese Beziehungen unbedingt klarmachen,

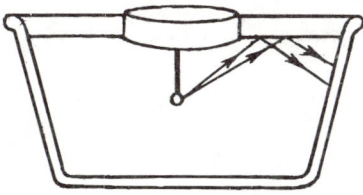

Bild 191   Versuch mit der im Wasser unsichtbaren Stecknadel

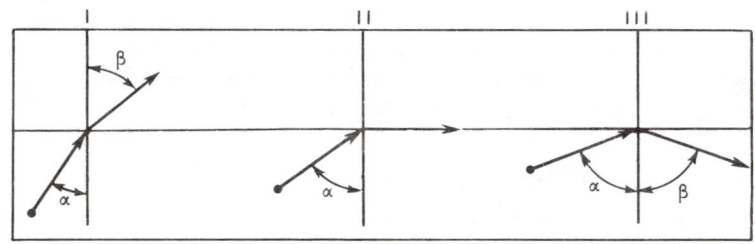

Bild 192 Verschiedene Fälle der Brechung des Strahls beim Übergang von Wasser in Luft. Im Fall II ist der Einfallswinkel gleich dem Grenzwinkel, so daß der Strahl längs der Oberfläche verläuft. Fall III stellt die Totalreflexion dar.

damit man die weiteren, völlig unerwarteten, aber außerordentlich interessanten Folgen des Brechungsgesetzes verstehen kann.

Wir haben jetzt erfahren, daß Lichtstrahlen, die unter allen möglichen Winkeln auf Wasser auftreffen, im Wasser zu einem Kegel mit einem Winkel an der Spitze von 48,5° + 48,5° = 97° zusammenlaufen. Verfolgen wir jetzt die Strahlen in umgekehrter Richtung – aus dem Wasser heraus in die Luft (Bild 193). Nach dem Gesetz der Optik ist der Strahlenverlauf der gleiche. Alle Strahlen, die in dem erwähnten Kegel von 97° enthalten sind und von dessen Spitze ausgehen, treten unter den unterschiedlichsten Winkeln in die Luft über und verteilen sich im ganzen Raum über dem Wasser.

Aber wohin gelangt ein Unterwasserlichtstrahl, der sich außerhalb des erwähnten Kegels befindet und durch dessen Spitze geht? Es zeigt sich, daß er überhaupt nicht aus dem Wasser herauskommt, sondern von der Wasseroberfläche wie von einem Spiegel völlig zurückgeworfen wird. Überhaupt wird jeder Unterwasserlichtstrahl, der die Wasseroberfläche

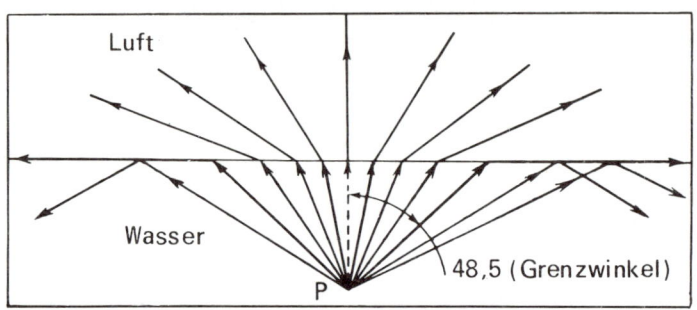

Bild 193 Strahlen, die vom Punkt *P* unter einem Winkel zum Einfallslot ausgehen, der größer als der Grenzwinkel ist (für Wasser = 48,5°), treten nicht aus dem Wasser in die Luft über, sondern werden vollkommen nach innen reflektiert.

unter einem Winkel größer als dem Grenzwinkel (also größer als 48,5°) trifft, nicht gebrochen, sondern reflektiert: Er erfährt, wie die Physiker sagen, *Totalreflexion.*[1]

Im Zusammenhang mit den Besonderheiten des Gesichtsfeldes unter Wasser steht aller Wahrscheinlichkeit nach die Tatsache, daß viele Fische eine silberne Färbung besitzen. Nach Meinung der Zoologen ist eine solche Färbung das Ergebnis der Anpassung der Fische an die „Farbe" der sich über ihnen ausbreitenden Wasseroberfläche: Beim seitlichen Blick von unten erscheint die Wasseroberfläche, wie wir wissen, infolge der totalen Reflexion wie ein Spiegel. Auf einem solchen

---

[1] Die Reflexion heißt im gegebenen Fall total, wei! hier alle auftreffenden Strahlen reflektiert werden, während der beste Spiegel aus poliertem Magnesium oder Silber nur einen Teil des auf ihn auffallenden Lichtes reflektiert und den Rest verschluckt. Die Oberfläche des Wassers erweist sich unter den angegebenen Bedingungen als idealer Spiegel.

Wenn die Fische Physik lernen würden, dann wäre das wichtigste Gebiet der Optik für sie die Lehre von der Totalreflexion, weil sie ja in ihrem Unterwasser-Gesichtskreis eine Hauptrolle spielt.

Hintergrund werden die silbern glänzenden Fische von den nach ihnen jagenden Raubfischen nicht bemerkt.

DIE WELT AUS DEM WASSER HERAUS BETRACHTET

Viele Menschen können sich nicht vorstellen, wie ungewöhnlich uns die Welt vorkäme, wenn wir sie uns aus dem Wasser heraus betrachten

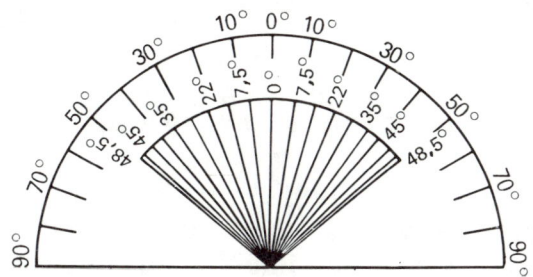

Bild 194 Der Kreisbogen der äußeren Welt von 180° verkürzt sich für einen Unterwasserbeobachter auf einen Kreisbogen von 97°. Die Verkürzung ist um so stärker, je weiter der Teil des Bogens vom Nullpunkt (Zenit) entfernt ist.

würden: sie muß dem Beobachter ganz v e r ä n d e r t und e n t s t e l l t erscheinen, so daß er sie fast nicht wiedererkennt.

Stellt euch vor, ihr seid unter Wasser und blickt aus dem Wasser in die Welt über Wasser. Eine Wolke, die gerade über eurem Kopf am Himmel schwebt, verändert ihr Aussehen überhaupt nicht: der senkrecht einfallende Strahl wird nicht gebrochen. Aber alle anderen Gegenstände, deren Strahlen die Wasseroberfläche unter einem spitzen Winkel treffen, erscheinen entstellt: Sie sind in der Höhe gleichsam wie zusammengedrückt, und zwar um so stärker, je spitzer der Winkel zwischen Einfallsstrahl und Wasseroberfläche ist. Das ist auch verständlich, denn die ganze über dem Wasser sichtbare Welt muß in dem spitzen Unterwasserkegel Platz finden; 180° müssen fast auf die Hälfte, auf 97° zusammengedrückt werden (Bild 194). Die Gegenstände müssen unweigerlich entstellt erscheinen. Gegenstände, deren Strahlen die Wasseroberfläche unter einem Winkel von 10° treffen, erscheinen aus dem Wasser gesehen derart gestaucht, daß man sie fast nicht mehr erkennen kann.

Aber am meisten würdet ihr über das Aussehen der Wasseroberfläche selbst erstaunt sein. Aus dem Wasser heraus stellt sie sich durchaus nicht als Ebene dar, sondern in Form eines Kegelmantels! Es kommt euch vor, als ob ihr euch auf dem Boden eines riesigen Trichters befindet, dessen gegenüberliegende Seitenlinien einen Winkel von etwas mehr als einem rechten (97°) bilden. Der obere Rand, das heißt die Grenzfläche Wasser/Luft, dieses Trichters ist umgeben von einem regenbogenfarbigen Ring mit rotem, gelbem, grünem, blauem und violettem Saum. Warum? Das weiße Sonnenlicht besteht aus verschiedenen Farben, jede Farbe hat ihre eigene Brechzahl und deshalb auch ihren eigenen Grenzwinkel. Aus diesem Grunde erscheint jeder Gegenstand bei der Betrachtung aus dem Wasser heraus wie mit einem bunten Kranz aus den Farben des Regenbogens umgeben.

Was ist denn noch zu sehen hinter den Rändern dieses Kegels, der in sich die ganze Überwasserwelt einschließt? Da breitet sich die glitzernde Wasseroberfläche aus, in der sich alle Gegenstände unter Wasser wie in einem Spiegel abbilden.

Einen sicherlich ungewöhnlichen Anblick würden einem Unterwasserbeobachter jene Gegenstände bereiten, die teilweise ins Wasser eintauchen und teilweise aus ihm herausragen (Bild 195). Was sieht ein im Punkt *A* unter Wasser befindlicher Beobachter? Teilen wir den für ihn sichtbaren Raum – 360° – in einzelne Abschnitte und beschäftigen wir uns mit jedem Abschnitt einzeln. In den Grenzen des Winkels *1* sieht man den Grund des Flusses, wenn er genügend beleuchtet ist. Unter dem Winkel *2* sieht man den Unterwasserteil der Meßlatte ohne Entstellung. Im Beispiel ist unter dem Winkel *3* das Spiegelbild desselben Teils zu sehen, seine eingetauchte Hälfte umgekehrt. (Erinnert euch, was über die totale Reflexion gesagt worden ist.) Noch höher sieht der Unterwasserbeobachter das aus dem Wasser herausragende Stück der Meßlatte – aber es erscheint nicht als Fortsetzung des Unterwasserteils, es steht vielmehr wesentlich weiter oben, als ob es sich von seinem Unterteil abgetrennt habe. Es versteht sich, daß es dem Beobachter nicht in den Kopf will, diese schwebende Meßlatte sei die Fortsetzung der ersteren! Darüber hinaus erscheint die Latte besonders im unteren Teil stark gestaucht. Dort werden die Teilstriche auffällig nahe nebeneinander sein. Ein Baum am Ufer, der durch Hochwasser überschwemmt worden ist, muß aus der Unterwasserwelt so erscheinen, wie es das Bild 196 zeigt. Aber wenn sich mitten im Fluß ein Mensch befindet, so würde er – aus dem Wasser gesehen – eine Figur wie in Bild 197 abgeben. Derartig müssen wir beim Baden den Fischen erscheinen! Für sie teilen wir uns, wenn wir im flachen Wasser stehen, und verwandeln uns in zwei Wesen: das obere ohne Beine, das untere ohne Kopf mit vier Beinen! Entfernen wir uns von dem Unterwasserbeobachter, so wird die obere Hälfte unseres Körpers besonders im unteren Teil stark zusammengedrückt. In

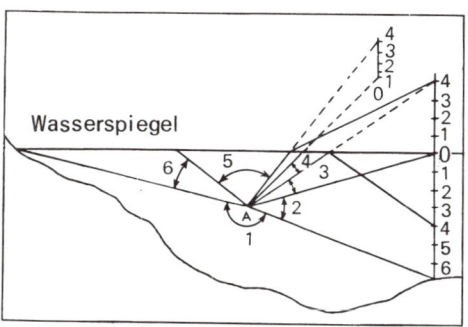

Bild 195 Die Ansicht einer halb ins Wasser getauchten Meßlatte für einen Beobachter, dessen Auge sich im Punkt *A* befindet. Unter dem Winkel *2* ist mit verschwommenen Umrissen der eingetauchte Teil der Latte zu sehen, unter dem Winkel *3* dessen von der Wasseroberfläche reflektiertes Bild. Noch höher ist der herausragende Teil der Meßlatte verkürzt zu sehen und außerdem in einem gewissen Abstand von seinem übrigen Teil. Unter dem Winkel *4* spiegelt sich der Grund wider. Unter dem Winkel *5* ist die ganze Überwasserwelt in Form eines konischen Rohres zu sehen. Unter dem Winkel *6* erscheint das von der Wasseroberfläche reflektierte Bild des Grundes, unter dem Winkel *1* ist der Grund selbst unscharf zu sehen.

einem gewissen Abstand verschwindet fast der ganze Überwasserrumpf, und übrig bleibt nur ein frei schwebender Kopf.

Kann man diese unwahrscheinlichen Ergebnisse unmittelbar durch einen Versuch prüfen? Beim Tauchen unter Wasser würden wir sehr wenig sehen, selbst wenn wir uns daran gewöhnt hätten, dabei die Augen offen zu halten. Erstens beruhigt sich die Wasseroberfläche in den wenigen Sekunden nicht, die wir unter Wasser bleiben können. Durch eine wellige Oberfläche ist aber schwer irgend etwas zu unterscheiden. Zweitens unterscheidet sich die Brechung des Wassers wenig von der Brechung der durchsichtigen Füllung unseres Auges. Darum ergibt sich auf der Netzhaut eine unscharfe Abbildung, deren Rand farbig und verschwommen ist.

Die Beobachtung aus einer Taucherglocke, mit einem Taucherhelm oder durch gläserne Fenster eines Unterseebootes kann auch nicht die gewünschten Ergebnisse liefern. In allen diesen Fällen sind die Bedingungen des *Unterwassergesichtskreises* für den Beobachter nicht gänzlich

Bild 196 Wie ein halb überschwemmter Baum aus dem Wasser heraus aussieht.

386

erfüllt. Bevor die Lichtstrahlen nämlich in sein Auge eintreten, gehen sie erst durch Glas und Luft. Sie erfahren folglich eine weitere Brechung. Dabei wird entweder die ehemalige Richtung des Strahls wiederhergestellt, oder aber die Strahlen erhalten eine neue Richtung, die aber

Bild 197 Wie ein Badender, der bis zur Brust im Wasser steht, einem Unterwasserbeobachter erscheint.

387

nicht die sein wird, die sie im Wasser hatten. Deshalb können Beobachtungen beispielsweise durch die Glasfenster eines U-Bootes keine richtige Vorstellung von den Bedingungen des Unterwassergesichtskreises geben.

Es besteht jedoch gar nicht die Notwendigkeit, selbst unter Wasser zu sein, um sich damit vertraut zu machen, wie die Welt aus dem Wasser heraus aussieht. Die Bedingungen des Unterwassersehens kann man mit Hilfe eines besonderen Fotoapparates untersuchen, der innen mit Wasser gefüllt ist. An Stelle des Objektivs wird eine mit einem Loch versehene metallische Platte verwendet. Es ist leicht einzusehen, daß sich die äußere Welt auf der Fotoschicht dann so abbilden wird, wie sie sich dem Unterwasserbeobachter darstellt. Auf diese Weise hat der amerikanische Physiker Prof. *Wood* außergewöhnlich interessante Fotos erhalten, von denen wir eines im Bild 190 zeichnerisch wiedergegeben haben. Die Ursachen für die Verzerrung der Formen von Gegenständen über dem Wasser für einen Beobachter unter Wasser (die geraden Linien der Eisenbahnbrücke sahen auf der Fotografie *Wood*s wie Kreisbögen aus), erklärten wir schon an dem Beispiel, warum der ebene Grund eines Teiches gekrümmt erscheint.

Es gibt noch eine andere, einfachere Methode, sich damit vertraut zu machen, wie die Welt für einen Beobachter aus dem Wasser heraus aussieht: Man taucht einen Spiegel in das Wasser eines ruhigen Teiches, gibt ihm die entsprechende Neigung und beobachtet in ihm die Spiegelbilder der über dem Wasser befindlichen Gegenstände.

Die Ergebnisse solcher Untersuchungen bestätigen in allen Einzelheiten die weiter vorn angestellten Überlegungen.

Also ist es die durchsichtige Schicht Wasser zwischen dem Auge und den Gegenständen außerhalb dieser Schicht, die das ganze Bild der Welt über dem Wasser verzerrt und ihr phantastische Umrisse verleiht. Ein Geschöpf, das nach dem Leben auf dem Lande ins Wasser verschlagen würde, würde die heimatliche Welt nicht wiedererkennen, so verändert wäre sie bei der Betrachtung aus der Tiefe des durchsichtigen Elements Wasser.

DIE FÄRBUNG IN DER TIEFE DES WASSERS

Der amerikanische Biologe *W. Beebe* hat den Wechsel der Farbtöne unter Wasser anschaulich beschrieben.

„Wir ließen uns mit der Tauchkugel in das Wasser hinab. Der

plötzliche Übergang von der goldig-gelben in die grüne Welt war für uns überraschend. Nachdem der Schaum und die Blasen vom Fenster verschwunden waren, überflutete uns grünes Licht. Unsere Gesichter, die Druckluftbehälter, selbst die gestrichenen Wände waren grün gefärbt. Indessen sah es von Deck nach unten so aus, als ob wir in dunkles Ultramarin eintauchen.

Gleich nach dem Eintauchen ins Wasser werden dem Auge die warmen (das sind die roten und orangen) Strahlen des Spektrums entzogen.[1] Die rote und die orange Farbe treten niemals mehr auf, und bald wird auch der gelbe Ton vom grünen verschluckt. Die freundlichen warmen Strahlen bilden zwar nur einen kleinen Teil des sichtbaren Spektrums, aber wenn sie in einer Tiefe von 30 m und mehr ausgelöscht sind, bleiben nur Kälte, Finsternis und Tod übrig.

Je tiefer wir sanken, um so mehr verschwanden auch die grünlichen Tönungen. In einer Tiefe von 60 m konnte schon nicht mehr gesagt werden, ob das Wasser grünlichblau oder blaugrün ist.

In 180 m Tiefe erschien alles wie mit einem satten blauschimmernden Licht gefärbt; Lesen und Schreiben waren nicht mehr möglich.

In 300 m Tiefe versuchte ich, die Farbe des Wassers zu bestimmen – schwarzblau, dunkelgraublau. Es war merkwürdig, daß nach dem Wegfall des blauen Lichtes nicht das violette auftrat, die letzte Farbe im sichtbaren Spektrum; sie war offenbar schon verschluckt. Der letzte Schein von Blau ging über in eine unbestimmbare graue Farbe, grau ging dann weiter in schwarz über. Von dieser Tiefe an war die Sonne besiegt, und die Farben waren verbannt, bis der Mensch hierher vordrang und das mit einem elektrischen Lichtstrahl durchbohrte, was viele Milliarden Jahre lang absolut schwarz gewesen war."

Über die Dunkelheit in großer Tiefe schreibt der gleiche Forscher an anderer Stelle folgendes:

„Die Finsternis in einer Tiefe von 750 m erschien schwärzer, als man es sich vorstellen kann, und trotzdem sah alles in ungefähr 1000 m Tiefe schwärzer als schwarz aus. Es kam einem so vor, als ob alle Nächte in der oberen Welt nur als relative Abstufungen der Dämmerung aufzufassen sind."

---

[1] Hier wird das Wort „warm" in dem Sinne gebraucht, wie es die Künstler tun, wenn sie die Farbtöne charakterisieren wollen. „Warm" nennen sie das Rot und das Orange im Gegensatz zum „kalten" Blau.

DER BLINDE FLECK UNSERES AUGES

Wenn man euch erzählt, daß sich in eurem Gesichtsfeld ein Teilchen befindet, welches ihr ganz sicher nicht seht, obwohl es direkt vor euch steht, so werdet ihr das sicherlich nicht glauben. Ist es möglich, daß wir

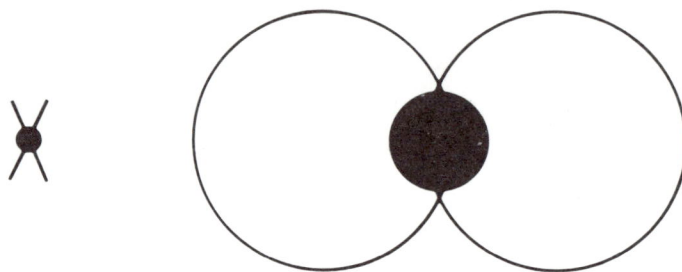

Bild 198

Figur zum Auffinden des blinden Flecks

das ganze Leben über eine solche große Unzulänglichkeit unseres Sehens gar nicht bemerken? Laßt uns deshalb einen einfachen Versuch durchführen, der euch davon überzeugt.

Haltet das Bild 198 etwa 20 cm weit von eurem rechten Auge entfernt (haltet dabei das linke geschlossen), und blickt fest auf das Kreuzchen, das sich links befindet. Nun nähert ihr langsam die Zeichnung dem Auge: Es kommt der Augenblick, in dem der große schwarze Fleck an der Kreuzungsstelle der beiden Kreislinien s p u r l o s   v e r s c h w i n d e t! Ihr seht ihn nicht, obwohl er im sichtbaren Bereich geblieben ist, jedoch sind beide Kreislinien links und rechts von ihm weiterhin klar zu sehen!

Dieser Versuch, der erstmalig im Jahre 1668 (in etwas anderer Weise) von dem berühmten Physiker *Mariotte* ausgeführt worden ist, belustigte das Hofgefolge *Ludwigs XIV.* sehr. *Mariotte* traf folgende Anordnung: Er ließ zwei Würdenträger sich im Abstand von 2 m einander gegenüber aufstellen und bat sie, mit einem Auge einen bestimmten seitwärts liegenden Punkt zu fixieren – dann schien es jedem, als habe sein Gegenüber keinen Kopf.

So sonderbar das ist, aber erst im 17. Jahrhundert erkannten die Menschen, daß sich auf der Netzhaut ihrer Augen ein *blinder Fleck* befindet. Das ist jene Stelle der Netzhaut, wo der Sehnerv in den

Augapfel eintritt, sich aber noch nicht in die kleinen Verzweigungen aufgeteilt hat, die die lichtempfindlichen Stäbchen und Zäpfchen versorgen.

Wir bemerken jedoch das „schwarze Loch" in unserem Gesichtsfeld infolge der langjährigen Gewohnheit nicht. Unwillkürlich wird diese leere Stelle im Bild mit Einzelheiten der Umgebung ausgefüllt. So ist es

Bild 199 Beim Betrachten eines Gebäudes mit einem Auge wird ein kleiner Teil *c'* des Gesichtsfeldes, der dem blinden Fleck *c* des Auges entspricht, von uns überhaupt nicht wahrgenommen.

zum Beispiel bei der Betrachtung des Bildes 198. Wir sehen den Fleck nicht, verlängern aber in Gedanken die Linien der Umgebung und sind überzeugt, sehr klar die Stelle zu sehen, an der sie sich kreuzen.

Wenn ihr eine Brille tragt, könnt ihr folgenden Versuch durchführen: Klebt ein kleines Schnipsel Papier auf das Glas der Brille (nicht in der Mitte, sondern am Rande). In den ersten Tagen wird euch das Papier beim Sehen stören, vergeht jedoch eine Woche und noch eine, so werdet ihr euch an das Papier gewöhnen und es gar nicht mehr bemerken. Im übrigen weiß das jeder genau, der einmal mit gesprungenen Brillengläsern herumlaufen mußte: Der Sprung fällt einem nur in den ersten Tagen auf. Genauso spüren wir auch auf Grund der langen Gewöhnung nichts vom blinden Fleck. Außerdem entsprechen die beiden blinden Flecke verschiedenen Stellen des Gesichtsfeldes jedes Auges, so daß beim Sehen mit zwei Augen keine leere Stelle im gesamten Gesichtsfeld übrigbleibt.

Glaubt nicht, der blinde Fleck unseres Gesichtsfeldes sei unwichtig. Wenn ihr aus 10 m Entfernung mit einem Auge auf ein Haus blickt, so seht ihr wegen des blinden Flecks einen ziemlich ausgedehnten Teil der Fassade nicht, nämlich von mehr als einem Meter Durchmesser. Darin hat ein ganzes Fenster Platz. Am Himmel bleibt ein Raum ungesehen, der gleich der Fläche von 120 Vollmondscheiben ist.

WIE GROSS SCHEINT UNS DER MOND ZU SEIN?

Sprechen wir bei dieser Gelegenheit einmal von den scheinbaren Abmessungen des Mondes. Wenn ihr alle eure Bekannten fragen würdet, wie groß ihnen der Mond erscheint, so erhieltet ihr die unterschiedlichsten Antworten. Die Mehrheit sagt, daß der Mond von der Größe eines Tellers ist; es wird aber auch solche geben, denen er so groß wie eine Waschschüssel vorkommt, wie eine Kirsche, wie ein Apfel. Da wird ein Schüler behaupten, der Mond „sei so groß wie ein runder Tisch für 12 Personen". Ein Romanschriftsteller schrieb, daß „der Mond mit einem Durchmesser von 1 Arschin (0,71 m) am Himmel stand".

Wie kommt es zu den großen Unterschieden in den Vorstellungen von der Größe ein und desselben Gegenstandes?

Das kommt daher, daß wir unwillkürlich und unbewußt immer die Entfernung eines Körpers, den wir erblicken, schätzen. Ein Mensch, der den Mond in der Größe eines Apfels sieht, stellt ihn sich weitaus näher vor als jene Leute, denen er so groß wie ein Teller oder ein runder Tisch vorkommt.

Aus der Tatsache, daß sich die meisten Menschen den Mond in Tellergröße vorstellen, kann man einen interessanten Schluß ableiten. Wenn man ausrechnet (der Rechengang wird aus der weiteren Beschreibung klar), in welche Entfernung jeder von uns den Mond versetzt, der die genannten scheinbaren Ausmaße haben soll, so erhält man 30 m. Da seht ihr, auf welche bescheidene Entfernung wir unbewußt den Mond verrücken!

Im fehlerhaften Entfernungsschätzen sind nicht wenige optische Täuschungen begründet. Ich erinnere mich gut einer optischen Täuschung, der ich in meiner frühen Kindheit selbst verfiel. In der Stadt geboren, sah ich einmal im Frühling bei einem Ausflug erstmals in

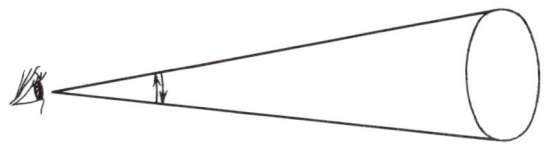

Bild 200

So wird ein Sehwinkel gebildet.

meinem Leben eine Herde weidender Kühe. Da ich die Entfernung falsch schätzte, kamen mir die Kühe richtig zwergenhaft vor! Solche merkwürdigen Kühe sah ich seit dieser Zeit nie wieder und werde sie sicher auch nie mehr sehen.

Die scheinbaren Abmessungen von Himmelskörpern bestimmen die Astronomen aus der Größe jener Winkel, unter denen wir sie sehen. Winkelgröße oder *Sehwinkel* nennt man den Winkel, der von den beiden Linien gebildet wird, die von den Randpunkten des betrachteten Körpers zum Auge führen (Bild 200). Winkel werden in den Einheiten Grad, Minuten und Sekunden (SI-Einheit: Radiant; $1\ \text{rad} = 57,3°$; $1° = 60'$ $= 3600'' = 17,45\ \text{mrad}$) gemessen. Auf die Frage nach der scheinbaren Größe der Mondscheibe sagt der Astronom nicht, die Scheibe sei so groß wie ein Apfel oder ein Teller, sondern er antwortet, daß sie gleich einem halben Grad sei. Das bedeutet, daß die von den Rändern der Mondscheibe zu unserem Auge führenden Linien einen Winkel von einem halben Grad einschließen. Eine solche Bestimmung der scheinbaren Größe läßt keine Mißverständnisse aufkommen.

Die Geometrie lehrt, daß ein Gegenstand, der 57mal so weit vom Auge entfernt ist wie sein Durchmesser ausmacht, dem Beobachter unter einem Winkel von $1°$ ($17,5\ \text{mrad}$) erscheint. Zum Beispiel wird ein Apfel mit 5 cm Durchmesser unter einem Winkel von $1°$ ($17,5\ \text{mrad}$) gesehen, wenn er sich $5 \cdot 57$ cm weit vom Auge entfernt befindet. In der doppelten Entfernung würde man einen Sehwinkel von $0,5°$ ($8,7\ \text{mrad}$) messen. Das ist die gleiche Größe, unter der wir den Mond sehen. Wenn es euch gefällt, könnt ihr sagen, daß euch der Mond so groß wie ein Apfel vorkommt. Aber ihr müßt hinzufügen, daß der Apfel 570 cm (ungefähr 6 m) vom Auge entfernt sei. Wenn ihr die scheinbare Größe des Mondes mit einem Teller vergleichen wollt, so muß der Teller in ungefähr 30 m Entfernung gehalten werden. Die meisten Menschen wollen nicht glauben, daß der Mond so klein am Himmel steht. Aber probiert es einmal mit einem Fünfpfennigstück. Befestigt es in einem Abstand vom Auge, der 114mal so groß wie sein Durchmesser ist: es verdeckt gerade den Mond, obwohl es über zwei Meter vom Auge entfernt ist.

Wenn ihr auf Papier einen Kreis zeichnen solltet, der die Mondscheibe darstellen soll, so käme euch die Aufgabe nicht eindeutig bestimmt vor. Der Kreis kann groß oder klein sein, je nachdem wie weit er vom Auge entfernt ist. Die Bedingungen werden eindeutig, wenn wir die Kreisscheibe in dem Abstand aufstellen, in dem wir gewöhnlich ein Buch, eine Zeichnung usw. halten, das ist in der besten Sehweite. Für das normale Auge sind das 25 cm.

Berechnen wir beispielsweise für eine Seite dieses Buches die Größe des Kreises, dessen scheinbares Ausmaß dem der Mondscheibe gleicht. Die Rechnung ist einfach! Man muß den Abstand 25 cm durch 114 dividieren. Wir erhalten eine sehr unbedeutende Größe – wenig mehr als 2 mm! So breit ist etwa der Buchstabe o von der Druckschrift dieses Buches. Es scheint unglaublich, daß der Mond und auch die Sonne uns unter einem solch kleinen Sehwinkel erscheinen!

DIE SCHEINBAREN ABMESSUNGEN DER HIMMELSKÖRPER

Wenn wir ein ähnliches Abbild des Sternbildes „Großer Bär" auf Papier zeichnen wollten, so würde die Figur ungefähr wie das Bild 201 aussehen. Schauen wir aus 25 cm Entfernung darauf, so sehen wir das Sternbild so, als ob es ans Himmelszelt gezeichnet wäre. Die Zeichnung ist eine sogenannte Karte des Großen Bären unter Wahrung der Winkelmaße. Wenn euch dieses Sternbild gut vertraut ist, dann erlebt ihr diesen Eindruck gleichsam aufs neue, wenn ihr das vorliegende Bild betrachtet. Da die Winkelabstände zwischen den Hauptsternen aller Sternbilder bekannt sind (sie werden in astronomische Kalender und ausführliche Tabellen eingetragen), könnt ihr den ganzen astronomischen Atlas „in natürlicher Gestalt" aufzeichnen. Dazu braucht ihr nur Millimeterpapier und zählt darauf je 4,5 mm für 1° (17,45 mrad) ab.

Wenden wir uns jetzt den Planeten zu. Ihre scheinbaren Ausmaße sind derart klein, daß sie mit unbewaffnetem Auge wie strahlende Punkte aussehen. Das ist auch verständlich, weil kein einziger Planet (außer etwa der Venus in der Zeitspanne ihrer größten Helligkeit) für das bloße Auge

Bild 201 Das Sternbild des Großen Bären unter Wahrung der Winkelmaße. Die Zeichnung muß 25 cm weit vom Auge entfernt gehalten werden.

unter einem größeren Winkel als dem einer Minute zu sehen ist. Das ist der Grenzwinkel, bei dem wir überhaupt erst einen Gegenstand als Körper mit Ausdehnungen erkennen können. Bei kleinerem Winkel erscheint uns jeder Gegenstand als Punkt ohne Konturen.

Hier sind die Größen der verschiedenen Planeten in Winkelsekunden (μrad); für jeden Planeten sind zwei Zahlen angegeben, die erste entspricht dem kleinsten Abstand des Gestirns von der Erde, die zweite dem größten.

Merkur	13 — 5	(63 — 24)
Venus	64 — 10	(310 — 48)
Mars	25 — 3,5	(121 — 17)
Jupiter	50 — 30,5	(242 — 148)
Saturn	20,5 — 15	(99 — 73)
Ring des Saturn	48 — 35	(233 — 170)

Diese Winkel kann man in „natürlicher Größe" nicht auf Papier zeichnen. Selbst eine ganze Winkelminute, das sind 60 Sekunden (291 μrad), entspricht in bester Sehweite (25 cm) nur 0,07 mm. Diese Strecke kann man mit bloßem Auge nicht mehr erkennen. Wir stellen deshalb die Planeten als Scheiben dar, wie sie uns im 100fach vergrößernden Fernrohr erscheinen würden. In Bild 203 liegt euch eine Tabelle der scheinbaren

Abmessungen der Planeten bei solcher Vergrößerung vor. Der untere Kreisbogen ist der Rand der Mondscheibe (oder der Sonne) in einem Teleskop mit 100facher Vergrößerung. Darüber ist der Merkur bei seiner geringsten Entfernung von der Erde. Weiter oben ist die Venus in drei

Bild 202   Ein riesengroßes Teleskop

Phasen dargestellt, in der erdnächsten Stellung ist dieser Planet vollständig unsichtbar, da er der Erde die unbeleuchtete Hälfte zukehrt.[1] Danach wird seine schmale Sichel sichtbar. Das ist die größte aller Planeten-„Scheiben". In den weiteren Phasen verkleinert sich die Venus sehr, und als volle Scheibe ist ihr Durchmesser nur ein Sechstel von dem der engen Sichel.

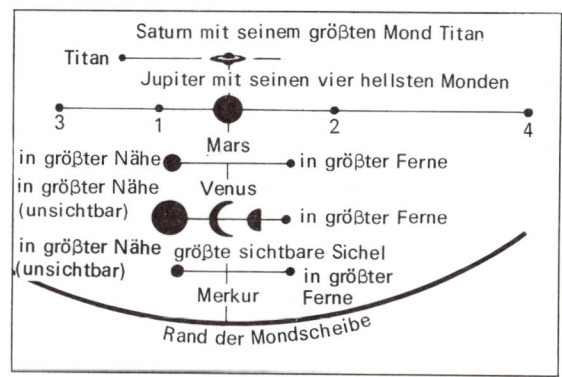

Bild 203 Halten wir diese Abbildung 25 cm vom Auge entfernt, dann sehen wir die darauf gezeichneten Planetenscheiben in den gleichen Abmessungen wie die Planeten im Teleskop mit 100facher Vergrößerung zu erfassen wären.

Über der Venus ist der Mars abgebildet. Links seht ihr ihn bei größter Erdnähe, wie ihn uns ein Fernrohr mit 100facher Vergrößerung zeigt. Welche Einzelheiten kann man auf dieser kleinen Scheibe entdecken? Malt denselben Kreis 10fach vergrößert auf und ihr werdet eine Vorstellung davon bekommen, was der Astronom sieht, wenn er den Mars mit einem leistungsfähigen Teleskop (1000fache Vergrößerung) beobachtet. Kann man auf solch engem Raume mit Gewißheit derartig schmale Einzelheiten ausmachen wie die vielzitierten „Kanäle" oder leichte Farbänderungen wahrnehmen, die mit der Vegetation auf dem Boden der „Ozeane" zusammenhängen sollen? Es ist nicht verwunderlich, daß die Aussagen der Forscher wesentlich voneinander abweichen.

---

[1] Sie ist in dieser Stellung nur in den äußerst seltenen Fällen zu sehen, wenn sie an der Sonnenscheibe als schwarzer Kreis vorbeizieht (der sogenannte „Venusdurchgang").

Der eine hält das für eine optische Täuschung, was der andere klar gesehen haben will...[1]

Der große Jupiter nimmt mit seinen Monden einen sehr auffälligen Platz in unserer Tabelle ein: Seine Scheibe ist wesentlich größer als die der übrigen Planeten (mit Ausnahme der Venussichel), und die vier wichtigsten Monde liegen auf einer Geraden, die fast halb so groß wie der Mondscheibendurchmesser ist. Jupiter ist hier in größter Erdnähe dargestellt. Der Saturn mit dem Ring und dem größten seiner Satelliten (Titan) stellt schließlich auch ein hinreichend auffälliges Objekt dar, wenn wir uns in größter Nähe zu ihm befinden.

Nach dem Gesagten ist es dem Leser klar, daß jeder sichtbare Gegenstand uns um so kleiner erscheint, je näher wir ihn uns vorstellen. Wenn wir umgekehrt aus irgendwelchen Gründen den Abstand zum Gegenstand übertreiben, haben wir auch von ihm den Eindruck entsprechend größerer Abmessungen.

Anschließend bringen wir eine lehrreiche Erzählung von *Edgar Allan Poe* (im Text sind unwesentliche Kürzungen vorgenommen worden), in der speziell von einer solchen optischen Täuschung berichtet wird. Wenn sie auch nicht wahrheitsgetreu erscheint, so ist sie doch durchaus nicht phantastisch. Ich selbst wurde einmal fast Opfer einer solchen Illusion, und sicher erinnern sich viele unserer Leser an ähnliche Fälle aus ihrem Leben.

SPHINX

Erzählung von Edgar Allan Poe

In der Zeit, als in New York furchtbar die Cholera verbreitet war, erhielt ich von einem meiner Bekannten eine Einladung, mich zwei Wochen in seinem abgelegenen Landhaus aufzuhalten. Wir hätten die Zeit sehr angenehm verbracht, wenn nicht die schrecklichen Nachrichten aus der Stadt gewesen wären, die uns täglich erreichten. Es verging kein Tag, an dem wir nicht die Kunde vom Tode eines Bekannten erhielten. Schließlich erwarteten wir die Zeitung immer mit Angst. Es kam uns vor, als ob

---

[1] Die modernen Angaben über den Mars und die anderen Planeten beschränken sich nicht auf die visuellen Beobachtungen. Die Messungen mit sehr empfindlichen Geräten erlauben sichere und glaubwürdige Aussagen über die physikalischen Bedingungen auf den Planeten und ihren Monden. Heute liegen über eine Reihe von Planeten weitaus genauere Angaben vor, die durch interplanetare Sonden gewonnen wurden (Anm. der deutschen Redaktion).

sogar der Wind aus dem Süden den Tod brächte. Dieser eisige Gedanke beherrschte meinen Geist gänzlich. Mein Gastgeber war ein Mensch von ruhigem Temperament und bemühte sich, mich aufzumuntern.

Nach einem heißen Tag saß ich bei Sonnenuntergang mit einem Buch in den Händen am geöffneten Fenster, durch das der Blick auf einen fernen Hügel hinter dem Fluß fiel. Meine Gedanken waren schon längst vom Buche zu der Trostlosigkeit abgeirrt, die in der benachbarten Stadt herrschte. Als ich die Augen hob, blickte ich zufällig auf den kahlen Hang des Hügels und sah etwas Merkwürdiges: Ein abscheuliches Ungeheuer kam schnell vom Gipfel des Hügels herunter und verschwand im Walde am Fuße des Berges. In der ersten Minute, als ich das Ungeheuer sah, zweifelte ich am gesunden Zustand meines Verstandes oder meiner Augen; aber es vergingen einige Minuten, und ich mußte mich über-zeugen, daß ich nicht phantasierte. Beschreibe ich jedoch dieses Unge-heuer (welches ich ganz deutlich sah und das ich die ganze Zeit beobachtete, wie es den Hügel herunterschritt), so werden es meine Leser wahrscheinlich nicht so ohne weiteres glauben.

Als ich die Größe dieses Geschöpfes im Vergleich zu dem Durchmesser der großen Bäume bestimmte, mußte ich mich überzeugen, daß es weit größer als ein Schlachtschiff war. Ich sage Schlachtschiff, weil die Form des Ungetüms an ein Schiff erinnerte. Der Rumpf eines Schiffes mit 74 Kanonen kann eine ungefähre Vorstellung von seinen Umrissen geben. Das Maul des Viehes befand sich am Ende eines Rüssels von fünfzig bis sechzig Fuß[1] Länge und ungefähr gleicher Stärke, wie der Rumpf eines gewöhnlichen Elefanten. Am Rüsselansatz sah ich eine dichte Masse zerzauster Haare, und aus ihm heraus ragten zwei nach unten und nach der Seite gebogene funkelnde Stoßzähne, so ähnlich wie bei einem Eber, nur unvergleichlich größer. Zu beiden Seiten des Rüssels befanden sich gigantische gerade Hörner von dreißig bis vierzig Fuß Länge und anscheinend aus Kristall. Sie glänzten grell im Sonnenlicht. Der Rüssel hatte die Form eines Keils, dessen Spitze zur Erde gewandt war. Das Tier besaß zwei Flügelpaare, jedes ungefähr 300 Fuß in der Länge, sie waren übereinander angeordnet. Die Flügel waren dicht besetzt mit metallenen Platten, jede Platte besaß 10 bis 12 Fuß Durchmesser. Aber die wichtigste Besonderheit dieses furchtbaren Geschöpfes bestand in der Abbildung des Totenkopfes, die fast die ganze Brustfläche einnahm. Er

---

[1] 1 englischer Fuß = 30,48 cm (Anm. der deutschen Redaktion).

hob sich durch seine grelle weiße Farbe mit scharfen Umrissen vom dunklen Grunde ab.

Als ich noch mit Angstgefühl auf dieses erschreckende Tier und besonders auf das unheilverkündende Zeichen auf seiner Brust blickte, machte es plötzlich das Maul weit auf und gab ein lautes Gestöhn von sich... Meine Nerven hielten das nicht aus, so daß ich bewußtlos zu Boden sank, als das Ungeheuer am Fuße des Hügels im Walde verschwand.

Als ich wieder zur Besinnung kam, erzählte ich als erstes meinem Freunde, was ich gesehen hatte. Nachdem er mich zu Ende angehört hatte, brach er in Gelächter aus, machte aber dann eine sehr ernste Mine, als ob er in keiner Weise an meiner Geistesstörung zweifeln würde.

In diesem Augenblick sah ich das Ungetier von neuem, und mit einem Schrei wies ich meinen Freund darauf hin. Er schaute hin, aber beteuerte, daß er nichts sehe, obwohl ich ihm genau den Standort des Tieres beschrieb, solange es den Hügel herabstieg.

Ich bedeckte das Gesicht mit den Händen. Als ich sie wegnahm, war das Ungeheuer schon verschwunden.

Mein Gastgeber fragte mich nun über das Aussehen dieses Tieres aus. Als ich ihm alles gründlich erzählt hatte, holte er tief Atem und, als ob er sich von einer untragbaren Last befreit hatte, schritt er zum Bücherschrank und ergriff ein Lehrbuch der Naturgeschichte. Nachdem er mich gebeten hatte, die Plätze zu wechseln, da er am Fenster den kleinen Druck des Buches besser erkennen könne, setzte er sich in den Stuhl, schlug das Lehrbuch auf und sprach weiter:

„Hätten Sie mir das Ungetier nicht so ausführlich beschrieben, hätte ich Ihnen wahrscheinlich niemals erklären können, was es für eins ist. Gestatten Sie bitte, daß ich Ihnen zuerst aus diesem Lehrbuch die Beschreibung der Gattung *Sphinx* aus der Familie der *Crepuscularien* (Dämmerungstiere) in der Reihe der *Lepidoptera* (Schmetterlinge) aus der Klasse der Insekten vorlese. Hier steht:

‚Zwei Paar häutiger Flügel, bedeckt mit kleinen farbigen Schuppen von metallischem Glanz; Mundorgane werden gebildet durch die verlängerten Unterkiefer, zu beiden Seiten die Ansätze flaumiger Fühler, die unteren Flügel sind mit den oberen durch feste Härchen verbunden; die Fühler sehen aus wie prismatische Auswüchse, zugespitzter Bauch; die Totenkopf-Sphinx ist wegen des von ihr ausgestoßenen trauernden

Lautes und der Schädelfigur auf der Brust unter dem gemeinen Volk manchmal Gegenstand abergläubischer Angst"[1].

Hier schlug er das Buch zu und neigte sich in derselben Richtung zum Fenster, wie ich da saß, als ich das „Ungetier" sah.

„Aha, dort ist es!" rief er aus, „es klettert den Hang des Hügels hinauf und, ich gestehe, es sieht sehr merkwürdig aus. Aber es ist durchaus nicht so groß und so weit weg, wie Sie es dargestellt haben, denn es krabbelt in dem Gewebe herum, das irgendeine Spinne an unserem Fenster gezogen hat!"

WARUM VERGRÖSSERT DAS MIKROSKOP?

„Weil es den Strahlengang in einer bestimmten Weise verändert, wie es in den Physiklehrbüchern beschrieben ist" – das wird man sicher in den meisten Fällen als Antwort auf diese Frage zu hören bekommen. Doch mit einer solchen Antwort wird die Ursache nur entfernt angedeutet. Der eigentliche Sachverhalt wird nicht berührt. Was ist die Grundursache für die vergrößernde Wirkung von Mikroskop und Fernrohr?

Ich erfuhr das nicht aus einem Lehrbuch, sondern zufällig, weil mich als Schüler diese außerordentlich interessante und sehr verblüffende Erscheinung einstmals beschäftigte. Ich saß am geschlossenen Fenster und schaute auf die Backsteinwand des Hauses auf der gegenüberliegenden Seite der schmalen Gasse. Plötzlich fuhr ich ängstlich zurück: Von der Backsteinmauer – ich sah es ganz genau! – blickte mich ein riesiges menschliches Auge von einigen Metern Breite an! Damals hatte ich noch nicht die eben angeführte Geschichte von *Edgar Allan Poe* gelesen und erfaßte deshalb nicht sofort, daß dieses riesige Auge das Bild meines eigenen war. Das Bild projizierte ich auf die entfernte Wand, und deshalb kam es mir entsprechend vergrößert vor.

Als ich darüber scharf nachdachte, kam mir sogar der Gedanke, ob man auf dem Prinzip dieser optischen Täuschung nicht ein Mikroskop bauen könne. Erst nachdem ich damit Schiffbruch erlitt, wurde mir klar, worauf die vergrößernde Wirkung eines Mikroskops beruht: Durchaus

---

[1] Jetzt zählt man diesen Schmetterling zur Gattung der *Acherontia*. Er ist einer der wenigen Schmetterlinge, die einen Laut von sich geben können – einen Pfiff, der an das Gewinsel von Mäusen erinnert. Er ist der einzige, der die Laute mit Hilfe der Mundorgane erzeugt. Die Stimme ist so laut, daß sie viele Meter weit zu hören ist. Im vorliegenden Fall konnte sie dem Beobachter besonders laut erscheinen, da ja die Schallquelle in Gedanken in sehr große Entfernung gerückt worden war.

nicht darauf, daß der betrachtete Gegenstand größere Ausdehnungen zu haben scheint, sondern auf der Tatsache, daß wir ihn unter einem größeren Sehwinkel betrachten. Folglich, und das ist das wichtigste, nimmt sein Bild einen größeren Platz auf der Netzhaut unseres Auges ein (Bild 204). Um zu verstehen, warum hier der Sehwinkel eine solche wesentliche Bedeutung hat, müssen wir die Aufmerksamkeit auf eine

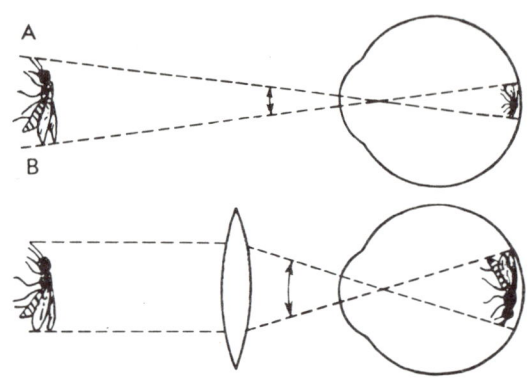

Bild 204 Die Linse bildet den Gegenstand vergrößert auf der Netzhaut des Auges ab.

wichtige Besonderheit unseres Auges richten: Jeder Gegenstand oder jeder Teil desselben, der sich uns unter einem Winkel darstellt, welcher kleiner als eine Winkelminute ist, verschwimmt bei normalem Sehen zu einem Punkt, an dem wir weder Umrisse noch Einzelheiten unterscheiden können. Das rührt daher, daß bei einem solchen Sehwinkel das Bild des Gegenstandes (oder das Bild eines beliebigen Teiles des Gegenstandes) im Auge nicht eine Vielzahl von Sehnervenenden auf der Netzhaut erfaßt, sondern nur ein einziges Sehnervenende belegt. Einzelheiten der Form und des Baues verschwinden dann, wir sehen nur einen *Punkt*.

Die Aufgabe des Mikroskops und des Fernrohres besteht nun darin, den Verlauf der vom Gegenstand ausgehenden Strahlen zu verändern. Der Körper soll uns unter einem größeren Sehwinkel gezeigt werden. Das Bild soll auf der Netzhaut größer erscheinen, es soll mehrere Sehnervenenden überdecken – und so werden wir dann am Gegenstand Feinheiten unterscheiden, die sonst zu einem Punkte verschwimmen. „Das Mikroskop oder das Fernrohr vergrößert hundertfach" bedeutet,

402

daß es uns die Objekte unter einem hundertmal größeren Sehwinkel zeigt. Wenn das optische Instrument den Sehwinkel nicht vergrößert, dann liefert es überhaupt keine Vergrößerung, selbst wenn es uns so vorkommt, als ob wir den Körper vergrößert sähen. Das Auge auf der Ziegelwand erschien mir sehr groß, doch ich sah in ihm nicht mehr Einzelheiten als in einem ebenen Spiegel. Der Mond scheint tief am Horizont wesentlich größer zu sein als hoch am Himmel, aber entdecken wir etwa auf dieser vergrößerten Scheibe nur ein kleines Fleckchen mehr als bei hohem Stand des Mondes?

Wenn wir uns dem Beispiel der Vergrößerung zuwenden, welches in der Erzählung „Sphinx" von *Edgar Allan Poe* beschrieben wurde, so werden wir uns überzeugen, daß auch hier im vergrößerten Objekt keine neuen Einzelheiten gesehen wurden, da ja der Sehwinkel unverändert blieb. Der Schmetterling war unter ein und demselben Winkel zu sehen, ob wir ihn uns weit entfernt im Wald oder in der Nähe am Fensterrahmen vorstellten. Wie ein wirklicher Künstler ist *Edgar Allan Poe* sogar in diesem Punkte seiner Erzählung wahrheitsgetreu. Habt ihr bemerkt, wie er das „Ungetier" im Walde beschreibt? In der Aufzählung der einzelnen Glieder des Insekts ist nicht mehr enthalten als das, was der Beobachter am „Totenkopf" mit unbewaffnetem Auge sehen kann. Vergleicht beide Beschreibungen, sie werden nicht ohne Absicht in der Erzählung angeführt, und ihr werdet euch überzeugen, daß sie sich nur in der Wahl der Wörter unterscheiden (Platten von 10 Fuß Durchmesser – Schuppen, gigantische Hörner – Fühler usw.). In der ersten Beschreibung finden sich keine Angaben, die mit bloßem Auge nicht zu sehen wären.

Wenn sich die Wirkung des Mikroskops nur in einer solchen Vergrößerung erschöpfen würde, wäre es unbrauchbar. Aber wir wissen, daß es nicht so ist, daß das Mikroskop uns eine neue Welt erschlossen hat, indem es die Grenzen unseres natürlichen Sehens erweitert hat. Jetzt können wir uns schon genau erklären, warum gerade das Mikroskop uns „das Geheimnis" gelüftet hat, welches der Beobachter in der Erzählung von *Edgar Allan Poe* an seinem Ungetier-Schmetterling nicht sah. Weil das Mikroskop die Gegenstände nicht einfach an sich vergrößert, sondern unter einem größeren Sehwinkel zeigt, darum entsteht auf der Netzhaut ein vergrößertes Bild des Gegenstandes. Dieses wirkt auf eine größere Anzahl von Sehnervenenden und verschafft somit unserem Bewußtsein eine größere Anzahl einzelner Eindrücke.

403

OPTISCHER SELBSTBETRUG

Wir sprechen oft von „optischen Täuschungen", „Täuschungen des Gehörs", doch diese Ausdrücke sind nicht richtig. Das sind keine Sinnestäuschungen. Der Philosoph *Kant* sagte treffsicher zu dieser Frage: „Die Sinne betrügen nicht... und dieses darum, nicht weil sie immer richtig urteilen, sondern weil sie gar nicht urteilen."

Was betrügt uns denn nun bei diesen sogenannten „Sinnestäuschungen"? Es ist klar, daß im gegebenen Fall unser eigenes Gehirn u r t e i l t. Tatsächlich resultiert ein großer Teil der optischen Täuschungen hauptsächlich daraus, daß wir nicht nur s e h e n, sondern auch unbewußt u r t e i l e n, wobei wir uns unfreiwillig irren. Es handelt sich also um Täuschungen im Urteil, nicht um Täuschungen der Sinne.

Vor 2000 Jahren schrieb der klassische Dichter *Lukretius*: „Unsere Augen vermögen es nicht, die Natur der Dinge zu ergründen. Darum dränge ihnen nicht einen Irrtum des Verstandes auf!"

Nehmen wir das allgemein bekannte Beispiel der optischen Täuschung: Die linke Figur im Bild 205 scheint schmaler als die rechte zu sein, obwohl beide gleich große Quadrate bedecken. Der Grund liegt darin, daß die Schätzung der Höhe der linken Figur auf einer unbewußten Addition der einzelnen Zwischenräume beruht. Darum erscheint sie uns höher. Dagegen wird die Breite der rechten Figur größer geschätzt als ihre Höhe. Aus demselben Grunde glaubt man, die Höhe der Figur des Bildes 206 sei größer als ihre Breite.

EINE FÜR DIE SCHNEIDER NÜTZLICHE TÄUSCHUNG

Wenn ihr die soeben beschriebene optische Täuschung an größeren Figuren anzuwenden wünscht, die nicht mit einem Male vom Auge erfaßt werden können, dann erfüllen sich eure Erwartungen nicht. Es ist bekannt, daß ein kleiner dicker Mann in einem Anzug mit waagerechten Streifen nicht etwa dünner, sondern noch dicker aussieht. Dagegen kann er seine Fülle bis zu einem gewissen Grade verbergen, wenn er einen Anzug mit Längsstreifen trägt. Wie erklärt sich dieser Widerspruch? Das ist folgendermaßen: Betrachten wir einen solchen Anzug, so können wir ihn nicht mit einem Male im Ganzen erfassen. Wir gehen mit dem Auge unwillkürlich den Streifen nach, und weil wir dabei die Augenmuskeln beanspruchen müssen, haben wir den Eindruck der größeren Ausdehnung des Gegenstandes in Richtung der Streifen. Wir sind nämlich gewöhnt, mit einer Beanspruchung der Augenmuskeln eine Vorstellung von größeren Gegenständen zu verbinden. Wenn wir dagegen die linke Figur des Bildes 205 betrachten, bleiben unsere Augen unbewegt, und die Muskeln werden nicht angestrengt.

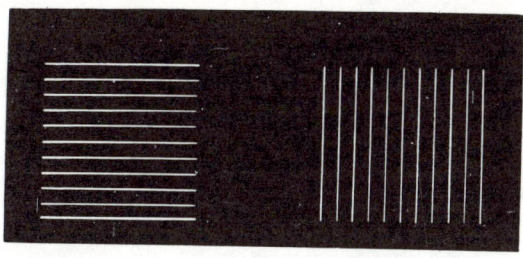 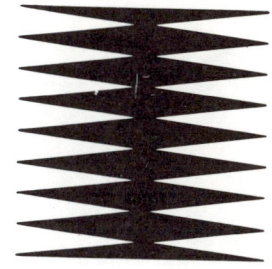

Bild 205 Welche Figur ist breiter, die linke oder die rechte?

Bild 206 Was ist größer an dieser Figur, die Höhe oder die Breite?

Bild 207 Welche Ellipse ist größer, die untere oder die innere oben?

WAS IST GRÖSSER?

Welche Ellipse im Bild 207 ist größer: die untere oder die innere oben? Man macht sich schwer von der Einbildung frei, daß die untere größer sei als die obere. Dabei sind beide gleich groß. Nur das Vorhandensein der äußeren sie umgebenden Ellipse schafft die Illusion, als sei die eingeschlossene kleiner als die untere. Die Vorstellung wird noch dadurch verstärkt, daß die ganze Figur nicht flächenhaft, sondern räumlich dargestellt ist, wie ein Eimer. Die Ellipsen kommen uns unwillkürlich wie durch die Perspektive gestauchte Kreise vor, die

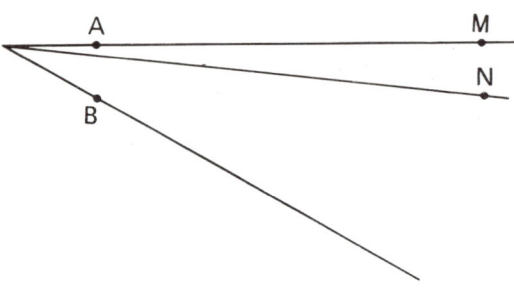

Bild 208   Welcher Abstand ist größer, *AB* oder *MN*?

geraden Seitenlinien als die Seitenwände des Eimers.

In dem Bild 208 erscheint uns der Abstand zwischen den Punkten *A* und *B* größer als der zwischen den Punkten *M* und *N*. Die Illusion wird durch den dritten Strahl erzeugt.

DIE EINBILDUNGSKRAFT

Die meisten optischen Täuschungen haben ihren Ursprung darin, daß wir nicht nur s e h e n, sondern dabei unbewußt auch u r t e i l e n. „Wir sehen nicht mit den Augen, sondern mit dem Gehirn", sagen die Physiologen. Ihr stimmt dem sicher bei, wenn ihr Täuschungen kennenlernen werdet, bei denen die Phantasie des Betrachters b e w u ß t am Sehprozeß Anteil hat.

Betrachtet zu diesem Zwecke das Bild 209! Zeigt ihr diese Zeichnung euren Freunden und fragt, was da abgebildet ist, so werdet ihr dreierlei Antworten erhalten. Die einen werden sagen, das sei eine Treppe, die anderen – eine in die Wand eingelassene Nische, die dritten schließlich sehen darin einen Papierstreifen, der „zu einer Harmonika" gefaltet und schräg auf dem weißen Feld des Quadrats ausgebreitet worden ist.

So merkwürdig es ist, aber alle drei Antworten sind richtig! Ihr könnt selbst alle aufgezählten Dinge sehen, wenn ihr euren Blick auf verschiedene Weise auf die Zeichnung richtet. Wir wollen es versuchen: Betrachtet das Bild 209. Richtet ihr den Blick auf den linken Teil, so werdet ihr eine Treppe erkennen. Gleitet euer Blick von rechts nach links über die Zeichnung, so seht ihr eine Nische. Geht euer Blick in Richtung

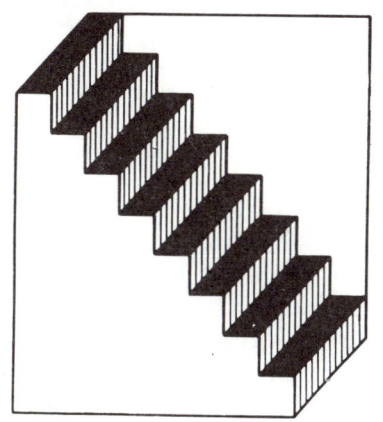 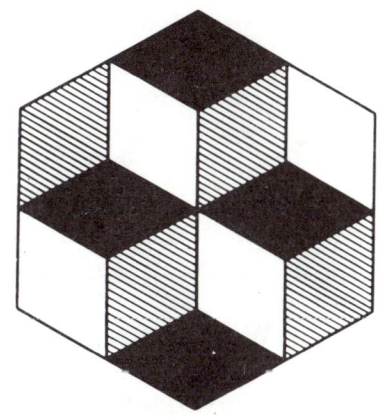

Bild 209 Was seht ihr hier? – eine Treppe, eine Nische oder einen „zu einer Harmonika" gefalteten Papierstreifen?

Bild 210 Wie liegen hier die Würfel? Wo sind zwei Würfel, oben oder unten?

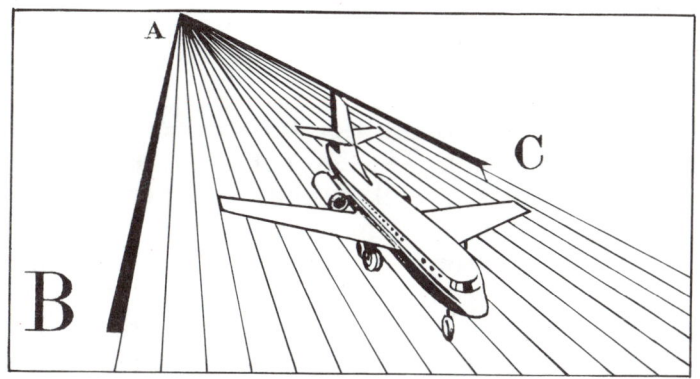

Bild 211 Was ist länger, *AB* oder *AC*?

der Diagonalen vom rechten unteren zum linken oberen Rand, dann seht ihr einen zu einer Harmonika gefalteten Streifen Papier.

Bei längerer Betrachtung läßt die Aufmerksamkeit nach, und ihr werdet abwechselnd bald das eine oder das andere sehen, ganz unabhängig von eurem Wunsche.

Im Bild 210 geht es um ähnliche Erscheinungen.

Eine interessante Täuschung ist im Bild 211 dargestellt: Wir meinen, der Abstand von A nach B sei bedeutend länger als der von A nach C. Dabei sind beide gleich.

WEITERE OPTISCHE TÄUSCHUNGEN

Wir sind nicht imstande, alle optischen Täuschungen zu erklären. Oft kommt man auch nicht darauf, welche Art von Schlußfolgerung sich unbewußt in unserem Gehirn vollzieht und diese oder jene optische Täuschung hervorruft. Im Bild 212 sind deutlich zwei Kreisbögen zu sehen, deren Wölbungen einander zugekehrt sind. Es kommt gar kein Zweifel auf, daß es so ist. Man braucht jedoch nur das Lineal an diese scheinbaren Kreisbögen zu legen oder über sie längs hinwegzusehen, wobei man die Figur in Augenhöhe hält, und man erkennt die Geradlinigkeit der Linien. Diese Täuschung zu erklären ist nicht so einfach.

Wir zeigen noch einige Beispiele von Illusionen gleicher Art. Im Bild 213 scheint die Strecke in ungleiche Abschnitte geteilt zu sein; durch Messen überzeugt ihr euch, daß die Abschnitte gleich groß sind. In den Bildern 214 und 215 kommen einem die Parallelen nicht parallel vor. Der Kreis im Bild 216 erweckt den Eindruck, als sei er oval.

Es ist auffällig, daß die beim Betrachten der Bilder 213, 214 und 215 auftretenden optischen Täuschungen aufhören, wenn wir die Beobachtung beim Licht des elektrischen Funkens vornehmen. Offensichtlich ist die Täuschung mit dem Bewegen der Augen verbunden. Bei dem kurzzeitigen Aufflammen der Funken führt das Auge keine solche Bewegung aus.

Hier ist noch eine nicht weniger interessante Täuschung. Schaut euch das Bild 217 an und sagt, welche Linien länger sind, die linken oder die rechten?

Die ersteren kommen uns länger vor, obwohl sie den anderen genau gleichen. Es sind viele Erklärungen dieses merkwürdigen Trugbildes gegeben worden, doch sie sind wenig überzeugend. Eines steht aber zweifellos fest: Die Ursache dieser Täuschungen liegt im unbewußten Urteilen, in den unwillkürlichen „schlauen Tüfteleien" des Verstandes, der das wirklich Gesehene verändert.

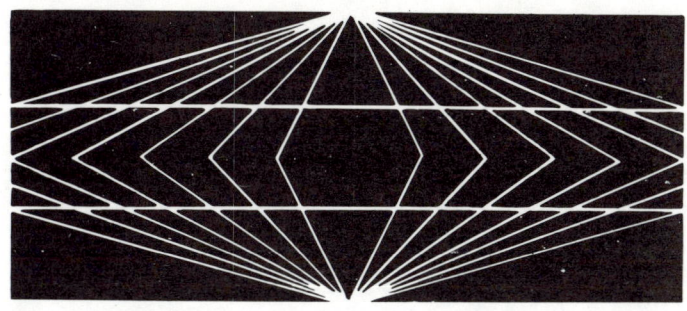

Bild 212 Zwei parallele Linien in der Mitte scheinen Kreisbögen zu sein.

Bild 213 Ist diese Strecke in sechs gleiche Abschnitte geteilt?

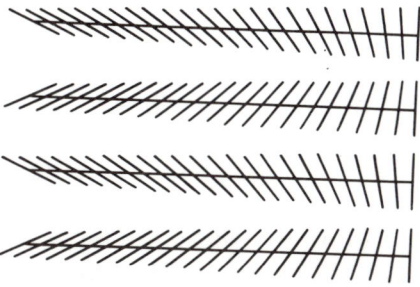

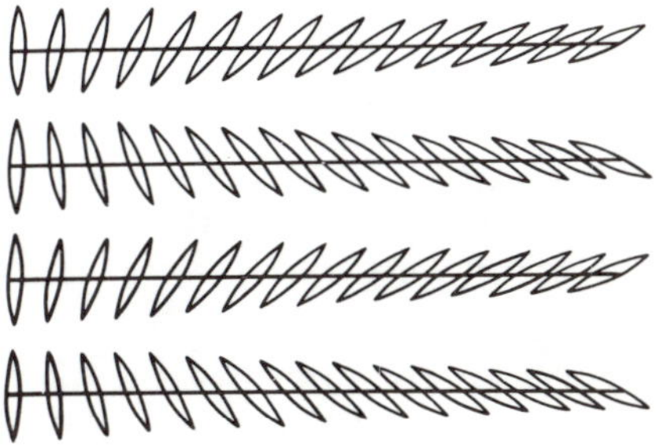

Bild 214 Parallele Linien erscheinen nicht parallel.

Bild 215 Eine Abänderung der Täuschung von Bild 214

WAS IST DAS?

Beim Betrachten des Bildes 218 werdet ihr wahrscheinlich nicht sofort herausbekommen, was darauf dargestellt ist. „Ein schwarzes Sieb nur, nichts weiter", werdet ihr sagen. Stellt aber einmal das Buch aufrecht auf

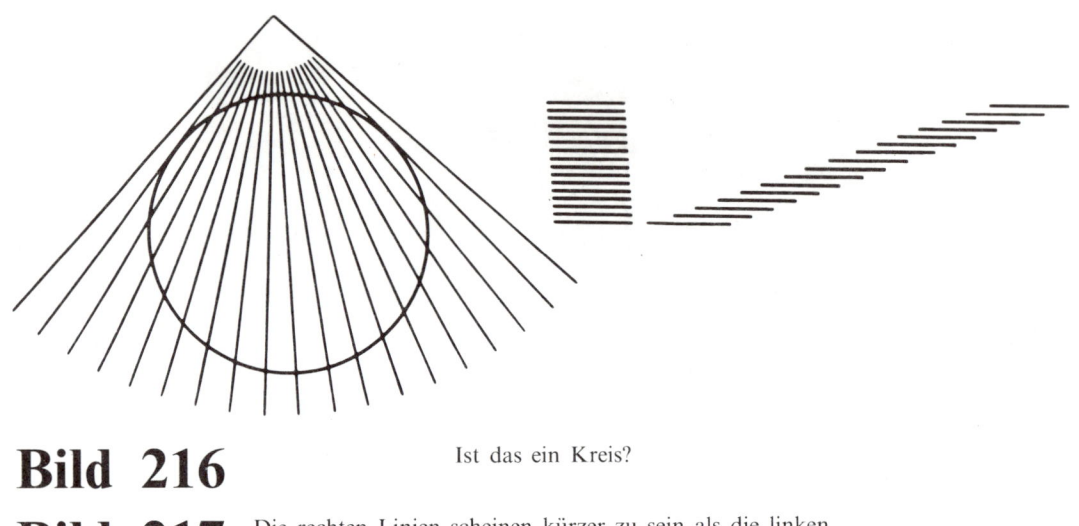

Bild 216

Ist das ein Kreis?

Bild 217 Die rechten Linien scheinen kürzer zu sein als die linken.

den Tisch, geht 3 bis 4 Schritte zurück und schaut euch das Bild von dort aus an. Ihr werdet ein menschliches A u g e sehen. Tretet ihr näher heran, so habt ihr wieder ein nichts aussagendes Netzgeflecht vor euch.

Selbstverständlich glaubt ihr, das sei irgendein kunstfertiger „Trick" eines erfinderischen Graveurs. Nein, es ist nur ein Beispiel für die optische Täuschung, der wir jedesmal beim Betrachten einer Fotografie in einer Zeitung, in einer Zeitschrift oder in einem Buch verfallen. Der Untergrund solcher Abbildungen kommt uns immer dicht geschlossen vor. Betrachten wir ihn jedoch mit der Lupe, so haben wir ein gleiches Netzwerk vor uns wie im Bild 218. Das euch verblüffende Bild 218 ist nichts anderes als ein stark vergrößerter Ausschnitt eines gewöhnlichen Zeitungsbildes. Der Unterschied besteht nur darin, daß bei feinem Raster das Bild schon in geringer Entfernung zu einem geschlossenen Ganzen zusammenfließt, nämlich in der Entfernung, in der wir gewöhnlich ein Buch beim Lesen halten. Wenn der Raster grob ist, entsteht der Eindruck des geschlossenen Bildes erst in größerem Abstand. Ihr erfaßt das Gesagte sicher ohne Mühe, wenn ihr euch an die Betrachtungen über den Sehwinkel erinnert.

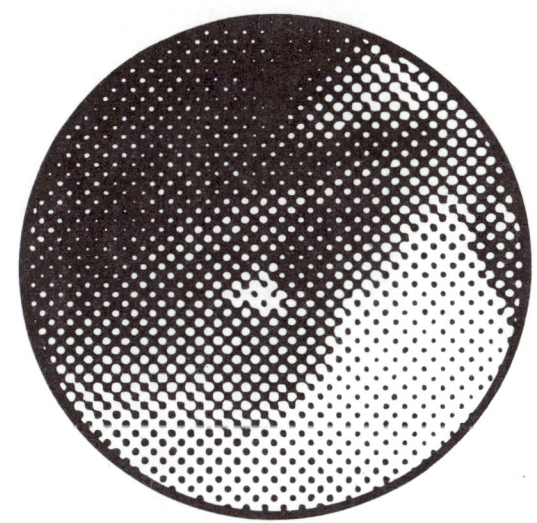

Bild 218 Betrachtet man dieses Sieb aus der Ferne, erkennt man leicht darauf ein...

UNGEWÖHNLICHE RÄDER

Habt ihr vielleicht schon einmal durch die Ritzen eines Zaunes oder, noch besser, bei einer Filmvorführung im Kino auf die Speichen eines sich schnell drehenden Rades geachtet? Das Auto jagt mit schwindelerregender Geschwindigkeit dahin, die Räder drehen sich aber nur langsam oder überhaupt nicht. Ja, manchmal drehen sie sich sogar in entgegengesetzter Richtung!

Diese optische Täuschung ist so verblüffend, daß alle in Staunen versetzt werden, die das zum ersten Mal sehen. Zu erklären ist diese Erscheinung folgendermaßen: Folgen wir der Bewegung eines Rades durch die Ritzen eines Zaunes (indem wir den Blick längs des Zaunes gleiten lassen), so sehen wir die Radspeichen nicht pausenlos, sondern in gleichmäßigen Zeitintervallen. Die Latten des Zaunes versperren ja von

Augenblick zu Augenblick die Sicht. Genauso wirft auch der Filmstreifen das Bild der Räder 24mal in der Sekunde mit Pausen auf die Leinwand. Hierbei kann dreierlei passieren. Wir wollen die möglichen Fälle nacheinander besprechen.

F a l l   N r. 1: Zunächst kann es vorkommen, daß das Rad in der Zwischenzeit gerade mehrere Umdrehungen ausführt, gleichgültig

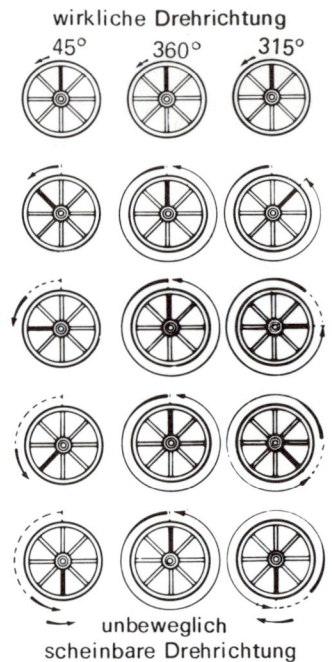

Bild 219 Die Ursache für die rätselhafte Bewegung der Räder auf der Leinwand

wieviel, zwei oder zwanzig, es muß nur eine ganze Zahl sein. Dann nehmen die Radspeichen auf dem neuen Bild die gleiche Lage ein wie auf dem vorigen. Im folgenden Intervall macht das Rad wieder mehrere volle Umdrehungen (die Dauer der Intervalle und die Geschwindigkeit des Autos ändern sich nicht), die Stellung der Speichen bleibt wie zuvor. Sehen wir während der ganzen Zeit die gleiche Stellung der Speichen, schließen wir daraus, daß sich das Rad überhaupt nicht dreht (mittlere Spalte in Bild 219).

Fall Nr. 2: Das Rad schafft in jedem Zeitabschnitt mehrere volle Umdrehungen und n o c h e i n e n T e i l einer vollen Umdrehung, vielleicht nur einen sehr k l e i n e n Teil. Beobachten wir die Reihenfolge solcher Bilder, so sehen wir nur ein langsames Drehen des Rades (jedesmal um einen kleinen Teil einer Umdrehung). Im Ergebnis kommt es uns so vor, als ob sich die Räder trotz der schnellen Fahrt des Autos nur langsam drehen.

Fall Nr. 3: In der Pause zwischen zwei Aufnahmen führt das Rad nur e i n e n T e i l einer vollen Umdrehung aus, aber einen sehr g r o ß e n T e i l (beispielsweise soll sich das Rad noch um 315° wie in der rechten Spalte des Bildes 219 drehen). Dann wird es so scheinen, als ob sich das Rad e n t g e g e n g e s e t z t d r e h t. Dieser falsche Eindruck wird so lange andauern, bis das Rad seine Drehzahl ändert.

Es sind auch noch weitere Kuriositäten möglich. Befindet sich auf dem Reifen des Rades ein Zeichen, während die Speichen alle gleich sind, dann kann es vorkommen, daß sich der Reifen in der einen Richtung bewegt, die Speichen in *entgegengesetzter* Richtung laufen! Wenn die Markierung auf einer *Speiche* ist, dann können sich die Speichen in umgekehrter Richtung bezüglich der Markierung bewegen, sie springt gleichsam von Speiche zu Speiche über.

Werden im Kino Spielfilme gezeigt, dann stört diese Täuschung den natürlichen Eindruck wenig. Soll aber auf der Leinwand die Wirkungsweise irgendeiner Maschine erklärt werden, so kann die optische Täuschung ernste Mißverständnisse hervorbringen und Erklärungen zur Arbeit der Maschine sogar unmöglich machen.

Ein aufmerksamer Zuschauer kann, wenn er den scheinbaren Stillstand der Räder eines fahrenden Autos auf der Leinwand sieht, bis zu einem gewissen Grade leicht abschätzen, wieviel Umdrehungen sie in der Sekunde machen. Dazu muß er die Speichen zählen. Bei normaler Filmgeschwindigkeit werden 24 Bilder je Sekunde projiziert. Wenn die Anzahl der Speichen eines Autorades zwölf beträgt, dann macht es $24 : 12 = 2$ Umdrehungen pro Sekunde oder eine ganze Umdrehung in einer halben Sekunde. Das ist die kleinste Umdrehungszahl, sie kann auch um das Mehrfache einer ganzen Zahl größer sein (doppelt, dreifach usw.). Indem man die Größe des Raddurchmessers schätzt, kann man auch die Geschwindigkeit des Fahrzeugs bestimmen. Zum Beispiel haben wir im betrachteten Falle bei einem Durchmesser von 80 cm eine Geschwindigkeit von ungefähr 18 km/h (oder 36 km/h, 54 km/h usw.).

Die eben betrachtete optische Täuschung wird in der Technik zur Bestimmung der Drehzahl schnell rotierender Wellen benutzt. Wir wollen erklären, wie ein solches Gerät im Prinzip funktioniert. Die Lichtstärke einer mit Wechselstrom betriebenen Lampe ist nicht konstant. Nach jeder hundertstel Sekunde (bei 50 Hz) wird das Licht schwächer, obwohl wir ein Flimmern unter normalen Bedingungen gar nicht bemerken. Stellen wir uns aber vor, es würde mit solchem Licht eine rotierende Scheibe wie in Bild 220 beleuchtet. Führt die Scheibe in einer hundertstel Sekunde eine viertel Umdrehung aus, dann geschieht etwas Unerwartetes: An Stelle eines üblichen, gleichmäßig grauen Kreises sieht man die schwarzen und weißen Sektoren, als ob die Scheibe in Ruhe wäre.

Hoffentlich ist dem Leser der Grund dieser Erscheinung klar, nachdem er sich vorher mit der Täuschung bei den Autorädern auseinandergesetzt hat. Er sollte auch leicht erkennen, wie dieses Prinzip zum Berechnen der Drehzahl einer rotierenden Welle angewendet wird.

„DAS MIKROSKOP DER ZEIT" IN DER TECHNIK

Macht eine Scheibe mit geschwärzten Sektoren (Bild 220) 25 Umdrehungen je Sekunde und wird sie jede Sekunde einhundertmal von den Blitzen der Lampe beleuchtet, so wird sie nach unserem Wissen scheinbar still stehen. Stellen wir uns jedoch vor, die Anzahl der Blitze betrage 101 je Sekunde. In der Pause zwischen zwei aufeinanderfolgenden Blitzen macht die Scheibe dann nicht wie vorher eine viertel Umdrehung. Folglich gelangt der entsprechende Sektor nicht in die vorgesehene Lage.

Das Auge sieht ihn um den hundersten Teil des Kreisumfangs zurückbleiben. Beim nächsten Aufleuchten scheint er wieder um den hundersten Teil des Umfangs nachzubleiben usw. Uns kommt es so vor, als ob sich die Scheibe r ü c k w ä r t s drehe und dabei eine Umdrehung je Sekunde ausführe. Die Bewegung ist auf ein Fünfundzwanzigstel verlangsamt worden.

Es ist unschwer einzusehen, wie man eine ebenso verlangsamte Drehbewegung in normaler Richtung erzeugen kann. Dazu muß die Anzahl der Lichtblitze statt vergrößert verkleinert werden. Bei 99 Blitzen je Sekunde dreht sich zum Beispiel die Scheibe mit einer Umdrehung je Sekunde scheinbar vorwärts. Wir haben hier ein „Zeitmikroskop" mit 25facher Verlangsamung vor uns. Es ist aber durchaus möglich, noch

414

größere Verzögerungen zu erzielen. Erhöht man zum Beispiel die Anzahl der Lichtblitze auf 999 in 10 Sekunden (das sind 99,9 in einer Sekunde), so dreht sich die Scheibe scheinbar einmal in 10 Sekunden. Also ist eine 250fache Zeitdehnung erreicht worden.

Eine beliebige periodische Bewegung kann man unter der dargelegten Annahme für unser Auge bis zu fast jedem gewünschten Grade

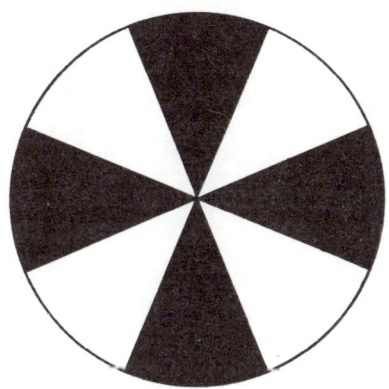

Bild 220 Scheibe zur Bestimmung der Drehzahl eines Motors

verlangsamen. Hiermit bietet sich eine günstige Möglichkeit, die Besonderheiten von Bewegungen sehr schneller Maschinenteile zu untersuchen, indem man die Bewegung mit unserem „Mikroskop der Zeit" auf ein Hundertstel, ein Tausendstel usw. verlangsamt.[1]

Wir beschreiben zum Schluß noch ein Gerät zur *Geschwindigkeitsmessung* von Geschossen. Es beruht auf der Möglichkeit, die Drehzahl einer rotierenden Scheibe genau zu bestimmen. Auf einer schnell rotierenden Welle steckt eine Pappscheibe mit schwarzen Sektoren. Auf dem Rand der Scheibe sitzt ein Pappring, so daß das Ganze die Form einer offenen, zylindrischen Schachtel hat (Bild 221). Der Schütze feuert das Geschoß längs des Durchmessers dieser Schachtel ab, es durchbohrt deren Wand dabei an zwei Stellen. Stünde die Scheibe still, so lägen beide Löcher an

---

[1] Das betrachtete Prinzip liegt den Anwendungen in der Praxis zugrunde, z. B. dem Stroboskop, welches zum Messen der Frequenz schneller periodischer Prozesse benutzt wird. Die Stroboskope haben eine außerordentlich hohe Meßgenauigkeit (z. B. erreicht ein elektronisches Stroboskop eine Meßgenauigkeit von 0,001%).

den Enden ein und desselben Durchmessers. Da sich die Scheibe aber dreht, während das Geschoß von einem Rand zum anderen fliegt, trifft die Kugel somit den hinteren Rand nicht im Punkt *B*, sondern im Punkt *C*. Kennt man die Drehzahl der Schachtel und ihren Durchmesser, kann man aus der Größe des Kreisbogens *BC* die Geschoßgeschwindigkeit berechnen.

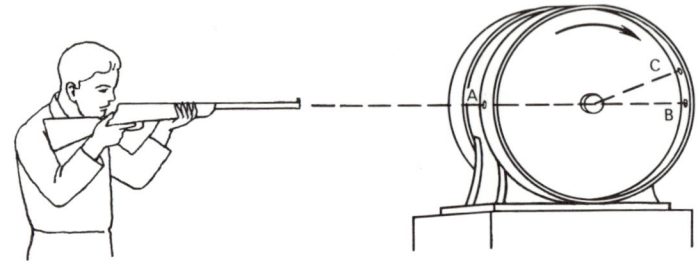

Bild 221   Das Messen der Geschwindigkeit eines Geschosses

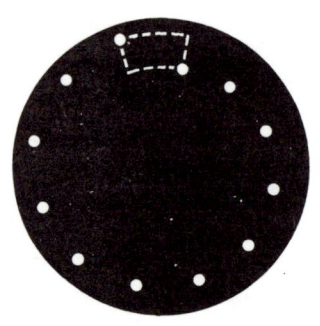

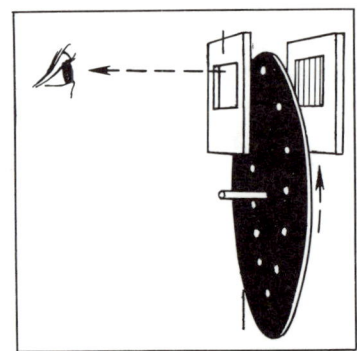

Bild 222   **Bild 223**

DIE NIPKOW-SCHEIBE

Eine bemerkenswerte technische Anwendung der optischen Täuschung stellt die sogenannte *Nipkow*-Scheibe dar. *Nipkow* erfand 1884 eine Scheibe, die mit spiralförmig angeordneten Löchern versehen war und beim Fernsehen zum Zerlegen von Bildern in Zeilen und Punkte und Wiederzusammensetzen benutzt wurde (Anm. der deutschen Redaktion).

In Bild 222 seht ihr eine kreisförmige Scheibe, an deren Rand ein Dutzend kleiner Löcher von 2 mm lichter Weite ausgestanzt sind. Die Löcher liegen gleichmäßig auf einer Spirallinie verteilt, jedes folgende 2 mm näher zum Mittelpunkt der Scheibe als das vorhergehende. Eine solche Scheibe verspricht nichts Besonderes. Ihr steckt sie zunächst auf eine Welle, baut davor ein Fensterchen auf und dahinter ein Bild (Bild

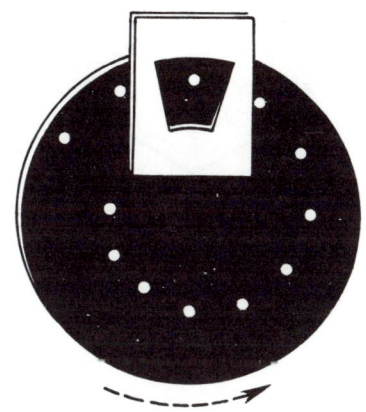

Bild 224

223). Versetzt ihr dann die Scheibe in schnelle Drehbewegung, dann tritt ein unerwarteter Vorgang auf: Das bei stillstehender Scheibe verdeckte Bild wird bei sich drehender Scheibe deutlich sichtbar. Verlangsamt ihr die Drehbewegung, wird das Bild undeutlich und verschwindet schließlich bei Stillstand der Scheibe vollkommen. Jetzt ist vom Bilde nur das zu sehen, was man gerade durch das Loch von 2 mm Durchmesser hindurch erblicken kann.

Laßt uns untersuchen, worin das Geheimnis des verblüffenden Effekts dieser Scheibe besteht. Wir werden die Scheibe langsam drehen und fortlaufend den Durchgang jedes einzelnen Loches am Fensterchen vorbei verfolgen. Das vom Zentrum am weitesten entfernte Loch läuft am oberen Rande des Fensters entlang. Ist die Bewegung schnell genug, so erzeugt es einen sichtbaren ganzen Streifen des Bildes, der dem oberen Rande entspricht. Das nächste Loch, etwas tiefer als das erste, legt bei schnellem Durchgang im Feld des Fensters einen zweiten Bildstreifen frei, der an den ersten angrenzt. Das dritte Loch erzeugt einen dritten Streifen des Bildes usw. (Bild 224). Bei hinreichend schnellem Drehen der Scheibe wird das ganze Bild sichtbar.

Eine *Nipkow*-Scheibe kann man leicht selbst bauen. Zum schnellen Antrieb kann man eine auf die Welle gewickelte Schnur benutzen. Besser ist selbstverständlich ein kleiner Elektromotor.

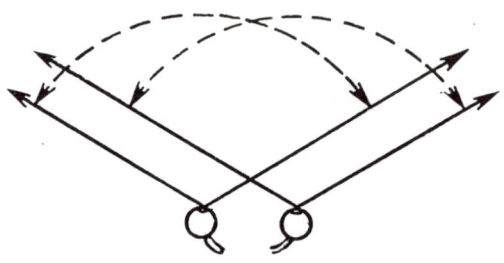

Bild 225

Gesichtsfeld beider Augen des Menschen

WARUM IST DER HASE SCHIELÄUGIG?

Der Mensch ist eines der wenigen Lebewesen, deren Augen zum gleichzeitigen Betrachten eines Gegenstandes benutzt werden können. Das Gesichtsfeld des rechten Auges weicht nur ganz wenig von dem des linken ab. Die meisten Tiere schauen mit jedem Auge einzeln. Sie sehen die Gegenstände nicht so plastisch, wie wir es gewöhnt sind, dafür ist aber ihr Gesichtsfeld wesentlich weiter. In Bild 225 ist das Gesichtsfeld eines Menschen dargestellt. Jedes Auge sieht in horizontaler Ebene innerhalb eines Winkels von 120°, und beide Winkel überdecken sich fast (die Augen sind als unbeweglich angenommen). Vergleicht dieses Bild mit dem Bild 226, auf dem das Gesichtsfeld eines Hasen dargestellt ist. Ohne den Kopf zu wenden, sieht der Hase mit seinen weit auseinanderliegenden Augen nicht nur das, was sich vor ihm befindet, sondern auch das Rückwärtige. Die Gesichtsfelder seiner beiden Augen grenzen sowohl vorn als auch hinten aneinander. Jetzt versteht ihr, warum es so schwer ist, sich an einen Hasen heranzuschleichen, ohne ihn aufzuscheuchen. Dafür sieht der Hase, wie aus der Zeichnung klar wird, sicher nicht das, was unmittelbar vor seiner Schnauze liegt. Um einen nahen Gegenstand genau zu sehen, muß er den Kopf zur Seite drehen.

Fast alle Huftiere und Wiederkäuer können wie der Hase nach allen Seiten gleichzeitig sehen. In Bild 227 ist die Weite des Gesichtsfeldes vom Pferd gezeigt. Nach hinten reicht es nicht. Das Tier braucht aber nur den Kopf ein wenig zu drehen, um hinten liegende Gegenstände sehen zu können. Die Bilder auf der Netzhaut der Tiere sind zwar nicht so deutlich wie beim Menschen, dafür entgeht dem Tier aber nicht die

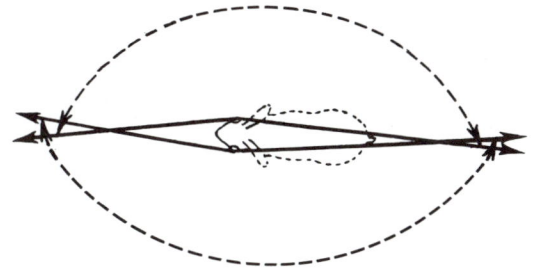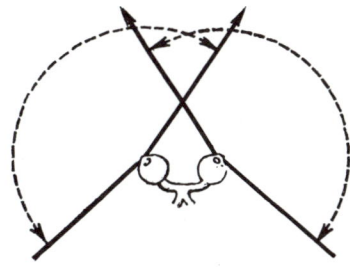

Bild 226 Gesichtsfeld beider Augen des Hasen

Bild 227 Gesichtsfeld beider Augen des Pferdes

geringste Bewegung, die sich im weiten Umkreis vollzieht. Die flinken Raubtiere, die im allgemeinen selbst die Angreifer sind, haben diese Eigenschaft des „Rundumsehens" nicht. Sie sehen mit beiden Augen fast gleiche Räume und können dadurch genau die Entfernung zu ihrer Beute schätzen.

WARUM SIND IN DER DUNKELHEIT ALLE KATZEN GRAU?

Der Physiker würde sagen: „In der Dunkelheit sind alle Katzen s c h w a r z"; denn bei fehlender Beleuchtung können überhaupt keine Gegenstände gesehen werden. Bei dem Sprichwort ist jedoch nicht völlige Finsternis gemeint, sondern Dunkelheit im üblichen Sinne des Wortes; das bedeutet äußerst schwache Beleuchtung. Ganz genau heißt das Sprichwort so: „In der Nacht sind alle Katzen grau." Der ursprüngliche, nicht übertragene Sinn der Redewendung ist der, daß bei unzureichender Beleuchtung unser Auge keine Farben mehr unterscheiden kann, alles sieht grau aus.

Ist es wirklich so? Sehen im Halbdunkel tatsächlich eine rote Fahne und ein grünes Blatt gleichermaßen grau aus? Man überzeugt sich leicht von der Richtigkeit dieser Aussage. Wer sich in der Nacht die Farbe von Gegenständen ansehen will, wird selbstverständlich feststellen, daß alle Sachen mehr oder weniger dunkelgrau erscheinen, sowohl die rote Wolldecke als auch die blaue Tapete, die violetten Blumen und die grünen Blätter.

„Durch die herabgelassenen Vorhänge", lesen wir bei *Tschechow* („Der Brief"), „drangen keine Sonnenstrahlen herein, es war dämmrig, so daß alle Rosen des großen Blumenstraußes ein und dieselbe Farbe zu haben schienen."

Genaue physikalische Versuche bestätigen diese Beobachtung voll und ganz. Wenn man eine farbige Fläche mit schwachem weißem Licht beleuchtet (oder eine weiße Fläche mit schwachem, farbigem Licht) und allmählich die Beleuchtungsstärke vergrößert, dann sieht das Auge zuerst nur einfach grau ohne jegliche Farbtönung. Erst wenn die Beleuchtungsstärke einen bestimmten Grenzwert erreicht hat, erkennt das Auge die Farbe der Fläche. Dieser Wert der Beleuchtungsstärke wird die „unterste Schwelle der Farbempfindung" genannt.

Folglich ist der Sinn dieses Sprichwortes den Buchstaben nach durchaus richtig (es existiert in vielen Sprachen), daß nämlich unterhalb der Farbempfindungsschwelle alle Dinge grau erscheinen.

Es ist auch eine oberste Schwelle der Farbempfindung entdeckt worden. Bei übermäßig hellem Licht hört das Auge wieder auf, Farbtönungen wahrzunehmen, alle farbigen Flächen sehen dann w e i ß aus.

GIBT ES KÄLTESTRAHLEN?

Es existiert die Meinung, daß es neben den wärmenden Strahlen auch kühlende gibt, sogenannte Kältestrahlen. Der Grund dieser Ansicht ist die Tatsache, daß beispielsweise ein Stück Eis um sich herum ebenso Kälte verbreitet wie ein Ofen um sich herum Wärme. Zeugt das nicht etwa davon, daß vom Eis Kältestrahlen ausgehen wie vom Ofen die Wärmestrahlen?

Eine solche Auslegung ist falsch. Kältestrahlen gibt es nicht. Die Körper in der Umgebung des Eises werden nicht durch die Einwirkung von „Kältestrahlen" kälter, sondern weil die warmen Körper durch die

Wärmestrahlung mehr Wärme verlieren, als sie selbst vom Eis aufnehmen. Sowohl der warme Körper als auch das kalte Eis geben durch Strahlung Wärme ab. Ein Gegenstand, der stärker erwärmt worden ist als das Eis, gibt mehr Wärme ab, als er aufnimmt. Die Aufnahme an Wärme ist geringer als die Abgabe, darum kühlt sich der Körper ab.

Es gibt einen wirkungsvollen Versuch, durch den man auch auf die Existenz der „Kältestrahlen" schließen könnte. Dazu stellt man an zwei gegenüberliegenden Wänden eines langen Saales große Hohlspiegel auf. Wenn man in der Nähe des einen Spiegels, in einem sogenannten *Brennpunkt*, eine starke Wärmequelle aufbaut, so werden die von ihr ausgehenden Strahlen vom Spiegel reflektiert, gelangen zum zweiten Spiegel, werden dort zum zweiten Male reflektiert und treffen sich dann im Brennpunkt des zweiten Spiegels. Dunkles Papier, das man an diese Stelle hält, kann sich entzünden. Das ist offensichtlich ein Beweis für das Vorhandensein von Wärmestrahlen. Bringt man jedoch an Stelle der Wärmequelle ein Stück Eis in den Brennpunkt des ersten Spiegels, so scheint ein in den Brennpunkt des zweiten Spiegels gehaltenes Thermometer hier „Kälte" nachzuweisen. Heißt das aber, daß das Eis kalte Strahlen aussendet, die von den Spiegeln reflektiert und im kugelförmigen Thermometergefäß vereinigt werden?

Nein, auch dieser Vorgang läßt sich ohne die geheimnisvollen „Kältestrahlen" erklären. Die Kugel des Thermometers gibt durch Strahlung mehr Wärme ab, als sie selbst vom Eis empfängt. Darum kühlt sich die Thermometerflüssigkeit ab. Folglich besteht auch hier kein Grund, die Existenz von „Kältestrahlen" anzunehmen. In der Natur gibt es überhaupt keine „Kältestrahlen".

Kapitel

Das Sehen

14

Die Fotografie ist so fest in unseren Alltag eingezogen, daß wir uns heute schon nicht mehr vorstellen können, wie unsere Vorfahren, vor relativ kurzer Zeit noch, ohne sie auskamen. In seinen „Pickwickiern" berichtet *Charles Dickens* schmunzelnd, wie vor etwa einhundert Jahren bei den Behörden Englands das Äußere eines Menschen festgehalten wurde. Das Ganze spielt sich bei ihm im Schuldgefängnis ab, wo Pickwick Platz nehmen und warten soll, bis man ein Porträt von ihm abgenommen hat.

Pickwick bekommt es gewaltig mit der Angst zu tun, aber ein biederer Gefängniswärter beruhigt ihn – das Abnehmen des Porträts sei nicht wörtlich zu verstehen. Es handelte sich nur darum, daß zwei Beamte sich ihm gegenüber postierten und mehrere Minuten lang höchst aufmerksam in sein Gesicht schauten. Danach wurde dem Mister Pickwick mitgeteilt, er wäre jetzt so frei, den Weg in die Gefängniszelle zu nehmen.

Merkmale zur Personenbeschreibung wurden schon viel früher in Listen zusammengefaßt. Über den Grigori Otrepjew in *Puschkins* „Boris Godunow" hieß es da zum Beispiel: „Und von Wuchs ist er klein, die Brust ist breit, ein Arm ist kürzer als der andere, Augen hellblau, Haare rötlich, auf der Wange eine Warze, auf der Stirn eine andere." Heutzutage wird schlicht und einfach ein Lichtbild angeheftet.

WAS VIELE NICHT KÖNNEN

Die Fotografie kam zu uns in den vierziger Jahren des vorigen Jahrhunderts zunächst in Form der sogenannten Daguerreotypie (nach ihrem Erfinder *Daguerre*) – von Lichtbildern auf Metallplatten. Das Unbequeme an der damaligen Lichtaufzeichnung bestand darin, daß man recht lange vor dem Apparat stillstehen mußte.

„Mein Großvater", berichtet der Leningrader Physiker Professor

B. P. Weinberg, „mußte vierzig Minuten vor der photographischen Camera sitzen, um eine einzige Daguerreotype zu erhalten, die zudem nicht vervielfältigt werden konnte!"

Aber dennoch war die Möglichkeit, Porträts ohne Hinzutun eines Kunstmalers herzustellen, derart ungewöhnlich, fast einem Wunder gleich, daß die Menschen von ihr nur zögernd Gebrauch machten. In einer alten russischen Zeitschrift (1845) wurde ein netter Vorfall berichtet:

„Viele wollen bis heute nicht glauben, daß die Daguerreotype von selbst funktionieren kann. Ein recht angesehener Mann erschien, um sein Porträt in Auftrag zu geben. Der Besitzer ließ ihn Platz nehmen, brachte die Gläser an, setzte die Platte ein, sah auf die Uhr und entfernte sich. Solange der Meister im Raum war, saß der angesehene Mann wie angegossen. Kaum aber war der Besitzer hinausgegangen, hielt es der Herr, der ein Porträt zu haben wünschte, nicht mehr für erforderlich, still dazusitzen, er stand auf, schnupfte Tabak, besah sich den Daguerreotyp (den Apparat) von allen Seiten, hielt das Auge an das Glas, schüttelte den Kopf, murmelte ‚ein tolles Ding!' vor sich hin und begann, im Zimmer auf und ab zu laufen.

Der Besitzer kam zurück, blieb überrascht neben der Tür stehen und rief aus:

‚Was tun Sie denn? Ich habe Ihnen doch gesagt, daß Sie stillsitzen sollen!'

‚Ich habe ja auch gesessen. Ich bin erst aufgestanden, als Sie nicht mehr im Raum waren.'

‚Aber Sie hätten auch dann weiter auf Ihrem Platz bleiben müssen.'

‚Warum sollte ich denn um nichts und wieder nichts hier herumsitzen?' "

Man könnte annehmen, lieber Leser, wir wären heute weit entfernt von allen naiven Vorstellungen über die Fotografie. Aber auch in unserer Zeit ist den meisten Menschen die Fotografie noch nicht richtig vertraut geworden, und nur wenige verstehen es übrigens, fertige Bilder richtig zu betrachten. Ihr meint, was gibt es da schon zu können: Man nimmt das Bild in die Hand und schaut drauf! So ist es aber nicht. Aufnahmen richtig betrachten, will gekonnt sein. Die wenigsten können das, auch wenn sie Berufs- oder Amateurfotografen sind.

DIE KUNST, FOTOGRAFIEN ZU BETRACHTEN

Ihrem Aufbau nach ist die fotografische Kamera ein großes Auge: Das auf ihrer Mattscheibe gezeichnete Bild hängt vom Abstand zwischen dem Objektiv und den aufzunehmenden Gegenständen ab. Der Apparat fixiert auf dem lichtempfindlichen Material eine perspektivische Ansicht,

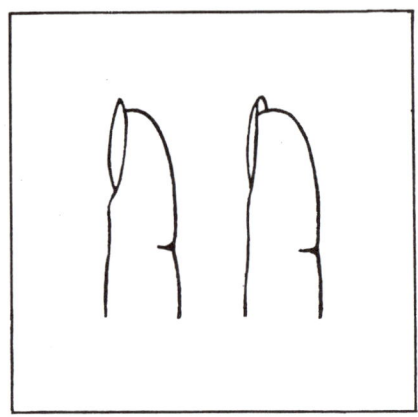

Bild 228 So wird ein Finger vom linken und vom rechten Auge gesehen, wenn man ihn nahe an das Gesicht hält.

die ein Auge von uns (beachten wir: nur ein Auge!) von diesem Betrachtungspunkt aus erblicken würde. Wenn wir also bei der Betrachtung einer Aufnahme den gleichen Eindruck gewinnen wollen wie bei der Betrachtung der Natur, müssen wir folglich:
1) die Fotografie mit nur einem Auge betrachten und
2) das Bild in entsprechendem Abstand vom Auge halten.
    Es leuchtet ein, daß bei Betrachtung einer Aufnahme mit zwei Augen das Fehlen der räumlichen Tiefe betont wird. Dies ergibt sich zwingend aus der Beschaffenheit unseres Sehapparats. Beim Betrachten eines Gegenstandes nämlich empfangen unsere beiden Augen ein nicht deckungsgleiches Bild, da ja der Anpeilwinkel unterschiedlich ist (Bild 228). Diese Nichtübereinstimmung der Abbilder in unseren Augen sorgt für die räumliche, plastische Wahrnehmung: Die beiden leicht versetzten Abbilder fließen zu einem gemeinsamen, reliefartigen Bild zusammen (auf diesem Prinzip beruht bekanntlich das Stereoskop). Fehlt jedoch die Tiefeninformation, d. h. Hinweise auf die dritte Dimension, wie z. B. bei

424

der Betrachtung einer ebenen, im rechten Winkel zur Blickrichtung stehenden Mauer, dann erhalten beide Augen das gleiche Abbild und unser Gehirn schließt daraus auf eine ebene Fläche. Objekte ohne Ausdehnung in die Tiefe werden folglich bei zweiäugiger Betrachtung von unserem Gehirn betont als zweidimensional empfunden. Blickt man jedoch mit nur einem Auge, dann wird dem Gehirn die Möglichkeit dieses Schlusses genommen und man glaubt, das Bild sei plastisch.

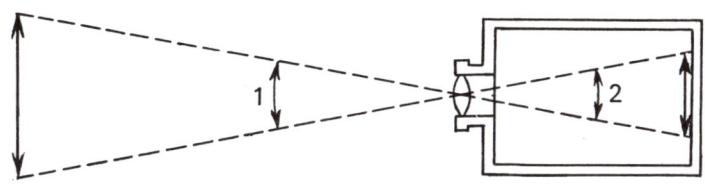

Bild 229 Winkel *1* in einem Fotoobjektiv ist gleich dem Winkel *2*.

DER BESTE BETRACHTUNGSABSTAND

In welcher Entfernung ist eine Fotografie vom Auge zu halten, damit die Aufnahmeperspektive gewahrt wird? Offenbar muß zu diesem Zweck der Blickwinkel des Auges dem Aufnahmewinkel des Objektivs oder, was dasselbe ist, dem Winkel entsprechen, unter dem das Objektiv das Bild auf das lichtempfindliche Material projiziert (Bild 229). Also muß die Betrachtungsentfernung des Bildes zur Aufnahmeentfernung des Objekts etwa im gleichen Verhältnis wie die Brennweite zur Aufnahmeentfernung (d. h. im Verhältnis der Bildgröße zur Objektgröße) stehen. Anders gesprochen, die Betrachtungsentfernung muß ungefähr gleich der Brennweite sein.

Wenn wir berücksichtigen, daß bei den meisten Amateurkameras die Brennweite 12 bis 15 cm beträgt,[1] dann können wir daraus schlußfolgern, daß der beste Betrachtungsabstand nie eingehalten wird, weil die normale Sehschärfe eines Erwachsenen dies nicht zuläßt.[2] Wenig

---

[1] Der Verfasser spricht über Fotoapparate, wie sie zur Zeit der Abfassung des Buches üblich waren (Anm. der deutschen Redaktion).

[2] Das gilt auch für normal vergrößerte Aufnahmen einer modernen Kleinbildkamera (Anm. der deutschen Redaktion).

plastisch wirken auch Wandfotografien – sie werden aus einer noch größeren Entfernung betrachtet.

Nur Kurzsichtige und Kinder können Bilder aus naher Entfernung betrachten und folglich in den Genuß einer perspektivisch getreuen Wahrnehmung von Fotografien kommen.

Wenn ihr also eure wohlvertrauten Bilder aus dem Familienalbum noch einmal zur Hand nehmt, mit nur einem Auge und im nötigen Abstand betrachtet, dann werdet ihr über ihre ungeahnte Wirkung erstaunt sein.

DIE SONDERBARE WIRKUNG DES VERGRÖSSERUNGSGLASES

Kurzsichtige verfügen über die Möglichkeit, gewöhnliche flache Fotografien plastischer zu sehen. Aber auch Menschen mit normalen Augen können das, wenn sie ein Vergrößerungsglas benutzen. Ein Glas mit zweifacher Vergrößerung reicht dazu völlig aus. Der Unterschied zum gewöhnlichen Betrachten mit zwei Augen und aus zu großer Entfernung ist riesig. Man glaubt fast, vor einem Stereoskop zu sitzen. Dieser Fakt ist allgemein bekannt, aber nur selten hört man eine richtige Erklärung dafür.

Ein Rezensent der „Unterhaltsamen Physik" schrieb mir aus diesem Anlaß:

„Gehen Sie bitte bei der nächsten Ausgabe auf die Frage ein, warum eine Fotografie bei Betrachtung durch eine gewöhnliche Lupe reliefartig erscheint. Meine Meinung ist, daß die gesamte komplizierte Erklärung des Stereoskops keiner Kritik standhält. Schauen Sie mit einem Auge in das Stereoskop: Die Reliefartigkeit bleibt entgegen der Theorie erhalten."

Dem Leser ist natürlich klar, daß die Theorie des Stereoskops dadurch nicht im geringsten erschüttert wurde.

Nach dem gleichen Prinzip funktioniert ein nettes Gerät, das als „Panorama" bezeichnet wird. Es handelt sich um eine Landschafts- oder Gruppenaufnahme, die durch eine Linse in einem entsprechend zurechtgemachten Gehäuse betrachtet werden muß. Dies allein reicht schon für das Vortäuschen der plastischen Wirkung. Mitunter jedoch schneiden die Hersteller einige Details aus und befestigen sie im Vordergrund – unser Auge ist, was die Reliefwirkung anbetrifft, für Gegenstände in geringer Entfernung empfänglicher.

DIE VERGRÖSSERUNG VON FOTOGRAFIEN

Das Gesagte läßt sich aber auch umkehren. Weit entfernte Gegenstände werden von unserem Auge weniger plastisch wahrgenommen. Eine mit einer Objektivbrennweite von 25 bis 30 cm hergestellte Aufnahme ist in bezug auf die Reliefartigkeit aussagekräftiger, wenn wir sie aus dem gleichen Abstand mit einem Auge betrachten. Werden jedoch Aufnahmen mit einer Brennweite von 70 cm gemacht, dann brauchen wir das eine Auge bei der Betrachtung nicht zu schließen und büßen am plastischen Eindruck doch nichts ein. Dies erklärt sich aus dem erwähnten Umstand, daß bei Betrachtung aus größerer Entfernung die plastische Wahrnehmung verlorengeht und unser Gehirn das Fehlen der dritten Dimension nicht mehr betont, zweidimensionale Bilder also genau den gleichen Eindruck wie die dreidimensionale Natur erwecken. Statt ein Objektiv mit großer Brennweite zu benutzen, können wir aber auch das fertige Bild vergrößern. Die Vergrößerung entspricht einer größeren Brennweite und verlangt folglich nach einer größeren Entfernung bei der Betrachtung. Die eventuell bei der Bildvergrößerung ebenfalls zunehmende Unschärfe oder Verschwommenheit wird durch den größeren Betrachtungsabstand wieder ausgeglichen, insgesamt aber gewinnt die Aufnahme an Plastik und Aussagekraft.

DER BESTE PLATZ IM KINO

Kinofreunde haben bestimmt bemerkt, daß einige Filme sich durch betonte Reliefwirkung auszeichnen: Die Darsteller heben sich vom Hintergrund ab und erscheinen derart räumlich, daß man nicht mehr den Eindruck eines flachen Bildes hat.

Dies hängt jedoch nicht vom Filmstreifen selbst ab, wie viele glauben, sondern vom Platz, den man sich im Zuschauerraum aussucht. Bei Filmaufnahmen werden zwar Objektive mit kurzer Brennweite verwendet, aber die Bildvergrößerung bei der Vorführung ist sehr enorm (etwa 100fach), so daß eine Betrachtung mit beiden Augen aus großer Entfernung möglich wird (10 cm × 100 = 10 m). Reliefartig ausgeprägt ist das Bild jedoch nur dann, wenn wir unter dem gleichen Blickwinkel auf die Leinwand schauen, unter dem die Aufnahmekamera auf die Aufnahmeobjekte ausgerichtet war.

Also müssen wir im Filmtheater einen Platz wählen, der sich genau gegenüber der Mitte der Leinwand befindet (so wird der gleiche Blickwinkel erreicht) und eine Entfernung von ihr aufweist, die genau das Vielfache der genutzten Leinwandbreite ausmacht, das sich aus dem Verhältnis der Objektivbrennweite zur Breite des Filmstreifens ergibt.

Die beim Film üblichen Objektivbrennweiten sind 35, 50, 75 und 100 mm, je nach dem Charakter der Darstellung. Der Standardfilm ist 24 mm breit. Für eine Brennweite von 75 mm erhalten wir also das Verhältnis:

$$\frac{\text{Betrachtungsentfernung}}{\text{Filmbildbreite}} = \frac{\text{Brennweite}}{\text{Filmstreifenbreite}} = \frac{75}{24} \approx 3.$$

Die Entfernung von der Leinwand muß also ungefähr das Dreifache der Filmbildbreite betragen. Ist die vom Filmbild ausgefüllte Leinwand 6 Schritte breit, dann müssen wir 18 Schritte in den Zuschauerraum hinein abmessen und dort genau in der Mitte Platz nehmen.

Diese Gegebenheiten sollten nicht vergessen werden, wenn man verschiedene Vorschläge prüft, um Filmvorführungen stereoskopisch zu machen. Nur zu leicht wird der zu prüfenden Erfindung das zugeschrieben, was sich aus den genannten Umständen ergibt.

RATSCHLÄGE FÜR LESER VON ILLUSTRIERTEN

Die Reproduktionen von Fotografien in Büchern, Zeitschriften und Bildbänden haben natürlich die gleichen Eigenschaften wie die Originalfotografien selbst – auch sie werden bei Betrachtung aus der nötigen Entfernung mit einem Auge plastischer. Da die Brennweite des Aufnahmeobjektivs und die Bildvergrößerung dem Betrachter nicht bekannt sind, wird die beste Betrachtungsentfernung durch Versuch ermittelt.

Viele Aufnahmen, die bei gewöhnlicher Betrachtung undeutlich und flach sind, erscheinen tiefenwirksam und brillant, wenn man sie entsprechend dem beschriebenen Verfahren betrachtet. Mitunter sind dabei das Glitzern des Wassers und andere stereoskopische Effekte zu bemerken.

Man kann sich nur wundern, daß diese simplen Fakten so wenig bekannt sind, obwohl dies alles schon vor mehr als einem halben Jahrhundert in populär gehaltenen Büchern dargelegt wurde. In den „Grundlagen der Physiologie des Verstandes" von *W. Carpenter*, einem

Buch, das bereits 1877 in russischer Übersetzung erschienen ist, lesen wir über das Betrachten von Fotografien folgendes:

„Bemerkenswert ist, daß der Effekt dieses Verfahrens zur Betrachtung photographischer Bilder (mit einem Auge) sich nicht auf das Hervorheben der Körperlichkeit des Gegenstandes beschränkt; andere Eigenheiten erscheinen ebenfalls mit einer unvergleichlich höheren Vitalität und Realität und ergänzen damit die Illusion. Dies bezieht sich vorwiegend auf die Darstellung stehenden Wassers, der schwächsten Seite der photographischen Bilder unter gewöhnlichen Bedingungen. Blickt man im einzelnen auf eine solche Wasserdarstellung mit beiden Augen, dann erscheint die Oberfläche wachsartig, blickt man jedoch mit einem Auge, dann ist oft verblüffende Durchsichtigkeit und Tiefe zu verzeichnen. Das gleiche läßt sich auch in bezug auf die unterschiedlichen Eigenschaften von reflektierenden Oberflächen, zum Beispiel von Bronze und Elfenbein sagen. Das Material, aus dem der auf der Photographie abgebildete Gegenstand hergestellt ist, läßt sich viel leichter erkennen, wenn man mit einem Auge und nicht mit beiden schaut.“

Ein weiterer Umstand sei noch bemerkt. Wenn Aufnahmen bei Vergrößerung an Aussagekraft gewinnen, so verlieren sie hingegen in dieser Beziehung bei Verkleinerung. Verkleinerte Fotografien wirken zwar schärfer und deutlicher, sind jedoch flach, liefern also keinen Eindruck von Tiefe und Reliefwirkung. Der Grund dafür müßte nach all dem Gesagten klar sein: Bei Verkleinerung von Fotografien verkleinert sich auch der entsprechende günstigste Betrachtungsabstand, der schon ohnehin zu gering war.

DAS BETRACHTEN VON GEMÄLDEN

Das eben über die Fotografien Gesagte gilt in gewissem Grade auch für Gemälde. Auch hier ist der entsprechende Betrachtungsabstand einzuhalten und das Zudrücken eines Auges zu empfehlen, besonders bei Gemälden kleiner Abmessung.

„Es ist schon lange bekannt“, schrieb aus diesem Anlaß der bereits erwähnte englische Psychologe *W. Carpenter*, „daß bei aufmerksamer Betrachtung eines Gemäldes, in dem die Verhältnisse der Perspektive, das Licht, die Schatten und die Gesamtanordnung der Details streng der dargestellten Wirklichkeit entsprechen, der Eindruck viel lebendiger wird, wenn man mit einem Auge und nicht mit beiden hinsieht und daß die Wirkung noch größer wird, wenn wir durch ein Röhrchen schauen, das nicht zum Bild gehörende Eindrücke fernhält. Dieser Fakt wurde früher vollkommen irrig erklärt. ,Wir sehen mit einem Auge besser als

Bild 230 Ein Drache, unter verschiedenen Gesichtswinkeln gesehen. Nach einem Kupferstich aus „Ocitus artificialis teledioptricus" 1702.

mit zweien', sagte *Bacon*, ‚weil die Lebensgeister sich dabei an einer Stelle konzentrieren und mit größerer Kraft wirken.'

In Wirklichkeit jedoch handelt es sich darum, daß wir, bei Betrachtung eines Gemäldes mit beiden Augen aus gemäßigter Entfernung, gezwungen sind, es als ebene Fläche anzuerkennen. Schauen wir jedoch mit nur einem Auge, dann kann sich unser Verstand leichter dem Eindruck der Perspektive, des Lichts, der Schatten usw. hingeben. Daher erfährt das Gemälde, wenn wir aufmerksam hinschauen, in kurzer Zeit Reliefartigkeit und kann sogar die Körperlichkeit einer realen Landschaft erreichen. Die Vollständigkeit der Illusion wird vorwiegend von der Treue abhängen, mit der auf dem Bild die wirkliche Projektion der Gegenstände auf die Fläche reproduziert worden ist... Der Vorteil des einäugigen Sehens hängt in diesen Fällen davon ab, daß der Verstand frei ist, das Bild nach eigenem Gutdünken auszulegen, wenn nichts ihn zwingt, darin eine ebene Darstellung zu sehen."

Verkleinerte Aufnahmen großer Gemälde ergeben mitunter eine größere Illusion der Reliefartigkeit als die Originale. Das leuchtet ein, wenn man sich erinnert, daß bei Verkleinerung des Bildes sich die gewöhnlich große Entfernung verringert, von der aus das Gemälde betrachtet werden muß. Darum wirkt die Aufnahme aus kleiner Entfernung plastischer.

WAS IST EIN STEREOSKOP?

Jetzt ist es an der Zeit, sich die Frage vorzulegen, warum reale Gegenstände als räumliche Körper, nicht aber als flache Abbilder wahrgenommen werden. Das Abbild auf der Netzhaut unseres Auges ist ja nur zweidimensional. Wie kommt es nun, daß wir reale Gegenstände in drei Dimensionen sehen?

Hier wirken mehrere Faktoren. Erstens gibt uns die unterschiedliche Ausleuchtung der einzelnen Teile eines Körpers Aufschluß über dessen Form. Zweitens spielt die Anstrengung eine Rolle, die wir verspüren, wenn wir unsere Augen für das deutliche Erkennen der unterschiedlich entfernten Teile eines räumlichen Gegenstandes entsprechend einstellen: Alle Details eines ebenen Bildes sind vom Auge gleichweit entfernt, während die Details eines realen Körpers unterschiedlich weit entfernt sind, und das Auge zu ihrer deutlichen Erkennung sich „einstellen" muß. Den größten Dienst leistet uns jedoch der Umstand, daß die Abbilder ein und des gleichen Gegenstands in unseren Augen nicht deckungsgleich sind. Davon kann man sich leicht überzeugen, indem man einen nahen Gegenstand abwechselnd nur mit dem rechten und nur mit dem linken Auge betrachtet. Die beiden unterschiedlichen Abbilder verschmelzen in unserem Gehirn zu einem reliefartigen Bild.

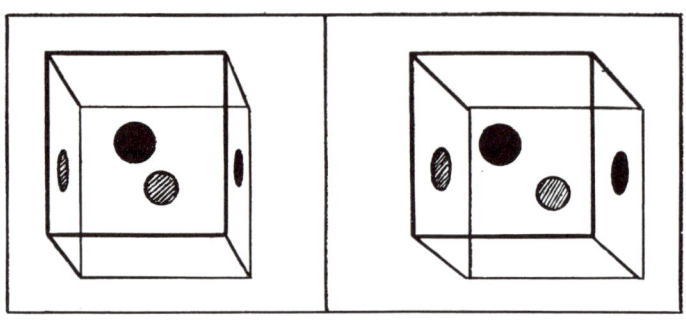

Bild 231 Ein Glaswürfel mit Flecken, vom linken und vom rechten Auge gesehen.

Wenn man nun zwei unterschiedliche Zeichnungen von ein und dem gleichen Gegenstand anfertigt, bei denen die unterschiedliche Wahrnehmung der beiden Augen berücksichtigt wird (vgl. Bild 231), und jede Zeichnung getrennt dem entsprechenden Auge zuführt, dann erblicken wir einen plastischen, reliefartigen Körper, der sogar plastischer erscheint als ein realer, mit nur einem Auge betrachteter Gegenstand. Die getrennte Zuführung von zwei Bildern wird im Stereoskop möglich gemacht. In früheren Ausführungen dienten dazu Spiegel, heute verwendet man Konvexlinsen. Sie sind so angeordnet, daß die beiden Darstellungen, wenn man den Strahlengang in Gedanken weiterzieht, zusammenfließen (die geringfügige Abbildvergrößerung resultiert aus der Wölbung der Gläser). Die Idee ist höchst simpel, um so verblüffender ist aber die Wirkung.

Stereoskopische Bilder sind dem Leser zweifellos bekannt. Er hat bestimmt schon stereoskopische Märchenbilder gesehen oder geometrische Figuren betrachtet, die das Verständnis für die Stereometrie erleichtern sollen. Wir werden also auf diese Anwendungsbeispiele nicht mehr eingehen, sondern nur solche Fälle behandeln, die vielen Lesern wahrscheinlich nicht bekannt sind.

UNSER NATÜRLICHES STEREOSKOP

Man kommt bei der Betrachtung stereoskopischer Bilder auch ohne ein spezielles Gerät aus, wenn man es gelernt hat, seine Augen auf entsprechende Weise einzustellen. Das Ergebnis ist das gleiche, nur wird

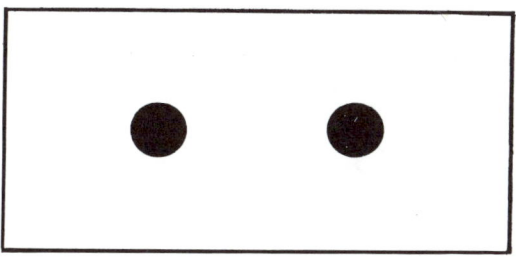

Bild 232 Wenn ihr mehrere Sekunden auf den Zwischenraum zwischen den beiden Punkten schaut, fließen die Punkte zusammen.

Bild 233 Wiederholt diese Übung. Wenn ihr das Zusammenfließen der Abbilder erlernt habt, geht zur nächsten Darstellung über.

das Bild nicht vergrößert. Der Erfinder des Stereoskops, *Wheatstone*, benutzte zunächst eben dieses natürliche Verfahren.

Nachfolgend wird eine ganze Serie stereoskopischer Zeichnungen zunehmender Kompliziertheit veröffentlicht, die ohne Benutzung eines Stereoskops betrachtet werden können. Der plastische Eindruck stellt sich aber erst nach einiger Übung ein.[1]

---

[1] Es sollte nicht unerwähnt bleiben, daß die Fähigkeit zum stereoskopischen Sehen – sogar bei Benutzung eines Stereoskops – nicht allen gegeben ist. Schieläugige Menschen und Menschen, die mit nur einem Auge zu arbeiten gewohnt sind, erlernen das nie; andere Menschen benötigen eine längere Übungszeit; manche, besonders Jugendliche, können es binnen einer Viertelstunde erlernen.

433

Beginnt eure Übungen mit Bild 232 – einem Paar schwarzer Punkte. Ihr müßt das Bild vor die Augen halten und mehrere Sekunden lang unverändert in die Mitte zwischen die beiden Punkte schauen. Dabei sind die Augen so einzustellen, als wollt ihr einen Gegenstand erkennen, der sich hinter der Bildebene befindet. Bald werdet ihr nicht zwei,

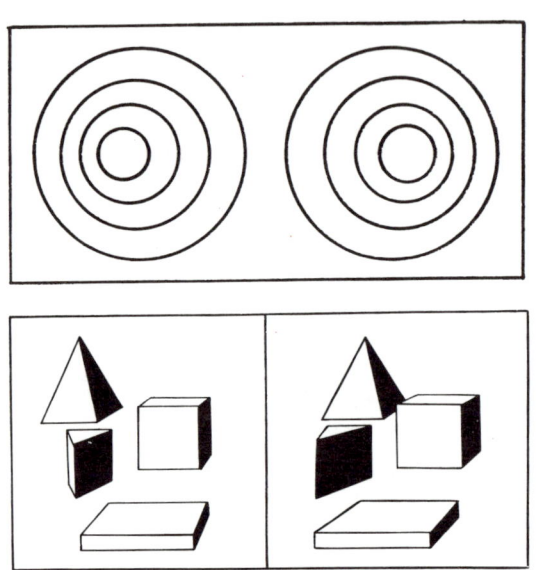

Bild 234 Hier werdet ihr das Innere eines Rohres erblicken.

Bild 235 Diese vier geometrischen Körper scheinen bei Zusammenfließen der Abbilder im Raum zu schweben.

sondern bereits vier Punkte erblicken. Danach werden die beiden äußeren Punkte weit zur Seite rücken, die beiden inneren aber zusammenfließen. Wenn ihr das erlernt habt, könnt ihr zu Bild 233 und 234 übergehen: Ihr werdet im Augenblick des Zusammenfließens beim letzten Beispiel gewissermaßen in das Innere eines langen Rohres blicken.

Nun könnt ihr euch den Darstellungen konkreter Gegenstände zuwenden. Ihr werdet dabei geometrische Körper (Bild 235), einen Tunnel (Bild 236), einen Fisch im Aquarium (Bild 237) und einen Dampfer (Bild 238) plastisch zu sehen bekommen.

Die beste Betrachtungsentfernung ist durch Probieren zu ermitteln. In jedem Fall ist das Bild im rechten Winkel vor die Augen zu halten, und die Beleuchtung muß gut sein. Brillenträger (Weit- und Kurzsichtige) brauchen die Brille nicht abzunehmen, sie betrachten die stereoskopischen Zeichnungen genauso, wie sie zu lesen gewohnt sind. Auch stereoskopische Fotografien können auf diese Weise betrachtet werden,

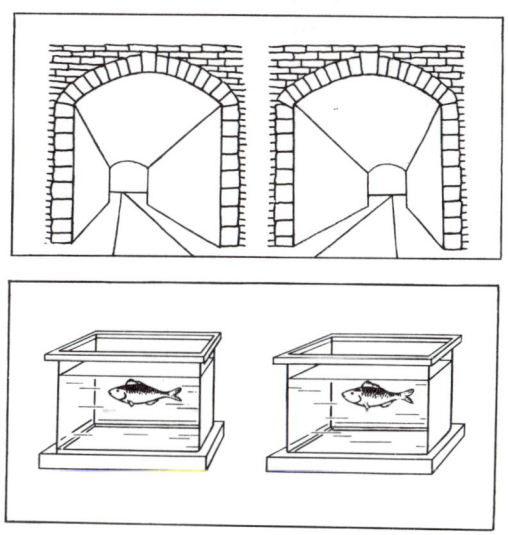

Bild 236   Ein in der Ferne endender Tunnel

Bild 237   Ein Fisch im Aquarium

Bild 238   Auch das Schiff erscheint räumlich.

ohne das vom Handel angebotene zugehörige Gerät zu benutzen. Versucht ebenfalls, die weiter im Text veröffentlichten Zeichnungen (Bilder 239 und 242) mit bloßem Auge zu betrachten. In jedem Fall ist eine Überbeanspruchung der Augen zu vermeiden.

Sollte es euch nicht gelingen, das stereoskopische Sehen ohne Gerät zu erlernen, dann könnt ihr anstelle eines Stereoskops Brillengläser für Weitsichtige benutzen: Man bringt sie hinter Sichtfenstern einer Pappe so an, daß nur der Innenrand der Gläser benutzt wird; zwischen den Zeichnungen empfiehlt sich die Aufstellung einer Trennwand.

MIT EINEM UND MIT ZWEI AUGEN

Auf Bild 239 links oben sind drei Apothekerfläschchen anscheinend gleicher Größe abgebildet. Auch bei noch so aufmerksamem Vergleich der beiden linken Darstellungen werdet ihr keinen Größenunterschied entdecken. Dabei ist der Unterschied in Wirklichkeit sehr beträchtlich. Die Flaschen wirken nur darum gleichgroß, weil sie ungleichen Abstand vom Auge oder von der Aufnahmekamera haben: Die große Flasche steht im Hintergrund. Dies aber kann durch gewöhnliches Betrachten von Bildern nicht herausgefunden werden.

Bei Benutzung des stereoskopischen Sehens jedoch erkennt man, daß die linke äußere Flasche viel weiter zurück steht als die mittlere, und diese wiederum weiter als die rechte äußere. Das wahre Größenverhältnis der Flaschen ist auf dem rechten Bild gezeigt.

Noch beeindruckender ist die Darstellung auf Bild 239 unten. Die Vasen und die Kerzen scheinen gleichgroß zu sein, während sie in Wirklichkeit sehr unterschiedlich sind. Sie stehen nicht in einer Reihe, was man aber bei nichtstereoskopischem Sehen nicht erkennt und sie darum für gleichgroß hält. Die wahren Größen sind wieder auf dem rechten Bild dargestellt.

Der Vorteil des stereoskopischen „zweiäugigen" Sehens vor dem „einäugigen" offenbart sich hier sehr deutlich.

EIN EINFACHES VERFAHREN ZUR ERKENNUNG VON FÄLSCHUNGEN

Gegeben sind zwei vollkommen gleiche Zeichnungen, zum Beispiel zwei gleiche schwarze Quadrate. Im Stereoskop erscheinen sie als nur ein Quadrat, das sich von den beiden durch nichts unterscheidet, auch ein weißer Punkt in der Mitte der beiden wird an seinem Fleck erscheinen. Aber schon bei einer winzig geringen Abweichung des Punkts auf der einen Zeichnung wird er bei stereoskopischer Betrachtung vor oder hinter der gesehenen Ebene liegen!

Dieses einfache Verfahren benutzt man für den Vergleich von Geldscheinen und anderen Wertpapieren. Eine Fälschung, die ja in

Bild 239

jedem Fall Abweichungen in den feinen Details enthält, wird bei stereoskopischer Betrachtung sofort erkannt, denn sogar ein falsch gesetzter Punkt erscheint vor oder hinter der Bildebene [1].

---

[1] Dieses zum erstenmal in der Mitte des 19. Jahrhunderts von *Dové* vorgeschlagene Verfahren eignet sich nicht für alle Wertzeichen der Gegenwart. Die technischen Bedingungen ihres Drucks sind nämlich dergestalt, daß die erzielten Abdrucke im Stereoskop kein ebenes Bild ergeben, auch wenn die beiden Geldscheine echt sind. Das Verfahren kann aber höchst zuverlässig für das Ermitteln eines neugesetzten Nachdrucks von Schrifttexten verwendet werden.

MIT AUGEN VON RIESEN

Befindet sich ein Gegenstand sehr weit von uns entfernt, weiter als 450 m, dann hat unser Augenabstand keinen Einfluß mehr auf die Unterscheidung der visuellen Wahrnehmungen. Ferne Bauwerke, Gebirge und Landschaften erscheinen darum tiefenlos. Aus dem gleichen Grund

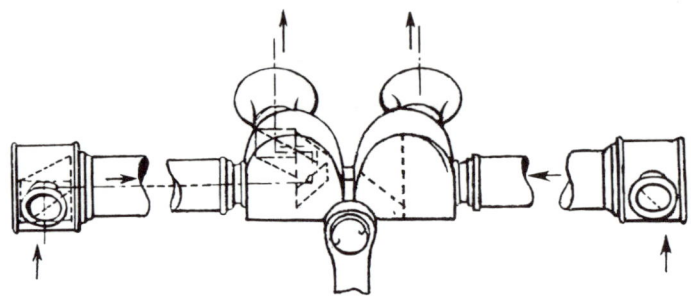

Bild 240   Ein stereoskopisches Sehrohr

sehen wir auch die Himmelskörper so, als klebten sie alle am „Himmelsgewölbe", obwohl der Mond bekanntlich viel näher zur Erde steht als die Planeten und erst recht als die Fixsterne.

Die Unmöglichkeit der Entfernungswahrnehmung über 450 m hinaus erklärt sich dadurch, daß jene 6 cm, die zwischen unseren Augen liegen, im Vergleich zu den 450 m verschwindend gering sind und praktisch keinen Unterschied im Anpeilwinkel bewirken. Auch stereoskopische Aufnahmen solcher Landschaften sind praktisch deckungsgleich und darum ohne Tiefenaussage.

Dem kann aber abgeholfen werden, indem man ferne Objekte von zwei Punkten aus fotografiert, die weiter auseinanderliegen als unsere Augen. Dann erhalten wir ein räumliches Bild von ganz beträchtlicher Tiefenwirkung. Zur Betrachtung verwendet man gewöhnlich Vergrößerungsprismen (mit konvexen Seiten), so daß die Reliefbilder mitunter in natürlicher Größe erscheinen; die Wirkung ist überwältigend.

Nun ist es naheliegend, ein System aus zwei Fernrohren zusammenzusetzen, durch das man die jeweilige Landschaft direkt in natura, nicht aber auf einer Fotografie, reliefartig sehen könnte. Solche Fernrohre –

438

stereoskopische Sehrohre oder Scherenfernrohre – gibt es tatsächlich: Die beiden Objektive sind in einem viel größeren Abstand voneinander angebracht als unsere Augen, und ein Prismensystem sorgt für die Anpassung der Okulare an unseren Augenabstand (Bild 240). Der Eindruck, den man bei einem Blick durch ein solches Gerät erhält, ist nicht zu beschreiben! Man könnte meinen, zu einem Riesen geworden zu

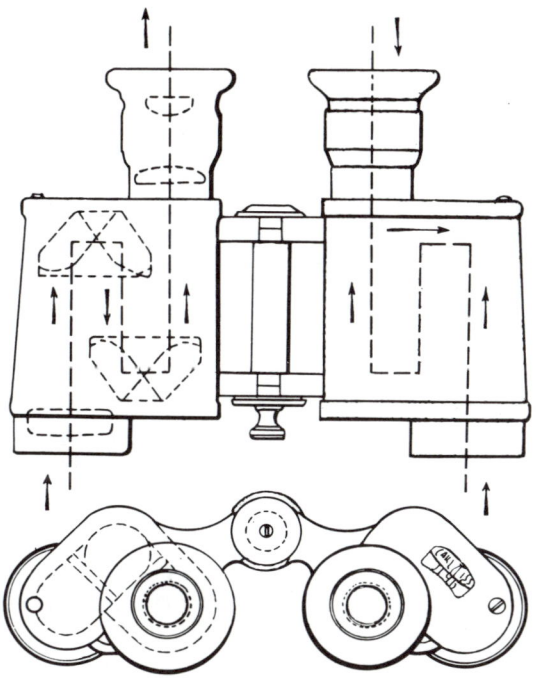

Bild 241 Ein Prismenfernglas. Der Objektivabstand ist größer als der Augenabstand.

sein, der unsere irdische Landschaft vor sich auf dem Handteller betrachtet.

Bei 10facher Vergrößerung und einem Objektivabstand, der dem 6fachen des Augenabstands entspricht (also 6,5 cm · 6 = 39 cm), wird das wahrnehmbare Bild 6 × 10 = 60mal plastischer als bei Normalbetrachtung. Sogar 25 km weit entfernte Gegenstände werden noch räumlich wahrgenommen.

Für Landvermesser, Seefahrer, Geschützbedienungen sind solche Geräte von riesigem Nutzen, besonders wenn sie eine Skala zur Entfernungsmessung aufweisen (stereoskopische Entfernungsmesser).

Ein Prismenfernglas hat ebenfalls eine höhere plastische Wirkung, denn die Prismenanordnung sorgt für größeren Objektivabstand (Bild 241). Bei Theatergläsern hingegen wird der Abstand zwischen den Objektiven absichtlich verringert, um die gestaffelte Anordnung der Kulissen auf der Bühne nicht zu betonen.

DAS UNIVERSUM IM STEREOSKOP

Ein Himmelskörper wirkt sogar bei Benutzung eines Scherenfernrohrs nicht reliefartig. Dies ist auch nicht anders zu erwarten, denn die Himmelsentfernungen sind für diese Objektivabstände zu groß. Aber auch Abstände von mehreren hundert Kilometern würden angesichts der Entfernungen von vielen Millionen Kilometern keinen Gewinn bringen.

Hier hilft nur die stereoskopische Fotografie. Nehmen wir an, ein bestimmter Planet sei gestern und das zweite Mal heute fotografiert worden. Die Aufnahmen erfolgten zwar vom gleichen Punkt auf der Erde aus, jedoch von unterschiedlichen Punkten im Weltall, denn innerhalb eines Tages ist unsere Erde mehrere Millionen Kilometer vorgerückt. Die Aufnahmen werden sich folglich unterscheiden und im Stereoskop ein räumliches Bild vermitteln.

Dieses Verfahren benutzt man heute zur Entdeckung von Asteroiden (kleinen Planeten), die in großer Zahl zwischen den Umlaufbahnen des Mars und des Jupiters kreisen. Bei stereoskopischer Betrachtung von Aufnahmen des gleichen Himmelsabschnitts, die an verschiedenen Tagen gemacht worden sind, hebt sich ein Asteroid sofort vom Hintergrund ab.

Ein Stereoskop erfaßt nicht nur den Unterschied in der Lage von Punkten, sondern auch den Unterschied in deren Helligkeit. Somit erhalten die Astronomen die Möglichkeit, die sogenannten veränderlichen Sterne zu finden, die ihre Helligkeit periodisch ändern.

DAS SEHEN MIT DREI AUGEN

Ihr habt richtig gelesen: Wir wollen vom Sehen mit drei Augen sprechen. Die Wissenschaft ist zwar nicht in der Lage, den Menschen mit einem dritten Auge auszustatten, sie kann es aber möglich machen, einen Gegenstand so zu sehen, wie ihn ein dreiäugiges Wesen wahrnehmen würde.

Fangen wir damit an, daß auch ein Einäugiger plastische Information aus Stereoaufnahmen gewinnen kann, was ihm im gewöhnlichen Leben verwehrt bleibt. Dazu muß man die Bilder des jeweiligen Stereopaares in rascher Abfolge auf eine Leinwand projizieren. Das, was der Zweiäugige gleichzeitig wahrnimmt, das wird auch dem Einäugigen vermittelt, nur eber nacheinander, aber so schnell, daß ein Gesamteindruck entsteht.[1]

Wenn dies aber so ist, dann kann auch ein Mensch mit zwei Augen drei verschiedene Bildeinstellungen zugleich sehen: zwei als rasche Abfolge für das eine und die dritte für das andere Auge. Die drei Einzelbilder fließen dann im Gehirn zu einem Gesamteindruck zusammen, der genau der visuellen Wahrnehmung eines Dreiäugigen entspricht. Die Reliefausprägung erfährt dabei ihren höchsten Wert.

WAS IST GLANZ?

Die auf Bild 242 nachgezeichnete Stereofotografie stellt ein Polyeder dar: schwarz auf weiß und weiß auf schwarz. Wie würden wir die beiden Bilder in einem Stereoskop sehen? Das ist schwer vorauszusagen. Hören wir uns *Helmholtz* an:

„Wenn auf dem einen stereoskopischen Bild eine Fläche weiß und auf dem anderen schwarz dargestellt ist, dann erscheint sie in der zusammengeführten Darstellung als glänzend, auch wenn absolut mattes Papier für die Zeichnung gewählt wurde. Stereoskopische Zeichnungen von Kristallmodellen (auf diese Weise angefertigt) erwecken den Eindruck, das Kristallmodell sei aus glänzendem Graphit hergestellt. Noch besser gelingt dank diesem Verfahren das Glitzern von Wasser, Laub usw. auf stereoskopischen Fotografien."

---

[1] Die mitunter zu beobachtende überdurchschnittliche Reliefwirkung von Kinofilmen erklärt sich möglicherweise außer durch die bereits genannten Gründe auch durch den hier beschriebenen Effekt: Wenn die Aufnahmekamera leichte Wippbewegungen ausführt (die durch die Funktion des Laufwerks für den Filmtransport bedingt sein können), dann entstehen nichtdeckungsgleiche Einzelaufnahmen, die bei rascher Vorführung in unserem Gehirn ein reliefartiges Bild erzeugen.

In dem alten, aber keinesfalls veralteten Buch „Physiologie der Sinnesorgane. Das Sehen" (1867) des berühmten Physiologen *Setschenow* finden wir eine ausgezeichnete Erklärung dieser Erscheinung. Hier ist sie:

„In Versuchen der künstlichen stereoskopischen Zusammenführung unterschiedlich beleuchteter oder unterschiedlich gefärbter Oberflächen

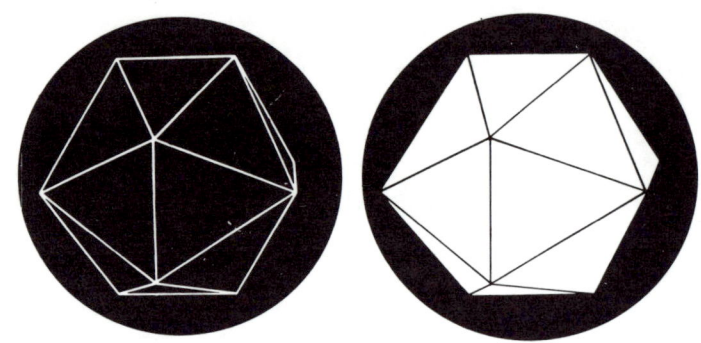

Bild 242 Stereoskopischer Glanz. Bei Zusammenfließen ergeben die beiden Bilder einen glänzenden Kristall vor schwarzem Hintergrund.

wiederholen sich die tatsächlichen Bedingungen für das Sehen von glänzenden Körpern. Wodurch unterscheidet sich auch eine matte Oberfläche von einer glänzenden (polierten)? Die erstgenannte reflektiert das Licht diffus in alle Richtungen und erscheint darum dem Auge als gleichmäßig ausgeleuchtet, aus welcher Richtung man auch blickt; die polierte Oberfläche jedoch reflektiert das Licht nur in eine bestimmte Richtung; darum sind sogar Fälle möglich, in denen das eine Auge des Menschen, der diese Oberfläche anschaut, von ihr viel reflektierte Strahlen bezieht, während das andere Auge fast überhaupt keine abbekommt (diese Bedingungen entsprechen eben dem Fall des stereoskopischen Zusammenfließens der weißen und der schwarzen Oberfläche); Fälle einer ungleichen Verteilung des reflektierten Lichts zwischen den Augen des Beobachters (d. h. Fälle, in denen das eine Auge mehr bekommt als das andere) sind beim Betrachten glänzender polierter Oberflächen offenbar unvermeidlich.

Der Leser sieht also, daß der stereoskopische Glanz den Beweis zugunsten des Gedankens darstellt, daß die Erfahrung die erstrangige

Rolle im Akt des körperhaften Zusammenfließens von Abbildern spielt. Der Kampf der Gesichtsfelder weicht sofort einer festen Vorstellung, sobald dem in der Erfahrung erzogenen Sehapparat die Möglichkeit geboten wird, deren Unterschiede irgendeinem bekannten Fall des tatsächlichen Sehens zuzuordnen."

Der Grund dafür, daß wir Glanz sehen (zumindest einer der Gründe), besteht in der ungleichen Helligkeit der Abbildungen, die vom rechten und vom linken Auge verarbeitet werden. Ohne Stereoskop würden wir diesen Grund wohl kaum erkennen.

DAS SEHEN BEI SCHNELLER BEWEGUNG

Wir haben festgestellt, daß rasche Abfolgen unterschiedlicher Abbilder ein und des gleichen Gegenstandes unserem Auge den Reliefeindruck vermitteln. Berechtigt ist nun die Frage, ob diese Wirkung auch eintritt, wenn feststehende Abbilder von einem schnell bewegten Auge gestreift werden.

Es ist wirklich an dem. Viele Leser haben gewiß schon beobachtet, daß Filmaufnahmen aus einem schnell fahrenden Zug überaus großartig sind, oft genauso wie in einem Stereoskop. Davon können wir uns selbst bei schneller Fahrt im Zug oder Auto überzeugen: Die so zu beobachtenden Landschaften zeichnen sich durch stereoskopische Ausprägung, durch deutliches Abheben des Vordergrunds vom Hintergrund aus. Das Wahrnehmen der Tiefe nimmt enorm zu und erstreckt sich über jene 450 m hinaus, die den Grenzwert des räumlichen Sehens für das unbewegte Auge darstellen.

Erklärt sich vielleicht daraus der Reiz des schnellen Fahrens? Die Ferne tritt zurück, und wir verspüren deutlicher die Riesigkeit der sich uns darbietenden Landschaft. Bei schneller Fahrt durch einen Wald erfährt jeder Baum, jeder Zweig, jedes Blatt eine exakte Abgrenzung im Raum, sie heben sich ab und bilden keine Gesamtmasse wie für einen unbewegten Beobachter. Die Berge und Schluchten im Gebirge werden dabei greifbar plastisch.

Dies alles können auch einäugige Menschen genießen, für die das hier beschriebene Phänomen vollkommen neuartig, ungekannt ist. Denn für das räumliche Sehen ist es keinesfalls erforderlich, was meistens angenommen wird, daß die Wahrnehmungsunterschiede sich aus der Betrachtung mit zwei Augen ergeben; stereoskopisches Sehen ist auch mit einem Auge möglich, wenn unterschiedliche Bilder bei ausreichend schneller Abfolge zusammenfließen.[1]

Dies kann, wie gesagt, bei schneller Fahrt nachgeprüft werden. Dabei werdet ihr vielleicht auch eine andere verblüffende Beobachtung machen, die von *Dové* bereits vor einhundert Jahren beschrieben worden ist (fürwahr: Neues ist gründlich vergessenes Altes!): Die am Fenster vorbeihuschenden Gegenstände erscheinen verkleinert. Der Grund dafür hat mit dem räumlichen Sehen so gut wie nichts gemein. Gegenstände huschen im Alltag nur dann schnell an uns vorbei, wenn sie nicht weit entfernt sind. Da aber aus der Nähe gesehene Gegenstände größer erscheinen, nimmt unser Gehirn unbewußt für uns eine Korrektur vor, um diese Gegenstände zu anderen Gegenständen in normaler Entfernung größenmäßig in Relation setzen zu können. Folglich werden vorbeihuschende Gegenstände als kleiner geschätzt. Diese Erklärung stammt von *Helmholtz*.

DURCH DIE FARBIGE BRILLE

Wenn wir durch rotes Glas eine rote Schrift auf weißem Hintergrund betrachten, dann werden wir u. U. nur eine gleichmäßig rote Fläche erblicken. Das leuchtet uns ein, denn die rote Schrift fließt dann mit dem jetzt ebenfalls roten Hintergrund zusammen. Blicken wir aber durch das gleiche Glas auf eine hellblaue Schrift auf weißem Hintergrund, dann werden wir ganz deutlich schwarze Buchstaben auf rotem Hintergrund erkennen. Rotes Glas läßt nämlich keine blauen Strahlen hindurch (es ist ja eben rot, weil es nur rote Strahlen hindurchläßt). Folglich werden wir an der Stelle der blauen Buchstaben das Nichtvorhandensein von Licht, also schwarze Schriftzeichen wahrnehmen.

Auf dieser Eigenschaft farbiger Gläser beruht die Wirkung der sogenannten Anaglyphen – auf entsprechende Weise gedruckter Bilder, die den gleichen Effekt wie stereoskopische Fotografien ergeben. Die Anaglyphen bestehen aus zwei Darstellungen (entsprechend für das linke und das rechte Auge), die übereinander gedruckt werden, jedoch für sich allein gesehen blau und rot sind.

---

[1] Daraus erklärt sich die höhere stereoskopische Aussage von Kinofilmen, wenn sie aus einem um die Kurve fahrenden Zug aufgenommen worden sind, wobei die Aufnahmeobjekte in Richtung des Krümmungsradius lagen. Der „Eisenbahneffekt", den wir hier meinen, ist den Filmemachern gut bekannt.

Zur Betrachtung verwendet man farbige Brillen. Das rechte Auge sieht durch das rote Glas nur den blauen, eben den für das rechte Auge bestimmten Abdruck, empfindet ihn aber schwarz. Das linke Auge dagegen erblickt durch das blaue Glas den ihm zugeordneten roten Abdruck. Folglich sieht jedes Auge eine andere Darstellung, und wenn es sich um versetzte Darstellungen ein und des gleichen Gegenstandes handelt, erblicken wir ein räumliches Bild.

DIE „SCHATTENWUNDER"

Das beschriebene Prinzip wurde in Lichtspielhäusern zur Erzeugung verwunderlicher Schattenspiele verwendet. Dabei meinten die (mit einer zweifarbigen Brille ausgestatteten) Zuschauer einen räumlichen, sich von dem Hintergrund abhebenden Schatten einer lebenden Figur zu sehen. Man stellte zu diesem Zweck zwei Lichtquellen – eine rote und eine grüne – auf, so daß die beiden entstehenden grünen und roten Schatten sich auf der Leinwand teilweise überlappten. Die Versetzung der Schatten führt bei Betrachtung durch die zweifarbige Brille zum Entstehen eines räumlichen Eindrucks. Die Illusion ist so vollständig, daß die Zuschauer zusammenfahren oder zur Seite rücken, wenn ein geworfener Gegenstand direkt auf sie zukommt oder eine Riesenspinne ihre Arme nach ihnen streckt.

Das Requisit zur Erzeugung dieser Wirkung ist höchst einfach (Bild 243): G und R links im Bild bedeuten die grüne und die rote Lampe; P und Q sind die zwischen den Lampen und der Leinwand angebrachten Gegenstände; p und q mit den Indexen G und R kennzeichnen die entsprechenden Schatten der entsprechenden Farbe (der jeweilige Schatten hat immer die Farbe der anderen Lampe); P_1 und Q_1 bestimmen den Punkt, an dem die Zuschauer den jeweiligen Gegenstand zu sehen meinen. Rechts im Bild ist die zweifarbige Brille der Zuschauer gezeigt.

Bei einer Bewegung des Gegenstandes von Q nach P (also von der Leinwand weg) vergrößert sich der Schatten, und die Zuschauer haben den Eindruck, daß er sich aus Q_1 nach P_1 bewegt, also auf sie zu. Alles, was in den Saal zu fliegen scheint, fliegt in Wirklichkeit vom Saal weg.

Eine sehr beeindruckende Serie von Versuchen wurde im „Pavillon der unterhaltsamen Wissenschaft" des Leningrader Kulturparks auf den Kirow-Inseln veranstaltet. Zunächst sahen die Besucher ein ganz gewöhnliches Wohnzimmer: Möbel in dunklen orangefarbenen Bezügen,

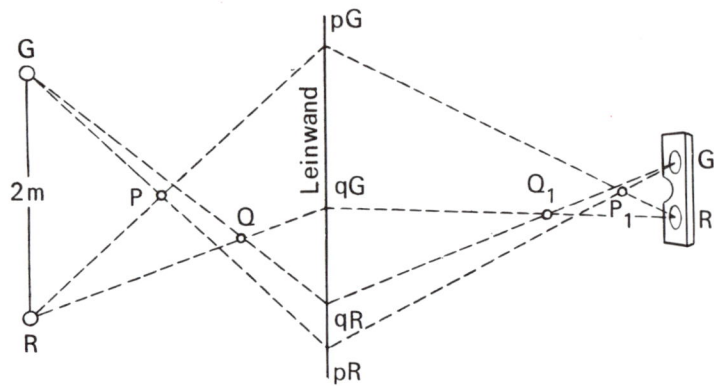

Bild 243 Die Anordnung der farbigen Lampen, der Leinwand und der zweifarbigen Brille zur Erzeugung von räumlichen Schatten

einen Tisch mit einer grünen Tischdecke, darauf eine Karaffe mit rotem Most und Blumen, ein Bücherregal mit verschiedenfarbigen Büchern. Dann jedoch wurde rotes Licht eingeschaltet. Jetzt waren die Möbel rosafarben, die Tischdecke war dunkel-lila, der Fruchtsaft glich farblosem Wasser, die Blumen waren nicht wiederzuerkennen und auch die Schriftzeichen an den Buchrücken verschwanden zum Teil spurlos... Danach gab man grünes Licht, und wieder verwandelte sich das Zimmer bis zur Unkenntlichkeit.

Diese Beleuchtungswechsel waren eine anschauliche Illustration der *Newton*schen Farblehre. Deren Grundgedanke besagt, daß die Oberfläche von Körpern die Farbe nicht jener Strahlen hat, die sie absorbiert, also schluckt, sondern der Strahlen, die von ihr zurückgeworfen werden. Der berühmte Landsmann *Newton*s, der englische Physiker *Tyndall*, formuliert diesen Umstand folgendermaßen:

„Wenn wir Gegenstände mit weißem Licht beleuchten, dann bildet sich die rote Farbe infolge Absorption der grünen Strahlen, und die grüne Farbe infolge Absorption der roten. Körper erlangen also ihre Farbe durch das subtraktive Verfahren: Die Färbung ist Folge nicht der Addition, sondern der Subtraktion."

Ein grünes Tischtuch ist folglich bei weißer Beleuchtung darum grün, weil es vorwiegend grüne Strahlen und die im Spektrum angrenzenden Strahlen reflektiert; die anderen Strahlen reflektiert es nur wenig, da sie von ihm absorbiert werden. Strahlt man jedoch ein solches Tischtuch mit rotem Licht an, das einen bedeutenden Anteil Violett enthält, dann wird die Decke die roten Strahlen absorbieren und fast nur violette zurückwerfen. So entsteht der Eindruck einer dunkel-lilafarbenen Tischdecke.

Ungefähr auf gleiche Weise verlaufen auch alle anderen Farbmetamorphosen in dem Experimentier-Wohnzimmer. Rätselhaft ist nur, warum der rote Most bei roter Beleuchtung farblos erscheint. Das Geheimnis besteht darin, daß die Karaffe mit dem Most auf einer weißen Serviette steht, die auf dem grünen Tischtuch ausgebreitet ist. Nimmt man die Karaffe von der Serviette, dann sieht man sofort, daß die Flüssigkeit nicht farblos, sondern rot ist. Farblos erscheint sie nur neben der Serviette, die bei roter Beleuchtung rot wird, wobei wir sie aus Gewohnheit und im Kontrast zur dunklen farbigen Tischdecke weiterhin für weiß halten. Da aber der Most und die Serviette gleichermaßen rotgefärbt erscheinen, schreiben wir der Flüssigkeit unwillkürlich auch „Weißfarbigkeit" oder Farblosigkeit zu.

Die gleichen Versuche können zu Hause ausgeführt werden, ein Betrachten durch farbige Gläser ersetzt dabei vollkommen die farbige Beleuchtung.

DIE HÖHE EINES BUCHES

Fordert einen Gast auf, jene Stelle an der Wand zu markieren, die dem oberen Rand des Buches, das er gerade in der Hand hält, entsprechen müßte, wenn man es auf dem Fußboden an die Wand stellte. Stellt anschließend das Buch wirklich hin. Es wird sich erweisen, daß das Buch fast doppelt so hoch ist, als euer Gast es eingeschätzt hat!

Besonders gut gelingt der Versuch, wenn der Befragte sich nicht selbst bückt, um die Stelle zu markieren, sondern nur die entsprechenden Anweisungen gibt. Natürlich läßt sich der Versuch auch mit einer Lampe, einem Hut und anderen Gegenständen ausführen, die wir in Höhe unserer Augen zu halten gewohnt sind.

Der Fehler kommt daher, daß dem Auge eine genaue optische Projektion von nahen Gegenständen in die Ferne nicht gelingt, da es keinen Entfernungsmesser besitzt. Es braucht in größeren Entfernungen unbedingt eine Vergleichsmöglichkeit in der gleichen Ebene.

Bild 244   Die Ausmaße der Turmuhr der Westminsterabtei

DIE AUSMASSE EINER TURMUHR

Diesen Fehler begehen wir ständig auch beim Einschätzen der Größe von Gegenständen, die sehr hoch angebracht sind. Besonders ausgeprägt ist er bei der Größenschätzung von Turmuhren. Natürlich wissen wir, daß diese Uhren sehr groß sind, und dennoch liegt der von uns

449

geschätzte Wert weit unterhalb der tatsächlichen Ausmaße. Auf Bild 244 ist das Zifferblatt der berühmten Uhr in der Londoner Westminsterabtei im Vergleich zu einigen Passanten auf der Straße dargestellt.

Der Mann, der daneben steht, gleicht einer Ameise neben einer Taschenuhr, und man will nicht glauben, daß es die gleiche Uhr ist, die sich im Turm (Bild 244 links) befindet.

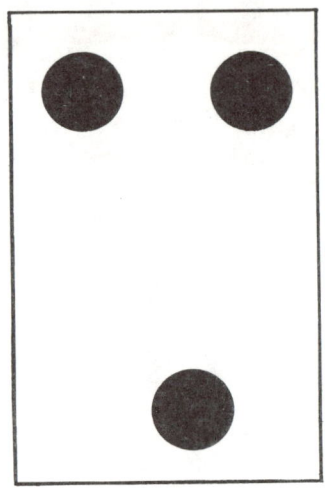

Bild 245 Der Abstand zwischen dem unteren Kreis und jedem der oberen Kreise erscheint größer als der Abstand zwischen den Außenrändern der oberen Kreise. In Wirklichkeit jedoch sind die Abstände gleich.

WEISS UND SCHWARZ

Werft aus der Ferne einen Blick auf Bild 245 und gebt an, wieviel schwarze Kreise im freien Zwischenraum zwischen dem unteren Kreis und einem der oberen Kreise Platz finden. Vier oder fünf? Wahrscheinlich werdet ihr antworten, daß vier Kreise mühelos hineinpassen, während für den fünften der Platz schon knapp wird.

Wenn man euch aber sagt, daß genau drei Kreise in dem Zwischenraum angebracht werden können, werdet ihr es nicht glauben. Also meßt es nach!

Diese sonderbare Illusion, die schwarze Flächen unserem Auge kleiner als weiße Flächen der gleichen Abmessung erscheinen läßt, wird als

„Irradiation" bezeichnet. Sie ist durch die Unvollkommenheit unseres Auges bedingt, das als optisches Gerät den strengen Anforderungen der Optik nicht ganz gerecht wird. Seine lichtbrechenden Medien liefern der Netzhaut nicht jene scharfen Konturen, die sich auf der Mattscheibe eines gut eingestellten Fotoapparates ergeben. Schuld daran ist die sogenannte sphärische Aberration: Eine jede helle Kontur wird von

Bild 246 Aus gewisser Entfernung betrachtet, erscheinen die Kreise als Sechsecke.

einem hellen Rand umgeben, der ihre Ausmaße auf der Netzhaut des Auges vergrößert. Dadurch erscheinen uns helle Flächen immer größer als die im Vergleich zu ihnen gleichgroßen schwarzen Flächen.

Rücken wir das Bild 245 noch weiter von den Augen weg – die Illusion wird noch stärker, noch beeindruckender. Dies erklärt sich daraus, daß die Breite des Zusatzrandes immer die gleiche bleibt, darum nimmt ihr Anteil von 10% in geringer Betrachtungsentfernung bei Vergrößerung des Abstands bis auf 30% und sogar 50% von der Ausdehnung des weißen Abschnitts zu. Die besagte Eigenschaft unseres Auges erklärt auch das sonderbare Gebaren der Kreise auf Bild 246. Aus der Nähe betrachtet sind es wirklich Kreise, entfernt man sich jedoch auf 2 bis 3 Schritte oder, wenn man sehr gute Augen hat, sogar auf 6 bis 8 Schritte, dann verwandeln sich die Kreise in wabenförmige Sechsecke.

Die Erklärung dieser Illusion durch die Irradiation stellt mich nicht mehr zufrieden, seitdem ich bemerkt habe, daß schwarze Kreise auf weißem Feld aus der Ferne ebenfalls Sechsecken ähneln (Bild 247), obwohl die Irradiation hier die Kreise nicht vergrößert, sondern verkleinert. Es muß generell gesagt werden, daß die landläufigen Erklärungen der optischen Illusionen nicht als endgültig gewertet werden können; die meisten Illusionen haben überhaupt noch keine Erklärung gefunden.

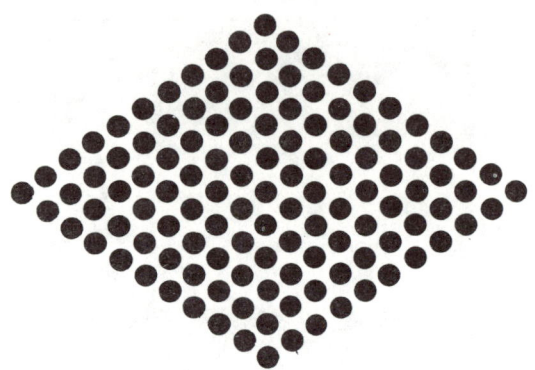

Bild 247 Die schwarzen Kreise erscheinen aus der Ferne als Sechsecke.

WELCHER BUCHSTABE IST SCHWÄRZER?

Bild 248 gibt die Möglichkeit, eine andere Unvollkommenheit unseres Auges, den sogenannten Astigmatismus, kennenzulernen. Wenn wir mit nur einem Auge hinschauen, werden uns wahrscheinlich nicht alle Buchstaben gleichermaßen schwarz erscheinen. Merken wir uns den schwärzesten Buchstaben und kippen wir das Buch auf die Seite. Jetzt werden der schwärzeste und der hellste Buchstabe ihre Helligkeitswerte tauschen.

In Wirklichkeit jedoch sind alle vier Buchstaben gleichermaßen schwarz, nur sind sie in verschiedenen Richtungen schraffiert. Wäre unser Auge genauso einwandfrei aufgebaut wie ein kostspieliges Objektiv, dann würde die Ausrichtung der Striche keinen Einfluß auf den Helligkeitswert haben. Unser Auge jedoch weist eine von der Richtung abhängende Fähigkeit zur Lichtbrechung auf, und darum erscheinen uns die senkrechten, die waagerechten und die schrägen Striche mit unterschiedlicher Deutlichkeit.

Nur wenige Menschen sind vollkommen frei von diesem Mangel, bei einigen zwingt der Astigmatismus sogar zum Tragen einer Spezialbrille.

Dem Auge sind auch andere organische Mängel eigen, die bei der Herstellung optischer Gläser vermieden werden können. Der berühmte *Helmholtz* hat aus diesem Anlaß gesagt, daß er ein jedes Gerät dem

Bild 248 Bei Betrachtung dieser Schriftzeichen mit einem Auge werdet ihr einen Buchstaben als besonders dunkel empfinden.

Optiker zurückgeben würde, wenn es mit den Mängeln des menschlichen Auges behaftet wäre.

Es gibt aber auch optische Illusionen, denen sich unser Auge hingibt, die nicht auf dessen Mängel zurückzuführen sind.

LEBENDIGE PORTRÄTBILDER

Allgemein bekannt sind Porträts, die uns immer anblicken, ganz egal in welcher Zimmerecke wir stehen. Sie können den sensiblen Menschen sogar Angst einflößen.

Aber diese Eigenschaft dieser Porträts erklärt sich höchst einfach. Die Pupillen auf solchen Bildern sind nämlich genau in Augenmitte gezeichnet. So aber sehen wir nur die Augen eines Menschen, der uns starr anblickt. Wenn wir uns vom Bild seitwärts entfernen, blickt uns die beängstigende Person weiterhin an, denn die Darstellung der Augen hat sich nicht geändert, und da wir das Gesicht weiterhin aus der Vorderansicht sehen, entsteht der Eindruck, die Person hätte den Kopf in unsere Richtung gedreht und beobachte uns weiter.

Auf gleiche Weise erklären sich auch viele andere rätselhafte Eigenschaften mancher Bilder: ein Pferd läuft direkt auf uns zu, ganz egal, wohin wir uns vom Bild entfernen; ein Mann weist mit dem Finger immer direkt auf uns usw. Ein solches Porträt zeigt Bild 249. Diese Art der Darstellung ist bei Plakatmalern sehr beliebt.

EINGESTOCHENE LINIEN UND ANDERE TRUGBILDER

Die auf Bild 250 dargestellten Steckadeln sind auf den ersten Blick nichts Besonderes. Heben wir aber das Buch in Augenhöhe und schauen wir mit einem Auge entlang dieser Linien (das Auge muß sich in ihrem gedachten Schnittpunkt befinden). Jetzt werden wir den Eindruck

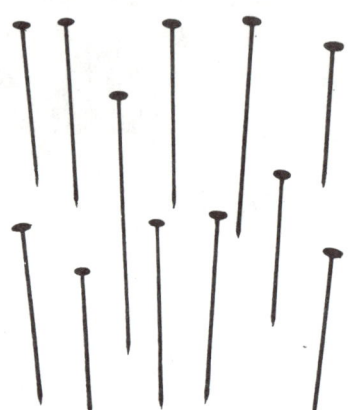

Das Porträt mit dem stechenden Blick

Bild 249

Bild 250
Hält man das Blatt waagerecht und blickt man mit einem Auge aus dem Punkt, wo sich die Verlängerungen der einzelnen Linien schneiden müßten, dann glaubt man Stecknadeln zu sehen, die senkrecht im Papier stecken. Bei leichter seitlicher Hinundherbewegung der Zeichnung scheinen die Nadeln zu schwanken.

erhalten, daß die Nadeln senkrecht im Papier stecken. Führen wir den Kopf etwas zur Seite, und auch die Nadeln werden sich in diese Richtung neigen.

Die Illusion erklärt sich durch die Gesetze der Perspektive: die Linien sind so gezeichnet, wie die Projektion senkrecht steckender Nadeln bei gleicher Betrachtung verlaufen würde.

Unsere Veranlagung, sich optischen Illusionen hinzugeben, darf keinesfalls nur als Mangel unseres Sehens eingeschätzt werden. Sie weist auch eine recht vorteilhafte Seite auf, die leider oft übersehen wird. Wenn nämlich unser Auge sich nicht betrügen ließe, gäbe es keine Malerei, und wir würden um den Genuß der bildenden Kunst kommen. Die Maler nutzen die Mängel unseres Sehens reichlich aus.

Die Palette der optischen Illusionen ist außerordentlich breit, man könnte ein ganzes Album damit füllen. Ich will hier nur einige anführen, und zwar solche, die am wenigsten bekannt sind. Besonders beeindruk-kend sind die Illusionen auf Bild 251 und 252 mit Linien auf einem

Bild 251   Die Buchstaben stehen streng senkrecht.

Bild 252   Verfolgt die Linien mit einem spitzen Gegenstand, und ihr werdet euch überzeugen, daß es keine Spiralen, sondern Kreise sind.

Gitterfeld. Das Auge will es einfach nicht wahrhaben, daß die Buchstaben auf Bild 251 gerade stehen und die Kreise auf Bild 252 keine Spiralen sind. Der Beweis läßt sich jedoch mit einem Zirkel erbringen. Genauso verhilft uns der Zirkel zu erkennen, daß die Gerade AC auf Bild 253 nicht kürzer als die Gerade AB ist. Das Wesen der optischen Täuschungen in den Bildern 254 bis 257 wird aus den jeweiligen Bildunterschriften klar.

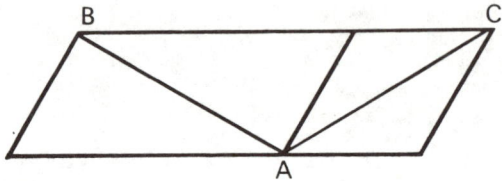

Bild 253 Die Abstände *AB* und *AC* sind gleich, obwohl sie unterschiedlich zu sein scheinen.

Bild 254 Die schräg verlaufende Gerade wirkt gebrochen.

Bild 255 Die weißen Figuren sind den entsprechenden schwarzen absolut größengleich.

Kurios ist folgende Begebenheit in bezug auf die Darstellung des Bildes 256. Der Verleger einer früheren Ausgabe dieses Buches erhielt das entsprechende Klischee aus der Zinkographie und wollte es auf Grund der grauen Flecken im Schnittpunkt der weißen Streifen beanstanden. Zufällig kam ich in diesem Augenblick hinzu und klärte ihn über den wahren Sachverhalt auf.

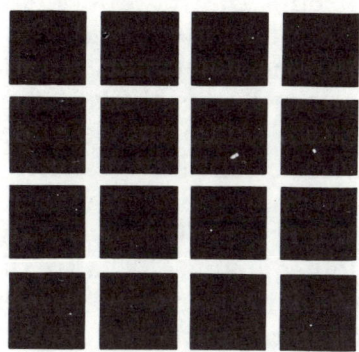

Bild 256 Im Schnittpunkt der weißen Streifen scheinen graue Punkte aufzuflackern, die in Wirklichkeit nicht vorhanden sind. Die optische Täuschung resultiert aus der Kontrastwirkung.

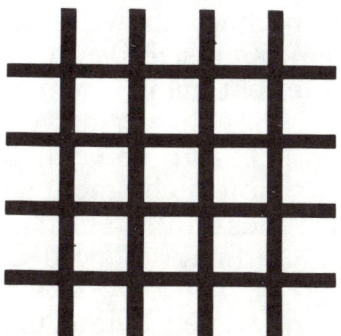

Bild 257 Im Schnittpunkt der schwarzen Streifen erscheinen graue Flecken.

457

WAS KURZSICHTIGE SEHEN

Ein Kurzsichtiger sieht ohne Brille schlecht, was er aber sieht und wie ihm die gesehenen Gegenstände erscheinen, davon haben Menschen mit normaler Sehschärfe eine nur recht vage Vorstellung.

Vor allem sieht er nie scharfe Konturen – alle Gegenstände erscheinen ihm verschwommen. Einzelne Blätter und kleine Äste an einem Baum erkennt der Kurzsichtige nicht, er sieht lediglich eine unförmige grüne Masse unklarer, phantastischer Gebilde.

Gesichter erscheinen den Kurzsichtigen in der Regel jünger und hübscher als den Menschen mit normalem Sehvermögen: Falten und andere kleine Unzulänglichkeiten des Gesichts werden von ihnen nicht bemerkt; eine grobe, rote Hautfarbe (natürlicher oder künstlicher Herkunft) erscheint ihnen als zartrosa. Wir wundern uns über die Naivität einiger unserer Bekannten, die uns 20 Jahre jünger schätzen, wir sind erstaunt über ihren sonderbaren Geschmack, was das Schöne anbetrifft, wir werfen ihnen Arroganz vor, wenn sie uns direkt ins Gesicht schauen und uns nicht erkennen wollen. Dies alles ist oft Folge der Kurzsichtigkeit.

„Im Lyzeum", erinnert sich der Dichter *Delwig*, Zeitgenosse und Freund *Puschkins*, „wurde mir verboten, eine Brille zu tragen, dafür erschienen mir alle Frauen bildhübsch; wie enttäuscht war ich dann nach dem Abschluß!" Wenn ein Kurzsichtiger (ohne Brille) sich mit euch unterhält, sieht er euer Gesicht nicht – zumindest sieht er bei weitem nicht das, was ihr meint. Er hat ein verschwommenes Gebilde vor sich, und es ist nicht verwunderlich, daß er euch beim zweiten Zusammentreffen nach einer Stunde schon nicht mehr erkennt. Meistens erkennt der Kurzsichtige Menschen nicht an ihrem Äußeren, sondern am Klang ihrer Stimme – der Mangel an Sehkraft wird durch die Ausprägung des Gehörs wettgemacht.

Interessant ist es auch zu wissen, wie Kurzsichtige die Welt nachts sehen. Alle grellen Gegenstände – Laternen, Lampen, beleuchtete Fenster usw. – wachsen bei Dunkelheit für den Kurzsichtigen zu riesigen Ausmaßen an und verwandeln das Bild in ein Chaos aus formlosen grellen Flecken, dunklen und nebelhaften Umrissen. Statt einer Reihe von Laternen sieht der Kurzsichtige auf der Straße zwei oder drei grelle Riesenflecken, die den gesamten übrigen Teil der Straße versperren. Ein sich näherndes Auto erkennt er nicht, er sieht lediglich zwei blendende

Aureolen (Scheinwerfer) und hinter ihnen eine dunkle Masse.

Sogar der nächtliche Himmel hat für einen Kurzsichtigen ein ganz anderes Aussehen. Er sieht nur Sterne der ersten drei bis vier Größenordnungen; folglich besteht für ihn die Pracht der vielen tausend Sterne nur aus mehreren hundert. Dafür aber erscheinen diese wenigen Sterne als große Lichtflocken. Der Vollmond ist riesig und sehr nahgelegen; der spitze Halbmond aber nimmt für ihn eine verworrene, phantastische Form an.

Der Grund aller dieser Verzerrungen und der scheinbaren Abbildvergrößerung besteht natürlich in den Eigenheiten des Auges eines Kurzsichtigen. Die gebrochenen Strahlen laufen nicht auf der Netzhaut, sondern kurz davor zusammen. Danach laufen sie wieder auseinander und erreichen die Netzhaut als verschwommene, verwaschene Abbilder.

WIE FINDET MAN EIN ECHO?

Mark Twain berichtet in einer humoristischen Erzählung von den erheiternden Mißgeschicken eines Echo-Sammlers. Der Mann kaufte Grundstücke auf, von denen aus ein mehrfaches oder auf andere Weise bemerkenswertes Echo zu hören war.

„Als erstes kaufte er ein Echo im Staat Georgia, das viermal zurückrief, danach ein sechsfaches in Maryland und ein 13faches in Maine. Die nächste Erwerbung war ein 9faches Echo in Kansas, ihm folgte ein 12faches in Tennessee, preiswert erstanden, weil es baufällig war: Ein Teil des Felsens war abgebröckelt. Er meinte, es ließe sich durch Anbau wieder in Ordnung bringen, doch der Architekt, der den Auftrag übernahm, hatte noch nie ein Echo gebaut und verdarb darum schließlich alles – nach der Instandsetzung war das Echo höchstens für ein Taubstummenasyl zu gebrauchen..."

Dies ist natürlich nur Spaß, doch ausgezeichnete mehrfache Echos gibt es in verschiedenen, vorwiegend bergigen Gegenden der Erde, und einige sind schon lange weltberühmt.

Hier eine kurze Aufzählung. Im Schloß Woodstock in England wiederholt das Echo deutlich 17 Silben. Die Schloßruine Derenburg bei Halberstadt erzeugte ein 27faches Echo, das jedoch verstummte, nachdem man die eine Mauer gesprengt hatte. Die kreisförmig um Adersbach in der Tschechoslowakei gelegenen Felsen wiederholen an einer ganz bestimmten Stelle dreimal 7 Silben, aber nur wenige Schritte von dieser Stelle entfernt vermag nicht einmal ein Gewehrschuß, ein Echo zu erzeugen. Ein sehr oft wiederholtes Echo wurde in einem (heute nicht mehr existenten) Schloß bei Mailand gehört: Ein aus dem Fenster des Seitengebäudes abgegebener Schuß wiederholte sich 40- bis 50mal, ein laut gesprochenes Wort 30mal.

Es ist gar nicht so einfach, einen Ort auch nur mit einem einmaligen Echo ausfindig zu machen. Wir in der Sowjetunion haben es in dieser Hinsicht verhältnismäßig leicht. Es gibt viele waldgesäumte Freiflächen und Kahlstellen mitten im Wald, deren aus einer Gehölzmauer bestehende Umrandung ein mehr oder minder deutliches Echo zurückwirft.

Das Echo in den Bergen ist meistens nicht so simpel aufgebaut, dafür

Bild 258

Ein Echo nach *A. Kircher*

aber auch viel schwerer zu finden als in der Ebene. Den Grund dafür werdet ihr gleich erfahren.

Ein Echo ist nichts anderes als die Rückkehr von Schallwellen, die von einem Hindernis reflektiert, zurückgeworfen werden. Das im Kapitel Optik von uns behandelte Gesetz trifft auch hier zu: Der Einfallswinkel des „Schallstrahls" ist gleich dem Ausfallwinkel (unter dem „Schallstrahl"

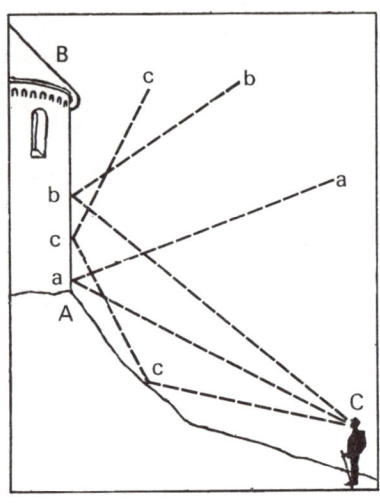

Bild 259

Ein Echo kommt nicht zustande.

verstehen wir hier die im jeweiligen Fall in Frage kommende Richtung der Schallwellenausbreitung).

Nun stellt ihr euch vor, daß ihr am Fuße eines Berges steht (Bild 259), während das Hindernis, das den Schall zu reflektieren hat, sich über euch befindet, zum Beispiel in *AB*. Es ist leicht zu erkennen, daß die Schallwellen, die sich entlang der Linien *Ca*, *Cb*, *Cc* ausbreiten, nach der Reflexion euer Ohr nicht erreichen, sondern sich im Raum in den Richtungen *aa*, *bb*, *cc* ausbreiten werden. Anders wird es bestellt sein, wenn ihr in Höhe des Hindernisses oder sogar etwas darüber Stellung bezieht (Bild 260). Der nach unten in den Richtungen *Ca*, *Cb* verlaufende Schall wird nach einmaliger oder zweimaliger Reflexion am Boden auf den gebrochenen Linien *CaaC* oder *CbbC* zu euch zurückkehren. Eine Bodensenke zwischen den beiden Punkten wird, da sie als Konkavspiegel

462

wirkt, das Echo noch deutlicher machen. Ist jedoch das Bodenrelief zwischen den Punkten C und B gewölbt, dann fällt das Echo schwach aus und wird euer Ohr womöglich überhaupt nicht erreichen: eine solche Oberfläche zerstreut die Schallstrahlen wie ein Konvexspiegel.

Das Ausfindigmachen eines Echos in einer unebenen Gegend verlangt eine bestimmte Übung. Auch wenn man die günstige Stelle gefunden hat,

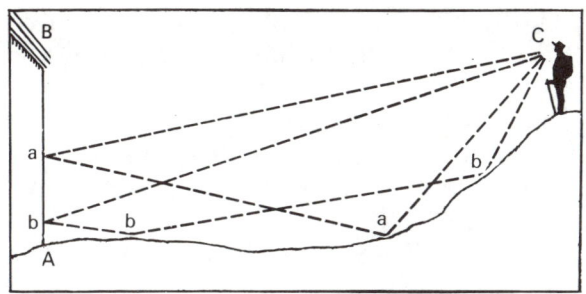

Bild 260   So entsteht ein deutliches Echo.

muß es gelernt sein, ein Echo hervorzurufen. Vor allem darf die Entfernung bis zum Hindernis nicht zu gering sein, weil man sonst Gefahr läuft, den Laufzeitunterschied nicht zu bemerken. Der Schall legt 340 m in der Sekunde zurück, also muß die Entfernung vom Hindernis mindestens 85 m betragen, damit das Echo eine halbe Sekunde nach dem Rufen eintrifft.

Das Echo reagiert zwar auf alle Töne und Geräusche, doch am deutlichsten ist es zu hören, wenn das Geräusch abgehackt ist. Am besten eignet sich dazu einmaliges kräftiges Klatschen in die Hände. Die Stimme eines Menschen leistet in dieser Hinsicht weniger, besonders die Stimme von Männern, denn sie ist nicht so klar und deutlich wie die von Frauen und Kindern.

DER SCHALL ALS BANDMASS

Die Geschwindigkeit der Schallausbreitung in der Luft kann zur Entfernungsmessung benutzt werden. So läßt sich aus der Zeitdifferenz zwischen dem Wahrnehmen des Blitzes und des zugehörigen Donners auf die Entfernung der Gewitterwolke schließen. Die zwischen einem Ruf und seinem eintreffenden Echo vergehende Zeit gibt Auskunft über die Entfernung des schallreflektierenden Gegenstandes. Zur Berechnung der Entfernung wird dabei verständlicherweise nur der halbe Wert der Zeitdifferenz benutzt. Dies können sich auch zwei Menschen zunutze machen, die die Entfernung voneinander bestimmen wollen. *Jules Verne* beschreibt einen solchen Fall in seiner „Reise zum Mittelpunkt der Erde":

„Ich legte das Ohr an die Wand. Sowie ich meinen vom Onkel gerufenen Namen Axel vernommen hatte, wiederholte ich ihn sofort und begann zu warten.

‚Vierzig Sekunden', sagte der Onkel, ‚folglich erreichte mich der Schall innerhalb von 20 Sekunden. Da aber der Schall in der Sekunde ein Drittelkilometer zurücklegt, entspricht dies der Entfernung von fast sieben Kilometern.' "[1]

Nun werdet ihr keine Mühe haben, folgende Aufgabe zu lösen: Ich erblickte über einer Lokomotive eine kleine weiße Dampfwolke und vernahm anderthalb Sekunden später das Pfeifsignal. Wie weit war die Lokomotive von mir entfernt?

SCHALLSPIEGEL

Ein mauerförmiger Waldrand, ein hoher Zaun, ein Bauwerk, ein Berg – generell ein jedes Hindernis, das Schall als Echo zurückwirft, ist nichts anderes als ein Schallspiegel; er reflektiert den Schall genauso, wie ein flacher Spiegel das Licht reflektiert.

Aber auch Schallspiegel brauchen nicht unbedingt flach zu sein. Ein konkaver Schallspiegel funktioniert als Reflektor: Er konzentriert die „Schallstrahlen" in seinem „Brennpunkt".

Zwei Suppenteller machen ein aufschlußreiches Experiment möglich. Ein Suppenteller steht auf dem Tisch, über ihn haltet ihr in einigen Zentimetern Abstand vom Tellerboden eine Taschenuhr. Den anderen Teller haltet ihr neben eurem Kopf, in der Nähe des Ohres, wie es auf Bild 261 dargestellt ist. Habt ihr nach mehreren Proben die richtige Entfernung von Uhr, Ohr und Teller herausgefunden, werdet ihr das Ticken der Uhr aus dem Teller neben eurem Kopf vernehmen. Bei

---

[1] Diese Angabe entspricht der Schallgeschwindigkeit in Luft; in festem Material ist sie mehrere Male größer. Damit könnte auch die Entfernung wesentlich größer gewesen sein.

geschlossenen Augen läßt sich auch bei größter Mühe nicht unterscheiden, ob sich die Uhr am Ohr oder über dem auf dem Tisch stehenden Teller befindet.

Die Erbauer mittelalterlicher Schlösser haben mit Vorliebe solche Schallüberraschungen angeboten, indem sie Büsten vor einem konkaven Schallspiegel oder am Austritt eines geschickt in der Wand verborgenen Sprachrohres placierten.

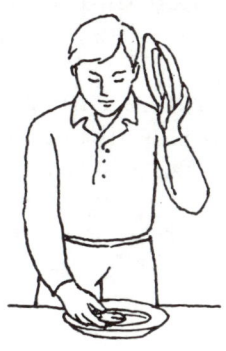

Bild 261   Suppenteller als konkave Schallspiegel

DER SCHALL IM THEATERSAAL

Theater- und Konzertsäle unterscheiden sich bekanntlich nach ihrer Akustik: In den einen Räumen ist das Schallgeschehen auf der Bühne bis in die entferntesten Winkel zu hören, in den anderen hat man sogar in Bühnennähe Mühe, etwas zu verstehen. Dieses Phänomen wird sehr plausibel im Buch des amerikanischen Physikers *Robert Wood* „Schallwellen und ihre Anwendung" erklärt:

„Ein jeder in einem Gebäude erzeugte Ton erklingt noch recht lange nach Verstummen der Tonquelle. Infolge mehrfacher Reflexionen durchläuft er mehrere Male das Gebäude – inzwischen aber erklingen andere Töne, und der Zuschauer ist oft nicht imstande, sie in der gehörigen Reihenfolge wahrzunehmen und zwischen ihnen zu unterscheiden. Wenn zum Beispiel ein Ton 3 Sekunden anhält und der Redner mit einer Geschwindigkeit von drei Silben in der Sekunde spricht, werden sich die Schallwellen, die 9 Silben entsprechen, alle zusammen im Raum fortpflanzen und ein heilloses Durcheinander und Lärm erzeugen, der dem Zuhörer das Verstehen des Redners unmöglich macht.

Dem Redner bleibt unter solchen Bedingungen nichts anderes übrig, als sehr deutlich und nicht zu laut zu sprechen. Gewöhnlich aber bemühen sich die Redner im Gegenteil, laut zu sprechen, und verstärken dadurch nur den Lärm."

Vor kurzem noch galt die Errichtung eines Theaters mit guter Akustik als Glückssache. Inzwischen jedoch sind Verfahren gefunden worden, um das unerwünschte Fortdauern des Schalls (den sogenannten Nachhall) erfolgreich zu bekämpfen. Hier ist nicht der Platz, auf Details einzugehen, die nur für Architekten interessant sind. Gesagt sei lediglich, daß der Kampf gegen schlechte Akustik in der Auskleidung der Oberflächen mit schallschluckenden Stoffen besteht. Der beste Schallabsorber ist ein offenes Fenster (genauso wie der beste Lichtabsorber eine Öffnung ist); ein Quadratmeter offener Fensterfläche wurde sogar als Maßeinheit für die Schallabsorption gewählt. Sehr gute Schallabsorber sind auch die Theaterbesucher selbst: Für jeden besetzten Zuschauerplatz rechnet man in der Regel mit einem halben Quadratmeter offener Fensterfläche. Mehr als zutreffend ist darum die witzige Bemerkung eines Physikers, daß „ein Auditorium die Worte des Redners in jedem Fall zumindest körperlich aufnimmt", genauso richtig ist, daß ein leerer Saal dem Redner auch rein körperlich Unbehagen bereitet.

Ist die Schallabsorption zu groß, dann wird die Verständlichkeit ebenfalls gemindert. Erstens sorgt die übermäßige Schallabsorption für eine beträchtliche Abnahme der Lautstärke, und zweitens dämpft sie den Nachhall derart, daß die Töne abgehackt und gewissermaßen trocken klingen. Der Wert des besten Nachhalls ist für jeden Saal verschieden und muß bei der Projektierung herausgefunden werden.

Interessant aus der Sicht der Physik ist auch ein anderer Gegenstand, der zum obligatorischen Inventar eines jeden Theaters gehört – der Souffleurkasten. Habt ihr schon darauf geachtet, daß er in allen Theatern die gleiche Form hat? Er hat die Form eines konkaven Spiegels in Richtung zur Bühne und erfüllt damit zwei Aufgaben: Dämmung der Souffleursprache in Richtung Saal und Ausrichtung der Textvorsage auf die Bühne.

466

ECHO VOM MEERESGRUND

Lange Zeit zog der Mensch keinerlei Nutzen aus der Erscheinung des Echos, dann aber hatte er es gelernt, mit Hilfe des Echos die Tiefe von Meeren und Ozeanen zu messen. Die Erfindung war das Nebenprodukt eines anderen Vorhabens. Nach dem tragischen Auflaufen der „Titanic"

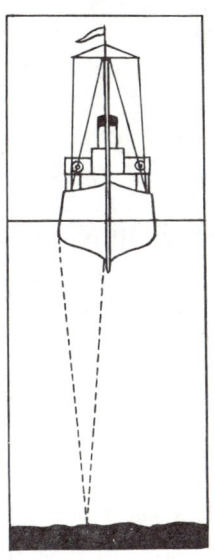

Das Funktionsprinzip eines Echolots

Bild 262

auf einen Eisberg im Jahre 1912 suchte man nach Mitteln für das rechtzeitige Erkennen von Eishindernissen bei beschränkter Sicht. Man dachte dabei an die Nutzung des Echos, doch dies schlug fehl, dafür aber wurde die Messung von Meerestiefen mittels Schall als möglich erkannt.

Bild 262 zeigt das Schema der Vorrichtung. Bei der ursprünglichen Ausführung des Echolots wurde eine Patrone benutzt, die ein kurzes Geräusch, einen Knall erzeugte. Die Schallwellen stießen bis zum Meeresgrund vor, wurden dort reflektiert und kehrten zum Schiff zurück, wo man sie mittels eines empfindlichen Geräts registrierte. Aus der Laufzeit des reflektierten Schalls (Halbwert der Zeit zwischen Knall und Echo) ergab sich bei bekannter Schallgeschwindigkeit in Wasser die Meerestiefe.

Das Echolot war eine echte Revolution in der Seefahrt. Früher waren Tiefenmessungen nur bei geankertem Schiff möglich und nahmen viel Zeit in Anspruch. Die Lotleine mußte recht langsam abgewickelt werden (150 m in der Minute), genauso langsam wurde sie wieder eingeholt. Zur Messung einer Tiefe von 3000 m wurden also 40 Minuten benötigt. Ein Echolot jedoch bringt dies in wenigen Sekunden fertig, auch wenn das Schiff Volldampf gibt, und weist dabei eine viel höhere Genauigkeit auf. Der Meßfehler beträgt höchstens einen Viertelmeter, was durch eine Genauigkeit der Zeitmessung von einem Dreitausendstel der Sekunde gewährleistet wird.

Die exakte Messung großer Meerestiefen hat für die Ozeanografie enorme Bedeutung. Das schnelle, zuverlässige und genaue Vermessen von geringen Tiefen aber ist für die Seefahrt eine entscheidende Hilfe, denn so kann ein Auflaufen des Schiffes in seichten Gewässern vermieden werden.

Die moderne Ausführung des Echolots benutzt nicht den Explosionsknall einer Patrone, sondern den Ultraschall mit mehreren Millionen Schwingungen in der Sekunde. Ultraschall wird durch Schwingungen einer Quarzplatte (Piezoquarz) erzeugt, die sich in einem rasch wechselnden elektrischen Feld befindet.

DAS SUMMEN DER INSEKTEN

Die Insekten besitzen in den meisten Fällen kein spezielles tonerzeugendes Organ, wo kommt dann aber ihr Summen her? Sie summen, surren oder brummen nur im Fluge, indem sie ihre Flügelchen mehrere hundert Mal in der Sekunde schwingen. Ihr Flügel ist eine schwingende Platte, wir wissen aber bereits, daß eine ausreichend oft (mindestens 16mal in der Sekunde) schwingende Platte einen hörbaren Ton bestimmter Höhe erzeugt.

Durch Nutzung dieses Umstands ist es gelungen, die Zahl der Flügelschläge von Insekten zu messen, da ja jeder Tonfrequenz eine ganz bestimmte Zahl von Schwingungsbewegungen entspricht. So ist herausgefunden worden, daß die Frequenz der Flügelschläge bei den Insekten immer konstant bleibt. Zur Regulierung ihres Fluges, das haben Zeitlupenaufnahmen erbracht, verändern sie lediglich die Ausschlagweite (die Schwingungsamplitude) und den Anstellwinkel der Flügel. Die Zahl der Flügelschläge in der Zeiteinheit verändert sich nur unter dem Einfluß von Kälte. Darum bleibt auch der von Insekten im Fluge erzeugte Ton immer der gleiche.

Eine Zimmerfliege zum Beispiel macht 352 Flügelschläge in der Sekunde, was dem f′ in unserer Tonleiter (349,2 Hertz) entspricht. Die Hummel erzeugt einen Ton mit der Frequenz von 220 Hertz (Ton a). Die Biene führt 440 Flügelschwingungen in der Sekunde aus (a′), wenn sie ohne Fracht fliegt, und kommt bei Honigtransport auf nur 330 Hertz (e′). Käfer erzeugen ein Brummen, da sie ihre Flügel nicht so schnell bewegen können. Die Mücken dagegen surren in einem widerlich hohen Ton von 500 bis 600 Schwingungen in der Sekunde. Zum Vergleich sei gesagt, daß die Luftschraube eines Flugzeugs im Schnitt etwa 35 Umdrehungen in der Sekunde ausführt.

AKUSTISCHE TÄUSCHUNGEN

Wenn wir uns aus irgendeinem Grund einbilden, die Quelle eines schwachen Geräuschs befinde sich nicht neben uns, sondern viel weiter entfernt, dann schätzen wir das entsprechende Geräusch als viel lauter ein. Dies widerfährt uns recht oft, nur achten wir selten darauf.

Hier ein bemerkenswerter Fall, den der amerikanische Forscher *William James* in seinen „Principles of Psychology" beschrieben hat:

„Einmal saß ich tief in der Nacht und las. Plötzlich ertönte oben im Haus furchtbarer Lärm, verstummte und wiederholte sich nach einer Minute erneut. Ich ging hinaus in den Saal, um den Lärm besser hören zu können, doch dort wiederholte er sich nicht. Kaum war ich zu mir ins Zimmer zurückgekehrt und hatte mich in mein Buch vertieft, als wieder beunruhigender, starker Lärm einsetzte, etwa wie vor dem Beginn eines Unwetters. Er kam von überallher. Nun erst recht aus der Fassung gebracht, ging ich wieder in den Saal hinaus, und wieder verstummte der Lärm sofort.

Als ich dann das zweite Mal zu mir ins Zimmer zurückkam, entdeckte ich plötzlich, daß der Lärm durch das Schnarchen eines kleinen Hündchens erzeugt wurde, das auf dem Fußboden schlief!...

Interessant daran ist, daß ich, nachdem ich die wahre Lärmursache nun erkannt hatte, trotz aller Bemühungen nicht mehr in der Lage war, die frühere Illusion wiederzugewinnen."

Dem Leser werden gewiß ähnliche Beispiele aus seinem eigenen Leben einfallen. Ich könnte mehrere nennen.

WO ZIRPT DIE GRILLE?

Sehr oft bestimmen wir nicht die Entfernung, sondern die Richtung einer Schallquelle falsch.

Unsere Ohren können recht gut unterscheiden, ob rechts oder links von uns geschossen wurde. Doch wir sind oft absolut unfähig, die

Bild 263   Die Richtung der Schallquelle ist nicht zu erkennen.

Richtung der Schallquelle anzugeben, wenn sie sich genau vor oder hinter uns befindet (Bild 263): Ein Schuß, vor uns ausgeführt, wird oft als von hinten kommend geschätzt. In solchen Fällen können wir – anhand der Lautstärke – nur über die Schußentfernung zuverlässige Aussagen machen.

Hier ein Versuch, der recht beeindruckend und auch aussagekräftig ist. Ihr laßt jemanden mitten im Zimmer mit verbundenen Augen auf einem Stuhl Platz nehmen und bittet ihn, den Kopf stillzuhalten. Wenn ihr nun vor oder hinter der Versuchsperson genau in der Symmetrieebene ihres Kopfes zwei Münzen gegeneinander schlagt, wird sie nicht angeben können, an welcher Stelle im Zimmer ihr dabei gestanden habt. Wenn ihr euch jedoch von der genannten Symmetrieebene entfernt, werden die Antworten weniger Fehler enthalten. Dies ist verständlich: Nun trifft der Schall in einem Ohr der Versuchsperson etwas früher und lauter ein, so daß eine Ortung möglich wird.

Der Versuch erklärt übrigens, warum es so schwer ist, eine zirpende Grille im Gras auszumachen. Das durchdringende Zirpen erklingt rechts von euch, zwei Schritte entfernt. Ihr wendet den Kopf in diese Richtung, könnt aber nichts entdecken – das Geräusch kommt jetzt von links. Wenn ihr den Kopf wieder wendet, befindet sich die Schallquelle nun an einer dritten Stelle. Je schneller ihr den Kopf wendet, um so schneller scheint die unsichtbare Grille ihren Standort zu wechseln. In Wirklichkeit aber sitzt die Grille auch weiterhin dort, wo sie am Anfang gesessen hat; ihre Sprünge sind nur das Produkt eurer Einbildung, die Folge einer akustischen Täuschung. Wenn ihr nämlich den Kopf in Richtung der Schallquelle wendet, liegt der Standort der Grille genau in der Symmetrieebene. Dies aber heißt, daß die Möglichkeit der Ortung nun nicht mehr gegeben ist.

Daraus läßt sich eine praktische Empfehlung ableiten. Will man den Standort einer zirpenden Grille, eines Kuckucks und ähnlicher ferner Schallquellen ausmachen, dann darf man den Kopf nicht in die vermeintliche Richtung der Schallquelle wenden, sondern muß ihn im Gegenteil zur Seite drehen. Das tun wir übrigens auch, wenn wir „wachsam lauschen".

KURIOSITÄTEN DES GEHÖRS

Wenn wir einen harten Zwieback zerknabbern, hören wir ein ohrenbetäubendes Krachen, während unsere Mitmenschen haargenau die gleichen Zwiebäcke vollkommen lautlos konsumieren. Wie bringen die das nur fertig?

Hier handelt es sich darum, daß Krachen und Dröhnen nur in unseren Ohren zu hören sind und den Ohren der Mitmenschen so gut wie nichts antun. Die Schädelknochen wie übrigens generell alle festen Körper, leiten den Schall ganz ausgezeichnet, und der Schall kann sich in einem festen Medium mitunter durch Resonanzeffekte verstärken. Das krachende Geräusch des von euch geknabberten Zwiebacks erreicht die Ohren der Umstehenden durch die Luft und wird darum als leises Geräusch wahrgenommen, bis zu eurem eigenen Gehörorgan dringt es jedoch intensiver und auf kürzerem Wege durch die harten Knochen des Schädels vor und verursacht darum den unheimlichen Krach.

Hier noch ein Versuch der gleichen Art. Preßt den Bügel einer Taschenuhr zwischen den Zähnen fest und haltet euch dabei die Ohren zu: Ihr werdet schwere Stöße vernehmen – derart verstärkt sich nämlich das Ticken eurer Taschenuhr.

Der gehörlos gewordene *Beethoven* hörte sich Klavierspiel an, so wird berichtet, indem er das eine Ende des Spazierstocks gegen den Flügel und das andere in den Zähnen hielt. Deshalb können auch Gehörlose, bei denen das innere Ohr noch intakt ist, zur Musik tanzen: Die Töne erreichen ihre Sinneszellen durch den Fußboden und das Knochengerüst.

DER SCHALL UND DIE RUNDFUNKWELLEN

Die Schallgeschwindigkeit beträgt in der Luft ungefähr den millionsten Teil der Lichtgeschwindigkeit. Da nun die Geschwindigkeit der Rundfunkwellen gleich der Ausbreitungsgeschwindigkeit der Lichtwellen ist, breitet sich ein Rundfunksignal eine Million mal schneller aus als der Schall. Daraus ergibt sich eine interessante Folgerung, die durch eine Aufgabe erklärt werden soll:

Wer wird den ersten Akkord des Pianisten früher hören: der Besucher im Konzertsaal, der 10 m vom Flügel entfernt sitzt, oder der Rundfunkhörer, der in 100 km Entfernung vom Saal bei sich zu Hause mit seinem Rundfunkapparat das Konzert hört? Dabei soll angenommen werden, daß sich das Mikrofon unmittelbar am Flügel und der Rundfunkhörer unmittelbar am Lautsprecher befinden.

Wie seltsam es auch scheinen mag, der Rundfunkhörer wird den Akkord früher als der Besucher im Konzertsaal hören, obgleich er zehntausendmal weiter vom Musikinstrument entfernt sitzt. Tatsächlich legen die Rundfunkwellen die Entfernung von 100 km in

$$\frac{100 \text{ km}}{300\,000 \text{ km/s}} = \frac{1}{3000} \text{ s zurück.}$$

Der Schall braucht für die Entfernung von 10 m

$$\frac{10 \text{ m}}{340 \text{ m/s}} = \frac{1}{34} \text{ s.}$$

Daraus ist ersichtlich, daß die Schallübertragung durch den Rundfunk zum Hörer beinahe nur den hundertsten Teil der Zeit benötigt, die für die direkte Schallübertragung im Konzertsaal durch die Luft erforderlich ist.

DER SCHALL UND DAS GESCHOSS

Als die Passagiere des Geschosses in dem Roman von *Jules Verne* zum Mond flogen, waren sie dadurch verblüfft, daß sie den Donner des Abschusses aus der gigantischen Kanone, die sie aus ihrer Mündung hinausschleuderte, nicht wahrnahmen. Das konnte auch gar nicht anders sein. Wie ohrenbetäubend der Donner auch war, seine Ausbreitungsgeschwindigkeit betrug eben nur 340 m/s, das Geschoß aber bewegte sich mit einer Geschwindigkeit von 11 000 m/s. Es ist klar, daß der Schall des Abschusses die Ohren der Passagiere nicht erreichen konnte. Das Geschoß ließ den Schall hinter sich.[1]

Aber wie steht es mit diesem Problem bei den heutigen Geschossen und Granaten? Bewegen sie sich schneller als der Schall, oder werden sie vom Schall überholt?

Die heutigen Gewehre geben den Geschossen beim Abschuß eine Geschwindigkeit, die fast dreimal so groß ist wie die Geschwindigkeit des Schalles in der Luft, nämlich ungefähr 900 m/s (die Ausbreitungsgeschwindigkeit des Schalles bei 0 °C beträgt etwa 332 m/s). Allerdings breitet sich der Schall mit gleichbleibender Geschwindigkeit aus, während das Geschoß seine Geschwindigkeit während des Fluges dauernd verringert. Trotzdem wird sich das Geschoß auf dem größten Teil der Flugbahn noch schneller als der Schall bewegen. Daraus folgt, daß ein Geschoß, dessen Abschuß oder Pfeifen ein Soldat im Gefecht hört, schon an ihm vorübergeflogen ist.

EINE SCHEINBARE EXPLOSION

Der Wettlauf zwischen einem fliegenden Körper und dem von ihm ausgehenden Schall bringt uns manchmal unwillkürlich dazu, falsche Schlüsse zu ziehen; Schlüsse, die mitunter überhaupt kein richtiges Bild der Erscheinung geben.

Ein bekanntes Beispiel dafür stellt die Feuerkugel (oder die Granate) dar, die hoch über unsere Köpfe hinweg fliegt. Die Feuerkugeln (sehr helle Meteore, auch „Bolide" genannt – Anm. des Übersetzers), die aus dem Weltraum in die Atmosphäre unseres Planeten eindringen, besitzen eine sehr große Geschwindigkeit, die, obwohl sie durch den Widerstand der Atmosphäre verringert wird, trotzdem noch einige zehnmal so groß ist wie die Schallgeschwindigkeit.

Wenn die Feuerkugeln die Luft durchschneiden, erzeugen sie nicht selten ein Geräusch, das an den Donner erinnert. Stellt euch vor, daß wir uns im Punkte C (Bild 264) befinden und hoch über uns entlang der Linie AB eine Feuerkugel fliegt. Der Schall, der im Punkte A von der Feuerkugel ausgeht, wird uns (im Punkt C) erst dann erreichen, wenn die

---

[1] Viele moderne Flugzeuge haben eine Geschwindigkeit, die die Ausbreitungsgeschwindigkeit des Schalles weit übertrifft.

Feuerkugel selbst schon zum Punkt B gelangt sein wird. Die Feuerkugel fliegt ja viel schneller als der Schall, so daß sie ohne weiteres bis zu einem bestimmten Punkt D gelangen und uns von dort aus einen Schall senden kann, bevor der Schall vom Punkt A uns erreichen wird. Deshalb werden wir zuerst den Schall vom Punkt D und erst danach den Schall vom Punkt A hören. Und da ja der Schall vom Punkt B auch später als der vom Punkt D zu uns kommen wird, muß es deshalb irgendwo über

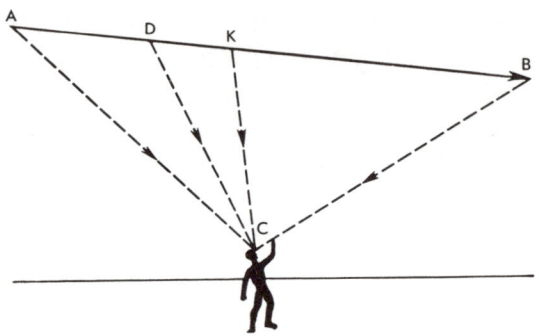

Bild 264   Die scheinbare Explosion einer Feuerkugel

unserem Kopf einen bestimmten Punkt K geben, von dem aus uns das Schallsignal der Feuerkugel zuerst erreichen wird. Die Liebhaber der Mathematik können die Lage dieses Punktes ausrechnen, wenn ein bestimmtes Verhältnis der Geschwindigkeit der Feuerkugel zur Schallgeschwindigkeit gegeben ist.

Hier nur das Ergebnis: Das, was wir h ö r e n, wird ganz und gar nicht dem ähnlich sein, was wir s e h e n. F ü r d a s A u g e wird die Feuerkugel zuerst im Punkt A erscheinen und von da aus längs der Linie AB fliegen. Aber f ü r d a s O h r wird die Feuerkugel zuerst im Punkt K wahrzunehmen sein, und danach werden wir gleichzeitig zwei Geräusche wahrnehmen, die in entgegengesetzter Richtung verhallen – von K nach A und von K nach B. Mit anderen Worten, wir werden hören, wie die Feuerkugel gleichsam in zwei Teile zerplatzt, die sich jeweils in entgegengesetzter Richtung entfernen. Unterdessen hat sich in Wirklichkeit gar keine Explosion ereignet.[1] So sehr kann uns der Eindruck des

---

[1] Der explosionsähnliche Knall stammt von der hohen Verdichtung der Luft vor dem Flugkörper. Es entsteht eine Druckwelle, ähnlich der Bugwelle eines fahrenden Schiffes.

Gehörs täuschen! Es ist durchaus möglich, daß viele von „Augenzeugen" bestätigte Explosionen von Feuerkugeln nur dieser Art der Täuschung des Gehörs entspringen.

WENN DIE AUSBREITUNGSGESCHWINDIGKEIT DES SCHALLES KLEINER WÜRDE

Wenn sich der Schall in der Luft nicht mit einer Geschwindigkeit von etwa 340 m/s, sondern viel langsamer ausbreiten würde, dann würden solche täuschenden Eindrücke des Gehörs viel häufiger beobachtet werden.

Stellt euch zum Beispiel vor, daß der Schall in einer Sekunde nicht 340 m, sondern, sagen wir, 340 mm zurücklegt, das neißt, daß er sich langsamer als ein Fußgänger bewegt. Während ihr im Sessel sitzt, hört ihr die Erzählung eines Bekannten, der die Angewohnheit hat, beim Sprechen im Zimmer auf und ab zu gehen. Unter normalen Umständen stört euch dieses Hin- und Hergehen beim Zuhören nicht im geringsten. Aber bei der angenommenen verringertcn Schallgeschwindigkeit werdet ihr von den Worten eures Gastes gar nichts verstehen. Die zuerst ausgesprochenen Laute werden von den nachfolgenden eingeholt und vermischen sich mit ihnen. Es ergibt sich ein Wirrwarr von Lauten, dem jeder Sinn fehlt.

Außerdem werden euch in dem Moment, in dem sich der Gast euch nähert, die Laute seiner Worte in umgekehrter Reihenfolge erreichen. Werden fortgesetzt neue Laute erzeugt, so werden euch zunächst die Laute erreichen, die zuletzt ausgesprochen wurden, danach die Laute, die vorher entstanden und noch später die noch früher ausgesprochenen usw., weil die zuletzt ausgesprochenen Laute den anderen voraneilen und sich die ganze Zeit vor ihnen befinden.

DAS LANGSAMSTE GESPRÄCH

Wenn ihr jedoch denkt, daß die tatsächliche Geschwindigkeit des Schalles – rund ein Drittel Kilometer je Sekunde – immer groß genug ist, dann werdet ihr eure Meinung gleich ändern.

Stellt euch vor, daß zwischen Moskau und Leningrad anstatt der elektrischen Telefonleitung ein gewöhnliches Übertragungsrohr in der Art jener Telefone eingerichtet ist, mit denen man früher einzelne Räume

475

31*

großer Geschäfte verband oder die auf Schiffen zur Verbindung der Kommandobrücke mit dem Maschinenraum benutzt wurden. Ihr steht am Leningrader Ende dieses 650 km langen Rohres und euer Freund am Moskauer Ende. Ihr stellt eine Frage und wartet auf die Antwort. Es vergehen 5, 10, 15 Minuten – aber die Antwort kommt nicht. Ihr beginnt unruhig zu werden und denkt, daß dem Gesprächspartner irgendein Unglück zugestoßen ist. Aber die Befürchtungen sind grundlos: Eure Frage ist n o c h n i c h t e i n m a l b i s M o s k a u gelangt und befindet sich erst etwa auf der Mitte des Weges. Es wird noch etwa eine Viertelstunde vergehen, bevor euer Freund in Moskau die Frage hören und eine Antwort geben wird. Aber auch seine Erwiderung wird von Moskau bis Leningrad nicht weniger als eine halbe Stunde brauchen, so daß ihr die Antwort auf eure Frage erst nach Ablauf einer Stunde erhalten werdet.

Ihr könnt die Rechnung leicht nachprüfen. Von Leningrad bis Moskau sind es 650 km. Der Schall legt in einer Sekunde etwa ein Drittel Kilometer zurück. Das bedeutet, daß er für die Entfernung zwischen den Städten gut 1950 s oder etwas mehr als 32 min braucht. Unter diesen Bedingungen könntet ihr, wenn ihr euch den ganzen Tag von morgens bis abends unterhaltet, mit Mühe und Not 10 Sätze austauschen.[1]

AUF SCHNELLSTEM WEGE

Es gab übrigens eine Zeit, in der man auch diese Art der Nachrichtenübertragung als eine sehr s c h n e l l e ansah. Vor zweihundert Jahren dachte noch niemand an einen elektrischen Telegraf oder an ein Telefon, und die Übertragung von Nachrichten über 650 km im Laufe einiger Stunden wurde als ein Ideal der Schnelligkeit angesehen.

Es wird erzählt, daß bei der Krönung des Zaren *Paul*s I. (1796) die Mitteilung über den Beginn der Feierlichkeit in Moskau auf folgende Weise nach der Hauptstadt im Norden übermittelt wurde: Längs des ganzen Weges zwischen den beiden Hauptstädten waren in Abständen von 200 m Soldaten aufgestellt worden. Beim ersten Glockenschlag der Kathedrale schoß der am nächsten stehende Soldat in die Luft. Nachdem

---

[1] Der Autor berücksichtigte die Abschwächung der Schallwellen mit der Entfernung nicht, was in Wirklichkeit verhindert, daß ihr ein solches Gespräch führen könnt, da man euch ja am anderen Ende eines solchen Rohres n i c h t h ö r e n würde.

sein Nachbar das Signal gehört hatte, feuerte er ebenfalls schnell einen Schuß ab, und nach ihm schoß der dritte Posten. Auf diese Weise wurde das Signal im Verlaufe von insgesamt drei Stunden nach Leningrad (damals Petersburg) übermittelt. Drei Stunden nach dem ersten Schlag der Moskauer Glocke donnerten schon in 650 km Entfernung die Kanonen der Peter-Paul-Festung.

Wenn das Geläut der Moskauer Glocken in Leningrad hätte unmittelbar gehört werden können, dann wäre dieser Schall, wie wir bereits wissen, eine halbe Stunde später dort angekommen. Das bedeutet, daß von den drei Stunden, die für die Übermittlung des Signals gebraucht wurden, 2,5 Stunden darauf entfielen, daß die Soldaten den Schalleindruck wahrnehmen und die für das Schießen unumgänglichen Bewegungen ausführen mußten. Wenn auch diese Verzögerung beim einzelnen klein war, so ergaben doch tausende solch kleiner Zeiträume zusammen 2,5 Stunden.

In ähnlicher Weise wirkte im Altertum der optische Telegraf, der Lichtsignale zur nächsten Station übermittelte, die sie ihrerseits weitergab. Das System der Nachrichtenübertragung durch Lichtsignale benutzten die Revolutionäre in der Zarenzeit nicht selten zum Schutz von Versammlungen Illegaler. Eine Kette von Revolutionären zog sich vom Versammlungsort bis zur Polizeistation, und beim ersten bedenklichen Anzeichen warnten sie die Versammelten durch Lichtblitze elektrischer Taschenlampen.

DER TROMMELTELEGRAF

Die Nachrichtenübermittlung mittels Schallsignalen ist auch heute noch bei den Ureinwohnern Afrikas, Zentralamerikas und Polynesiens verbreitet. Die Stämme der Ureinwohner benutzen zu diesem Zweck besondere Trommeln, mit deren Hilfe sie die Schallsignale über sehr große Entfernungen weitergeben. Vereinbarte Zeichen, die man an einem Ort hört, werden an diesem wiederholt, und innerhalb kurzer Zeit wird ein entferntes Gebiet von irgendeinem wichtigen Ereignis in Kenntnis gesetzt (Bild 265). Während des ersten Krieges zwischen Italien und Abessinien (1896) wurden dem Negus *Menelik II.* schnell alle Bewegungen der italienischen Streitkräfte bekannt. Dieser Umstand versetzte den italienischen Stab, der die Existenz des Trommeltelegrafen beim Gegner nicht vermutet hatte, in Erstaunen.

Bei Beginn des zweiten Krieges zwischen Italien und Abessinien (1935) wurde auf die gleiche Art der in Addis-Abeba herausgegebene Befehl über die allgemeine Mobilmachung „veröffentlicht". Innerhalb weniger Stunden wurde die Nachricht in den entferntesten Ansiedlungen des Landes bekanntgemacht.

Dasselbe wurde auch während des Krieges der Engländer gegen die

Bild 265 Ein Eingeborener der Fidschi-Inseln, der mit Hilfe eines „Trommeltelegrafen" Nachrichten weitergibt.

Buren beobachtet. Dank der „Telegrafen" der Kaffern wurden alle Kriegsnachrichten mit unwahrscheinlicher Schnelligkeit unter den Bewohnern Kaplands verbreitet und kamen den offiziellen Meldungen durch Kuriere um einige Tage zuvor.

Nach Aussagen von Reisenden (*Leo Frobenius*) ist das System der Schallsignale bei einigen afrikanischen Stämmen so gut ausgebildet, daß es zuverlässiger arbeitet als der optische Telegraf der Europäer, der als Vorgänger des elektrischen gilt.

Folgendes wurde darüber in einer Zeitschrift mitgeteilt. Ein Archäologe des Britischen Museums befand sich in der Stadt Ibadan, die im Inneren Nigerias liegt. Ein ständiges dumpfes Getrommel tönte pausenlos Tag und Nacht. Eines Tages hörte der Wissenschaftler am Morgen, daß die Schwarzen sich über etwas lebhaft unterhielten. Auf seine Fragen hin antwortete ein Sergeant: „Ein großes Schiff der Weißen ist untergegangen. Viele Weiße sind dabei ertrunken." So hatte die Nachricht gelautet, die in der Trommelsprache von der Küste her mitgeteilt worden war. Der Wissenschaftler maß diesem Gerücht keine Bedeutung bei. Aber nach drei Tagen erhielt er (infolge einer Unterbrechung der Verbindung) ein verspätetes Telegramm über den Untergang der „Lusitania" (Passagierschiff, 1915 von einem deutschen U-Boot versenkt – Anm. des Übersetzers). Daraufhin wußte er, daß die Nachricht der Neger richtig gewesen war. Das war auch deshalb sehr verwunderlich, weil die Stämme, die diese Mitteilung weitergegeben hatten, in völlig verschiedenen Dialekten sprechen und einige von ihnen in dieser Zeit gegeneinander Krieg führten.

SCHALLWOLKEN UND LUFTECHO

Der Schall kann nicht nur von festen Hindernissen zurückgeworfen werden, sondern auch von so zarten Gebilden wie den Wolken. Darüber hinaus kann sogar die vollkommen durchsichtige Luft unter bestimmten Bedingungen die Schallwellen zu einem Teil reflektieren – namentlich in den Fällen, in denen sie sich in ihrer Eigenschaft, den Schall fortzuleiten, irgendwie von der übrigen Masse der Luft unterscheidet, nämlich in der Dichte z. B. durch Unterschiede der Temperatur oder des Wasserdampfgehaltes. Der Schall wird damit von einem unsichtbaren Hindernis zurückgeworfen, und wir hören ein rätselhaftes Echo, von dem wir nicht wissen, woher es kommt.

Tyndall entdeckte diese interessante Erscheinung zufällig, als er am Ufer des Meeres Versuche mit Schallsignalen durchführte. „Von der vollkommen durchsichtigen Luft wurde ein Echo erzeugt", schreibt er. „Das Echo kam wie durch Zauberei von unsichtbaren Schallwolken zu uns zurück."

Mit Schallwolken bezeichnet der berühmte englische Physiker jene Teile der durchsichtigen Luft, die die Reflexion des Schalles bewirken und das „Echo aus der Luft" erzeugen. Folgendes sagte er dazu:

„Schallwolken schweben ständig in der Luft. Sie haben zu den gewöhnlichen Wolken, zu dunstiger Luft oder Nebel nicht die geringste Beziehung. Selbst die durchsichtige Atmosphäre kann mit ihnen angefüllt sein. Auf Grund dieser Tatsache kann ein Luftecho entstehen. Im Gegensatz zur vorherrschenden Meinung können die Schallwolken auch bei klarstem Himmel vorkommen. Die Existenz von Luftechos wurde durch Beobachtungen und Versuche gezeigt. Sie können durch strömende Luftmassen erzeugt werden, die verschiedene Temperatur haben oder unterschiedliche Mengen Wasserdampf enthalten."

Das Vorhandensein der Schallwolken, die für den Schall ein Hindernis darstellen und ihn auch reflektieren, erklärt uns einige rätselhafte Erscheinungen, die in Kriegen beobachtet wurden. *Tyndall* führt den folgenden Abschnitt aus den Erinnerungen eines Augenzeugen vom deutsch-französischen Krieg im Jahre 1871 an:

„Der Morgen des sechsten Tages zeigte sich in völligem Gegensatz zum gestrigen Morgen. Gestern herrschten durchdringende Kälte und Nebel, der nicht weiter als eine halbe Meile zu sehen gestattete. Aber der sechste Tag war klar, hell und warm. Gestern war die Luft mit Lärm angefüllt, und heute herrschte eine Ruhe, die man im Krieg sonst nicht kennt. Verwundert schauten wir einander an. Waren vielleicht Paris, seine Forts, die Geschütze und der Artilleriebeschuß spurlos verschwunden?... Ich fuhr nach Montmorency, von wo aus sich meinen Augen ein weites Panorama der nördlichen Seite von Paris eröffnete. Aber auch hier herrschte Totenstille... Ich traf drei Soldaten, und wir begannen, die Lage der Dinge zu erörtern. Sie hielten es für möglich, daß man Friedensverhandlungen begonnen hatte, da ja seit dem Morgen kein einziger Schuß mehr zu hören war...

Ich begab mich weiter nach Gonesse. Mit Erstaunen stellte ich fest, daß die deutschen Batterien seit acht Uhr morgens tatkräftig geschossen hatten. An der südlichen Front hatte der Artilleriebeschuß ungefähr zur selben Stunde begonnen. Aber in Montmorency hatten wir nicht einen einzigen Ton davon gehört!... Das alles hing von der Luft ab. Heute leitete die Luft den Schall sehr schlecht weiter, während sie ihn gestern sehr gut geleitet hatte."

Ähnliche Erscheinungen wurden auch während der großen Schlachten in den Jahren 1914 bis 1918 des öfteren beobachtet.

UNHÖRBARER SCHALL

Es gibt Leute, die solche schrillen Töne wie das Zirpen der Grille oder das Quieken der Fledermaus nicht hören. Diese Menschen sind nicht taub, ihre Gehörorgane sind in Ordnung, und trotzdem hören sie sehr hohe Töne nicht. *Tyndall* hat behauptet, daß bestimmte Menschen sogar das Zwitschern der Spatzen nicht hören!

Allgemein nimmt unser Ohr bei weitem nicht alle Schwingungen wahr, die in unserer Umgebung erzeugt werden. Die obere Reizschwelle für die Töne ist bei verschiedenen Personen unterschiedlich. Sie ist intensitäts- und frequenzabhängig. Bei jungen Leuten liegt die obere Hörfrequenzgrenze bei etwa 16 000 Schwingungen je Sekunde. Bei alten Leuten sinkt sie bis auf 6000 Schwingungen je Sekunde herab. Deshalb entsteht auch jene sonderbare Erscheinung, daß ein durchdringender hoher Ton, der von der einen Person ausgezeichnet gehört wird, für eine andere nicht existiert.

Viele Insekten (z. B. die Mücke und der Grashüpfer) geben Töne von sich, deren Schwingungszahl 20 000 je Sekunde beträgt. Für manche Ohren existieren diese Töne, für andere wiederum nicht. Die für hohe Töne unempfindlichen Menschen genießen dort die größte Ruhe, wo andere ein ganzes Chaos schriller Töne hören. *Tyndall* erzählt, daß er eines Tages einen solchen Fall in der Schweiz während eines Spazierganges mit seinem Freund beobachtet hat: „Die Wiesen zu beiden Seiten des Weges wimmelten von Insekten, die für mein Gehör die Luft mit ihrem schrillen Geschwirr anfüllten, aber mein Freund hörte überhaupt nichts davon. Die Musik der Insekten lag außerhalb der Grenze seines Gehörs."

Das Quieken der Fledermäuse liegt eine ganze Oktave niedriger als das durchdringende Zirpen der Insekten, das heißt, die Luftteilchen schwingen dabei nur halb so oft. Aber man trifft auch Menschen an, bei denen die Reizschwelle für die Töne noch niedriger liegt und die Fledermäuse stumme Wesen sind.

Im Gegensatz dazu nehmen die Hunde, wie man im Laboratorium des Akademiemitgliedes *Pawlow* festgestellt hat, Töne mit einer Frequenz bis zu 38 000 Hz wahr (1 Hz = 1 Schwingung in einer Sekunde), aber das ist schon das Gebiet der „Ultraschallschwingungen" oder des *Ultraschalls*.

ULTRASCHALL IM DIENSTE DER TECHNIK

Physik und Technik unserer Tage verfügen über Mittel, um „unhörbaren Schall" von weit höheren Frequenzen zu erzeugen als die, von denen wir eben lasen. Die höchste Frequenz, die man bis jetzt bei diesem „Überschall" oder „*Ultraschall*" erreichen konnte, beträgt etwa 1 000 000 000 Schwingungen je Sekunde.

Eine der Methoden zur Erzeugung von Ultraschallschwingungen ist auf die Eigenschaft von Plättchen gegründet, die aus einem Quarzkristall herausgeschnitten werden und sich beim Zusammendrücken an ihren Oberflächen elektrisch aufladen.[1]

Wenn man umgekehrt die Oberfläche eines solchen Plättchens periodisch elektrisch auflädt, dann zieht sie sich unter der Wirkung der elektrischen Ladung abwechselnd zusammen und dehnt sich wieder aus, das heißt, sie schwingt. Man lädt das Plättchen mit Hilfe eines Wechselspannungsgenerators auf, dessen Frequenz mit der sogenannten Eigenfrequenz des schwingenden Plättchens in Übereinstimmung steht.[2] Es werden so Ultraschallschwingungen erzeugt.

Wenn auch der Ultraschall für uns unhörbar ist, so zeigt er seine Wirkung in anderen, sehr gut wahrnehmbaren Erscheinungen. Wenn man zum Beispiel das schwingende Plättchen in ein Gefäß mit Öl taucht, dann wölbt sich auf der Oberfläche der Flüssigkeit, die von den Ultraschallschwingungen erfaßt wird, ein kleiner Berg von 10 cm Höhe auf, und die Öltröpfchen sprühen bis zu 40 cm Höhe. Taucht man in die Ölwanne das eine Ende eines 1 m langen Glasrohres, so spüren wir in der Hand, die das andere Ende hält, eine sehr heftige Verbrennung, die Spuren auf der Haut zurückläßt. Berührt man dieses Ende des Rohres, das sich im schwingenden Zustand befindet, mit einem Stück Holz, so wird ein Loch eingebrannt. Die Energie des Ultraschalls hat sich in Wärmeenergie verwandelt.

Der Ultraschall wird von sowjetischen und ausländischen Forschern sorgfältig studiert. Diese Schwingungen zeigen unter anderem starke Wirkungen auf den lebenden Organismus: Die Fasern der Algen brechen, lebende Zellen zerplatzen, Blutkörperchen werden zerstört. Kleine Fische und Frösche werden durch Ultraschall in 1 bis 2 Minuten getötet. Die Körpertemperatur von Versuchstieren erhöht sich, bei Mäusen zum Beispiel bis auf 45 °C.

Ultraschallschwingungen werden aber auch in der Medizin bei Heilverfahren erfolgreich angewendet.

Besonders erfolgreich wird der Ultraschall in der Metallurgie zur Feststellung von eingeschlossenen Blasen, Rissen und anderen Fehlern

---

[1] Diese Eigenschaft der Kristalle heißt Piezoelektrizität.

[2] Quarzkristalle sind eine teure und schwache Quelle für Ultraschall und werden meist in Laboratorien angewendet. In der Technik bevorzugt man synthetische Stoffe, zum Beispiel Keramikerzeugnisse von Bariumtitanat.

im Inneren des Metalles benutzt. Die Methode der „Durchleuchtung" der Metalle mit Ultraschall besteht darin, daß man das zu untersuchende Metallstück mit Öl anfeuchtet und den Ultraschallschwingungen aussetzt. Der Schall wird an den verschiedenen Oberflächen im Metall zerstreut, die etwas Ähnliches wie einen Schatten werfen. Es zeichnen sich auf dem Hintergrund der gleichmäßig gekräuselten Oberfläche, die die Ölschicht überzieht, Konturen ab, die man sogar fotografieren kann[1].

Mit Ultraschall kann man Metallschichten von 1 m Dicke und mehr durchleuchten, was mit Röntgenstrahlen nicht möglich ist. Dabei zeigen sich äußerst feine Unterschiede – bis zu einem Millimeter. Die Anwendung von Ultraschallschwingungen hat eine große Perspektive.[2]

EINE AUFGABE ZUR LOKOMOTIVPFEIFE

Wenn ihr ein entwickeltes musikalisches Gehör besitzt, dann habt ihr wahrscheinlich bemerkt, wie sich der Pfeifton (nicht die Schallstärke, sondern die Tonhöhe) einer Lokomotive verändert, wenn der Gegenzug an euch vorüberfährt. Solange beide Züge sich einander nähern, ist der Ton merklich höher als der, den ihr hört, wenn die Züge sich voneinander entfernen. Wenn die Züge mit einer Geschwindigkeit von 50 km/h fahren, dann erreicht der Unterschied in der Tonhöhe fast einen ganzen Ton.

Woher kommt das nun?

Euch wird es nicht schwerfallen, den Grund zu erraten, wenn ihr daran denkt, daß die Tonhöhe von der Zahl der Schwingungen je Sekunde abhängt. Die Pfeife der entgegenkommenden Lokomotive erzeugt die ganze Zeit ein und denselben Ton einer bestimmten Frequenz. Aber euer Ohr nimmt je nachdem, ob ihr der Schallquelle entgegen fahrt, ob ihr an einer Stelle steht oder euch von der Schallquelle entfernt, Töne unterschiedlicher Frequenz wahr.

---

[1] Die Methode der Ultraschalldefektoskopie (Suche nach Fehlern) wurde 1928 von dem sowjetischen Wissenschaftler *S. J. Sokolow* vorgeschlagen. Heute verwendet man Spezialgeräte für Ultraschallschwingungen, die kein Öl benötigen und die Messung viel einfacher machen.

[2] Interessant ist, daß auch in der Natur Ultraschall vorkommt. Im Rauschen des Windes und der Meeresbrandung sind Frequenzen enthalten, die den Gebieten des Ultraschalls entsprechen. Viele Lebewesen (Schmetterlinge, Fledermäuse, Delphine u. a.) haben die Fähigkeit, Ultraschall auszustrahlen und zu empfangen. Die Fledermäuse z. B. bedienen sich beim Fliegen des Ultraschalls, indem sie durch reflektierte Signale Hindernisse auf ihrem Weg erkennen.

Wenn ihr euch der Schallquelle nähert, empfangt ihr mehr Schwingungen als in der gleichen Zeit von der Pfeife der Lokomotive ausgehen. Aber hier überlegt ihr nicht mehr: Euer Ohr empfängt eine größere Anzahl von Schwingungen, und ihr hört unmittelbar den erhöhten Ton. Wenn ihr euch entfernt, empfangt ihr eine geringere Anzahl von Schwingungen und hört einen tieferen Ton.

Bild 266 Eine Aufgabe zur Lokomotivpfeife. Oben seht ihr die Schallwellen, die von einer unbewegten Lokomotive ausgehen, unten die einer von rechts nach links fahrenden.

Versucht einmal, den Schallwellen von der Lokomotivpfeife aus zu folgen (natürlich nur in Gedanken). Betrachtet zunächst die unbewegte Lokomotive (Bild 266). Die Pfeife erzeugt Schallwellen. Wir wollen der Einfachheit halber nur vier Schwingungen (obere Linie) betrachten. Von der unbewegten Lokomotive breiten sie sich vom Punkt C in einer beliebigen Zeit in alle Richtungen gleich weit aus. Nr. 0 wird in der gleichen Zeit bis zum Beobachter A kommen wie auch beim Beobachter B. Danach wird Nr. 1 bei beiden Beobachtern gleichzeitig ankommen, ebenso dann Nr. 2, Nr. 3 usw. Die Ohren der beiden Beobachter werden in einer Sekunde die gleiche Anzahl Schwingungen wahrnehmen, und deshalb werden beide einen Ton gleicher Höhe hören.

Eine andere Sache ist es, wenn sich die pfeifende Lokomotive von B' nach A' (untere Linie) bewegt. In einem bestimmten Augenblick soll sich die Pfeife im Punkt C' befinden, aber nach einer Zeit, in der vier Schwingungen erzeugt wurden, soll sie bereits im Punkt D angelangt sein.

Vergleicht jetzt, wie sich die Schwingungen ausbreiten werden. Nr. 0, die vom Punkt C' ausgeht, wird die beiden Beobachter A' und B' gleichzeitig erreichen. Aber Nr. 4, die im Punkt D erzeugt wird, wird sie nicht mehr gleichzeitig erreichen: Der Weg DA' ist kleiner als der Weg DB'. Infolgedessen wird Nr. 4 A' früher erreichen als B'. Nr. 1, Nr. 2 und Nr. 3, die dazwischenliegen, werden ebenfalls B' später erreichen als A', aber die Verspätung wird geringer sein. Was entsteht nun? Der Beobachter im Punkte A' wird im gleichen Zeitraum mehr Schwingungen wahrnehmen als der Beobachter im Punkt B'. Der erste wird einen h ö h e r e n Ton hören als der zweite. Es wird, wie man aus der Zeichnung sieht (untere Linie), die Länge der Wellen, die in Richtung auf den Punkt A' zulaufen, entsprechend k ü r z e r als die der Wellen, die zum Punkt B' hingehen.[1]

DER DOPPLER-EFFEKT

Die Erscheinung, die wir eben erst beschrieben haben, wurde von dem Physiker *Doppler* entdeckt. Sie wird nicht nur beim Schall beobachtet, sondern auch beim Licht, weil sich das Licht ebenfalls in Wellen ausbreitet. Eine Verkürzung der Wellen (die man im Falle der Schallwellen als Erhöhung des Tones wahrnimmt) wird vom Auge als Veränderung der Farbe empfunden.

Das *Doppler*sche Prinzip gibt den Astronomen die Möglichkeit, festzustellen, ob sich ein Stern uns nähert oder ob er sich von uns entfernt, und erlaubt sogar, die Geschwindigkeit durch diese Verschiebung zu bestimmen.

---

[1] Man muß dabei im Auge behalten, daß die wellenartigen Linien in der Zeichnung n i c h t die Form der Schallwellen wiedergeben: Die Schwingung der Teilchen in der Luft vollzieht sich l ä n g s der Ausbreitungsrichtung des Schalles und nicht senkrecht dazu. Die Wellen sind hier nur wegen der Anschaulichkeit s e n k r e c h t dazu dargestellt, und die Berge dieser Wellen entsprechen den größten Verdichtungen der Luft durch die Längswellen des Schalles.

Hilfe leistet dem Astronomen dabei die seitliche Verschiebung der dunklen Linien, die das Band des Spektrums durchschneiden. Ein aufmerksames Studium dessen, nach welcher Seite und wie weit sich die dunklen Linien im Spektrum des Himmelskörpers verschoben haben, erlaubt dem Astronomen, eine ganze Reihe erstaunlicher Entdeckungen zu machen. So wissen wir heute dank des *Doppler*-Effekts, daß sich der helle Stern Sirius von uns in jeder Sekunde um 75 km entfernt. Dieser Stern befindet sich von uns in einer so ungeheuer großen Entfernung, daß sogar seine weitere Entfernung um Milliarden von Kilometern seine sichtbare Helligkeit nicht merklich verändert.

Mit verblüffender Anschaulichkeit wird mit diesem Beispiel gezeigt, daß die Physik eine wahrlich allumfassende Wissenschaft ist. Hat man das Gesetz für Schallwellen aufgestellt, die eine Wellenlänge von einigen Metern erreichen, so wendet die Physik es auf die Lichtwellen an, deren Längen nur einige zehntausendstel Millimeter betragen. Und die Astrophysik benutzt dieses Wissen, um die Bewegungen gigantischer Sonnen in den ungeheuren Weiten des Weltalls zu bestimmen.

Ende

Ende